テレコムデータブック 2023
（TCA編）

一般社団法人　電気通信事業者協会
Telecommunications Carriers Association

はじめに

一般社団法人電気通信事業者協会は、日本における情報通信の状況について取りまとめ、情報通信産業に関係する方々および広く一般の方々にご活用いただくことを目的として、「テレコムデータブック」(旧「電気通信事業者協会年報」)を毎年発行しております。

本書は、変化の激しい情報通信産業や情報通信サービスについて数多いデータの中から重要と思われるものを厳選し、一年間の動きを見られるようデータブックとして集大成したものです。
また、各年の掲載項目に継続性を持たせ、出来るだけ時系列的に各事項のデータの推移や制度等の変遷を把握していただけるよう編集しております。具体的には、「情報通信産業全体の動向」、「情報通信サービス利用状況」について、トラヒックの動向、事業者が提供している各種サービスや料金等の各種データなどを掲載しています。
さらに、データ等を読んでいただく際の参考ともなるよう、「情報通信政策をめぐる行政の動き」、「電気通信をめぐる海外の動向」、「TCA会員事業者の状況」などについて概要を取りまとめ掲載しております。
情報通信産業に関心を持つ実務者、研究者、学生等の皆様にとって、より効率よく産業全体を概観し、分析・予測が可能となるよう、本書がお役に立てましたら幸いです。

最後に本書の作成にあたり、統計資料の提供、原稿の作成等に労を惜しまずご協力くださった総務省並びに当協会会員各位に対し深く感謝する次第です。

2023年12月
一般社団法人電気通信事業者協会

目　次

第３章　情報通信政策をめぐる行政の動き

第４章　電気通信をめぐる海外の動向

第 5 章　TCA 会員事業者の状況

第１章
情報通信産業全体の動向

1-1 電気通信事業者数の推移

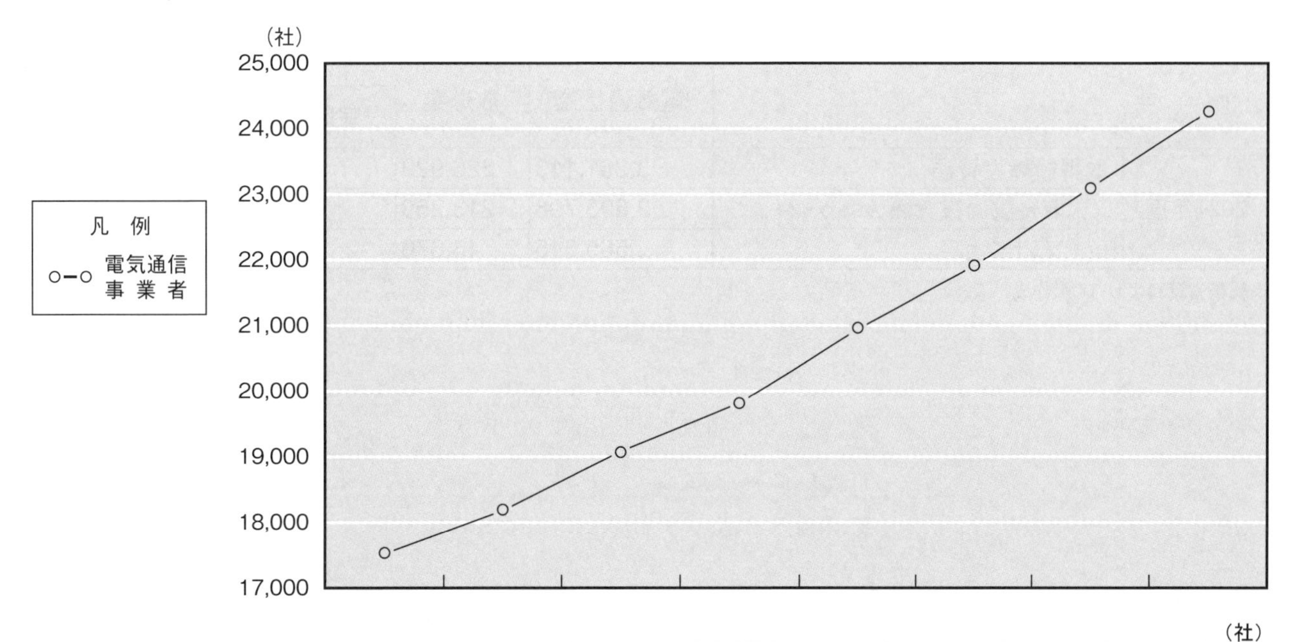

（社）

	2015年度	2016年度	2017年度	2018年度	2019年度	2020年度	2021年度	2022年度
電気通信事業者数	17,519	18,177	19,079	19,818	20,947	21,913	23,111	24,272

※総務省資料より TCA 作成

1-2 電気通信業・放送業の当該業種売上高

（百万円）

		電気通信業	放送業		
				民間放送	有線テレビジョン放送
2021年度	当該業種売上高	14,725,592	2,861,380	2,369,738	491,643

※総務省資料より TCA 作成

1-3 電気通信業・放送業の取得設備投資額

（百万円）

			電気通信業	放送業	民間放送	有線テレビジョン放送
2021年度	取得設備投資額		3,261,113	226,929	97,838	129,091
		取得設備投資額（ソフトウェアを除く）	2,695,798	213,259	84,696	128,563
		ソフトウェア	565,315	13,670	13,142	528

※総務省資料より TCA 作成

1-4 電気通信業・放送業の就業形態別従業者数

（人）

				電気通信業	放送業	民間放送	有線テレビジョン放送
2021年度	従業者数			120,154	35,021	25,661	9,359
		常時従業者数		120,103	34,672	25,322	9,351
			正社員・正職員（他企業等への出向者を除く）	89,638	28,503	20,301	8,202
			正社員・正職員以外（パート・アルバイトなど）	13,551	3,760	3,157	603
			他企業等への出向者	11,478	963	953	10
		臨時雇用者		51	348	340	9
	（受入れ）派遣従業者			28,798	7,306	6,223	1,083

※総務省資料より TCA 作成

第２章
情報通信サービス利用状況

2-1 各種サービスの加入数・契約数の状況

2-1-1　契約数等の推移

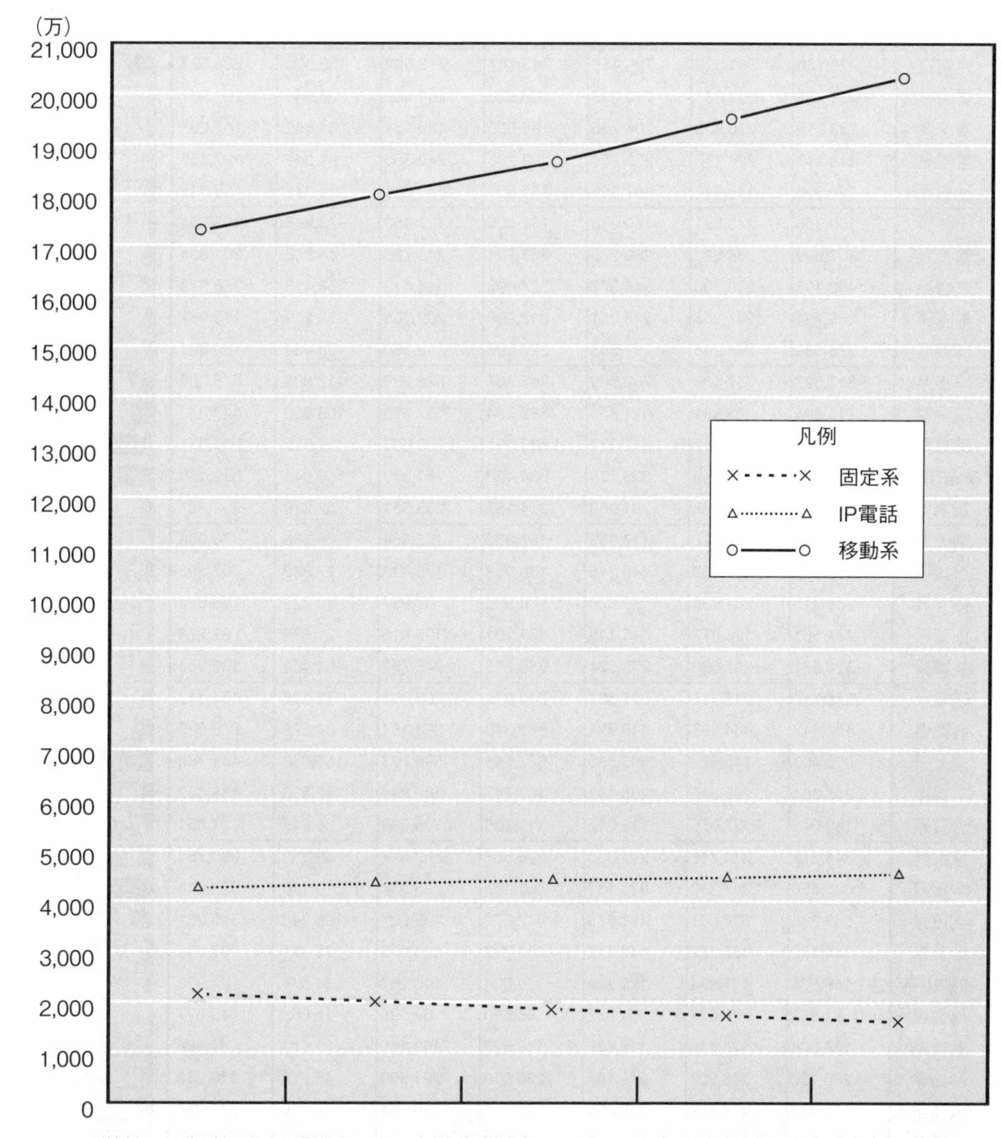

（単位：万契約（加入電話、ISDN、携帯電話、PHS）／万台（公衆電話）／万件（IP電話））

		2017年度	2018年度	2019年度	2020年度	2021年度
固定系合計		2,151	2,011	1,861	1,731	1,608
	加入電話	1,845	1,724	1,595	1,486	1,383
	ISDN	290	272	251	231	212
	公衆電話	16	16	15	15	14
IP電話		4,255	4,341	4,413	4,467	4,535
	(0ABJ−IP電話)	3,364	3,446	3,521	3,568	3,594
	(050−IP電話)	891	895	892	899	941
移動系合計		17,279	17,987	18,651	19,505	20,333
	携帯電話	17,019	17,782	18,490	19,440	20,300
	PHS	260	206	162	66	34

（注）公衆電話は設置台数を記載。
※総務省資料より TCA 作成

2-1-2　都道府県別加入電話契約数の推移

（加入）

都道府県	2018年度	2019年度	2020年度	2021年度			
	事業者計	事業者計	事業者計	事業者計	NTT（再掲）		
					合計	事務用	住宅用
北海道	923,739	851,620	796,415	743,717	718,592	130,070	588,522
青森県	251,263	232,337	220,235	207,836	201,465	33,884	167,581
岩手県	233,019	216,909	206,255	195,555	189,134	31,841	157,293
宮城県	318,343	296,178	279,251	262,285	249,300	51,947	197,353
秋田県	188,956	176,344	167,366	157,805	152,694	26,374	126,320
山形県	160,955	149,321	140,238	132,005	127,450	23,946	103,504
福島県	307,809	285,623	269,270	253,791	246,796	44,962	201,834
茨城県	400,105	370,700	348,577	327,492	315,412	58,413	256,999
栃木県	266,751	247,955	232,351	217,990	209,306	39,219	170,087
群馬県	276,539	258,205	242,358	227,896	219,360	38,469	180,891
埼玉県	817,897	757,130	708,569	662,367	628,290	112,982	515,308
千葉県	715,804	663,591	621,850	582,594	552,673	108,800	443,873
東京都	1,876,185	1,746,802	1,632,327	1,520,096	1,390,606	454,025	936,581
神奈川県	1,041,101	962,496	895,725	834,460	781,230	169,041	612,189
新潟県	335,803	311,268	291,960	274,152	263,551	52,220	211,331
富山県	139,585	127,722	117,353	107,889	103,384	24,388	78,996
石川県	159,298	149,183	140,245	130,953	125,413	27,820	97,593
福井県	88,915	81,638	75,826	70,586	67,957	19,282	48,675
山梨県	134,501	123,877	115,143	107,101	103,915	21,639	82,276
長野県	324,681	297,636	275,624	256,273	246,752	54,469	192,283
岐阜県	265,742	245,433	227,804	210,970	202,352	48,209	154,143
静岡県	494,447	454,097	416,951	385,348	364,154	84,529	279,625
愛知県	809,403	745,776	690,630	637,741	596,793	155,033	441,760
三重県	245,304	223,625	205,111	187,747	180,948	42,516	138,432
滋賀県	138,045	128,055	119,017	111,205	105,898	28,047	77,851
京都府	344,377	319,745	297,333	276,557	260,618	59,859	200,759
大阪府	1,093,866	1,007,276	933,172	865,163	793,334	218,116	575,218
兵庫県	559,365	518,001	481,673	447,877	422,227	106,946	315,281
奈良県	164,482	152,252	140,712	130,292	123,070	25,381	97,689
和歌山県	148,574	137,894	128,224	120,004	116,267	24,344	91,923
鳥取県	81,943	76,073	71,072	66,590	64,595	15,068	49,527
島根県	134,306	125,435	115,811	108,523	106,465	21,577	84,888
岡山県	286,727	266,902	248,164	230,916	221,500	45,270	176,230
広島県	446,484	416,457	389,825	364,071	349,054	71,100	277,954
山口県	272,802	254,499	237,910	222,252	217,206	35,038	182,168
徳島県	113,946	104,816	96,540	89,760	86,980	19,867	67,113
香川県	139,600	128,440	118,793	109,843	103,959	22,997	80,962
愛媛県	234,922	217,179	201,157	185,154	179,897	34,474	145,423
高知県	141,651	130,410	121,011	112,224	109,592	22,213	87,379
福岡県	661,901	608,481	561,601	516,562	484,762	108,627	376,135
佐賀県	109,016	100,260	92,939	85,521	82,462	16,835	65,627
長崎県	256,654	237,908	220,404	203,293	197,239	36,803	160,436
熊本県	280,380	260,663	240,309	222,847	216,414	40,246	176,168
大分県	203,951	188,985	175,422	162,783	157,569	30,667	126,902
宮崎県	175,738	160,800	148,004	135,501	131,637	24,596	107,041
鹿児島県	315,219	290,522	264,769	241,866	235,855	41,897	193,958
沖縄県	162,126	147,354	134,449	123,643	119,111	29,573	89,538
全国計	**17,242,220**	**15,953,873**	**14,855,745**	**13,827,096**	**13,123,238**	**2,933,619**	**10,189,619**

※総務省等資料より TCA 作成

NTT 都道府県電話加入数
（2021 年度）

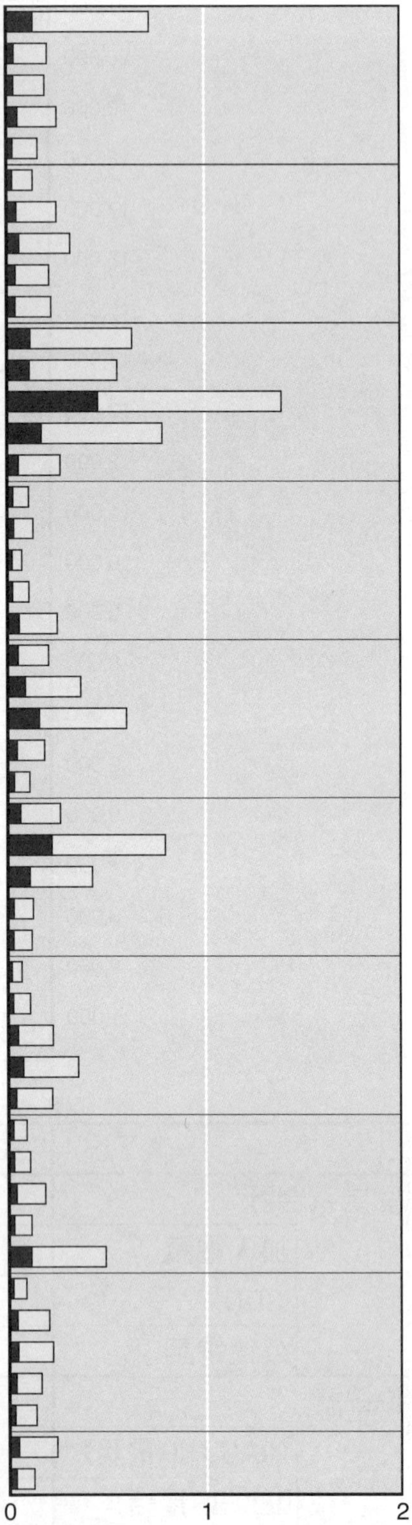

0　1　2

凡例 :事務用 :住宅用 （単位:百万加入）

2-1-3　都道府県別 ISDN 契約数の推移

（契約）

都道府県	基本インターフェース							一次群インターフェース				
	2018年度	2019年度	2020年度	2021年度				2018年度	2019年度	2020年度	2021年度	
	事業者計	事業者計	事業者計	事業者計	NTT東西（再掲）			事業者計	事業者計	事業者計	事業者計	NTT東西（再掲）
					合計	事務用	住宅用					
北海道	116,055	106,018	96,904	88,688	69,707	61,506	8,201	787	744	648	601	333
青森県	22,536	20,891	19,441	17,671	13,559	12,824	735	118	112	112	100	70
岩手県	24,172	22,302	20,915	19,342	14,686	13,834	852	97	88	83	71	47
宮城県	48,994	45,352	41,782	38,650	26,902	25,400	1,502	449	431	420	299	143
秋田県	18,294	16,895	15,922	14,615	11,528	10,860	668	97	93	90	82	63
山形県	19,657	18,122	16,569	15,009	11,646	10,949	697	93	93	90	76	48
福島県	33,518	31,015	28,605	26,197	20,396	18,856	1,540	125	118	105	97	57
茨城県	46,688	42,538	39,402	36,132	26,572	24,834	1,738	250	219	214	208	136
栃木県	34,712	31,698	29,360	26,501	19,190	17,708	1,482	263	252	242	228	162
群馬県	34,139	31,425	29,164	26,509	19,123	17,551	1,572	228	229	221	213	131
埼玉県	117,783	108,487	101,027	91,635	57,872	52,137	5,735	898	918	862	841	354
千葉県	100,981	92,803	85,720	77,725	52,411	48,239	4,172	1,028	945	865	759	426
東京都	476,007	440,386	400,743	363,433	227,757	210,838	16,919	15,873	15,248	14,562	13,488	5,595
神奈川県	167,789	156,573	144,260	131,599	86,646	78,960	7,686	2,668	2,549	2,436	2,036	989
新潟県	41,720	38,380	35,639	32,556	23,813	22,500	1,313	160	148	141	132	74
富山県	22,293	20,319	18,538	17,111	13,328	12,275	1,053	159	149	135	129	72
石川県	24,520	22,508	20,698	19,243	14,921	13,657	1,264	186	180	175	160	77
福井県	15,667	14,269	13,162	12,107	9,865	9,265	600	75	71	66	62	52
山梨県	15,409	14,316	13,181	11,999	9,632	8,821	811	78	75	70	61	46
長野県	41,981	38,466	35,286	31,594	24,323	21,942	2,381	200	189	170	148	65
岐阜県	39,703	36,506	33,747	31,176	24,625	22,419	2,206	197	166	162	138	82
静岡県	73,513	67,137	61,060	55,986	39,490	37,381	2,109	386	377	343	321	197
愛知県	152,646	140,621	129,553	118,963	81,893	76,361	5,532	1,371	1,342	1,226	1,120	627
三重県	36,363	33,548	31,212	28,681	23,370	21,532	1,838	170	155	143	115	76
滋賀県	25,892	23,739	21,818	20,267	15,573	14,450	1,123	144	137	121	108	49
京都府	54,208	49,791	45,485	42,334	29,095	26,051	3,044	341	336	324	294	162
大阪府	232,199	214,062	197,113	182,486	110,883	102,308	8,575	3,972	3,847	3,765	3,412	1,596
兵庫県	88,503	82,250	76,196	71,007	51,462	47,625	3,837	779	760	743	685	356
奈良県	20,836	19,194	17,713	16,594	11,870	10,212	1,658	95	90	89	81	53
和歌山県	16,323	15,010	13,803	12,801	10,271	9,387	884	63	69	64	65	47
鳥取県	12,032	11,182	10,344	9,682	8,385	7,686	699	54	52	46	41	30
島根県	15,405	14,423	13,431	12,438	11,016	10,112	904	128	122	117	103	49
岡山県	40,761	37,761	35,287	33,179	26,193	24,066	2,127	221	210	191	178	128
広島県	63,269	58,886	54,292	50,887	38,976	35,907	3,069	365	340	320	303	182
山口県	28,633	26,520	24,268	22,780	18,645	16,990	1,655	128	131	103	98	64
徳島県	14,429	13,383	12,251	11,452	9,492	8,737	755	71	59	57	51	35
香川県	21,397	19,519	18,086	16,691	12,665	12,004	661	148	143	130	124	70
愛媛県	25,832	23,655	21,325	19,702	16,315	15,042	1,273	152	142	123	123	69
高知県	14,955	13,962	12,947	12,171	10,536	9,859	677	74	73	68	64	53
福岡県	111,003	102,674	94,743	87,619	56,913	53,534	3,379	1,068	1,008	921	692	325
佐賀県	13,904	12,970	11,951	11,045	8,715	8,087	628	60	56	54	45	38
長崎県	25,234	23,388	21,362	19,561	15,645	14,605	1,040	152	151	141	142	73
熊本県	32,442	30,041	27,381	25,302	19,948	18,733	1,215	183	162	143	131	69
大分県	25,078	23,144	21,683	20,426	16,286	15,100	1,186	97	89	81	79	42
宮崎県	20,156	18,461	16,878	15,623	12,470	11,624	846	118	105	108	97	58
鹿児島県	30,663	28,422	25,802	23,369	18,953	17,824	1,129	123	121	118	114	70
沖縄県	22,202	20,665	19,043	17,691	13,703	13,264	439	252	232	223	204	106
全国計	**2,680,496**	**2,473,677**	**2,275,092**	**2,088,229**	**1,467,265**	**1,353,856**	**113,409**	**34,744**	**33,326**	**31,631**	**28,719**	**13,646**

※総務省等資料より TCA 作成

2-1-4　都道府県別携帯電話・PHS 契約数の推移

（契約）

都道府県	2018年度	2019年度	2020年度	2021年度
北海道	5,895,707	5,819,753	5,975,105	6,011,788
青森県	1,193,077	1,176,981	1,193,270	1,206,927
岩手県	1,168,610	1,150,198	1,171,489	1,186,412
宮城県	2,680,955	2,795,336	2,957,708	2,561,810
秋田県	918,106	899,429	908,889	913,914
山形県	1,039,742	1,024,110	1,041,223	1,052,717
福島県	1,868,427	1,838,020	1,859,929	1,869,178
茨城県	2,912,004	2,856,172	2,899,444	2,942,238
栃木県	1,959,606	1,944,132	1,985,280	2,001,112
群馬県	2,020,847	1,981,904	2,028,492	2,059,479
埼玉県	7,896,874	7,686,590	7,901,584	8,060,656
千葉県	6,654,827	6,544,681	6,761,478	6,902,491
東京都	53,622,797	60,034,916	62,247,537	66,686,306
神奈川県	10,362,330	10,149,863	10,864,406	11,288,054
新潟県	2,171,151	2,133,268	2,164,965	2,187,020
富山県	1,089,369	1,082,649	1,131,203	1,175,890
石川県	1,190,816	1,179,718	1,208,789	1,271,549
福井県	785,987	770,213	787,995	797,662
山梨県	852,212	830,699	841,432	853,072
長野県	2,209,218	2,509,160	3,284,352	4,376,423
岐阜県	2,029,266	1,990,436	2,092,344	2,139,534
静岡県	3,859,571	3,814,373	3,946,736	4,077,015
愛知県	9,617,688	9,871,726	10,383,697	10,671,784
三重県	1,821,398	1,781,566	1,832,072	1,860,003
滋賀県	1,388,804	1,365,235	1,406,632	1,436,902
京都府	2,848,874	2,801,816	2,891,224	2,962,949
大阪府	11,562,119	11,585,950	12,229,891	12,617,342
兵庫県	5,672,086	5,531,958	5,726,188	5,811,531
奈良県	1,341,371	1,321,433	1,367,343	1,403,451
和歌山県	943,434	920,099	929,237	933,927
鳥取県	547,967	533,619	541,380	545,606
島根県	670,166	657,315	668,920	675,109
岡山県	1,976,981	1,929,221	1,970,231	1,999,420
広島県	3,355,221	3,373,136	3,550,125	3,706,437
山口県	1,399,108	1,383,085	1,416,291	1,433,223
徳島県	730,036	717,519	730,836	745,077
香川県	1,046,049	1,020,433	1,034,491	1,042,825
愛媛県	1,394,763	1,376,297	1,414,327	1,436,236
高知県	699,776	685,580	695,020	697,685
福岡県	9,278,106	10,316,489	11,669,800	12,299,166
佐賀県	804,274	787,075	809,684	819,223
長崎県	1,331,605	1,301,392	1,333,284	1,342,954
熊本県	1,787,918	1,755,511	1,837,404	1,861,362
大分県	1,147,839	1,135,313	1,151,247	1,159,468
宮崎県	1,057,817	1,042,396	1,062,780	1,073,284
鹿児島県	1,577,438	1,545,044	1,568,619	1,587,702
沖縄県	1,490,457	1,562,300	1,580,520	1,591,049
合　計	**179,872,794**	**186,514,109**	**195,054,893**	**203,334,962**

※総務省資料より TCA 作成

2-1-5　国内専用回線数の推移

（万回線）

	2017年度	2018年度	2019年度	2020年度	2021年度
一般専用（帯域品目）	20.3	19.7	19.2	19.1	18.3
一般専用（符号品目）	2.0	1.9	1.8	1.7	1.7
高速デジタル伝送	10.9	7.8	4.3	4.2	3.7

※総務省資料より TCA 作成

2-1-6　ブロードバンドサービス等の契約数の推移

（契約）

	2019年度	2020年度	2021年度	2022年度
インターネット接続サービス（固定通信向け）（54事業者の合計）	41,919,164	42,721,659	43,155,633	41,943,435
インターネット接続サービス（移動通信向け）（29事業者の合計）	185,242,351	191,334,287	196,516,577	197,637,976
FTTHアクセスサービス（310事業者の合計）	33,175,212	35,157,536	36,905,039	38,065,163
DSLアクセスサービス（10事業者の合計）	1,397,840	1,073,135	689,816	356,891
CATVアクセスサービス（214事業者の合計）	6,675,425	6,534,902	6,404,881	6,277,110
FWAアクセスサービス（21事業者の合計）	4,343	3,549	3,111	1,456
BWAアクセスサービス（107事業者の合計）	71,200,466	75,708,966	79,731,989	84,276,055
3.9-4世代携帯電話アクセスサービス（5事業者の合計）	152,623,405	154,366,473	139,054,534	127,379,501
第5世代携帯電話アクセスサービス（5事業者の合計）	24,040	14,185,509	45,018,488	69,808,822
ローカル5Gサービス（12事業者の合計）	−	0	49	136
携帯電話・PHSアクセスサービス（5事業者の合計）	186,310,026	194,935,826	203,269,615	210,702,213
公衆無線LANアクセスサービス（19事業者の合計）	119,071,867	125,051,323	101,005,848	99,720,918
IP-VPNサービス（49事業者の合計）	659,281	660,041	660,218	655,856
広域イーサネットサービス（83事業者の合計）	643,824	662,529	678,420	697,439

※総務省資料より TCA 作成

2-2 トラヒックの状況

2-2-1　総トラヒックの状況

2-2-1-1　総通信回数の推移

（単位：億回）

発信＼着信	加入電話・ISDN					IP電話				
	2017年度	2018年度	2019年度	2020年度	2021年度	2017年度	2018年度	2019年度	2020年度	2021年度
加入電話	76.9	65.8	53.8	42.3	37.3					
公衆電話	0.7	0.6	0.5	0.4	0.3	1.4	1.3	1.2	1.2	1.2
ISDN	72.9	63.8	57.3	47.3	42.1					
IP電話	120.2	121.5	121.1	110.2	108.7	11.5	12.1	12.0	11.3	13.5
携帯電話・PHS	56.6	50.5	45.6	39.6	37.9	70.5	72.0	72.3	69.9	71.7
合計	**327.3**	**302.2**	**278.2**	**239.7**	**226.3**	**83.4**	**85.4**	**85.5**	**82.4**	**86.4**

発信＼着信	携帯電話・PHS					合計				
	2017年度	2018年度	2019年度	2020年度	2021年度	2017年度	2018年度	2019年度	2020年度	2021年度
加入電話										
公衆電話	23.0	21.2	19.5	17.4	16.3	174.9	152.7	132.2	108.6	97.2
ISDN										
IP電話	29.2	30.4	31.3	32.1	34.8	160.9	164.0	164.3	153.5	157.0
携帯電話・PHS	358.9	343.8	327.4	307.1	302.8	486.1	466.3	445.3	416.5	412.4
合計	**411.1**	**395.5**	**378.1**	**356.5**	**353.9**	**821.8**	**783.0**	**741.8**	**678.7**	**666.6**

※総務省資料より TCA 作成

2-2-1-2　固定電話・移動電話間の総通信回数の推移

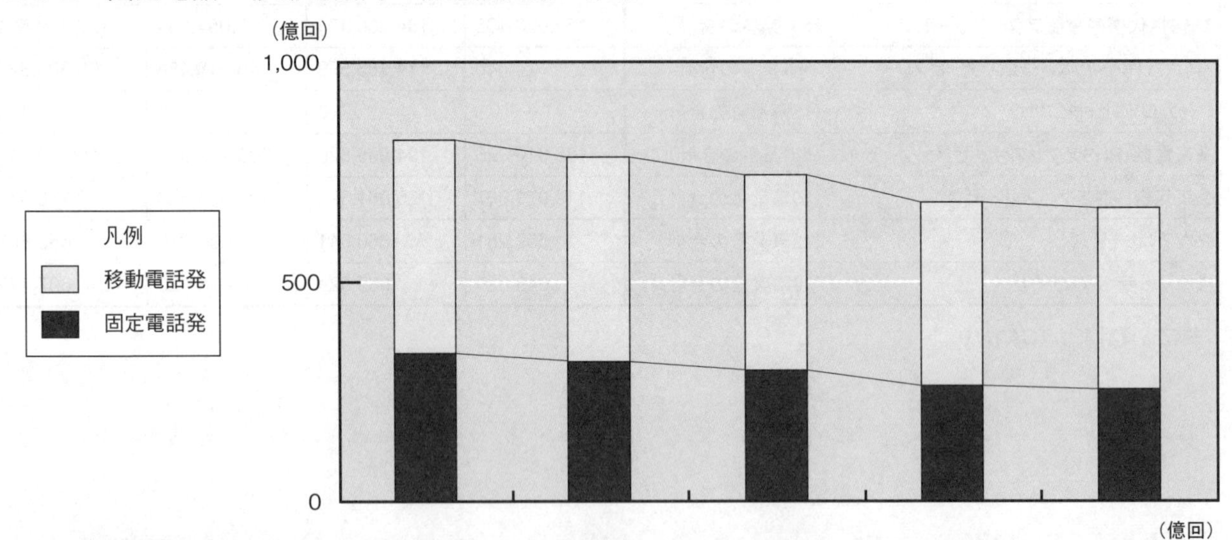

（億回）

発信	着信	2017年度	2018年度	2019年度	2020年度	2021年度
固定電話	固定電話	283.6	265.1	245.9	212.7	203.1
固定電話	移動電話	52.2	51.6	50.8	49.5	51.1
移動電話	移動電話	358.9	343.8	327.4	307.1	302.8
移動電話	固定電話	127.1	122.5	117.9	109.5	109.6
合　計		**821.8**	**783.0**	**741.8**	**678.7**	**666.6**

（注）固定電話発：加入電話、公衆電話、ISDN、IP 電話からの発信
　　　移動電話発：携帯電話、PHS からの発信
　　　固定電話着：加入電話、ISDN、IP 電話への着信
　　　移動電話着：携帯電話、PHS への着信

※総務省資料より TCA 作成

2-2-1-3　1加入（契約）1日当りの通信回数の推移

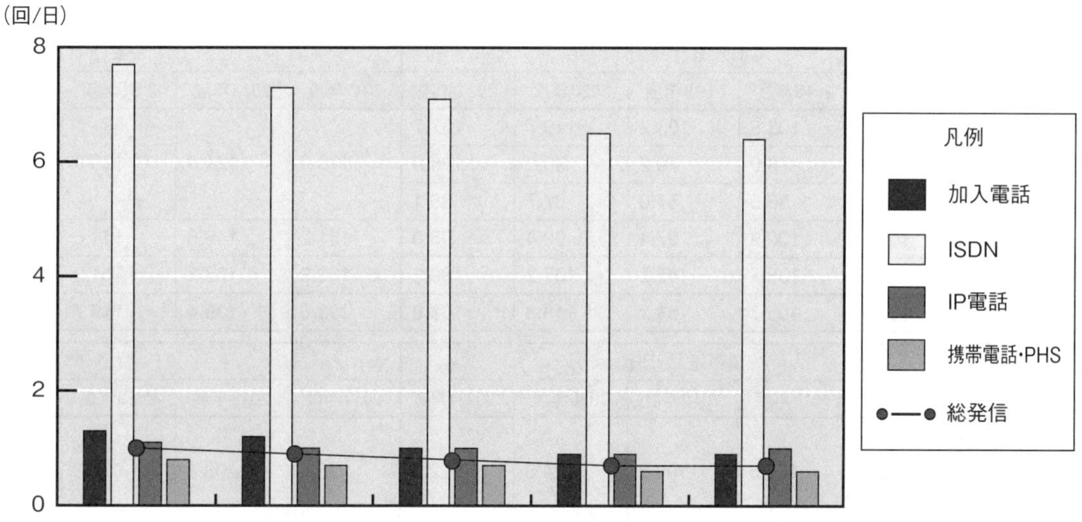

（回/日）

発 信	2017年度	2018年度	2019年度	2020年度	2021年度
加入電話	1.3	1.2	1.0	0.9	0.9
ISDN	7.7	7.3	7.1	6.5	6.4
IP電話	1.1	1.0	1.0	0.9	1.0
携帯電話・PHS	0.8	0.7	0.7	0.6	0.6
総発信	**1.0**	**0.9**	**0.8**	**0.7**	**0.7**

（注）それぞれの発信回数の範囲は下表のとおり。
例えば加入電話からの発信回数は、加入電話発固定電話着、加入電話発IP電話着、加入電話発携帯電話着、加入電話発PHS着の合計である。
なお、固定電話発IP電話着、固定電話発携帯電話着、固定電話発PHS着は実数が把握できないため、固定電話発固定電話着における比率で案分して算出した。

発信	ISDN	携帯電話	PHS
着信	固定電話、IP電話、携帯電話、PHS	固定電話、IP電話、携帯電話、PHS	固定電話、IP電話、携帯電話、PHS

※総務省資料よりTCA作成

2-2-1-4　総通信時間の推移

（百万時間）

発信＼着信	加入電話・ISDN					IP電話				
	2017年度	2018年度	2019年度	2020年度	2021年度	2017年度	2018年度	2019年度	2020年度	2021年度
加入電話	234.3	194.6	154.3	130.1	111.6					
公衆電話	1.5	1.3	1.1	1.0	0.9	5.0	4.4	4.2	4.3	4.1
ISDN	169.6	153.3	138.4	115.2	100.7					
IP電話	351.7	340.4	327.5	304.2	286.8	48.3	49.9	48.2	48.7	52.4
携帯電話・PHS	201.5	194.6	183.9	183.9	178.6	256.3	276.5	303.2	334.1	355.0
合計	**958.6**	**884.1**	**805.2**	**734.3**	**678.6**	**309.6**	**330.8**	**355.6**	**387.1**	**411.5**

発信＼着信	携帯電話・PHS					合計				
	2017年度	2018年度	2019年度	2020年度	2021年度	2017年度	2018年度	2019年度	2020年度	2021年度
加入電話										
公衆電話	67.6	63.3	59.3	60.3	55.5	478.0	416.9	357.3	310.9	272.8
ISDN										
IP電話	89.3	93.6	97.8	114.1	121.4	489.2	483.9	473.5	466.9	460.7
携帯電話・PHS	1,722.6	1,656.1	1,607.1	1,736.2	1,707.5	2,180.4	2,127.2	2,094.2	2,254.2	2,241.1
合計	**1,879.4**	**1,813.0**	**1,764.2**	**1,910.6**	**1,884.5**	**3,147.6**	**3,027.9**	**2,925.0**	**3,032.1**	**2,974.6**

※総務省資料よりTCA作成

2-2-1-5　１呼当りの平均通信時間の推移

（秒）

発信＼着信	加入電話・ISDN					IP電話				
	2017年度	2018年度	2019年度	2020年度	2021年度	2017年度	2018年度	2019年度	2020年度	2021年度
加入電話	109.7	106.5	103.2	110.7	107.7	128.6	121.8	126.0	129.0	123.0
公衆電話	77.1	78.0	79.2	90.0	108.0					
ISDN	83.8	86.5	87.0	87.7	86.1					
IP電話	105.3	100.9	97.4	99.4	95.0	151.2	148.5	144.6	155.2	139.7
携帯電話・PHS	128.2	138.7	145.2	167.2	169.6	130.9	138.3	151.0	172.1	178.2
合計	**105.4**	**105.3**	**104.2**	**110.3**	**108.0**	**133.6**	**139.4**	**149.7**	**169.1**	**171.5**

発信＼着信	携帯電話・PHS					合計				
	2017年度	2018年度	2019年度	2020年度	2021年度	2017年度	2018年度	2019年度	2020年度	2021年度
加入電話	105.8	107.5	109.5	124.8	122.6	98.4	98.3	97.3	103.1	101.0
公衆電話										
ISDN										
IP電話	110.1	110.8	112.5	128.0	125.6	109.5	106.2	103.7	109.5	105.6
携帯電話・PHS	172.8	173.4	176.7	203.5	203.0	161.5	164.2	169.3	194.8	195.6
合計	**164.6**	**165.0**	**168.0**	**192.9**	**191.7**	**137.9**	**139.2**	**142.0**	**160.8**	**160.6**

（注）総通信時間（秒）÷ 総通信回数（呼）
※総務省資料より TCA 作成

2-2-1-6　１加入（契約）１日当りの通信時間の推移

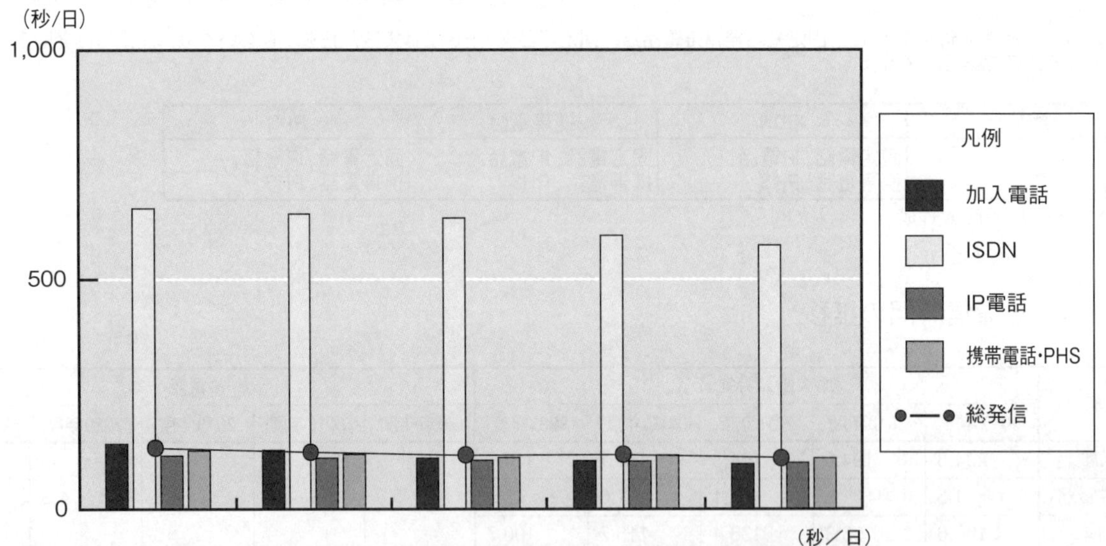

（秒／日）

発信	2017年度	2018年度	2019年度	2020年度	2021年度
加入電話	142	128	111	105	98
ISDN	655	643	634	596	574
IP電話	116	111	106	104	101
携帯電話・PHS	127	119	112	117	111
総発信	**133**	**124**	**117**	**118**	**112**

（注）発信時間の対象範囲及び計算方法は「2-2-1-3」の（注）と同じ。
※総務省資料より TCA 作成

2-2-2　加入電話・ISDN のトラヒックの状況

2-2-2-1　時間帯別通信状況

2-2-2-1-1　時間帯別通信回数の推移

（百万回）

区分	2017年度	2018年度	2019年度	2020年度	2021年度
0～1時	116	100	87	71	63
1～2時	102	89	79	66	58
2～3時	92	81	71	61	55
3～4時	84	75	67	58	52
4～5時	86	76	68	60	55
5～6時	107	93	81	73	65
6～7時	148	130	113	97	87
7～8時	283	244	202	164	150
8～9時	697	616	509	415	371
9～10時	1,454	1,267	1,085	869	768
10～11時	1,518	1,323	1,132	919	816
11～12時	1,406	1,227	1,055	862	763
12～13時	852	733	626	519	462
13～14時	1,242	1,074	925	757	673
14～15時	1,247	1,082	932	767	676
15～16時	1,245	1,077	933	768	678
16～17時	1,244	1,083	939	760	671
17～18時	1,048	905	774	597	525
18～19時	714	602	503	381	334
19～20時	493	410	344	260	228
20～21時	322	267	226	175	154
21～22時	201	169	144	109	95
22～23時	149	128	109	82	73
23～24時	128	111	95	74	66
合計	**14,975**	**12,961**	**11,103**	**8,966**	**7,938**

時間帯別通信回数（2021年度）

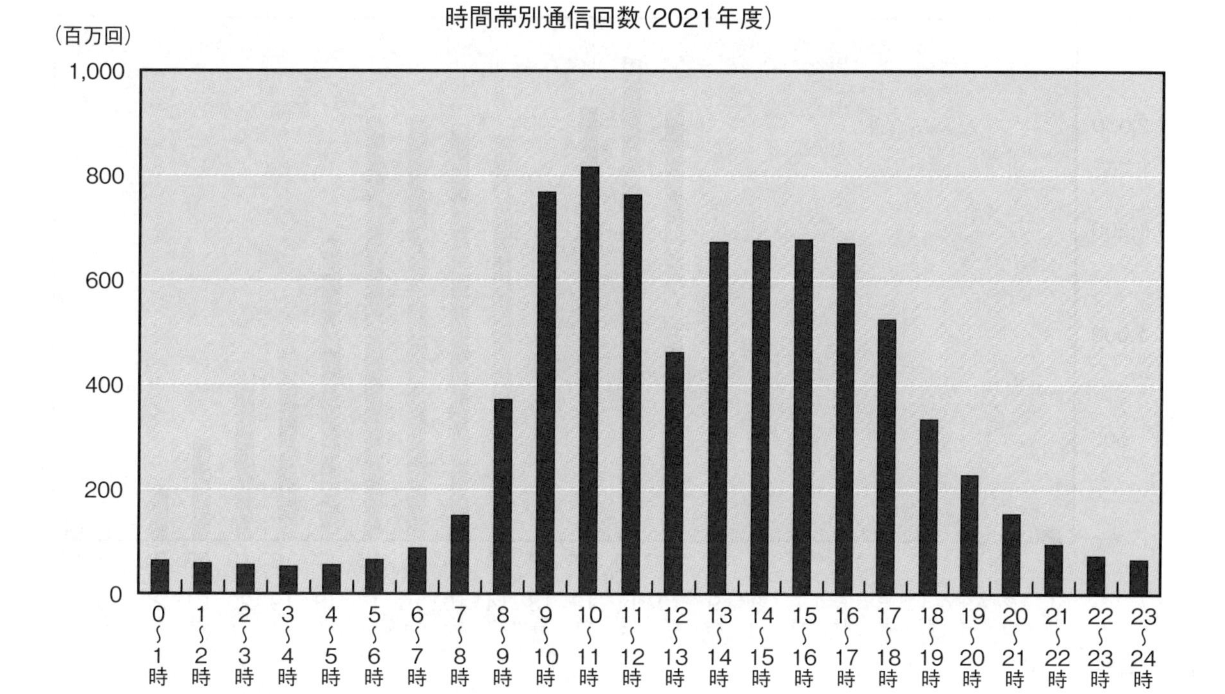

※総務省資料より TCA 作成

2-2-2-1-2　時間帯別通信時間の推移

（万時間）

区分	2017年度	2018年度	2019年度	2020年度	2021年度
0～1時	159	127	107	78	75
1～2時	120	101	87	67	57
2～3時	100	84	74	57	49
3～4時	126	113	101	79	68
4～5時	103	90	124	68	56
5～6時	120	100	86	71	63
6～7時	191	168	143	112	97
7～8時	506	426	344	266	236
8～9時	1,594	1,387	1,137	929	810
9～10時	3,972	3,444	2,905	2,405	2,106
10～11時	4,154	3,628	3,071	2,648	2,303
11～12時	3,685	3,232	2,751	2,381	2,073
12～13時	2,258	1,966	1,653	1,453	1,267
13～14時	3,416	2,978	2,539	2,225	1,936
14～15時	3,478	3,035	2,602	2,297	1,988
15～16時	3,566	3,115	2,668	2,335	2,028
16～17時	3,674	3,202	2,738	2,319	2,019
17～18時	2,975	2,550	2,124	1,679	1,442
18～19時	2,115	1,760	1,409	1,081	917
19～20時	1,715	1,399	1,108	864	725
20～21時	1,242	998	785	605	492
21～22時	621	496	390	288	231
22～23時	300	240	194	131	109
23～24時	193	156	127	90	77
合計	**40,385**	**34,790**	**29,271**	**24,527**	**21,229**

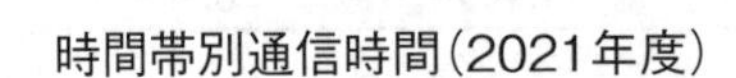

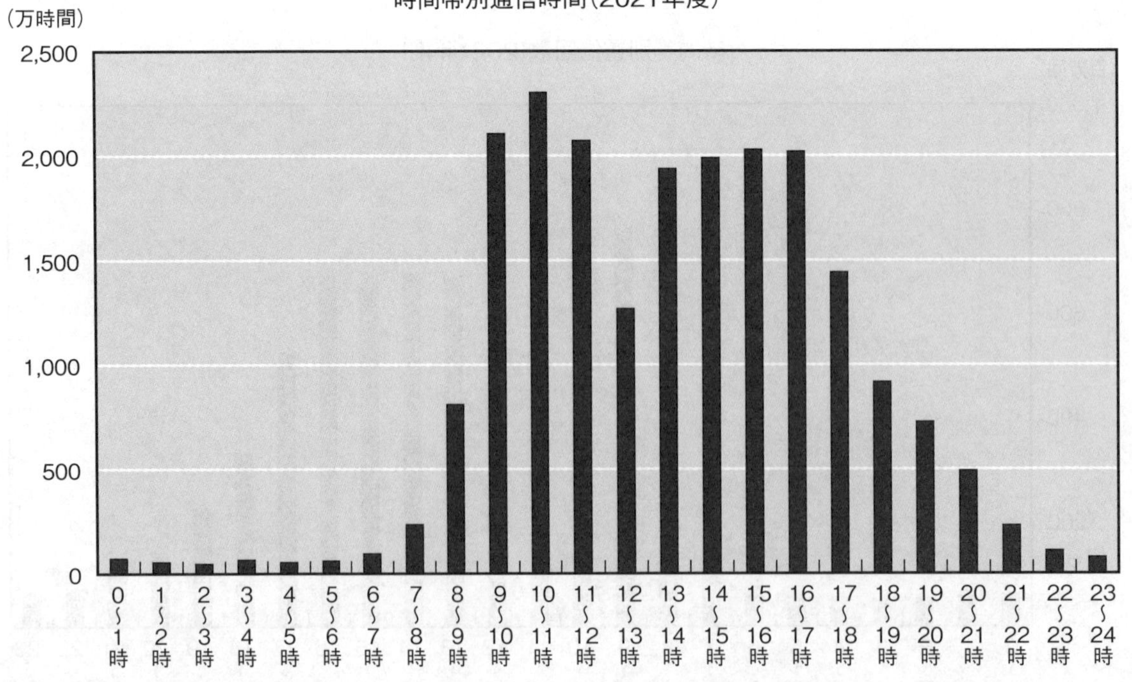

※総務省資料よりTCA作成

2-2-2-2　通信時間別通信回数の状況

2-2-2-2-1　通信時間別の通信回数の推移

（百万回）

区　分	2017年度	2018年度	2019年度	2020年度	2021年度
1分以内	10,064	8,709	7,515	6,122	5,442
1～3分	3,217	2,798	2,364	1,828	1,601
3分～	1,693	1,454	1,225	1,019	892
合　計	**14,975**	**12,961**	**11,103**	**8,966**	**7,938**

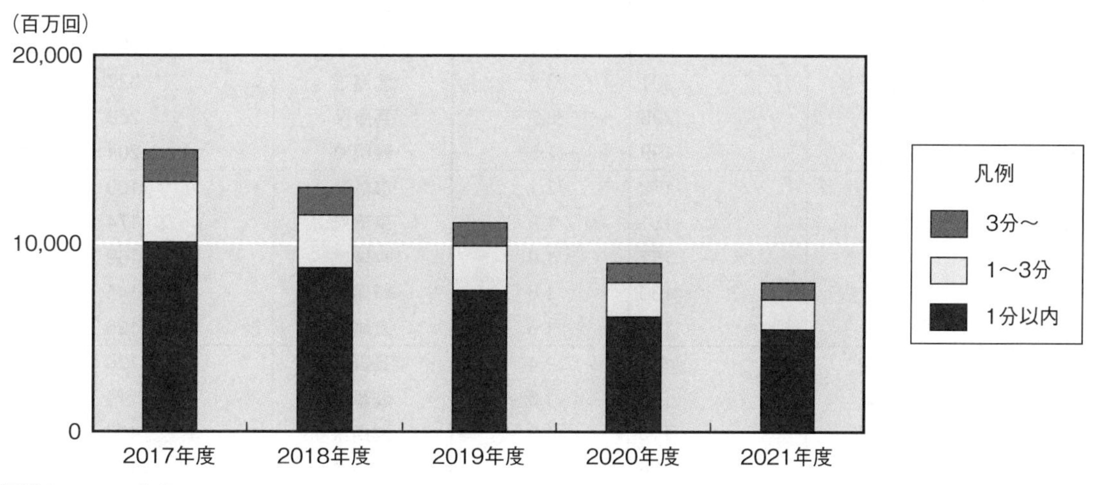

※総務省資料より TCA 作成

2-2-2-2-2　10 秒毎の通信回数（2021 年度）

（百万回）

区　分	合　計
～10秒	894
～20秒	1,167
～30秒	1,413
～40秒	972
～50秒	588
～60秒	408
～70秒	308
～80秒	232
～90秒	189
～100秒	159
～110秒	134
～120秒	116
～130秒	105
～140秒	89
～150秒	78
～160秒	69
～170秒	63
～180秒	59
180秒～	892
合計	**7,938**

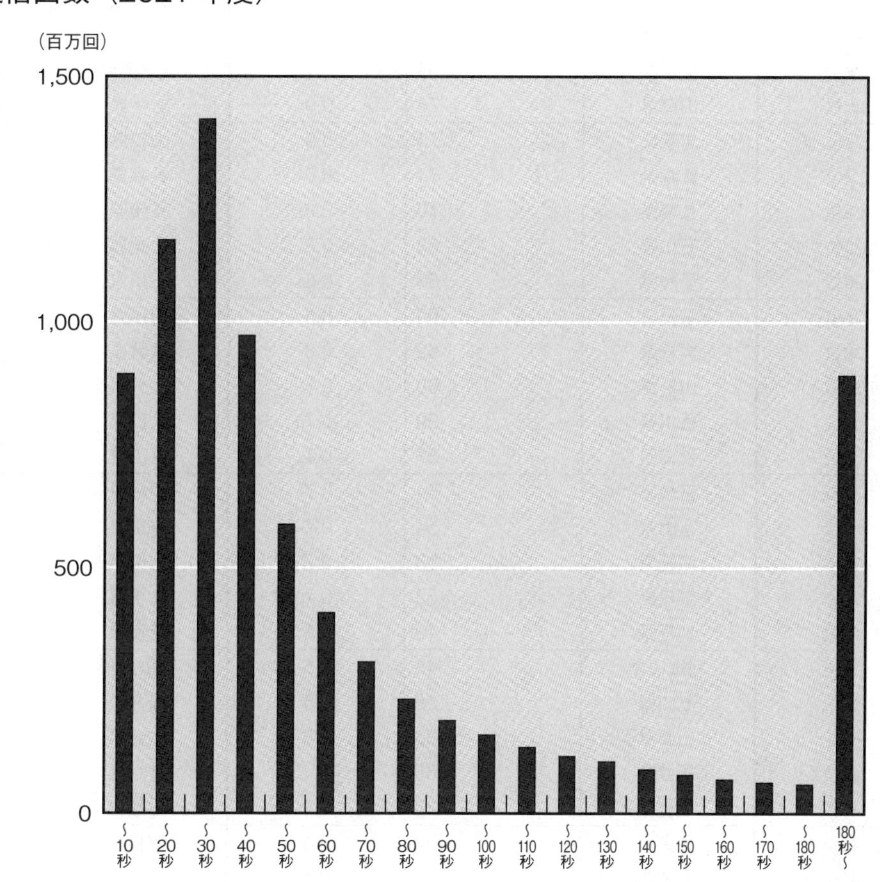

※総務省資料より TCA 作成

2-2-2-3　都道府県毎の通信状況

2-2-2-3-1　発信回数・着信回数の都道府県別順位（2021 年度）

（百万回）

順 位	発信			着信		
	都道府県	発信回数	構成比（%）	都道府県	着信回数	構成比（%）
1位	東京都	1,521	19.2	東京都	1,455	18.3
2位	大阪府	777	9.8	大阪府	774	9.7
3位	神奈川県	528	6.6	神奈川県	469	5.9
4位	愛知県	442	5.6	愛知県	446	5.6
5位	埼玉県	404	5.1	埼玉県	354	4.5
6位	北海道	328	4.1	福岡県	336	4.2
7位	福岡県	328	4.1	千葉県	328	4.1
8位	千葉県	301	3.8	北海道	327	4.1
9位	兵庫県	295	3.7	兵庫県	268	3.4
10位	静岡県	199	2.5	静岡県	204	2.6
11位	広島県	170	2.1	広島県	189	2.4
12位	宮城県	151	1.9	京都府	174	2.2
13位	京都府	151	1.9	宮城県	169	2.1
14位	新潟県	130	1.6	新潟県	145	1.8
15位	茨城県	126	1.6	茨城県	126	1.6
16位	長野県	111	1.4	長野県	126	1.6
17位	岐阜県	103	1.3	岐阜県	111	1.4
18位	岡山県	103	1.3	群馬県	107	1.3
19位	福島県	98	1.2	岡山県	106	1.3
20位	群馬県	95	1.2	福島県	100	1.3
21位	鹿児島県	92	1.2	栃木県	93	1.2
22位	三重県	85	1.1	三重県	89	1.1
23位	熊本県	84	1.1	熊本県	89	1.1
24位	栃木県	84	1.1	鹿児島県	88	1.1
25位	山口県	74	0.9	岩手県	73	0.9
26位	岩手県	73	0.9	山口県	71	0.9
27位	青森県	71	0.9	青森県	69	0.9
28位	長崎県	70	0.9	長崎県	68	0.9
29位	石川県	63	0.8	愛媛県	68	0.9
30位	愛媛県	63	0.8	石川県	67	0.8
31位	滋賀県	63	0.8	山形県	64	0.8
32位	大分県	62	0.8	滋賀県	62	0.8
33位	山形県	59	0.7	大分県	61	0.8
34位	香川県	59	0.7	秋田県	60	0.8
35位	秋田県	57	0.7	富山県	60	0.8
36位	宮崎県	54	0.7	沖縄県	59	0.7
37位	富山県	54	0.7	香川県	59	0.7
38位	沖縄県	53	0.7	宮崎県	56	0.7
39位	奈良県	53	0.7	島根県	54	0.7
40位	島根県	49	0.6	奈良県	52	0.7
41位	和歌山県	48	0.6	和歌山県	47	0.6
42位	高知県	38	0.5	福井県	40	0.5
43位	山梨県	36	0.5	佐賀県	38	0.5
44位	福井県	35	0.4	高知県	38	0.5
45位	佐賀県	35	0.4	山梨県	37	0.5
46位	徳島県	32	0.4	徳島県	34	0.4
47位	鳥取県	29	0.4	鳥取県	30	0.4
	合計	**7,938**	**100.0**	合計	**7,938**	**100.0**

※総務省資料より TCA 作成

2-2-2-3-2 都道府県別の主な発信対地の状況（2021年度）

発信	総発信回数（百万回）	着信 1位 都道府県	1位 構成比（%）	2位 都道府県	2位 構成比（%）	3位 都道府県	3位 構成比（%）	4位 都道府県	4位 構成比（%）	5位 都道府県	5位 構成比（%）
北海道	328	北海道	79.0	東京都	8.0	宮城県	2.4	神奈川県	1.2	大阪府	1.1
青森県	71	青森県	74.3	宮城県	7.6	東京都	5.5	岩手県	2.7	秋田県	1.3
岩手県	73	岩手県	71.8	宮城県	9.9	東京都	5.7	青森県	2.3	秋田県	1.6
宮城県	151	宮城県	62.9	東京都	9.2	福島県	3.8	岩手県	2.9	山形県	2.7
秋田県	57	秋田県	75.2	宮城県	6.6	東京都	5.6	山形県	1.8	青森県	1.6
山形県	59	山形県	71.8	宮城県	9.0	東京都	6.6	神奈川県	1.2	埼玉県	1.1
福島県	98	福島県	69.4	宮城県	10.0	東京都	9.4	埼玉県	1.3	神奈川県	1.2
茨城県	126	茨城県	56.2	東京都	12.4	千葉県	8.0	埼玉県	7.4	長野県	2.5
栃木県	84	栃木県	61.3	東京都	13.0	埼玉県	6.8	茨城県	3.3	群馬県	2.9
群馬県	95	群馬県	57.4	東京都	12.9	埼玉県	6.5	新潟県	4.4	栃木県	3.3
埼玉県	404	埼玉県	44.5	東京都	19.7	千葉県	5.6	神奈川県	3.9	群馬県	2.4
千葉県	301	千葉県	59.7	東京都	20.4	埼玉県	4.1	神奈川県	2.8	茨城県	2.0
東京都	1,521	東京都	54.9	神奈川県	6.2	埼玉県	5.2	大阪府	4.4	千葉県	3.8
神奈川県	528	神奈川県	53.1	東京都	21.0	大阪府	2.8	千葉県	2.7	埼玉県	2.7
新潟県	130	新潟県	77.0	東京都	7.7	埼玉県	1.6	大阪府	1.4	神奈川県	1.2
富山県	54	富山県	67.8	東京都	5.8	石川県	5.2	大阪府	4.8	京都府	3.2
石川県	63	石川県	60.9	東京都	9.3	富山県	5.0	大阪府	4.5	京都府	4.0
福井県	35	福井県	71.1	東京都	5.2	大阪府	5.1	京都府	4.0	石川県	3.8
山梨県	36	山梨県	62.1	東京都	13.5	埼玉県	6.8	静岡県	4.8	神奈川県	2.9
長野県	111	長野県	68.6	東京都	9.1	千葉県	4.5	新潟県	4.0	愛知県	2.2
岐阜県	103	岐阜県	61.6	愛知県	17.2	東京都	5.5	大阪府	3.8	神奈川県	1.1
静岡県	199	静岡県	70.5	東京都	7.8	愛知県	7.5	大阪府	3.0	神奈川県	2.8
愛知県	442	愛知県	64.9	東京都	6.9	大阪府	4.9	兵庫県	3.5	岐阜県	3.2
三重県	85	三重県	65.8	愛知県	12.5	東京都	5.6	大阪府	5.3	神奈川県	1.2
滋賀県	63	滋賀県	52.9	大阪府	16.4	京都府	11.3	東京都	5.3	愛知県	2.2
京都府	151	京都府	61.1	大阪府	15.6	東京都	5.9	滋賀県	2.8	兵庫県	2.4
大阪府	777	大阪府	57.1	東京都	7.8	兵庫県	5.4	京都府	3.1	愛知県	3.0
兵庫県	295	兵庫県	49.7	大阪府	20.0	東京都	6.2	福岡県	2.6	京都府	1.8
奈良県	53	奈良県	53.2	大阪府	20.7	京都府	9.3	東京都	5.4	兵庫県	1.8
和歌山県	48	和歌山県	62.8	大阪府	12.9	東京都	6.1	京都府	4.4	愛知県	1.6
鳥取県	29	鳥取県	68.9	島根県	9.4	広島県	4.5	大阪府	4.1	東京都	3.9
島根県	49	島根県	61.4	東京都	12.2	広島県	5.8	大阪府	5.5	鳥取県	2.8
岡山県	103	岡山県	63.3	広島県	8.8	大阪府	6.4	東京都	5.2	兵庫県	3.8
広島県	170	広島県	70.2	大阪府	5.2	東京都	4.8	岡山県	3.5	山口県	2.6
山口県	74	山口県	65.6	福岡県	9.7	広島県	8.1	東京都	4.5	大阪府	4.0
徳島県	32	徳島県	69.8	大阪府	5.8	東京都	5.4	香川県	5.2	広島県	3.3
香川県	59	香川県	61.7	大阪府	6.4	東京都	5.5	愛媛県	4.6	広島県	3.6
愛媛県	63	愛媛県	70.2	東京都	5.4	大阪府	5.3	広島県	3.9	香川県	3.8
高知県	38	高知県	75.1	東京都	4.7	大阪府	4.3	香川県	3.3	広島県	2.6
福岡県	328	福岡県	64.1	東京都	6.1	大阪府	5.1	熊本県	2.3	佐賀県	1.9
佐賀県	35	佐賀県	66.8	福岡県	16.1	東京都	4.2	長崎県	2.6	大阪府	2.6
長崎県	70	長崎県	71.3	福岡県	9.9	東京都	4.7	大阪府	2.9	佐賀県	1.6
熊本県	84	熊本県	70.0	福岡県	11.2	東京都	4.3	大阪府	2.9	鹿児島県	1.5
大分県	62	大分県	70.8	福岡県	11.1	東京都	4.1	大阪府	3.0	兵庫県	2.5
宮崎県	54	宮崎県	73.4	福岡県	7.0	東京都	4.1	鹿児島県	2.9	大阪府	2.7
鹿児島県	92	鹿児島県	71.4	福岡県	6.1	東京都	4.1	大阪府	3.1	宮崎県	2.3
沖縄県	53	沖縄県	73.9	東京都	7.2	大阪府	5.1	福岡県	4.6	神奈川県	1.2

※総務省資料よりTCA作成

2-2-2-3-3　各都道府県着信呼の主な発信元の状況（2021 年度）

着信	総着信回数（百万回）	発信									
		1 位		2 位		3 位		4 位		5 位	
		都道府県	構成比（%）	都道府県	構成比（%）	都道府県	構成比（%）	都道府県	構成比（%）	都道府県	構成比（%）
北海道	327	北海道	79.3	東京都	9.1	大阪府	1.7	埼玉県	1.5	神奈川県	1.3
青森県	69	青森県	76.2	東京都	6.7	宮城県	3.8	岩手県	2.5	埼玉県	2.3
岩手県	73	岩手県	71.7	東京都	7.0	宮城県	6.0	青森県	2.7	埼玉県	2.4
宮城県	169	宮城県	56.2	東京都	9.4	福島県	5.8	北海道	4.7	岩手県	4.3
秋田県	60	秋田県	71.2	東京都	7.2	宮城県	3.8	大阪府	3.4	埼玉県	2.3
山形県	64	山形県	66.9	東京都	8.0	宮城県	6.4	埼玉県	2.9	大阪府	2.4
福島県	100	福島県	68.4	東京都	9.4	宮城県	5.7	埼玉県	3.2	千葉県	1.7
茨城県	126	茨城県	55.9	東京都	15.2	埼玉県	7.3	千葉県	4.9	神奈川県	3.1
栃木県	93	栃木県	54.9	東京都	15.0	埼玉県	7.4	神奈川県	3.5	群馬県	3.4
群馬県	107	群馬県	51.2	東京都	13.3	埼玉県	8.9	神奈川県	5.8	大阪府	2.8
埼玉県	354	埼玉県	50.8	東京都	22.4	神奈川県	4.0	千葉県	3.5	大阪府	2.9
千葉県	328	千葉県	54.8	東京都	17.7	埼玉県	6.9	神奈川県	4.4	茨城県	3.1
東京都	1,455	東京都	57.4	神奈川県	7.6	埼玉県	5.5	千葉県	4.2	大阪府	4.2
神奈川県	469	神奈川県	59.7	東京都	19.9	埼玉県	3.4	大阪府	2.9	千葉県	1.8
新潟県	145	新潟県	69.0	東京都	8.9	長野県	3.0	埼玉県	3.0	群馬県	2.9
富山県	60	富山県	61.4	東京都	9.0	大阪府	6.5	石川県	5.3	神奈川県	2.5
石川県	67	石川県	57.8	東京都	7.6	大阪府	6.5	富山県	4.2	愛知県	3.9
福井県	40	福井県	62.8	東京都	7.9	大阪府	7.1	石川県	4.7	愛知県	2.5
山梨県	37	山梨県	61.0	東京都	16.6	神奈川県	5.6	埼玉県	2.5	大阪府	2.2
長野県	126	長野県	60.6	東京都	11.1	大阪府	6.2	愛知県	3.5	茨城県	2.5
岐阜県	111	岐阜県	57.5	愛知県	12.7	東京都	7.9	大阪府	5.8	神奈川県	2.3
静岡県	204	静岡県	68.7	東京都	9.9	愛知県	4.8	神奈川県	3.8	大阪府	3.2
愛知県	446	愛知県	64.3	東京都	8.1	大阪府	5.2	岐阜県	4.0	静岡県	3.4
三重県	89	三重県	62.8	愛知県	11.3	東京都	7.8	大阪府	5.7	神奈川県	1.9
滋賀県	62	滋賀県	53.9	大阪府	12.6	東京都	8.1	京都府	6.7	兵庫県	4.2
京都府	174	京都府	52.7	大阪府	13.8	東京都	6.6	滋賀県	4.1	兵庫県	3.1
大阪府	774	大阪府	57.4	東京都	8.7	兵庫県	7.6	京都府	3.0	愛知県	2.8
兵庫県	268	兵庫県	54.7	大阪府	15.8	東京都	7.5	愛知県	5.9	福岡県	2.1
奈良県	52	奈良県	53.5	大阪府	19.3	東京都	8.2	兵庫県	4.7	京都府	2.5
和歌山県	47	和歌山県	64.2	大阪府	13.7	東京都	7.5	兵庫県	3.2	神奈川県	2.0
鳥取県	30	鳥取県	64.8	東京都	6.6	島根県	4.6	大阪府	4.6	兵庫県	4.5
島根県	54	島根県	56.1	東京都	9.1	大阪府	5.7	鳥取県	5.0	広島県	4.7
岡山県	106	岡山県	61.6	東京都	7.5	大阪府	6.2	広島県	5.6	兵庫県	4.7
広島県	189	広島県	63.3	東京都	6.5	岡山県	4.8	大阪府	4.3	山口県	3.2
山口県	71	山口県	68.2	東京都	6.2	広島県	6.1	福岡県	4.9	大阪府	3.8
徳島県	34	徳島県	66.3	東京都	6.5	大阪府	6.1	香川県	5.1	兵庫県	3.4
香川県	59	香川県	62.0	東京都	6.6	大阪府	6.5	愛媛県	4.0	兵庫県	3.0
愛媛県	68	愛媛県	65.5	東京都	8.2	大阪府	6.0	香川県	4.1	兵庫県	2.4
高知県	38	高知県	73.8	東京都	5.8	大阪府	4.4	香川県	3.2	兵庫県	2.0
福岡県	336	福岡県	62.6	東京都	7.6	大阪府	4.2	熊本県	2.8	兵庫県	2.3
佐賀県	38	佐賀県	60.5	福岡県	16.4	東京都	5.8	埼玉県	3.3	大阪府	3.1
長崎県	68	長崎県	73.1	福岡県	7.9	東京都	6.4	大阪府	2.7	兵庫県	1.7
熊本県	89	熊本県	66.5	福岡県	8.5	東京都	7.1	大阪府	3.2	埼玉県	2.4
大分県	61	大分県	72.5	福岡県	9.4	東京都	5.7	大阪府	2.4	埼玉県	2.0
宮崎県	56	宮崎県	71.0	東京都	6.8	福岡県	5.4	鹿児島県	3.8	大阪府	2.7
鹿児島県	88	鹿児島県	74.2	東京都	6.1	福岡県	5.0	大阪府	2.7	兵庫県	2.3
沖縄県	59	沖縄県	66.3	東京都	12.3	大阪府	4.7	福岡県	3.0	埼玉県	2.2

※総務省資料より TCA 作成

2-2-2-3-4　都道府県間通信回数（2021 年度）

（百万回）

発信＼着信	北海道	青森県	岩手県	宮城県	秋田県	山形県	福島県	茨城県	栃木県	群馬県
北海道	259	1	1	8	0	0	1	1	1	1
青森県	1	53	2	5	1	0	0	0	0	0
岩手県	0	2	53	7	1	1	0	0	0	0
宮城県	2	3	4	95	2	4	6	1	1	1
秋田県	0	1	1	4	43	1	0	0	0	0
山形県	0	0	0	5	0	43	1	0	0	0
福島県	0	0	0	10	0	1	68	1	1	0
茨城県	1	0	0	1	0	0	1	71	3	1
栃木県	0	0	0	1	0	0	1	3	51	2
群馬県	1	0	0	1	0	0	0	1	3	55
埼玉県	5	2	2	3	1	2	3	9	7	10
千葉県	2	0	1	1	0	1	2	6	2	2
東京都	30	5	5	16	4	5	9	19	14	14
神奈川県	4	1	1	3	1	1	2	4	3	6
新潟県	1	0	0	1	0	1	1	0	0	1
富山県	0	0	0	0	0	0	0	0	0	0
石川県	0	0	0	0	0	0	0	0	0	0
福井県	0	0	0	0	0	0	0	0	0	0
山梨県	0	0	0	0	0	0	0	0	0	0
長野県	0	0	0	0	0	0	0	0	0	1
岐阜県	0	0	0	0	0	0	0	0	0	0
静岡県	1	0	0	1	0	0	0	1	0	1
愛知県	2	0	0	1	0	0	1	1	1	1
三重県	0	0	0	0	0	0	0	0	0	0
滋賀県	0	0	0	0	0	0	0	0	0	0
京都府	1	0	0	0	0	0	0	0	0	0
大阪府	6	1	1	3	2	2	2	3	2	3
兵庫県	2	0	0	1	0	0	1	1	1	1
奈良県	0	0	0	0	0	0	0	0	0	0
和歌山県	0	0	0	0	0	0	0	0	0	0
鳥取県	0	0	0	0	0	0	0	0	0	0
島根県	0	0	0	0	0	0	0	0	0	0
岡山県	0	0	0	0	0	0	0	0	0	0
広島県	0	0	0	0	0	0	0	0	0	0
山口県	0	0	0	0	0	0	0	0	0	0
徳島県	0	0	0	0	0	0	0	0	0	0
香川県	0	0	0	0	0	0	0	0	0	0
愛媛県	0	0	0	0	0	0	0	0	0	0
高知県	0	0	0	0	0	0	0	0	0	0
福岡県	2	0	0	1	0	0	0	1	1	1
佐賀県	0	0	0	0	0	0	0	0	0	0
長崎県	0	0	0	0	0	0	0	0	0	0
熊本県	0	0	0	0	0	0	0	0	0	0
大分県	0	0	0	0	0	0	0	0	0	0
宮崎県	0	0	0	0	0	0	0	0	0	0
鹿児島県	0	0	0	0	0	0	0	0	0	0
沖縄県	0	0	0	0	0	0	0	0	0	0
合計	**327**	**69**	**73**	**169**	**60**	**64**	**100**	**126**	**93**	**107**

※総務省資料よりTCA作成

（百万回）

発信＼着信	埼玉県	千葉県	東京都	神奈川県	新潟県	富山県	石川県	福井県	山梨県	長野県
北海道	3	2	26	4	1	0	0	0	0	1
青森県	1	0	4	1	0	0	0	0	0	0
岩手県	1	0	4	1	0	0	0	0	0	0
宮城県	2	1	14	2	1	0	0	0	0	0
秋田県	0	0	3	1	0	0	0	0	0	0
山形県	1	1	4	1	1	0	0	0	0	0
福島県	1	1	9	1	0	0	0	0	0	0
茨城県	9	10	16	2	0	0	0	0	0	3
栃木県	6	1	11	2	0	0	0	0	0	0
群馬県	6	1	12	2	4	0	0	0	0	1
埼玉県	180	23	80	16	4	1	2	0	1	3
千葉県	12	180	61	9	1	0	0	0	0	1
東京都	79	58	835	94	13	5	5	3	6	14
神奈川県	14	14	111	280	3	2	1	1	2	3
新潟県	2	1	10	2	100	1	1	0	0	1
富山県	0	0	3	1	1	37	3	1	0	0
石川県	1	0	6	1	1	3	38	2	0	0
福井県	0	0	2	0	0	0	1	25	0	0
山梨県	2	0	5	1	0	0	0	0	23	1
長野県	2	5	10	2	4	0	0	0	1	76
岐阜県	1	1	6	1	0	0	0	0	0	1
静岡県	2	2	16	6	0	0	0	0	1	1
愛知県	5	4	30	7	1	1	3	1	0	4
三重県	0	0	5	1	0	0	0	0	0	0
滋賀県	0	0	3	1	0	0	0	0	0	0
京都府	1	1	9	1	0	0	0	0	0	1
大阪府	10	8	61	13	4	4	4	3	1	8
兵庫県	3	3	18	4	1	1	1	1	0	1
奈良県	0	0	3	0	0	0	0	0	0	0
和歌山県	0	0	3	1	0	0	0	0	0	0
鳥取県	0	0	1	0	0	0	0	0	0	0
島根県	1	1	6	0	0	0	0	0	0	0
岡山県	1	0	5	1	0	0	0	0	0	0
広島県	1	1	8	1	0	0	0	0	0	1
山口県	0	0	3	1	0	0	0	0	0	0
徳島県	0	0	2	0	0	0	0	0	0	0
香川県	0	0	3	1	0	0	0	0	0	0
愛媛県	0	0	3	1	0	0	0	0	0	0
高知県	0	0	2	0	0	0	0	0	0	0
福岡県	2	2	20	4	1	0	1	0	0	2
佐賀県	0	0	1	0	0	0	0	0	0	0
長崎県	0	0	3	1	0	0	0	0	0	0
熊本県	0	0	4	1	0	0	0	0	0	0
大分県	0	0	3	0	0	0	0	0	0	0
宮崎県	0	0	2	0	0	0	0	0	0	0
鹿児島県	1	1	4	1	0	0	0	0	0	0
沖縄県	0	0	4	1	0	0	0	0	0	0
合計	**354**	**328**	**1,455**	**469**	**145**	**60**	**67**	**40**	**37**	**126**

（百万回）

着信／発信	岐阜県	静岡県	愛知県	三重県	滋賀県	京都府	大阪府	兵庫県	奈良県	和歌山県
北海道	1	1	3	0	0	1	4	1	0	0
青森県	0	0	0	0	0	0	0	0	0	0
岩手県	0	0	0	0	0	0	0	0	0	0
宮城県	0	0	1	0	0	1	3	1	0	0
秋田県	0	0	0	0	0	0	0	0	0	0
山形県	0	0	0	0	0	0	1	0	0	0
福島県	0	0	1	0	0	0	1	0	0	0
茨城県	0	1	1	0	0	0	2	0	0	0
栃木県	0	0	1	0	0	0	1	0	0	0
群馬県	0	1	1	0	0	0	2	0	0	0
埼玉県	2	4	7	1	1	1	8	3	0	0
千葉県	1	1	2	0	0	1	5	2	0	0
東京都	9	20	36	7	5	11	67	20	4	4
神奈川県	3	8	9	2	2	2	15	5	1	1
新潟県	0	0	1	0	0	1	2	1	0	0
富山県	0	0	1	0	0	2	3	0	0	0
石川県	0	0	2	0	0	3	3	0	0	0
福井県	0	0	1	0	0	1	2	0	0	0
山梨県	0	2	0	0	0	0	0	0	0	0
長野県	1	1	2	0	0	1	2	0	0	0
岐阜県	64	1	18	1	1	1	4	1	0	0
静岡県	1	140	15	0	0	1	6	1	0	0
愛知県	14	10	287	10	1	3	22	16	1	0
三重県	1	0	11	56	0	1	4	1	0	1
滋賀県	1	0	1	1	33	7	10	1	0	0
京都府	1	1	2	0	4	92	23	4	1	0
大阪府	6	7	23	5	8	24	444	42	10	6
兵庫県	1	1	5	1	3	5	59	146	2	1
奈良県	0	0	1	1	0	5	11	1	28	0
和歌山県	0	0	1	0	0	2	6	1	0	30
鳥取県	0	0	0	0	0	0	1	0	0	0
島根県	0	0	0	0	0	0	3	0	0	0
岡山県	0	0	1	0	0	1	7	4	0	0
広島県	0	0	1	0	0	1	9	2	0	0
山口県	0	0	0	0	0	0	3	1	0	0
徳島県	0	0	0	0	0	0	2	0	0	0
香川県	0	0	1	0	0	0	4	1	0	0
愛媛県	0	0	0	0	0	0	3	1	0	0
高知県	0	0	0	0	0	0	2	0	0	0
福岡県	1	1	4	1	1	2	17	6	1	0
佐賀県	0	0	0	0	0	0	1	0	0	0
長崎県	0	0	0	0	0	0	2	0	0	0
熊本県	0	0	1	0	0	0	2	1	0	0
大分県	0	0	0	0	0	0	2	2	0	0
宮崎県	0	0	0	0	0	0	1	0	0	0
鹿児島県	0	0	1	0	0	0	3	1	0	0
沖縄県	0	0	0	0	0	0	3	0	0	0
合計	**111**	**204**	**446**	**89**	**62**	**174**	**774**	**268**	**52**	**47**

（百万回）

着信／発信	鳥取県	島根県	岡山県	広島県	山口県	徳島県	香川県	愛媛県	高知県	福岡県
北海道	0	1	0	1	0	0	0	0	0	2
青森県	0	0	0	0	0	0	0	0	0	0
岩手県	0	0	0	0	0	0	0	0	0	0
宮城県	0	0	0	1	0	0	0	0	0	0
秋田県	0	0	0	0	0	0	0	0	0	0
山形県	0	0	0	0	0	0	0	0	0	0
福島県	0	0	0	0	0	0	0	0	0	0
茨城県	0	0	0	0	0	0	0	0	0	0
栃木県	0	0	0	0	0	0	0	0	0	0
群馬県	0	0	0	0	0	0	0	0	0	1
埼玉県	0	2	1	3	1	0	0	1	0	6
千葉県	0	1	0	1	0	0	0	0	0	2
東京都	2	5	8	12	4	2	4	6	2	25
神奈川県	1	2	3	4	2	1	1	1	1	5
新潟県	0	0	0	0	0	0	0	0	0	0
富山県	0	0	0	0	0	0	0	0	0	0
石川県	0	0	0	0	0	0	0	0	0	1
福井県	0	0	0	0	0	0	0	0	0	0
山梨県	0	0	0	0	0	0	0	0	0	0
長野県	0	0	0	0	0	0	0	0	0	0
岐阜県	0	0	0	0	0	0	0	0	0	1
静岡県	0	0	0	0	0	0	0	0	0	1
愛知県	0	0	1	2	1	0	1	1	0	3
三重県	0	0	0	0	0	0	0	0	0	0
滋賀県	0	0	0	0	0	0	0	0	0	0
京都府	0	0	1	1	0	0	0	0	0	1
大阪府	1	3	7	8	3	2	4	4	2	14
兵庫県	1	1	5	3	1	1	2	2	1	8
奈良県	0	0	0	0	0	0	0	0	0	0
和歌山県	0	0	0	0	0	0	0	0	0	0
鳥取県	20	3	1	1	0	0	0	0	0	0
島根県	1	30	0	3	0	0	0	0	0	0
岡山県	1	0	65	9	0	0	1	1	0	1
広島県	1	3	6	120	4	0	1	1	0	3
山口県	0	0	0	6	49	0	0	0	0	7
徳島県	0	0	0	1	0	23	2	0	0	0
香川県	0	0	1	2	0	2	37	3	1	1
愛媛県	0	0	0	2	0	0	2	44	1	1
高知県	0	0	0	1	0	0	1	1	28	0
福岡県	0	0	1	3	3	0	1	1	0	210
佐賀県	0	0	0	0	0	0	0	0	0	6
長崎県	0	0	0	0	0	0	0	0	0	7
熊本県	0	0	0	0	0	0	0	0	0	9
大分県	0	0	0	0	0	0	0	0	0	7
宮崎県	0	0	0	0	0	0	0	0	0	4
鹿児島県	0	0	0	0	0	0	0	0	0	6
沖縄県	0	0	0	0	0	0	0	0	0	2
合計	**30**	**54**	**106**	**189**	**71**	**34**	**59**	**68**	**38**	**336**

（百万回）

着信／発信	佐賀県	長崎県	熊本県	大分県	宮崎県	鹿児島県	沖縄県	合計	自都道府県内	比率
北海道	0	0	1	0	0	0	0	328	259	79.0%
青森県	0	0	0	0	0	0	0	71	53	74.3%
岩手県	0	0	0	0	0	0	0	73	53	71.8%
宮城県	0	0	0	0	0	0	1	151	95	62.9%
秋田県	0	0	0	0	0	0	0	57	43	75.2%
山形県	0	0	0	0	0	0	0	59	43	71.8%
福島県	0	0	0	0	0	0	0	98	68	69.4%
茨城県	0	0	0	0	0	0	0	126	71	56.2%
栃木県	0	0	0	0	0	0	0	84	51	61.3%
群馬県	0	0	0	0	0	0	0	95	55	57.4%
埼玉県	1	0	2	1	1	1	1	404	180	44.5%
千葉県	0	0	0	0	0	0	0	301	180	59.7%
東京都	2	4	6	3	4	5	7	1,521	835	54.9%
神奈川県	0	1	1	1	1	1	1	528	280	53.1%
新潟県	0	0	0	0	0	0	0	130	100	77.0%
富山県	0	0	0	0	0	0	0	54	37	67.8%
石川県	0	0	0	0	0	0	0	63	38	60.9%
福井県	0	0	0	0	0	0	0	35	25	71.1%
山梨県	0	0	0	0	0	0	0	36	23	62.1%
長野県	0	0	0	0	0	0	0	111	76	68.6%
岐阜県	0	0	0	0	0	0	0	103	64	61.6%
静岡県	0	0	0	0	0	1	0	199	140	70.5%
愛知県	0	0	0	0	0	1	1	442	287	64.9%
三重県	0	0	0	0	0	0	0	85	56	65.8%
滋賀県	0	0	0	0	0	0	0	63	33	52.9%
京都府	0	0	0	0	0	0	0	151	92	61.1%
大阪府	1	2	3	1	2	2	3	777	444	57.1%
兵庫県	0	1	1	0	0	2	0	295	146	49.7%
奈良県	0	0	0	0	0	0	0	53	28	53.2%
和歌山県	0	0	0	0	0	0	0	48	30	62.8%
鳥取県	0	0	0	0	0	0	0	29	20	68.9%
島根県	0	0	0	0	0	0	0	49	30	61.4%
岡山県	0	0	0	0	0	0	0	103	65	63.3%
広島県	0	0	0	0	0	0	0	170	120	70.2%
山口県	0	0	0	0	0	0	0	74	49	65.6%
徳島県	0	0	0	0	0	0	0	32	23	69.8%
香川県	0	0	0	0	0	0	0	59	37	61.7%
愛媛県	0	0	0	0	0	0	0	63	44	70.2%
高知県	0	0	0	0	0	0	0	38	28	75.1%
福岡県	6	5	8	6	3	4	2	328	210	64.1%
佐賀県	23	1	0	0	0	0	0	35	23	66.8%
長崎県	1	50	1	0	0	0	0	70	50	71.3%
熊本県	0	0	59	1	1	1	0	84	59	70.0%
大分県	0	0	1	44	0	0	0	62	44	70.8%
宮崎県	0	0	1	0	40	2	0	54	40	73.4%
鹿児島県	0	0	2	0	2	65	0	92	65	71.4%
沖縄県	0	0	0	0	0	0	39	53	39	73.9%
合計	**38**	**68**	**89**	**61**	**56**	**88**	**59**	**7,938**	**4,830**	**60.8%**

2-2-2-3-5　都道府県別通信回数の推移

（百万回）

発信	2017年度	2018年度		2019年度		2020年度		2021年度	
	回数	回数	対前年度伸び率	回数	対前年度伸び率	回数	対前年度伸び率	回数	対前年度伸び率
北海道	623	539	-13.5	469	-13.0	379	-19.2	328	-13.3
青森県	117	105	-9.8	92	-12.5	79	-14.3	71	-9.8
岩手県	120	108	-9.7	97	-10.9	82	-15.4	73	-10.3
宮城県	260	228	-12.1	200	-12.3	171	-14.6	151	-11.8
秋田県	99	87	-12.0	75	-14.4	63	-15.3	57	-9.9
山形県	102	90	-11.6	79	-12.4	67	-15.7	59	-10.8
福島県	172	152	-11.6	133	-12.4	112	-15.9	98	-12.2
茨城県	221	195	-11.6	169	-13.6	141	-16.7	126	-10.6
栃木県	148	130	-12.5	113	-12.9	94	-16.6	84	-11.2
群馬県	168	148	-11.9	128	-13.4	107	-16.8	95	-10.5
埼玉県	594	547	-7.9	520	-5.0	462	-11.1	404	-12.6
千葉県	539	476	-11.8	408	-14.3	327	-19.9	301	-7.8
東京都	3,692	3,106	-15.9	2,458	-20.9	1,773	-27.9	1,521	-14.2
神奈川県	898	801	-10.9	699	-12.6	577	-17.5	528	-8.6
新潟県	223	197	-11.5	171	-13.1	145	-15.4	130	-10.2
富山県	94	83	-11.2	73	-12.9	60	-17.2	54	-10.2
石川県	105	92	-12.0	80	-13.3	68	-15.3	63	-7.0
福井県	62	54	-12.7	47	-13.5	40	-15.4	35	-10.4
山梨県	65	57	-12.6	49	-13.5	41	-16.8	36	-11.4
長野県	196	172	-12.1	150	-13.2	124	-16.8	111	-10.8
岐阜県	176	157	-11.0	137	-12.5	116	-15.6	103	-10.8
静岡県	362	316	-12.7	275	-13.1	226	-17.7	199	-11.9
愛知県	787	690	-12.3	598	-13.3	485	-18.9	442	-8.8
三重県	145	128	-11.5	112	-13.1	94	-15.8	85	-9.5
滋賀県	111	99	-11.1	85	-13.4	70	-17.9	63	-10.3
京都府	269	228	-15.2	196	-13.9	158	-19.4	151	-4.9
大阪府	1,484	1,293	-12.9	1,098	-15.1	883	-19.6	777	-12.0
兵庫県	496	419	-15.5	373	-11.0	335	-10.3	295	-12.0
奈良県	91	81	-11.3	71	-12.5	59	-16.1	53	-11.2
和歌山県	79	70	-11.2	62	-12.2	53	-14.3	48	-8.8
鳥取県	52	45	-13.5	39	-13.1	33	-16.4	29	-12.3
島根県	73	66	-10.0	59	-10.4	53	-9.8	49	-7.5
岡山県	176	157	-11.0	136	-12.9	115	-15.4	103	-10.7
広島県	297	267	-10.1	231	-13.6	192	-16.7	170	-11.2
山口県	125	113	-10.0	97	-13.4	83	-15.2	74	-10.2
徳島県	57	49	-13.6	43	-13.0	36	-15.7	32	-10.3
香川県	109	91	-16.6	78	-13.7	66	-15.8	59	-10.2
愛媛県	116	100	-13.7	85	-15.0	71	-16.3	63	-11.4
高知県	62	56	-10.3	49	-11.2	42	-15.2	38	-10.1
福岡県	596	519	-12.9	451	-13.1	371	-17.8	328	-11.6
佐賀県	58	53	-9.1	46	-13.0	39	-14.9	35	-10.8
長崎県	122	107	-12.2	93	-13.3	79	-14.9	70	-12.0
熊本県	151	132	-12.5	116	-12.5	96	-17.2	84	-11.9
大分県	104	92	-11.2	81	-11.8	69	-15.5	62	-9.9
宮崎県	97	84	-13.1	72	-14.3	61	-15.7	54	-10.7
鹿児島県	170	148	-13.2	129	-12.6	107	-16.9	92	-14.6
沖縄県	113	93	-18.1	81	-12.7	64	-20.6	53	-17.0
合計	**14,975**	**13,021**	**-13.0**	**11,103**	**-14.7**	**8,966**	**-19.2**	**7,938**	**-11.5**

※総務省資料よりTCA作成

2-2-2-4　県間通信における各事業者別シェアの状況

2-2-2-4-1　県間通信における各事業者別通信回数の比率の推移

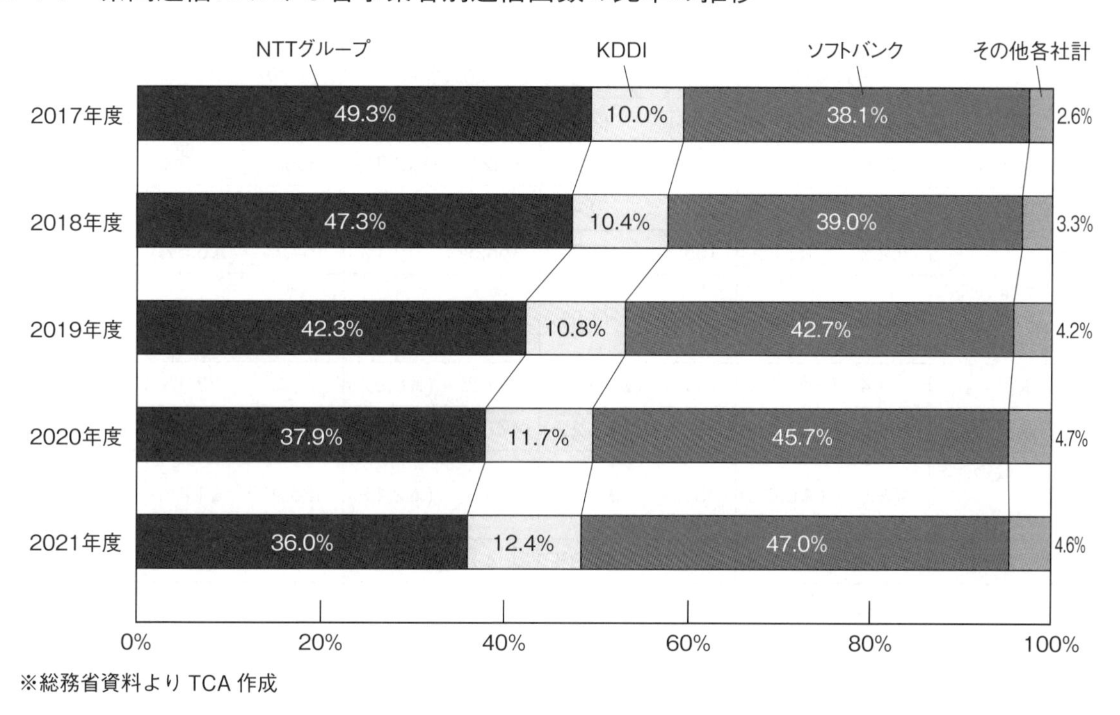

※総務省資料より TCA 作成

2-2-2-4-2　県間通信における各事業者別通信時間の比率の推移

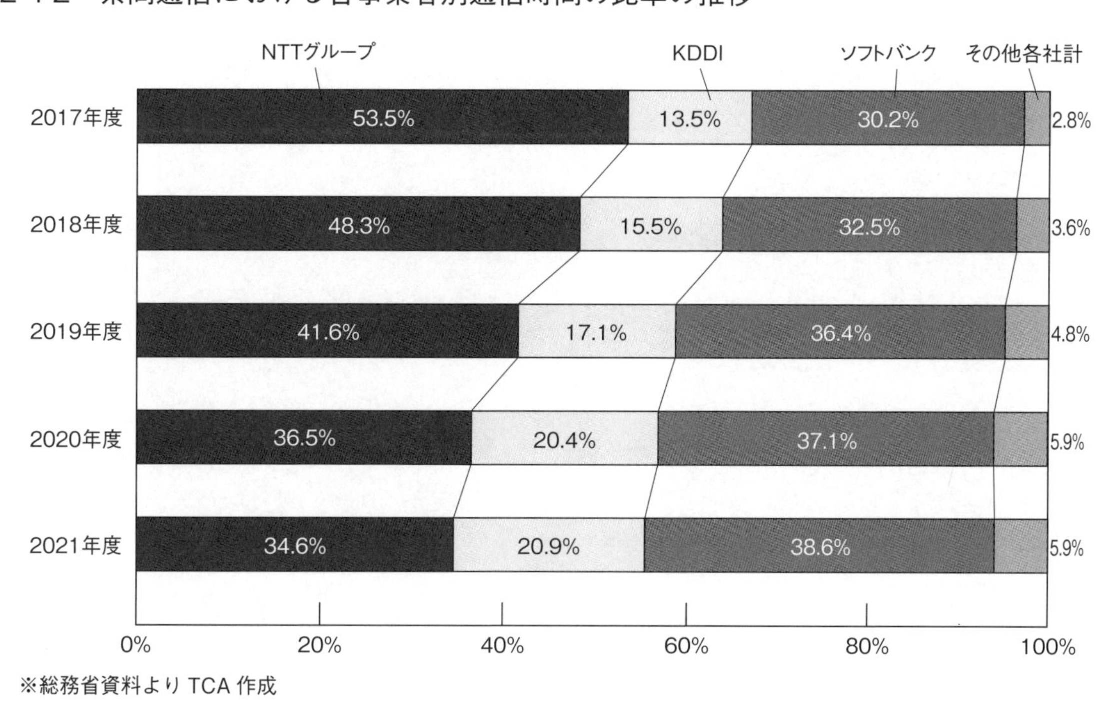

※総務省資料より TCA 作成

2-2-3　IP 電話のトラヒックの状況

2-2-3-1　利用番号数・通信量の推移

	2017年度		2018年度		2019年度		2020年度		2021年度	
総利用番号数〈万件〉	4,255	(3.8%)	4,341	(2.0%)	4,413	(1.7%)	4,467	(1.2%)	4,535	(1.5%)
（うち0ABJ-IP電話）	3,364	(3.7%)	3,446	(2.4%)	3,521	(2.2%)	3,568	(1.3%)	3,594	(0.7%)
（うち050-IP電話）	891	(4.5%)	895	(0.4%)	892	(▲0.3%)	899	(0.7%)	941	(4.7%)
通信回数〈億回〉	162.3	(3.8%)	165.3	(1.8%)	165.5	(0.1%)	154.7	(▲6.5%)	158.2	(2.3%)
IP電話→加入電話、ISDN、IP電話、携帯電話・PHS	160.9	(3.9%)	164.0	(1.9%)	164.3	(0.2%)	153.5	(▲6.6%)	157.0	(2.3%)
固定系→IP電話	1.4	(▲11.7%)	1.3	(▲10.9%)	1.2	(▲8.9%)	1.2	(2.4%)	1.2	(5.4%)
通信時間〈百万時間〉	494.6	(▲1.0%)	488.5	(▲1.2%)	477.7	(▲2.2%)	471.2	(▲1.4%)	464.7	(▲1.4%)
IP電話→加入電話、ISDN、IP電話、携帯電話・PHS	489.5	(▲0.8%)	483.9	(▲1.1%)	473.5	(▲2.1%)	466.9	(▲1.4%)	460.7	(▲1.3%)
固定系→IP電話	5.1	(▲12.7%)	4.7	(▲7.9%)	4.2	(▲10.0%)	4.3	(2.3%)	4.1	(▲5.1%)

(注) 1　(　) 内は対前年度比増減率。
　　 2　総利用番号数は年度末時点の数値。
※総務省資料より TCA 作成

2-2-4　携帯電話・PHSのトラヒックの状況

2-2-4-1　時間帯別通信状況

2-2-4-1-1　時間帯別通信回数の推移

（携帯電話・PHS発着信）　　　　（百万回）

区分	2017年度	2018年度	2019年度	2020年度	2021年度
0～1時	318	276	248	176	160
1～2時	208	181	164	118	108
2～3時	152	132	121	90	83
3～4時	125	110	100	78	74
4～5時	126	112	104	86	82
5～6時	204	186	174	149	146
6～7時	503	470	440	373	373
7～8時	1,188	1,136	1,073	929	943
8～9時	2,373	2,317	2,222	2,021	2,053
9～10時	3,696	3,638	3,530	3,394	3,431
10～11時	3,952	3,877	3,768	3,728	3,711
11～12時	3,828	3,739	3,627	3,609	3,569
12～13時	3,306	3,170	3,031	2,881	2,838
13～14時	3,567	3,474	3,355	3,311	3,271
14～15時	3,505	3,420	3,315	3,299	3,260
15～16時	3,802	3,706	3,582	3,524	3,497
16～17時	4,150	4,036	3,889	3,761	3,742
17～18時	4,515	4,328	4,118	3,820	3,755
18～19時	3,818	3,586	3,351	2,969	2,890
19～20時	2,798	2,586	2,393	2,044	1,995
20～21時	2,000	1,824	1,670	1,375	1,334
21～22時	1,360	1,224	1,107	857	819
22～23時	854	753	679	497	464
23～24時	515	447	400	289	263
合計	**50,864**	**48,728**	**46,460**	**43,379**	**42,860**

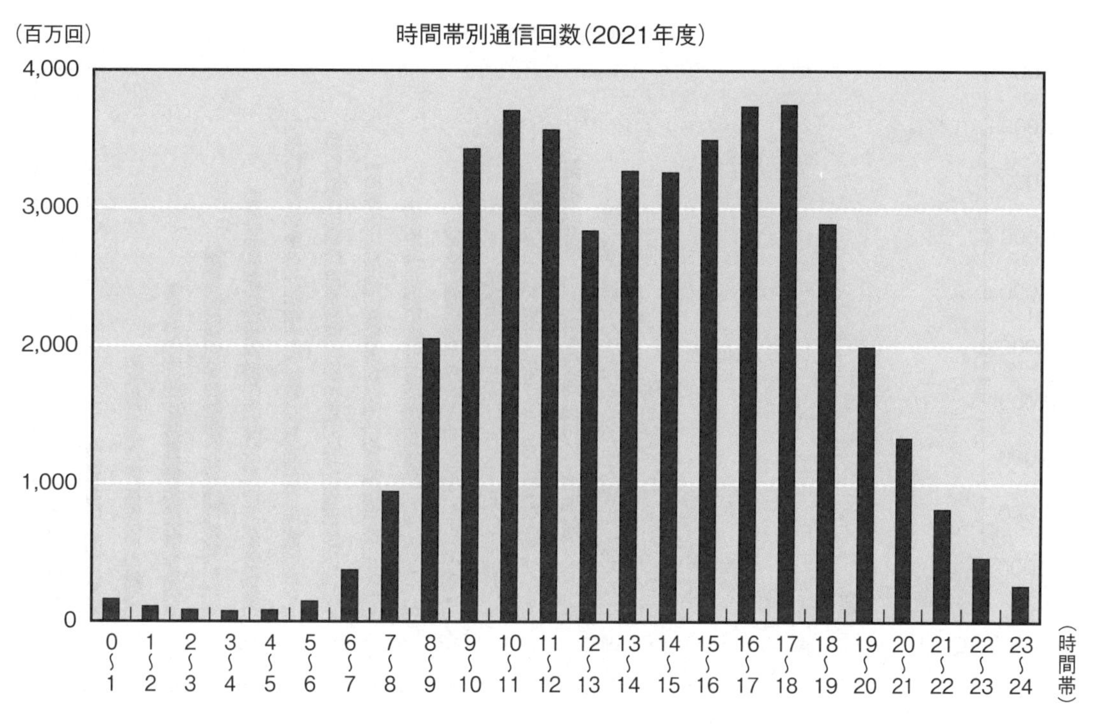

※総務省資料よりTCA作成

2-2-4-1-2　時間帯別通信時間の推移

（携帯電話・PHS発着信）　　　　　　　　　　　　　　　　　　　　　　　　（万時間）

区分	2017年度	2018年度	2019年度	2020年度	2021年度
0～1時	3,746	3,219	3,005	2,800	2,583
1～2時	2,318	2,003	1,916	1,818	1,724
2～3時	1,590	1,411	1,395	1,355	1,311
3～4時	1,235	1,128	1,147	1,143	1,136
4～5時	1,271	1,147	1,170	1,199	1,205
5～6時	1,333	1,279	1,327	1,379	1,418
6～7時	2,284	2,232	2,251	2,243	2,301
7～8時	4,697	4,637	4,582	4,466	4,583
8～9時	8,708	8,683	8,560	8,546	8,742
9～10時	13,844	13,873	13,777	14,769	14,996
10～11時	14,992	15,016	14,992	16,869	16,810
11～12時	14,016	14,020	14,024	16,060	15,923
12～13時	12,282	12,095	11,931	12,868	12,789
13～14時	12,982	12,957	12,927	14,736	14,635
14～15時	13,171	13,197	13,258	15,469	15,352
15～16時	14,341	14,368	14,377	16,599	16,541
16～17時	15,723	15,715	15,677	17,751	17,774
17～18時	17,356	17,132	16,887	18,272	18,149
18～19時	16,032	15,587	15,142	15,819	15,667
19～20時	14,141	13,620	13,166	13,625	13,573
20～21時	13,151	12,506	12,012	12,412	12,223
21～22時	11,193	10,441	9,899	9,941	9,621
22～23時	8,452	7,619	7,144	6,851	6,494
23～24時	5,846	5,097	4,736	4,433	4,094
合計	**224,702**	**218,983**	**215,300**	**231,422**	**229,647**

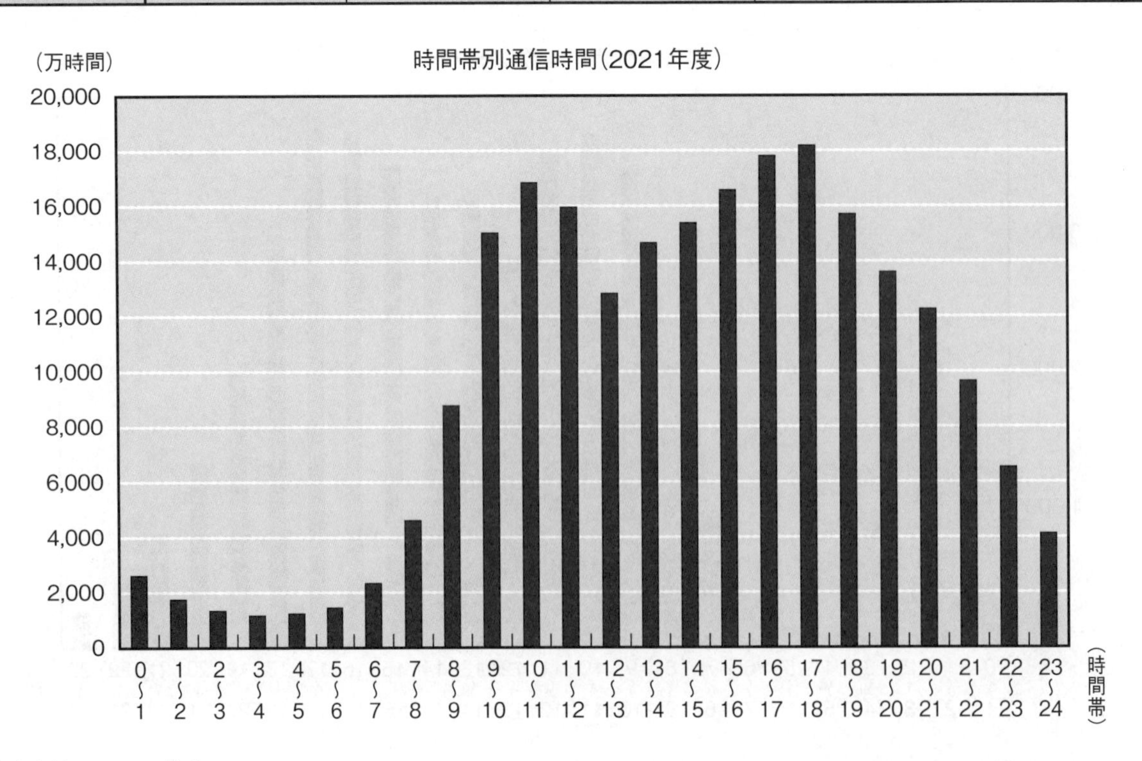

※総務省資料より TCA 作成

2-2-4-2　通信時間別の通信回数の状況

2-2-4-2-1　通信時間別の通信回数の推移

（携帯電話・PHS発着信）　（百万回）

区　分	2017年度	2018年度	2019年度	2020年度	2021年度
～1分	27,701	26,235	24,894	22,107	21,704
1～3分	13,943	13,472	12,804	11,965	11,935
3分～	9,219	9,020	8,763	9,309	9,221
合　計	50,864	48,728	46,460	43,379	42,860

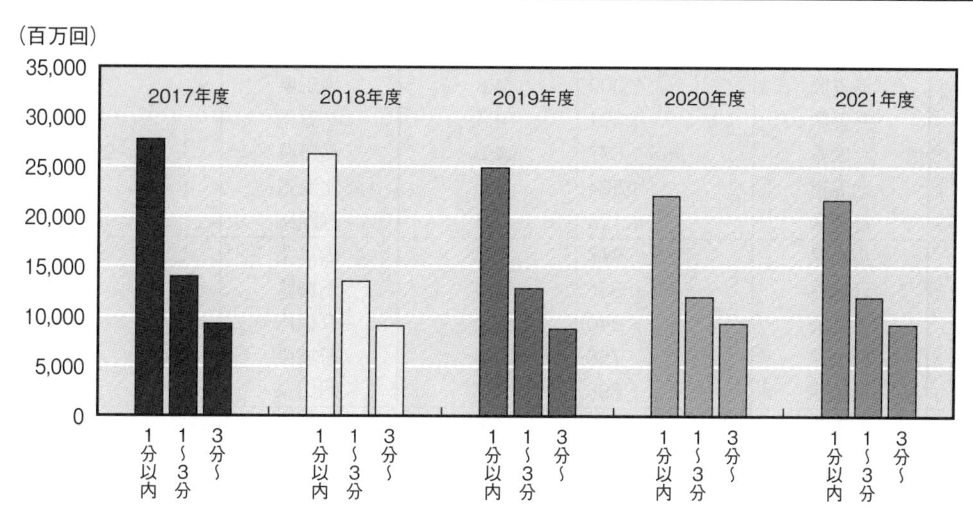

※総務省資料よりTCA作成

2-2-4-2-2　10秒毎の通信回数（2021年度）

（百万回）

区分	携帯電話・PHS発着信
～10秒	4,963
～20秒	4,341
～30秒	4,072
～40秒	3,345
～50秒	2,729
～60秒	2,254
～70秒	1,898
～80秒	1,621
～90秒	1,392
～100秒	1,210
～110秒	1,059
～120秒	932
～130秒	825
～140秒	734
～150秒	657
～160秒	590
～170秒	533
～180秒	484
180秒～	9,221
合計	**42,860**

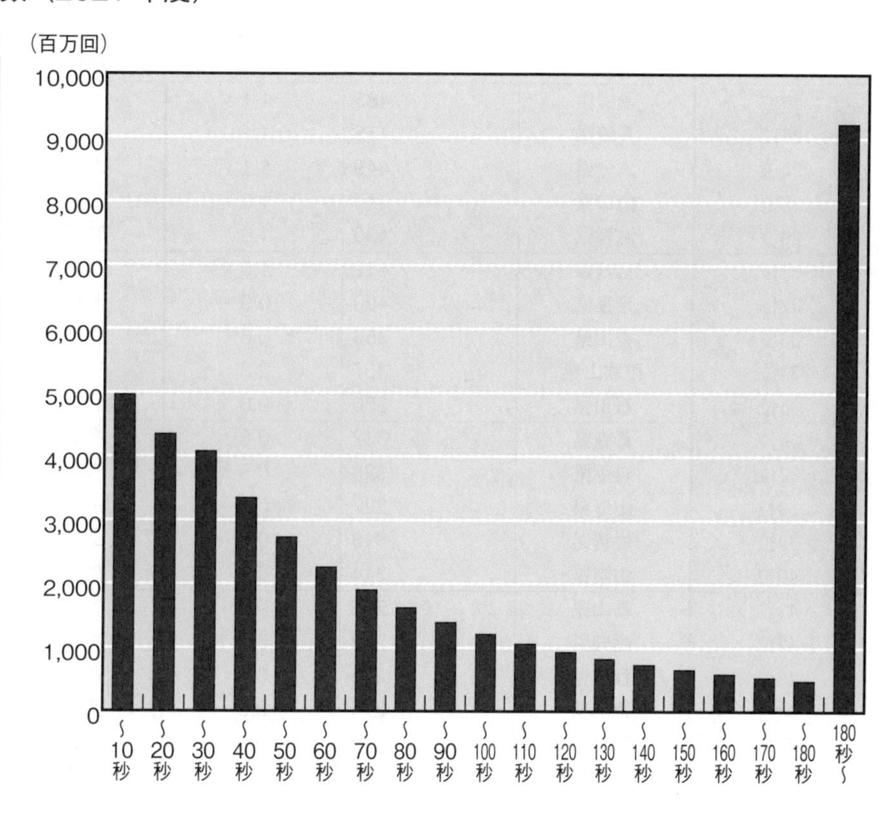

※総務省資料よりTCA作成

2-2-4-3　都道府県毎の通信状況

2-2-4-3-1　発信回数・着信回数の都道府県別順位（2021 年度）

（百万回）

順位	発信			着信		
	都道府県	発信回数	構成比（%）	都道府県	着信回数	構成比（%）
1位	東京都	5,468	12.9	東京都	5,987	14.2
2位	大阪府	3,347	7.9	大阪府	3,347	7.9
3位	神奈川県	2,475	5.9	神奈川県	2,418	5.7
4位	愛知県	2,409	5.7	愛知県	2,360	5.6
5位	福岡県	2,063	4.9	福岡県	2,052	4.9
6位	埼玉県	2,009	4.8	埼玉県	1,929	4.6
7位	千葉県	1,871	4.4	千葉県	1,865	4.4
8位	兵庫県	1,677	4.0	兵庫県	1,581	3.7
9位	北海道	1,594	3.8	北海道	1,558	3.7
10位	静岡県	1,128	2.7	静岡県	1,115	2.6
11位	広島県	977	2.3	広島県	967	2.3
12位	茨城県	966	2.3	茨城県	946	2.2
13位	京都府	840	2.0	京都府	828	2.0
14位	宮城県	758	1.8	宮城県	751	1.8
15位	岡山県	698	1.7	岡山県	689	1.6
16位	熊本県	692	1.6	熊本県	685	1.6
17位	沖縄県	664	1.6	鹿児島県	657	1.6
18位	鹿児島県	658	1.6	沖縄県	648	1.5
19位	三重県	645	1.5	長野県	639	1.5
20位	栃木県	643	1.5	三重県	635	1.5
21位	長野県	638	1.5	栃木県	635	1.5
22位	新潟県	632	1.5	新潟県	628	1.5
23位	岐阜県	619	1.5	群馬県	611	1.4
24位	群馬県	617	1.5	福島県	609	1.4
25位	福島県	611	1.4	岐阜県	609	1.4
26位	愛媛県	485	1.1	愛媛県	482	1.1
27位	長崎県	475	1.1	長崎県	473	1.1
28位	大分県	449	1.1	大分県	449	1.1
29位	山口県	440	1.0	山口県	438	1.0
30位	滋賀県	430	1.0	滋賀県	423	1.0
31位	宮崎県	412	1.0	宮崎県	412	1.0
32位	奈良県	400	0.9	奈良県	392	0.9
33位	香川県	358	0.8	香川県	360	0.9
34位	和歌山県	357	0.8	石川県	356	0.8
35位	石川県	356	0.8	和歌山県	354	0.8
36位	青森県	332	0.8	青森県	333	0.8
37位	岩手県	328	0.8	岩手県	327	0.8
38位	山形県	327	0.8	山形県	325	0.8
39位	佐賀県	318	0.8	山梨県	312	0.7
40位	山梨県	314	0.7	佐賀県	304	0.7
41位	富山県	296	0.7	富山県	296	0.7
42位	高知県	278	0.7	高知県	276	0.7
43位	秋田県	275	0.7	秋田県	274	0.6
44位	徳島県	274	0.6	徳島県	271	0.6
45位	福井県	261	0.6	福井県	259	0.6
46位	島根県	215	0.5	島根県	214	0.5
47位	鳥取県	183	0.4	鳥取県	184	0.4
	合計	**42,262**	**100.0**	合計	**42,262**	**100.0**

（注）携帯電話・PHS 発着信のデータによる。

※総務省資料より TCA 作成

2-2-4-3-2 都道府県別の主な発信対地の状況（2021 年度）

発信	総発信回数（百万回）	着信									
		1 位		2 位		3 位		4 位		5 位	
		都道府県	構成比（%）	都道府県	構成比（%）	都道府県	構成比（%）	都道府県	構成比（%）	都道府県	構成比（%）
北海道	1,594	北海道	91.2	東京都	3.5	神奈川県	0.6	埼玉県	0.5	大阪府	0.5
青森県	332	青森県	87.2	東京都	2.9	岩手県	2.0	宮城県	2.0	北海道	0.9
岩手県	328	岩手県	83.4	宮城県	4.7	東京都	3.0	青森県	2.1	秋田県	1.2
宮城県	758	宮城県	81.6	東京都	4.4	福島県	2.5	岩手県	2.0	山形県	1.5
秋田県	275	秋田県	86.7	東京都	3.2	宮城県	2.2	岩手県	1.4	青森県	1.1
山形県	327	山形県	86.1	宮城県	3.7	東京都	3.1	福島県	1.1	神奈川県	0.7
福島県	611	福島県	84.5	東京都	3.8	宮城県	3.3	茨城県	1.2	埼玉県	0.9
茨城県	966	茨城県	78.7	東京都	6.1	千葉県	4.4	埼玉県	2.5	栃木県	2.3
栃木県	643	栃木県	78.6	東京都	5.4	茨城県	3.5	埼玉県	3.0	群馬県	2.8
群馬県	617	群馬県	79.8	埼玉県	5.2	東京都	5.0	栃木県	3.0	神奈川県	1.0
埼玉県	2,009	埼玉県	68.0	東京都	17.4	千葉県	2.9	神奈川県	2.2	群馬県	1.6
千葉県	1,871	千葉県	73.5	東京都	13.8	埼玉県	2.7	神奈川県	2.1	茨城県	2.1
東京都	5,468	東京都	71.9	神奈川県	6.3	埼玉県	5.2	千葉県	3.9	大阪府	1.7
神奈川県	2,475	神奈川県	72.8	東京都	15.8	千葉県	1.8	埼玉県	1.7	静岡県	1.0
新潟県	632	新潟県	87.6	東京都	3.8	埼玉県	1.0	長野県	0.8	神奈川県	0.8
富山県	296	富山県	84.5	石川県	4.1	東京都	2.8	大阪府	1.3	愛知県	1.1
石川県	356	石川県	83.6	富山県	3.2	東京都	2.8	福井県	1.9	大阪府	1.7
福井県	261	福井県	84.7	石川県	2.9	東京都	2.2	大阪府	2.1	愛知県	1.2
山梨県	314	山梨県	83.2	東京都	6.2	神奈川県	2.2	長野県	1.6	静岡県	1.5
長野県	638	長野県	85.9	東京都	4.2	愛知県	1.2	埼玉県	1.0	神奈川県	0.9
岐阜県	619	岐阜県	77.7	愛知県	11.7	東京都	2.6	大阪府	1.2	三重県	0.9
静岡県	1,128	静岡県	84.4	東京都	4.4	愛知県	3.0	神奈川県	2.0	大阪府	0.9
愛知県	2,409	愛知県	82.8	東京都	4.2	岐阜県	3.0	三重県	1.6	大阪府	1.6
三重県	645	三重県	81.8	愛知県	6.6	東京都	2.3	大阪府	2.0	岐阜県	0.9
滋賀県	430	滋賀県	75.9	京都府	6.2	大阪府	5.7	東京都	2.5	愛知県	1.4
京都府	840	京都府	75.0	大阪府	8.8	東京都	3.3	滋賀県	3.1	兵庫県	2.2
大阪府	3,347	大阪府	77.1	東京都	4.9	兵庫県	4.7	京都府	2.1	奈良県	1.5
兵庫県	1,677	兵庫県	75.1	大阪府	12.7	東京都	3.3	京都府	1.2	千葉県	0.8
奈良県	400	奈良県	71.8	大阪府	13.1	東京都	3.8	京都府	2.9	兵庫県	1.6
和歌山県	357	和歌山県	83.4	大阪府	7.9	東京都	2.0	奈良県	1.1	兵庫県	1.0
鳥取県	183	鳥取県	83.2	島根県	4.4	岡山県	1.9	東京都	1.9	大阪府	1.7
島根県	215	島根県	83.5	鳥取県	3.8	広島県	3.6	東京都	1.7	大阪府	1.4
岡山県	698	岡山県	84.1	広島県	3.6	東京都	2.3	大阪府	1.9	兵庫県	1.5
広島県	977	広島県	83.9	東京都	2.8	岡山県	2.4	山口県	1.9	大阪府	1.7
山口県	440	山口県	83.2	広島県	4.2	福岡県	3.8	東京都	2.1	大阪府	1.2
徳島県	274	徳島県	86.1	香川県	3.0	大阪府	1.9	東京都	1.8	兵庫県	1.3
香川県	358	香川県	82.7	愛媛県	2.6	東京都	2.3	徳島県	2.1	大阪府	2.0
愛媛県	485	愛媛県	86.3	東京都	2.3	香川県	2.2	大阪府	1.5	広島県	1.3
高知県	278	高知県	88.6	東京都	1.8	愛媛県	1.8	香川県	1.6	大阪府	1.4
福岡県	2,063	福岡県	83.8	東京都	2.9	佐賀県	1.9	熊本県	1.6	大分県	1.4
佐賀県	318	佐賀県	73.4	福岡県	15.7	長崎県	3.1	東京都	1.8	熊本県	1.0
長崎県	475	長崎県	86.2	福岡県	4.5	佐賀県	2.0	東京都	1.9	大阪府	0.8
熊本県	692	熊本県	85.7	福岡県	5.0	東京都	1.9	鹿児島県	1.2	大阪府	0.8
大分県	449	大分県	85.6	福岡県	5.8	東京都	1.8	熊本県	1.0	大阪府	0.8
宮崎県	412	宮崎県	86.7	鹿児島県	3.0	福岡県	2.4	東京都	1.9	熊本県	1.3
鹿児島県	658	鹿児島県	88.0	福岡県	2.3	宮崎県	2.1	東京都	1.9	熊本県	1.2
沖縄県	664	沖縄県	91.6	東京都	3.2	福岡県	0.9	大阪府	0.8	神奈川県	0.4

（注）携帯電話・PHS 発着信のデータによる。

※総務省資料より TCA 作成

2-2-4-3-3　各都道府県着信呼の主な発信元の状況（2021 年度）

着信	総着信回数（百万回）	発信									
		1位		2位		3位		4位		5位	
		都道府県	構成比（%）	都道府県	構成比（%）	都道府県	構成比（%）	都道府県	構成比（%）	都道府県	構成比（%）
北海道	1,558	北海道	93.3	東京都	2.1	神奈川県	0.5	大阪府	0.5	埼玉県	0.4
青森県	333	青森県	87.1	東京都	2.3	岩手県	2.1	宮城県	1.9	秋田県	0.9
岩手県	327	岩手県	83.6	宮城県	4.6	東京都	2.3	青森県	2.1	秋田県	1.2
宮城県	751	宮城県	82.3	東京都	3.0	福島県	2.7	岩手県	2.0	山形県	1.6
秋田県	274	秋田県	87.2	東京都	2.4	宮城県	2.0	岩手県	1.4	青森県	1.0
山形県	325	山形県	86.6	宮城県	3.5	東京都	2.3	福島県	1.1	神奈川県	0.8
福島県	609	福島県	84.7	宮城県	3.2	東京都	2.7	茨城県	1.3	埼玉県	1.0
茨城県	946	茨城県	80.3	東京都	4.7	千葉県	4.2	埼玉県	2.6	栃木県	2.4
栃木県	635	栃木県	79.7	東京都	3.9	茨城県	3.5	埼玉県	3.2	群馬県	3.0
群馬県	611	群馬県	80.5	埼玉県	5.4	東京都	4.0	栃木県	2.9	神奈川県	1.1
埼玉県	1,929	埼玉県	70.8	東京都	14.8	千葉県	2.6	神奈川県	2.2	群馬県	1.7
千葉県	1,865	千葉県	73.7	東京都	11.5	埼玉県	3.1	神奈川県	2.3	茨城県	2.3
東京都	5,987	東京都	65.6	神奈川県	6.5	埼玉県	5.8	千葉県	4.3	大阪府	2.7
神奈川県	2,418	神奈川県	74.6	東京都	14.2	埼玉県	1.8	千葉県	1.7	静岡県	1.0
新潟県	628	新潟県	88.1	東京都	3.0	埼玉県	1.1	神奈川県	0.8	長野県	0.8
富山県	296	富山県	84.4	石川県	3.9	東京都	2.5	大阪府	1.2	愛知県	1.1
石川県	356	石川県	83.6	富山県	3.4	東京都	2.2	福井県	2.1	大阪府	1.5
福井県	259	福井県	85.4	石川県	2.7	大阪府	1.9	東京都	1.8	愛知県	1.2
山梨県	312	山梨県	83.7	東京都	5.4	神奈川県	2.3	長野県	1.5	静岡県	1.5
長野県	639	長野県	85.8	東京都	3.6	愛知県	1.3	埼玉県	1.1	神奈川県	1.0
岐阜県	609	岐阜県	79.0	愛知県	11.7	東京都	1.7	大阪府	1.1	三重県	1.0
静岡県	1,115	静岡県	85.4	東京都	3.2	愛知県	2.9	神奈川県	2.2	大阪府	1.0
愛知県	2,360	愛知県	84.6	岐阜県	3.1	東京都	2.3	三重県	1.8	静岡県	1.4
三重県	635	三重県	83.1	愛知県	6.3	大阪府	2.1	東京都	1.5	岐阜県	0.9
滋賀県	423	滋賀県	77.1	京都府	6.1	大阪府	5.4	東京都	1.6	兵庫県	1.5
京都府	828	京都府	76.1	大阪府	8.6	滋賀県	3.2	兵庫県	2.4	東京都	2.0
大阪府	3,347	大阪府	77.1	兵庫県	6.3	東京都	2.7	京都府	2.2	奈良県	1.6
兵庫県	1,581	兵庫県	79.7	大阪府	9.9	東京都	1.9	京都府	1.2	岡山県	0.7
奈良県	392	奈良県	73.4	大阪府	13.2	京都府	3.0	兵庫県	1.8	東京都	1.6
和歌山県	354	和歌山県	84.2	大阪府	7.6	東京都	1.2	兵庫県	1.2	奈良県	1.1
鳥取県	184	鳥取県	83.0	島根県	4.4	岡山県	2.0	大阪府	1.8	兵庫県	1.7
島根県	214	島根県	83.8	鳥取県	3.8	広島県	3.4	東京都	1.5	大阪府	1.4
岡山県	689	岡山県	85.1	広島県	3.4	大阪府	2.0	東京都	1.6	兵庫県	1.5
広島県	967	広島県	84.8	岡山県	2.6	山口県	1.9	東京都	1.7	大阪府	1.6
山口県	438	山口県	83.7	広島県	4.3	福岡県	3.8	東京都	1.4	大阪府	1.1
徳島県	271	徳島県	87.0	香川県	2.7	大阪府	2.0	兵庫県	1.4	東京都	1.3
香川県	360	香川県	82.4	愛媛県	2.9	徳島県	2.3	大阪府	2.0	東京都	1.7
愛媛県	482	愛媛県	86.7	東京都	2.1	香川県	1.9	大阪府	1.5	広島県	1.3
高知県	276	高知県	89.2	愛媛県	1.8	大阪府	1.4	香川県	1.4	東京都	1.3
福岡県	2,052	福岡県	84.3	佐賀県	2.4	東京都	1.9	熊本県	1.7	大分県	1.3
佐賀県	304	佐賀県	76.6	福岡県	13.0	長崎県	3.1	東京都	1.4	熊本県	1.0
長崎県	473	長崎県	86.6	福岡県	4.3	佐賀県	2.1	東京都	1.5	熊本県	0.8
熊本県	685	熊本県	86.5	福岡県	4.9	東京都	1.4	鹿児島県	1.2	宮崎県	0.8
大分県	449	大分県	85.6	福岡県	6.2	東京都	1.3	熊本県	1.1	宮崎県	0.7
宮崎県	412	宮崎県	86.7	鹿児島県	3.3	福岡県	2.3	東京都	1.5	熊本県	1.3
鹿児島県	657	鹿児島県	88.2	福岡県	2.2	宮崎県	1.9	東京都	1.6	熊本県	1.2
沖縄県	648	沖縄県	93.8	東京都	1.7	福岡県	0.8	大阪府	0.5	神奈川県	0.4

（注）携帯電話・PHS 発着信のデータによる。

※総務省資料より TCA 作成

2-2-4-3-4　都道府県間通信回数（2021 年度）

—携帯電話・PHS 発着信—

（百万回）

発信＼着信	北海道	青森県	岩手県	宮城県	秋田県	山形県	福島県	茨城県	栃木県	群馬県
北海道	1,454	3	2	6	1	1	3	2	2	1
青森県	3	290	7	7	3	1	1	1	0	0
岩手県	2	7	273	15	4	1	2	1	1	0
宮城県	6	6	15	618	6	11	19	2	3	1
秋田県	1	3	4	6	239	2	1	0	0	0
山形県	1	1	1	12	2	282	4	1	1	0
福島県	2	1	2	20	1	4	516	7	5	1
茨城県	2	1	1	3	1	1	8	760	23	5
栃木県	1	1	1	2	0	1	6	23	506	18
群馬県	1	0	0	1	0	0	1	5	19	492
埼玉県	6	2	2	6	2	2	6	25	20	33
千葉県	6	2	2	4	1	2	4	39	6	5
東京都	32	8	8	22	7	7	16	44	25	24
神奈川県	8	3	3	6	2	3	6	11	7	6
新潟県	1	0	1	2	1	2	3	1	1	3
富山県	0	0	0	0	0	0	0	0	0	0
石川県	1	0	0	0	0	0	0	0	0	0
福井県	0	0	0	0	0	0	0	0	0	0
山梨県	0	0	0	0	0	0	0	1	1	1
長野県	1	0	0	1	0	0	1	1	1	5
岐阜県	1	0	0	0	0	0	0	1	0	1
静岡県	2	0	1	1	0	0	1	2	2	2
愛知県	4	1	1	3	1	1	1	3	2	2
三重県	1	0	0	0	0	0	0	1	1	0
滋賀県	1	0	0	0	0	0	0	0	0	0
京都府	1	0	0	1	0	0	0	1	0	1
大阪府	8	1	1	4	1	2	3	5	3	3
兵庫県	2	0	0	1	0	0	1	2	1	1
奈良県	0	0	0	0	0	0	0	0	0	0
和歌山県	0	0	0	0	0	0	0	0	0	0
鳥取県	0	0	0	0	0	0	0	0	0	0
島根県	0	0	0	0	0	0	0	0	0	0
岡山県	1	0	0	0	0	0	0	1	0	0
広島県	1	0	0	1	0	0	0	1	0	0
山口県	0	0	0	0	0	0	0	0	0	0
徳島県	0	0	0	0	0	0	0	0	0	0
香川県	0	0	0	0	0	0	0	0	0	0
愛媛県	0	0	0	0	0	0	0	0	0	0
高知県	0	0	0	0	0	0	0	0	0	0
福岡県	3	0	0	1	0	0	1	2	1	1
佐賀県	0	0	0	0	0	0	0	0	0	0
長崎県	0	0	0	0	0	0	0	0	0	0
熊本県	1	0	0	0	0	0	0	0	0	0
大分県	0	0	0	0	0	0	0	0	0	0
宮崎県	0	0	0	0	0	0	0	0	0	0
鹿児島県	1	0	0	0	0	0	0	0	0	0
沖縄県	1	0	0	0	0	0	0	0	0	0
合計	**1,558**	**333**	**327**	**751**	**274**	**325**	**609**	**946**	**635**	**611**

※総務省資料より TCA 作成

（百万回）

発信＼着信	埼玉県	千葉県	東京都	神奈川県	新潟県	富山県	石川県	福井県	山梨県	長野県
北海道	7	7	55	9	1	1	1	0	1	1
青森県	2	1	10	2	0	0	0	0	0	0
岩手県	2	2	10	2	0	0	0	0	0	0
宮城県	6	5	33	6	2	0	0	0	0	1
秋田県	2	1	9	2	1	0	0	0	0	0
山形県	2	2	10	2	2	0	0	0	0	0
福島県	5	4	23	5	2	0	0	0	0	1
茨城県	24	43	59	11	2	0	0	0	1	1
栃木県	19	7	34	7	1	0	0	0	1	1
群馬県	32	5	31	6	3	0	0	0	1	5
埼玉県	1,366	58	350	44	7	1	1	1	3	7
千葉県	51	1,375	259	40	4	1	1	1	2	4
東京都	285	215	3,930	343	19	7	8	5	17	23
神奈川県	42	43	392	1,803	5	2	2	1	7	7
新潟県	7	4	24	5	553	2	2	1	0	5
富山県	1	1	8	2	2	250	12	2	0	1
石川県	1	1	10	2	2	11	297	7	0	1
福井県	1	1	6	1	1	2	8	221	0	0
山梨県	3	2	20	7	1	0	0	0	261	5
長野県	6	4	27	6	5	1	1	0	5	548
岐阜県	2	6	16	2	1	2	1	1	0	3
静岡県	7	6	50	23	1	1	1	1	5	3
愛知県	9	10	101	14	2	3	5	3	2	8
三重県	2	2	15	3	0	0	1	1	0	1
滋賀県	1	1	11	2	0	1	1	2	0	1
京都府	2	3	27	4	1	1	1	3	0	1
大阪府	13	16	164	18	4	4	5	5	2	4
兵庫県	5	13	55	8	1	1	2	2	0	1
奈良県	1	1	15	1	0	0	0	0	0	0
和歌山県	1	1	7	1	0	0	0	0	0	0
鳥取県	0	0	3	1	0	0	0	0	0	0
島根県	0	0	4	1	0	0	0	0	0	0
岡山県	1	2	16	2	0	0	0	0	0	0
広島県	2	3	28	4	0	0	0	0	0	0
山口県	1	1	9	2	0	0	0	0	0	0
徳島県	0	1	5	1	0	0	0	0	0	0
香川県	1	2	8	1	0	0	0	0	0	0
愛媛県	1	1	11	2	0	0	0	0	0	0
高知県	1	1	5	1	0	0	0	0	0	0
福岡県	6	6	59	9	1	1	1	1	0	1
佐賀県	1	1	6	1	0	0	0	0	0	0
長崎県	1	1	9	2	0	0	0	0	0	0
熊本県	2	1	13	2	0	0	0	0	0	0
大分県	1	1	8	1	0	0	0	0	0	0
宮崎県	1	1	8	1	0	0	0	0	0	0
鹿児島県	1	2	12	3	0	0	0	0	0	0
沖縄県	2	2	21	3	0	0	0	0	0	0
合計	**1,929**	**1,865**	**5,987**	**2,418**	**628**	**296**	**356**	**259**	**312**	**639**

（百万回）

着信 発信	岐阜県	静岡県	愛知県	三重県	滋賀県	京都府	大阪府	兵庫県	奈良県	和歌山県
北海道	1	2	5	1	1	2	7	3	1	0
青森県	0	0	1	0	0	0	1	0	0	0
岩手県	0	0	1	0	0	0	1	0	0	0
宮城県	0	1	3	0	0	1	4	1	0	0
秋田県	0	0	1	0	0	0	1	0	0	0
山形県	0	0	1	0	0	0	1	0	0	0
福島県	0	1	1	0	0	0	2	1	0	0
茨城県	1	2	3	1	1	1	4	2	0	0
栃木県	0	2	2	1	0	0	2	1	0	0
群馬県	1	2	2	0	0	1	2	1	0	0
埼玉県	2	7	9	2	1	3	13	4	1	1
千葉県	1	6	8	2	1	2	13	5	1	1
東京都	10	36	54	10	7	17	91	30	6	4
神奈川県	3	24	15	3	2	4	20	8	1	1
新潟県	1	1	2	0	0	1	3	1	0	0
富山県	1	1	3	0	0	1	4	1	0	0
石川県	1	1	5	1	1	1	6	1	0	0
福井県	1	1	3	0	2	3	5	1	0	0
山梨県	0	5	2	0	0	0	1	0	0	0
長野県	3	2	8	1	1	1	4	1	0	0
岐阜県	480	3	72	6	3	2	7	2	1	0
静岡県	3	952	34	3	1	2	10	3	1	0
愛知県	71	32	1,996	40	6	7	37	10	3	1
三重県	6	3	42	528	4	3	13	3	4	4
滋賀県	3	1	6	4	326	26	24	6	2	1
京都府	2	2	6	3	26	630	74	19	12	2
大阪府	7	11	31	13	23	71	2,582	156	52	27
兵庫県	2	3	10	3	6	20	212	1,260	7	4
奈良県	1	1	3	4	2	11	53	6	288	4
和歌山県	0	0	1	3	1	2	28	4	4	298
鳥取県	0	0	1	0	0	1	3	3	0	0
島根県	0	0	1	0	0	1	3	1	0	0
岡山県	1	1	3	1	1	2	14	11	1	0
広島県	1	1	4	1	1	2	16	7	1	0
山口県	0	0	1	0	0	1	5	2	0	0
徳島県	0	0	1	0	0	1	5	4	0	0
香川県	0	0	1	0	0	1	7	3	0	0
愛媛県	0	1	1	0	0	1	7	3	0	0
高知県	0	0	1	0	0	1	4	2	0	0
福岡県	1	3	8	1	1	3	26	7	1	1
佐賀県	0	0	1	0	0	0	2	1	0	0
長崎県	0	0	1	0	0	1	4	1	0	0
熊本県	0	1	2	0	0	1	6	2	0	0
大分県	0	0	1	0	0	1	4	1	0	0
宮崎県	0	0	1	0	0	0	3	1	0	0
鹿児島県	0	1	2	0	0	1	6	2	0	0
沖縄県	0	1	2	0	0	1	5	1	0	0
合計	**609**	**1,115**	**2,360**	**635**	**423**	**828**	**3,347**	**1,581**	**392**	**354**

（百万回）

発信＼着信	鳥取県	島根県	岡山県	広島県	山口県	徳島県	香川県	愛媛県	高知県	福岡県
北海道	0	0	1	1	0	0	0	1	0	3
青森県	0	0	0	0	0	0	0	0	0	0
岩手県	0	0	0	0	0	0	0	0	0	0
宮城県	0	0	0	1	0	0	0	0	0	1
秋田県	0	0	0	0	0	0	0	0	0	0
山形県	0	0	0	0	0	0	0	0	0	0
福島県	0	0	0	0	0	0	0	0	0	1
茨城県	0	0	1	1	0	0	0	0	0	2
栃木県	0	0	0	0	0	0	0	0	0	1
群馬県	0	0	0	0	0	0	0	0	0	1
埼玉県	0	0	2	2	1	0	1	1	1	6
千葉県	0	0	2	2	1	0	1	1	1	6
東京都	3	3	11	16	6	4	6	10	4	40
神奈川県	1	1	2	4	2	1	1	2	1	9
新潟県	0	0	0	0	0	0	0	0	0	1
富山県	0	0	0	0	0	0	0	0	0	0
石川県	0	0	0	0	0	0	0	0	0	1
福井県	0	0	0	0	0	0	0	0	0	0
山梨県	0	0	0	0	0	0	0	0	0	0
長野県	0	0	0	0	0	0	0	0	0	1
岐阜県	0	0	1	1	0	0	0	0	0	1
静岡県	0	0	1	1	1	0	0	1	0	2
愛知県	1	1	3	4	1	1	1	1	1	8
三重県	0	0	1	1	0	0	0	0	0	1
滋賀県	0	0	1	1	0	0	0	0	0	1
京都府	1	1	2	2	1	1	1	1	1	3
大阪府	3	3	14	15	5	5	7	7	4	21
兵庫県	3	1	11	7	2	4	4	3	2	7
奈良県	0	0	1	1	0	0	0	0	0	1
和歌山県	0	0	0	0	0	0	0	0	0	1
鳥取県	153	8	3	3	0	0	0	0	0	1
島根県	8	179	2	8	2	0	0	0	0	1
岡山県	4	2	587	25	2	1	6	3	1	4
広島県	3	7	23	820	19	1	4	6	1	10
山口県	0	2	2	18	366	0	1	1	0	17
徳島県	0	0	1	1	0	236	8	3	2	1
香川県	0	0	6	3	0	7	296	9	4	2
愛媛県	0	0	3	7	1	3	10	418	5	2
高知県	0	0	1	1	0	2	4	5	246	1
福岡県	1	1	4	9	17	1	1	2	1	1,730
佐賀県	0	0	0	1	1	0	0	0	0	50
長崎県	0	0	0	1	1	0	0	0	0	21
熊本県	0	0	1	1	1	0	0	0	0	35
大分県	0	0	1	1	1	0	0	1	0	26
宮崎県	0	0	0	1	0	0	0	0	0	10
鹿児島県	0	0	1	1	1	0	0	0	0	15
沖縄県	0	0	0	1	0	0	0	0	0	6
合計	**184**	**214**	**689**	**967**	**438**	**271**	**360**	**482**	**276**	**2,052**

（百万回）

着信／発信	佐賀県	長崎県	熊本県	大分県	宮崎県	鹿児島県	沖縄県	衛星	合計	自都道府県内	比率
北海道	0	1	1	0	0	1	1	0	**1,594**	1,454	91.2%
青森県	0	0	0	0	0	0	0	0	**332**	290	87.2%
岩手県	0	0	0	0	0	0	0	0	**328**	273	83.4%
宮城県	0	0	0	0	0	0	0	0	**758**	618	81.6%
秋田県	0	0	0	0	0	0	0	0	**275**	239	86.7%
山形県	0	0	0	0	0	0	0	0	**327**	282	86.1%
福島県	0	0	0	0	0	0	0	0	**611**	516	84.5%
茨城県	0	0	0	0	0	1	0	0	**966**	760	78.7%
栃木県	0	0	0	0	0	0	0	0	**643**	506	78.6%
群馬県	0	0	0	0	0	0	0	0	**617**	492	79.8%
埼玉県	1	1	2	1	1	2	2	0	**2,009**	1,366	68.0%
千葉県	1	1	1	1	1	2	2	0	**1,871**	1,375	73.5%
東京都	4	7	10	6	6	10	11	0	**5,468**	3,930	71.9%
神奈川県	1	2	2	1	2	3	3	0	**2,475**	1,803	72.8%
新潟県	0	0	0	0	0	0	0	0	**632**	553	87.6%
富山県	0	0	0	0	0	0	0	0	**296**	250	84.5%
石川県	0	0	0	0	0	0	0	0	**356**	297	83.6%
福井県	0	0	0	0	0	0	0	0	**261**	221	84.7%
山梨県	0	0	0	0	0	0	0	0	**314**	261	83.2%
長野県	0	0	0	0	0	0	0	0	**638**	548	85.9%
岐阜県	0	0	0	0	0	0	0	0	**619**	480	77.7%
静岡県	0	0	1	0	0	1	1	0	**1,128**	952	84.4%
愛知県	1	2	2	1	1	2	2	0	**2,409**	1,996	82.8%
三重県	0	0	0	0	0	0	0	0	**645**	528	81.8%
滋賀県	0	0	0	0	0	0	0	0	**430**	326	75.9%
京都府	0	1	1	1	0	1	1	0	**840**	630	75.0%
大阪府	2	3	5	3	3	6	4	0	**3,347**	2,582	77.1%
兵庫県	1	1	2	1	1	2	1	0	**1,677**	1,260	75.1%
奈良県	0	0	0	0	0	0	0	0	**400**	288	71.8%
和歌山県	0	0	0	0	0	0	0	0	**357**	298	83.4%
鳥取県	0	0	0	0	0	0	0	0	**183**	153	83.2%
島根県	0	0	0	0	0	0	0	0	**215**	179	83.5%
岡山県	0	0	1	1	0	1	0	0	**698**	587	84.1%
広島県	1	1	1	1	1	1	1	0	**977**	820	83.9%
山口県	1	1	1	1	0	1	0	0	**440**	366	83.2%
徳島県	0	0	0	0	0	0	0	0	**274**	236	86.1%
香川県	0	0	0	0	0	0	0	0	**358**	296	82.7%
愛媛県	0	0	0	1	0	0	0	0	**485**	418	86.3%
高知県	0	0	0	0	0	0	0	0	**278**	246	88.6%
福岡県	39	21	33	28	9	14	5	0	**2,063**	1,730	83.8%
佐賀県	233	10	3	2	1	1	0	0	**318**	233	73.4%
長崎県	9	410	4	2	1	1	0	0	**475**	410	86.2%
熊本県	3	4	593	5	5	8	1	0	**692**	593	85.7%
大分県	2	1	5	385	3	1	0	0	**449**	385	85.6%
宮崎県	1	1	5	3	357	12	0	0	**412**	357	86.7%
鹿児島県	1	1	8	2	14	579	1	0	**658**	579	88.0%
沖縄県	0	1	1	1	0	1	608	0	**664**	608	91.6%
合計	**304**	**473**	**685**	**449**	**412**	**657**	**648**	**1**	**42,262**	**33,570**	**79.4%**

2-2-4-3-5　都道府県別通信回数の推移

―携帯電話・PHS 発着信―

（百万回）

発信	2017年度	2018年度		2019年度		2020年度		2021年度	
	回数	回数	対前年度伸び率	回数	対前年度伸び率	回数	対前年度伸び率	回数	対前年度伸び率
北海道	1,862	1,802	-3.2	1,700	-5.6	1,593	-6.3	1,594	0.1
青森県	388	371	-4.4	360	-2.9	337	-6.5	332	-1.3
岩手県	393	374	-4.8	365	-2.5	337	-7.7	328	-2.8
宮城県	908	859	-5.4	823	-4.2	774	-5.9	758	-2.1
秋田県	316	298	-5.7	294	-1.3	280	-4.7	275	-1.8
山形県	383	365	-4.6	354	-3.2	333	-6.0	327	-1.6
福島県	728	691	-5.1	682	-1.3	632	-7.4	611	-3.3
茨城県	1,078	1,035	-4.0	1,037	0.2	975	-6.0	966	-1.0
栃木県	733	699	-4.6	700	0.1	651	-7.1	643	-1.1
群馬県	704	674	-4.3	670	-0.6	625	-6.7	617	-1.2
埼玉県	2,239	2,133	-4.7	2,105	-1.3	2,043	-3.0	2,009	-1.7
千葉県	2,085	1,992	-4.5	1,951	-2.1	1,844	-5.5	1,871	1.4
東京都	7,087	6,614	-6.7	6,360	-3.8	5,685	-10.6	5,468	-3.8
神奈川県	2,845	2,695	-5.3	2,626	-2.6	2,528	-3.7	2,475	-2.1
新潟県	731	690	-5.7	685	-0.7	648	-5.4	632	-2.5
富山県	358	339	-5.2	319	-6.0	303	-5.1	296	-2.3
石川県	439	410	-6.6	386	-5.8	361	-6.5	356	-1.5
福井県	319	302	-5.4	284	-5.8	269	-5.2	261	-3.1
山梨県	351	339	-3.4	340	0.3	314	-7.8	314	0.1
長野県	746	711	-4.8	700	-1.5	646	-7.7	638	-1.3
岐阜県	731	703	-3.8	665	-5.4	624	-6.1	619	-0.9
静岡県	1,373	1,323	-3.7	1,252	-5.3	1,153	-8.0	1,128	-2.1
愛知県	2,914	2,785	-4.4	2,607	-6.4	2,442	-6.3	2,409	-1.3
三重県	756	729	-3.6	695	-4.6	649	-6.6	645	-0.7
滋賀県	512	491	-4.2	464	-5.4	433	-6.6	430	-0.7
京都府	977	941	-3.7	877	-6.8	809	-7.8	840	3.9
大阪府	4,046	3,925	-3.0	3,652	-7.0	3,418	-6.4	3,347	-2.1
兵庫県	1,999	1,927	-3.6	1,799	-6.6	1,705	-5.3	1,677	-1.6
奈良県	497	456	-8.3	426	-6.6	407	-4.5	400	-1.5
和歌山県	401	394	-1.7	383	-2.9	362	-5.5	357	-1.3
鳥取県	220	208	-5.6	198	-4.7	185	-6.3	183	-1.0
島根県	247	237	-4.2	230	-2.9	217	-5.7	215	-0.8
岡山県	799	785	-1.8	750	-4.4	706	-5.9	698	-1.1
広島県	1,137	1,117	-1.7	1,055	-5.6	993	-5.9	977	-1.5
山口県	512	497	-3.0	471	-5.1	451	-4.3	440	-2.4
徳島県	307	296	-3.7	293	-0.9	275	-5.9	274	-0.5
香川県	415	401	-3.4	389	-3.0	364	-6.5	358	-1.4
愛媛県	564	544	-3.6	529	-2.7	496	-6.2	485	-2.3
高知県	317	306	-3.3	301	-1.7	283	-6.0	278	-1.8
福岡県	2,439	2,329	-4.5	2,226	-4.4	2,107	-5.4	2,063	-2.1
佐賀県	367	352	-4.1	345	-2.1	324	-6.1	318	-1.9
長崎県	549	525	-4.4	515	-1.8	495	-3.9	475	-4.0
熊本県	827	781	-5.6	758	-2.9	712	-6.0	692	-2.9
大分県	517	495	-4.2	484	-2.2	457	-5.6	449	-1.7
宮崎県	485	468	-3.5	448	-4.2	420	-6.4	412	-1.9
鹿児島県	766	732	-4.4	719	-1.8	679	-5.5	658	-3.1
沖縄県	846	808	-4.5	756	-6.5	677	-10.4	664	-2.0
合計	**50,211**	**47,946**	**-4.5**	**46,381**	**-3.3**	**43,018**	**-7.3**	**42,262**	**-1.8**

※総務省資料より TCA 作成

2-2-5　国際通信のトラヒックの状況

2-2-5-1　国際電話の通信回数・通信時間の推移

（百万回、百万分）

区　分		2017年度	2018年度	2019年度	2020年度	2021年度
通信回数	発信	194.8	159.1	137.9	50.0	36.4
	着信	298.6	289.3	333.5	317.6	462.0
	合計	**493.4**	**448.5**	**471.4**	**367.6**	**498.5**
通信時間	発信	744.4	594.3	496.5	258.5	174.2
	着信	902.1	750.9	661.1	527.1	520.9
	合計	**1,646.5**	**1,345.2**	**1,157.6**	**785.7**	**695.2**

※総務省資料よりTCA作成

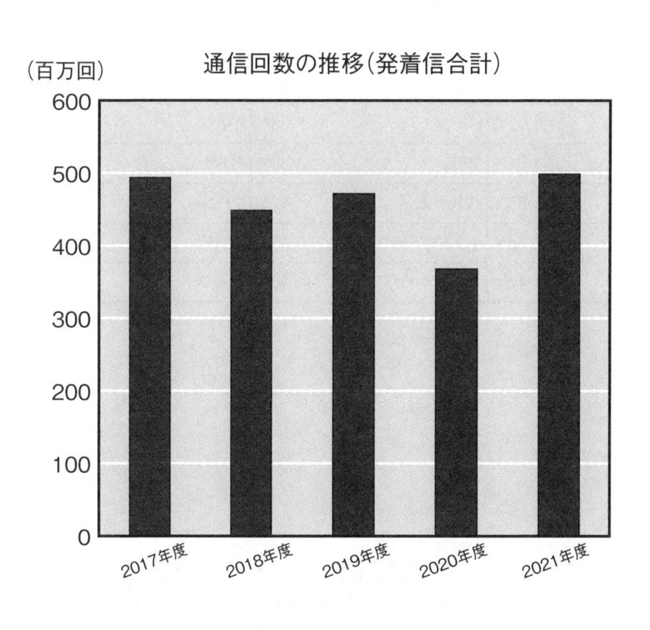

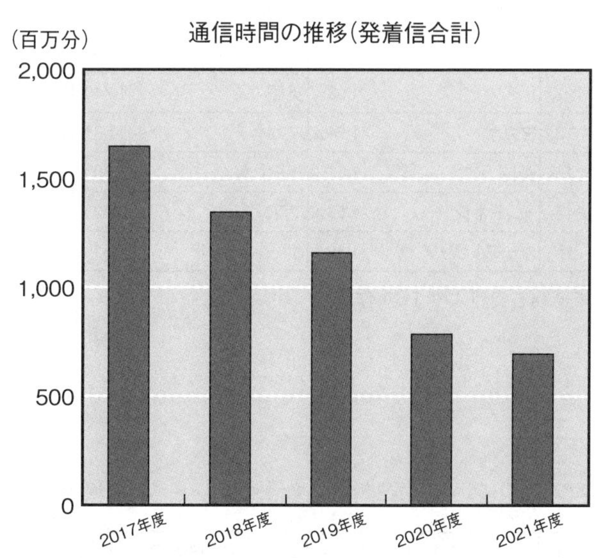

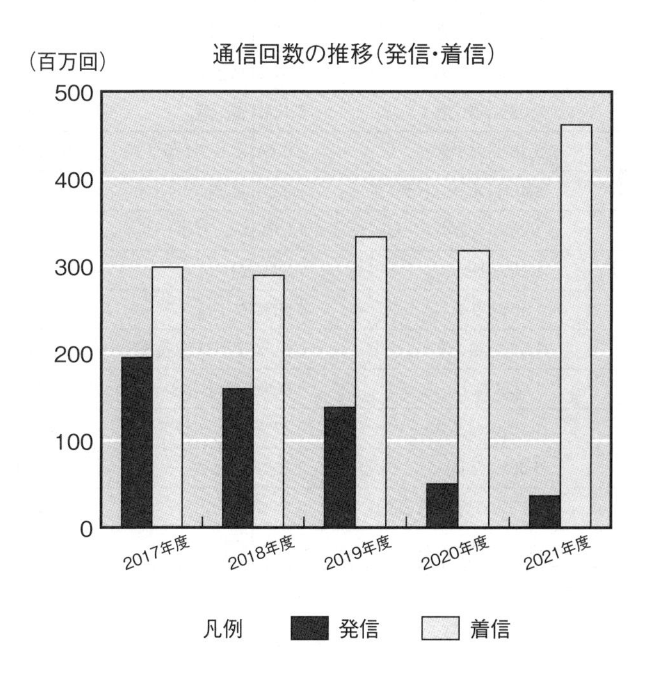

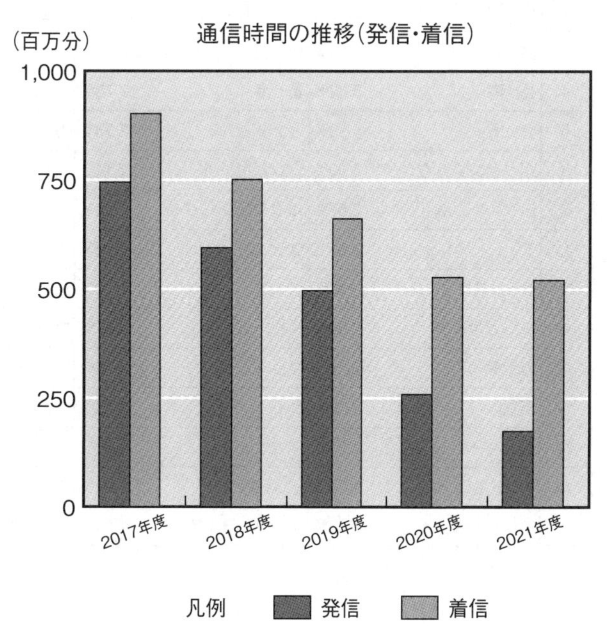

2-2-5-2　主要対地別通信時間の状況

2-2-5-2-1　発信時間の対地別シェアの推移

順位	2017年度		2018年度		2019年度		2020年度		2021年度	
1	中　国	20.93%	米国（本土）	19.33%	米国（本土）	19.83%	米国（本土）	35.13%	米国（本土）	33.04%
2	米国（本土）	17.79%	中　国	17.75%	香　港	19.19%	中　国	16.15%	中　国	17.07%
3	香　港	10.80%	香　港	15.84%	中　国	16.46%	香　港	8.86%	韓　国	7.09%
4	フィリピン	8.46%	フィリピン	6.36%	韓　国	5.16%	韓　国	6.26%	香　港	4.53%
5	韓　国	6.01%	韓　国	6.06%	タ　イ	3.49%	タ　イ	3.51%	フィリピン	3.77%
6	タ　イ	3.63%	タ　イ	3.74%	フィリピン	3.34%	フィリピン	3.49%	タ　イ	3.77%
7	台　湾	3.11%	台　湾	3.19%	台　湾	3.02%	台　湾	3.20%	バングラディシュ	3.38%
8	シンガポール	2.83%	シンガポール	2.80%	シンガポール	2.85%	シンガポール	2.97%	台　湾	3.36%
9	インド	2.34%	インド	2.49%	インド	2.69%	英　国	2.01%	シンガポール	2.46%
10	ベトナム	1.76%	ドイツ	1.80%	英　国	2.01%	インド	1.71%	英　国	2.02%
11	ドイツ	1.68%	英国	1.74%	ドイツ	1.98%	ドイツ	1.68%	ドイツ	1.58%
12	マカオ	1.64%	マカオ	1.68%	バングラディシュ	1.61%	フランス	1.30%	ベトナム	1.41%
13	英国	1.61%	ベトナム	1.50%	オーストラリア	1.60%	ベトナム	1.17%	フランス	1.40%
14	インドネシア	1.53%	フランス	1.42%	フランス	1.56%	インドネシア	1.13%	インド	1.35%
15	オーストラリア	1.39%	オーストラリア	1.31%	マカオ	1.47%	オーストラリア	1.10%	オーストラリア	1.19%

※総務省資料より TCA 作成

2-2-5-2-2　着信時間の対地別シェアの推移

順位	2017年度		2018年度		2019年度		2020年度		2021年度	
1	米国（本土）	18.75%	中　国	22.43%	中　国	25.12%	米国（本土）	27.52%	中　国	35.60%
2	中　国	18.50%	米国（本土）	20.30%	米国（本土）	20.12%	韓　国	27.40%	韓　国	29.32%
3	韓　国	12.60%	韓　国	18.48%	韓　国	18.92%	中　国	26.51%	米国（本土）	25.90%
4	香　港	8.82%	香　港	12.73%	香　港	14.03%	香　港	3.17%	香　港	0.93%
5	台　湾	4.26%	カナダ	2.33%	カナダ	3.16%	カナダ	2.05%	オーストラリア	0.86%
6	ルクセンブルク	3.29%	シンガポール	2.14%	シンガポール	2.45%	オーストラリア	1.62%	英国	0.81%
7	ドイツ	2.87%	ルクセンブルク	1.75%	台　湾	1.23%	シンガポール	1.57%	シンガポール	0.76%
8	タ　イ	2.83%	フランス	1.73%	オーストラリア	1.20%	ドイツ	1.38%	台　湾	0.74%
9	フランス	2.70%	台　湾	1.70%	ドイツ	1.15%	タイ	0.96%	タイ	0.53%
10	シンガポール	2.69%	ドイツ	1.66%	マカオ	1.08%	台　湾	0.91%	アラブ首長国	0.50%
11	カナダ	2.68%	マレーシア	1.48%	マレーシア	1.06%	マレーシア	0.86%	インドネシア	0.47%
12	英国	2.12%	タイ	1.47%	タイ	1.05%	ベルギー	0.77%	マレーシア	0.44%
13	ベルギー	1.95%	マカオ	1.30%	フランス	0.89%	英国	0.66%	ベルギー	0.43%
14	インドネシア	1.90%	インドネシア	1.24%	アイスランド	0.77%	アラブ首長国	0.54%	ドイツ	0.38%
15	マレーシア	1.58%	オーストラリア	1.11%	インドネシア	0.74%	ベトナム	0.53%	ベトナム	0.34%

※総務省資料より TCA 作成

2-2-5-2-3　対地別発着信時間（2021 年度）

取扱対地（発信時間による降順）	日本発信						日本着信					
	発信順位		発信時間（百万分）	対前年度増減率(%)	シェア(%)	シェア累積(%)	着信順位		着信時間（百万分）	対前年度増減率(%)	シェア(%)	シェア累積(%)
	2021	2020					2021	2020				
米国(本土)	1	(1)	57.6	▲41.52%	33.04%	33.04%	3	(1)	134.9	1.43%	25.90%	25.90%
中国	2	(2)	29.7	▲63.61%	17.07%	50.11%	1	(3)	185.4	11.68%	35.60%	61.50%
韓国	3	(4)	12.3	▲51.83%	7.09%	57.20%	2	(2)	152.8	22.12%	29.32%	90.82%
香港	4	(3)	7.9	▲91.72%	4.53%	61.72%	4	(4)	4.8	▲94.78%	0.93%	91.75%
フィリピン	5	(6)	6.6	▲60.39%	3.77%	65.50%	17	(18)	1.1	▲55.18%	0.20%	91.95%
タイ	6	(5)	6.6	▲62.14%	3.77%	69.26%	9	(9)	2.7	▲60.47%	0.53%	92.48%
バングラディシュ	7	(34)	5.9	▲26.19%	3.38%	72.65%	47	(49)	0.0	▲76.25%	0.01%	92.49%
台湾	8	(7)	5.9	▲60.91%	3.36%	76.01%	8	(10)	3.8	▲52.75%	0.74%	93.22%
シンガポール	9	(8)	4.3	▲69.74%	2.46%	78.46%	7	(7)	4.0	▲75.62%	0.76%	93.98%
英国	10	(9)	3.5	▲64.64%	2.02%	80.49%	6	(13)	4.2	▲6.46%	0.81%	94.79%
ドイツ	11	(11)	2.7	▲72.05%	1.58%	82.06%	14	(8)	2.0	▲73.81%	0.38%	95.17%
ベトナム	12	(13)	2.5	▲64.41%	1.41%	83.47%	15	(15)	1.8	▲59.70%	0.34%	95.51%
フランス	13	(12)	2.4	▲68.52%	1.40%	84.87%	16	(17)	1.4	▲76.46%	0.27%	95.78%
インド	14	(10)	2.3	▲82.39%	1.35%	86.22%	24	(20)	0.4	▲88.14%	0.08%	95.86%
オーストラリア	15	(15)	2.1	▲73.94%	1.19%	87.41%	5	(6)	4.5	▲43.49%	0.86%	96.72%
米国(ハワイ)	16	(18)	2.0	▲51.44%	1.13%	88.54%	22	(19)	0.5	▲66.76%	0.10%	96.83%
インドネシア	17	(14)	2.0	▲68.39%	1.13%	89.67%	11	(16)	2.4	▲50.32%	0.47%	97.29%
マレーシア	18	(16)	1.9	▲59.13%	1.07%	90.74%	12	(11)	2.3	▲67.42%	0.44%	97.73%
カナダ	19	(17)	1.7	▲53.79%	0.97%	91.71%	18	(5)	0.7	▲96.44%	0.14%	97.88%
ベルギー	20	(19)	1.1	▲18.95%	0.65%	92.37%	13	(12)	2.2	▲37.37%	0.43%	98.30%
イタリア	21	(22)	0.7	▲76.80%	0.39%	92.76%	26	(27)	0.3	▲61.43%	0.06%	98.36%
キューバ	22	(91)	0.6	648.40%	0.36%	93.13%	76	(111)	0.0	1.59%	0.00%	98.37%
ブラジル	23	(21)	0.6	▲76.07%	0.35%	93.47%	27	(26)	0.3	▲61.80%	0.06%	98.42%
アラブ首長国	24	(26)	0.5	▲65.95%	0.31%	93.79%	10	(14)	2.6	▲30.52%	0.50%	98.92%
ミャンマー	25	(30)	0.5	▲45.27%	0.31%	94.09%	19	(29)	0.7	57.34%	0.14%	99.06%
スリランカ	26	(27)	0.5	▲64.35%	0.30%	94.40%	20	(23)	0.6	▲48.46%	0.12%	99.18%
ベラルーシ	27	(158)	0.5	3859.35%	0.30%	94.69%	153	(128)	0.0	▲98.64%	0.00%	99.18%
オランダ	28	(23)	0.5	▲71.19%	0.29%	94.99%	33	(31)	0.1	▲64.15%	0.03%	99.21%
衛星系電話	29	(33)	0.5	▲14.10%	0.26%	95.25%	23	(21)	0.4	▲59.64%	0.08%	99.29%
メキシコ合衆国	30	(28)	0.5	▲59.87%	0.26%	95.51%	21	(22)	0.6	▲52.95%	0.11%	99.40%
その他対地・合計	－	－	7.8		4.49%	100.00%	－	－	3.1		0.60%	100.00%
全対地・合計	－	－	**174.2**		－	－	－	－	**520.9**		－	－

※総務省資料より TCA 作成

2-3 料金・サービス内容等の動き

2-3-1 固定電話

2-3-1-1 通話料金等の推移

2-3-1-1-1 NTTの通話料金等の推移

1985年　320km超の最遠距離区間で平日・昼間3分間料金は400円であった。

1986年7月　民営化後最初の値下げ。土曜割引きを導入、土曜の料金を休日・夜間と同様に平日より約40%割引きとする。

1988年2月　最遠距離料金を平日昼間で3分間360円に値下げ。

1989年2月　最遠距離を平日昼間3分間330円に値下げ。
隣接区域内通話及び20km以内の通話を3分間30円から、3分間20円に値下げ。（近距離の値下げは昭和47年以来）

1990年3月　最遠距離を平日昼間3分間280円に値下げ。
市内、近距離及び中距離への深夜割引導入。

1991年3月　160km超を最遠距離区分として統一、平日昼間3分間240円に値下げ。20km～30kmも同40円に値下げ。深夜割引時間帯を夜11時から朝8時までと2時間延長。

1992年6月　最遠距離を平日昼間3分間200円に値下げ。

1993年10月　30km～100kmまでの距離区分を4段階～2段階に簡素化し、30kmを超える部分の料金を10円～60円値下げし、最遠距離は平日昼間3分間で180円となった。

1996年3月　最遠距離を平日昼間3分間で140円に値下げ。

1997年2月　100km超の遠距離を平日昼間3分間で110円に値下げ。

1998年2月　100km超を最遠距離区分とし、平日昼間3分間で90円に値下げ。

1999年7月　NTT再編に伴いNTT東日本・西日本が県内通話を、NTTコミュニケーションズが県間通信を受持つこととなる。

2000年10月　NTT東日本・西日本が20kmを超える県内市外料金を値下げ。20～60kmの平日・昼間3分間料金を30円に、60km超の平日・昼間3分間料金を40円とする。

2001年1月　NTT東日本が市内通話料金を値下げ。3分間9円とする。

2001年5月　NTT東日本・西日本が市内通話料金を値下げ。昼間・夜間3分間で8.5円とする。

2-3-1-1-2 長距離・国際系NCCの通話料金等の推移

1987年9月　長距離系新事業者3社がサービス開始。
当初料金は概ねNTTより25%安、340kmの最遠距離料金は平日昼間3分間300円（NTT部分の足回り料金20円の場合）。

1988年2月　夜間・深夜料金の値下げ。近距離料金への夜間割引の導入。

1989年2月　全ての距離区分で値下げ、最遠距離は平日昼間3分間280円に。

1990年3月　最遠距離料金を値下げ、平日昼間3分間240円に。
全ての距離区分で夜間・土日・祝日の料金を値下げ。

1991年3月　170km超を最遠距離区分とし、平日昼間3分間200円に値下げ。また夜間･土日･祝日の料金を値下げ。

1992年4月　最遠距離料金の値下げを行い平日昼間3分間で180円となった。

1993年11月　これまでの足し算料金（NCCが設定する中継部分の料金と、NTTが設定する足周り部分の料金を合算するもの）に代わり、エンドエンド料金（足回り部分も含めたNCCが発信者から着信者までを通して合算するもの）を導入し、併せて料金水準の引き下げを行った。この結果、最遠距離料金は平日昼間3分間で170円となった。深夜割引時間帯（夜11時から朝8時）を設け、60km～100kmまでの距離区分を2段階から1段階に簡素化。

1994年4月	NTTが提供する足回り部分の料金をユーザ料金からコストに基づく事業者間接続料金(アクセスチャージ）に変更。
1996年3月	NTT提供の足回り部分に係わるNCCからNTTへの事業者間接続料金（いわゆる「アクセスチャージ」）の引き下げを受け、最遠距離（170km超）料金（平日昼間のみ）を3分間当たり170円から130円に引き下げた。また従来「60kmまで」の一区分しかなかった近距離通話の距離区分を「30kmまで」と「30～60km」に細分化し、平日昼間「30kmまで」と深夜・早朝の「30kmまで」及び「30～60km」について値下げを実施。
1997年2月	最遠距離料金を平日昼間3分間で100円に値下げ。
1998年2月	最遠距離料金を平日昼間3分間で90円に値下げ。隣接区域内及び20km以内の距離段階の新設。
1998年7月	KDDが本格的に国内電話に参入し、最遠距離料金を平日昼間3分間で69円でサービス開始。
2000年4月	20～30km、30～60kmの昼間・夜間料金等を値下げ。 NTTコミュニケーションズが30～60km・60～100kmの昼間・夜間料金、60～100km・100km超の夜間・深夜料金を値下げ。
2000年10月	DDI、KDD及びIDOが合併しKDDIに。新たに県内料金を設定し、60km超の平日・昼間3分間料金を40円とする。
2000年12月	ケーブル・アンド・ワイヤレスIDCが本格的に国内電話に参入し、100km超の最遠距離料金を終日3分間45円でサービス開始。
2001年3月	最遠距離料金を平日昼間3分間で80円に、60～100kmを平日昼間3分間で60円に値下げ。 NTTコミュニケーションズが20～30kmの全時間帯、30～60kmの夜間・深夜、60～100kmの深夜及び100km超の昼間・深夜の料金を値下げ。
2001年4月	フュージョン・コミュニケーションズがIP電話を開始し、全国距離に関係なく3分間20円でサービス開始。
2001年5月	NTTコミュニケーションズが東京都・愛知県・大阪府で県内・市内通信に参入。通話料金は市内が8.5円／3分。 KDDI、日本テレコムが市内参入。通話料金は平日昼間3分間8.5円。
2004年12月	日本テレコムが固定電話サービス「おとくライン」サービス開始。
2005年2月	KDDIがメタルプラス電話サービス開始。
2006年6月	日本テレコムが平成電電、平成電電コミュニケーションズから電気通信事業を事業譲渡。
2006年10月	日本テレコムがソフトバンクテレコムに社名変更。
2015年4月	ソフトバンクモバイル、ソフトバンクBB、ソフトバンクテレコム及びワイモバイルが合併しソフトバンクモバイルに。
2015年7月	ソフトバンクモバイルがソフトバンクに社名変更。
2015年12月	フュージョン・コミュニケーションズが楽天コミュニケーションズに社名変更。
2016年6月	KDDIがメタルプラス電話サービス終了。
2019年7月	楽天コミュニケーションズが運営する国内電話サービス（マイライン）および「楽天でんわ」を、会社分割により楽天モバイルへ承継。

〔参考〕マイラインに参加する通信会社

（2023年10月現在）

通話区分 事業者名	電話会社の識別番号	市内	市県外内	県外	国際	登録できる地域
東日本電信電話㈱	0036	○	○			東日本
西日本電信電話㈱	0039	○	○			西日本
NTTコミュニケーションズ㈱	0033	○	○	○	○	日本全国
KDDI㈱	0077 001（国際通話）	○	○	○	○	日本全国
ソフトバンク㈱	0088 0061（国際通話）	○	○	○	○	日本全国
楽天モバイル㈱	0038	○	○	○	○	日本全国
アルテリア・ネットワークス㈱	0060	○	○	○	○	全国18都道府県

※マイラインホームページ：http://www.myline.org/

2-3-1-1-3　地域系・CATV 系事業者の通話料金等の推移

1988 年 5 月　地域系事業者の東京通信ネットワーク（以下 TTNet、現パワードコム）が直加入電話サービス開始。

1997 年 6 月　ケーブルテレビ事業者のタイタス・コミュニケーションズが加入電話サービスを開始。通話料金に 20 秒単位のハドソン課金を導入。

1997 年 7 月　杉並ケーブルテレビ（現ジェイコム東京）が加入電話サービスを開始。

1998 年 1 月　TTNet が平日昼間 3 分間で区域内料金 9 円、最遠距離料金 72 円の中継電話サービスを開始。

1998 年 3 月　TTNet が最遠距離の平日・昼間 3 分間の料金を 63 円に値下げ。

1999 年 4 月　九州通信ネットワーク（以下、QTNet）が平日昼間 3 分間で区域内 9 円、最遠距離料金 70 円の中継電話サービスを開始。

2000 年 5 月　TTNet が 60 ～ 100km の平日・昼間 3 分間の料金を 54 円から 45 円に値下げ。

2000 年 11 月　QTNet が新たに県内料金を設定し、60km 超の平日・昼間 3 分間料金を 27 円とする。

2001 年 5 月　TTNet が各距離区分の料金を値下げ。最遠距離は昼間 3 分間で 54 円、60 ～ 100km は同じく 36 円、市内は 8.4 円とする。QTNet が区域内料金を平日昼間 3 分間で 8.4 円に値下げ。

2003 年 4 月　パワードコムと TTNet が合併、パワードコムに。

2004 年 7 月　パワードコムの電話事業をフュージョン・コミュニケーションズに統合。

2018 年 6 月　QTnet（旧九州通信ネットワーク）が中継電話サービスを終了。

2019 年 4 月　ケイ・オプティコムがオプテージに社名変更。

2-3-1-1-4　ISDN のサービス提供状況の推移

1988 年 4 月　NTT が ISDN サービスを開始。

1995 年 10 月　大阪メディアポート・四国情報通信ネットワークが ISDN サービスを開始。

1996 年 2 月　NTT が深夜・早朝時間帯の電話番号選択定額サービス「INS テレホーダイ」を開始。

1996 年 3 月　北海道総合通信網・東北インテリジェント通信が ISDN サービスを開始。

1996 年 4 月　中部テレコミュニケーションが ISDN サービスを開始。

1997 年 4 月　TTNet・QTNet が ISDN サービスを開始。

1997 年 7 月　NTT が施設設置負担金を不要とするサービス「INS ネット 64 ライト」を開始。

1997 年 10 月　中国通信ネットワークが ISDN サービスを開始。

1997 年 12 月　大阪メディアポートが NTT との相互接続を開始。

2000 年 7 月　NTT 東日本・西日本が定額制 IP 接続サービス「フレッツ・ISDN」を開始。

2003 年 7 月　中国通信ネットワークと中国情報システムサービスが合併し、エネルギア･コミュニケーションズ誕生。

2010 年 4 月　東北インテリジェント通信株式会社、ISDN サービスを終了。

2011 年 3 月　エネルギア・コミュニケーションズ、ISDN サービスを終了。

2013 年 12 月　QTNet が ISDN サービスを終了。

●NTT の通話料金改訂状況（平日昼間 3 分間通話の場合）

料金改定年月	距離区分数	区域内	隣接～20km	～30km	～40km	～60km	～80km	～100km	～120km	～160km	～240km	～320km	～500km	～750km	～750km超
1983年8月以前	14	10	30	50	60	90	120	140	180	230	280	360	450	600	720
1983年8月	14	10	30	50	60	90	120	140	180	230	280	360	450	520	600
1985年7月	12	10	30	50	60	90	120	140	180	230	280	360	400		
1986年7月	10	10	30	50	60	90	120	140	180		260		400		
1988年2月	10	10	30	50	60	90	120	140	180		260		360		
1989年2月	10	10	30	50	60	90	120	140	180		260		330		
1990年3月	10	10	30	50	60	90	120	140	180		260		280		
1991年3月	9	10	30	40	60	90	120	140	180		240				
1992年6月	9	10	30	40	60	90	120	140	180		200				
1993年10月	7	10	30	40	50		80		140		180				
1996年3月	6	10	30	40	50		80		140						
1997年2月	6	10	30	40	50		80		110						
1998年2月	6	10	30	40	50		80		90						
NTTコム（県間）2000年4月	–	–	20	40			70		90						
NTTコム（県間）2001年3月	–	–	20	40			60		80						
NTT東西（県内）2000年10月	–	10	20	30			40								
NTT東西（県内）2001年1月	–	9※	20	30			40								
2001年5月	–	8.5	20	30			40								

□ は料金改定部分　※ 2001 年 1 月の市内料金値下げは NTT 東のみ実施。

[曜日別時間帯別割引制度]

1980 年 11 月	1981 年 8 月	1986 年 7 月	1990 年 3 月	1991 年 3 月	1993 年 10 月	2000 年 10 月
・夜間割引制度の拡大 ・深夜割引制度の新設 （・320km 超え 6 割引 ・午後 9 時～午前 6 時）	・日曜・祝日割引制度の新設 （・日祝の昼間 60km 超え ……4 割引）	・土曜割引制度の新設 （・土曜日の昼間 60km 超え ……4 割引）	・深夜割引制度の拡大 （・区域内・近距離 2 割 5 分引 ・中・遠距離 4 割 5 分引 ・午後 11 時～午前 6 時）	・深夜割引制度の拡大 （・午後 11 時～午前 8 時）	・深夜割引制度の拡大 （・中・遠距離 5 割～ 5 割 5 分引）	・深夜割引制度の拡大 （・20km ～ 60km 区間 ……2 割引）

2-3-2　携帯電話・PHS

2-3-2-1　携帯電話のサービス提供状況の推移・事業者の動向

1979年12月	電電公社が東京23区で自動車電話サービスを開始。
1987年4月	NTTが携帯電話サービスを開始。
1988年12月	日本移動通信㈱（IDO）がNTT大容量方式のサービスを開始。
1989年7月	関西セルラー電話㈱がTACS方式のサービスを開始。
1992年7月	NTTが移動体通信事業を分離。NTT移動通信網㈱（NTTドコモ）が発足。
1993年3月	NTTドコモが800MHz帯PDC方式のサービスを開始。
1993年7月	NTTドコモが地域分割で全国9社体制に。
1993年10月	NTTドコモが保証金制度（10万円）を廃止。
1994年4月	移動機売切り制の導入。㈱東京デジタルホン、㈱ツーカーホン関西が1.5GHz帯PDC方式のサービスを開始。NTTドコモが東京23区で1.5GHz帯PDC方式のサービスを開始。
1994年6月	IDOがTACS方式のサービスを開始。
1996年1月	㈱デジタルツーカー九州が1.5GHz帯PDC方式のサービスを開始。
1996年12月	移動体通信料金の事前届出制の開始。新規加入料の廃止。
1997年3月	NTTドコモがパケット通信サービス「DoPa」を開始。
1998年7月	DDIセルラーグループが関西・九州・沖縄で「cdmaOne」サービスを開始。
1998年10月	㈱ツーカーホン関西がプリペイド式携帯電話サービスを開始。
1999年1月	携帯電話番号を11桁化。
1999年2月	NTTドコモがインターネット接続サービス「iモード」を開始。
1999年3月	NTTドコモ・IDOがNTT大容量方式のサービスを終了。
1999年4月	DDIセルラーグループ･IDOが「cdmaOne」サービスを全国展開､インターネット接続サービス「EZweb/EZaccess」を開始。
1999年12月	J-フォングループがインターネット接続サービス「J-スカイ」を開始。
2000年1月	DDIセルラーグループ・IDOがパケット通信サービス「PacketOne」を開始。
2000年4月	DDIセルラーグループ・IDOが国際ローミングサービス「GLOBALPASSPORT」を開始。
2000年9月	DDIセルラーグループ・IDOがTACS方式のサービスを終了。
2000年10月	DDI・KDD・IDOが合併し、㈱ケーディーディーアイ（KDDI）が発足。合併によりJ-フォングループ9社がJ-フォン東日本㈱、J-フォン東海㈱、J-フォン西日本㈱に再編。
2000年11月	沖縄セルラー電話を除くDDIセルラーグループ7社が合併し、㈱エーユーが発足。
2001年10月	KDDI、エーユーを合併。
2001年10月	NTTドコモがW-CDMA方式による「IMT-2000」の本格サービスを開始。
2001年11月	持株会社J-フォン㈱とJ-フォン東日本㈱・J-フォン東海㈱・J-フォン西日本㈱が合併し、「J-フォン株式会社」が発足。
2001年11月	KDDI、沖縄セルラー電話が日本で初めてGPSナビゲーション機能搭載の携帯電話の発売を開始。
2002年4月	KDDI、沖縄セルラー電話がCDMA20001xサービスを開始。
2002年12月	J-フォン㈱が3GPP準拠のW-CDMA方式による3Gサービス、GSM方式のネットワークとの国際ローミングを開始。
2003年6月	NTTドコモがGSM方式のネットワークとの国際ローミングを開始。
2003年10月	J-フォン㈱がボーダフォン㈱に社名変更。

2003 年 10 月	ボーダフォンが 3G のインターネット接続サービス「ボーダフォンライブ！」を開始､海外でもインターネット接続サービスが利用可能に。
2003 年 11 月	KDDI、沖縄セルラー電話が「CDMA1XWIN」サービス開始。
2004 年 1 月	NTT ドコモが「i モード災害用伝言板サービス」を開始。
2004 年 5 月	KDDI、沖縄セルラー電話が CDMA 方式による国際データローミングサービスを開始。
2004 年 7 月	NTT ドコモが i モード FeliCa サービス開始。
2004 年 10 月	持株会社ボーダフォンホールディングス㈱とボーダフォン㈱が合併、ボーダフォン㈱に社名変更。
2004 年 12 月	ボーダフォンがテレビ電話機能の国際ローミングを開始。
2004 年 12 月	NTT ドコモが 3GPP 準拠の W-CDMA 方式による 3G サービス、および GSM（GPRS）方式ネットワークとのパケットローミングサービスを開始、海外でも「i モード」接続が可能に。また、テレビ電話機能の国際ローミングを開始。
2005 年 9 月	KDDI、沖縄セルラー電話が EZFeliCa 開始。KDDI、沖縄セルラー電話が auIC カード及び GSM 方式のネットワークとの国際ローミングを開始。
2005 年 9 月	ボーダフォンが 3G データカードの国際ローミングを開始。
2005 年 9 月	NTT ドコモが「FlashCast」を利用した「i チャネル」を提供開始。
2005 年 10 月	KDDI がツーカー 3 社と合併。
2005 年 10 月	ボーダフォンが日本国内だけでなく海外でもネットワークアシスト型の GPS 機能が利用可能なナビゲーションサービス「Vodafone live ！ NAVI」を開始。
2005 年 11 月	ボーダフォンが「ボーダフォンライブ！ FeliCa」を開始。
2005 年 11 月	NTT ドコモがパケット網を利用した音声通話サービス「プッシュトーク」を開始。
2005 年 11 月	KDDI、沖縄セルラー電話がハローメッセンジャー開始。
2005 年 11 月	イー・モバイル㈱が総務省より 1.7GHz 帯周波数の電波免許を交付され、W-CDMA 方式で携帯電話事業へ新規参入。
2005 年 12 月	KDDI、沖縄セルラー電話が地上デジタルテレビ放送の携帯・移動体向けサービス「ワンセグ」対応端末の発売を開始。
2005 年 12 月	NTT ドコモが新たなケータイクレジットブランド「iD（アイディ）」の提供を開始。
2006 年 1 月	KDDI、沖縄セルラー電話が「auLISTENMOBILESERVICE（LISMO）」サービス開始。
2006 年 3 月	NTT ドコモが「ワンセグ」対応携帯電話端末発売。
2006 年 4 月	NTT ドコモがクレジットサービス「DCMX」を提供開始。
2006 年 4 月	ボーダフォンがソフトバンクグループ傘下へ。
2006 年 5 月	ボーダフォンが「ワンセグ」対応携帯電話発売。
2006 年 8 月	NTT ドコモが高速パケット通信対応の「HSDPA」を開始。NTT ドコモが「ミュージックチャネル」を提供開始。
2006 年 9 月	KDDI、沖縄セルラー電話が「BCMCS」を利用した「EZ チャンネルプラス」「EZ ニュースフラッシュ」を提供開始。
2006 年 10 月	ボーダフォン㈱がソフトバンクモバイル㈱へ社名変更。ソフトバンクモバイルが新ポータルサイト「Yahoo! ケータイ」開始。ソフトバンクモバイルが「3G ハイスピード」を開始。
2006 年 10 月	携帯電話 3 社で、「番号ポータビリティ制度」開始。
2006 年 12 月	KDDI、沖縄セルラー電話が「EV-DORev.A」を開始。
2007 年 3 月	イー・モバイルが HSDPA データ通信サービス『EM モバイルブロードバンド』を開始。
2007 年 5 月	NTT ドコモが 1 台の携帯電話で 2 台分の機能を使い分けできる「2in1」を提供開始。
2007 年 12 月	NTT ドコモが「エリアメール」を提供開始。

2008年3月	KDDIがツーカーサービスを終了。KDDI、沖縄セルラー電話がGSM方式による国際データローミングサービスを開始。
2008年3月	イー･モバイルがW-CDMA方式の音声サービス、携帯電話機向けインターネット接続サービス『EMnet』を開始。
2008年6月	NTTドコモが自宅などのブロードバンド環境で携帯電話を利用できる「ホームU」を提供開始。
2008年7月	ソフトバンクモバイルが1台のケータイで2つの電話番号とメールアドレスが使える「ダブルナンバー」を開始。
2008年11月	イー・モバイルがHSUPAデータ通信サービスを開始。
2009年3月	ソフトバンクモバイルがパソコン向け高速モバイルデータ通信サービスを開始。
2009年7月	イー・モバイルがHSPA+データ通信サービスを開始。
2010年6月	KDDIがスマートフォン向けISP「IS NET」の提供を開始。
2010年9月	NTTドコモがスマートフォン向けISP「spモード」の提供を開始。
2010年12月	NTTドコモが下り最大75MbpsのLTE高速データ通信サービス「Xi」（クロッシィ）サービスを提供開始。
2010年12月	イー･モバイルが下り最大42Mbpsの高速パケット通信が可能なサービス「EMOBILE G4」の提供を開始。
2011年2月	ソフトバンクモバイルが下り最大42Mbpsの高速パケット通信が可能なサービス「ULTRA SPEED」を開始。
2011年3月	NTTドコモ、KDDIがスマートフォン向けに「災害用伝言板」を提供開始。
2011年4月	NTTドコモがSIMロック解除を開始。
2011年5月	イー・アクセスが今後販売するイー・モバイル端末をSIMロックフリーで提供開始。
2011年7月	ショートメッセージサービス（SMS）の事業者間接続開始。
2012年1月	ソフトバンクモバイルが「災害・避難情報」を提供開始。
2012年1月	KDDIが「緊急速報メール」において、災害・避難情報の提供開始。
2012年1月	KDDIがモバイルNFCサービスの提供開始。
2012年2月	ソフトバンクモバイルが下り最大110Mbpsの高速データ通信サービス「SoftBank 4G」を提供開始。
2012年2月	NTTドコモが緊急速報「エリアメール」（津波警報）の配信を開始。
2012年3月	NTTドコモが「災害用音声お届けサービス」を提供開始。
2012年3月	イー・アクセスが下り最大75Mbpsの高速データ通信サービス「EMOBILE LTE」を提供開始。
2012年3月	NTTドコモが日本初　V-Highマルチメディア放送「モバキャス」対応端末発売。
2012年3月	KDDIが「緊急速報メール」において、津波警報の提供開始。
2012年3月	NTTドコモがPDC方式サービス終了。
2012年4月	KDDIがデータ通信における無線基地局の混雑を緩和する技術「EV-DO Advanced」の導入開始。
2012年6月	KDDIが「災害用音声お届けサービス」の提供開始。
2012年7月	ソフトバンクモバイルが「災害用音声お届けサービス」を提供開始。
2012年7月	ソフトバンクモバイルが900MHz帯の運用を開始。
2012年8月	ソフトバンクモバイルが「津波警報」を提供開始。
2012年8月	通信事業者各社が携帯・PHS災害用伝言板サービスおよびNTT東西災害用伝言板（web171）における「全社一括検索」を開始。
2012年9月	KDDIが次世代高速通信規格LTE（Long Term Evolution）による「4G LTE」サービスの提供を開始。
2012年10月	ソフトバンクモバイルとイー・アクセスが業務提携。
2013年2月	NTTドコモ、チャイナモバイル、KTがNFCの国際ローミングに関する共通仕様を策定。
2013年2月	ソフトバンクモバイルがソフトバンク衛星電話サービスを提供開始。

2013年3月	イー・アクセスが「緊急速報メール」において、緊急地震速報、津波警報および災害・避難情報の提供開始。
2013年3月	イー・アクセスがFeliCaサービスを提供開始。
2013年3月	NTTドコモ、KDDI、ソフトバンクモバイル、イー・アクセスが都営地下鉄の全区間で携帯電話サービスを提供開始。
2013年4月	NTTドコモ、KDDI、沖縄セルラー、ソフトバンクモバイルが「災害用音声お届けサービス」の携帯電話事業者4社による相互利用を開始。
2013年7月	NTTドコモ、KDDI、ソフトバンクモバイルが富士山においてLTEサービスを提供開始。
2013年9月	ソフトバンクモバイルがLTE国際ローミングを提供開始。
2013年9月	KDDIがLTE国際ローミングを提供開始。
2013年10月	KDDIが公衆無線LANサービス「au Wi-Fi SPOT」に次世代無線LAN規格「IEEE802.11ac」の導入を開始。
2013年11月	NTTドコモ、KDDI、沖縄セルラー、ソフトバンクモバイル、イー・アクセスが携帯電話における070番号を利用開始。
2013年11月	NTTドコモがマルチバンド対応の屋内基地局装置および屋内アンテナを開発。
2014年1月	携帯電話・PHS事業者6社が「災害用音声お届けサービス」の相互利用を開始。
2014年3月	NTTドコモがLTE国際ローミングを提供開始。
2014年4月	NTTドコモ、KDDI、沖縄セルラー、ソフトバンクモバイルが緊急速報「エリアメール」、及び「緊急速報メール」を利用した国民保護に関する情報の配信を開始。
2014年5月	携帯電話・PHS事業者6社が事業者間のキャリアメール、SMSでやり取りされる絵文字の数と種類を共通化。
2014年5月	KDDIがLTEの次世代高速通信規格「LTE-Advanced」の技術である受信最大速度150Mbpsのキャリアアグリゲーションを日本で初めて導入。
2014年5月	NTTドコモが次世代動画圧縮技術HEVCを活用した動画配信ガイドラインを公開。
2014年6月	イー・アクセス株式会社と株式会社ウィルコムが合併。
2014年6月	NTTドコモが新たな小型認証デバイス「ポータブルSIM」を世界で初めて開発。
2014年6月	NTTドコモが国内初、VoLTEによる通話サービスの提供を開始。
2014年7月	イー・アクセス株式会社がワイモバイル株式会社に社名変更。
2014年8月	ワイモバイルが新ブランド「Y!mobile」サービスを開始。
2014年10月	携帯電話とPHS間の番号ポータビリティ開始。
2014年11月	NTTドコモが国内初のTD-LTE対応国際ローミングアウトサービスを開始。
2014年12月	KDDIが4G LTEネットワークを活用した次世代音声通話サービス「au VoLTE」の提供を開始。
2014年12月	ソフトバンクモバイルがLTEの高速データ通信ネットワーク上で音声通話を実現する技術であるVoLTEによる音声通話サービスを開始。
2015年3月	NTTドコモが国内最速となる受信時最大225MbpsのLTE-Advanced「PREMIUM 4G」を提供開始。
2015年4月	ソフトバンクモバイル、ソフトバンクBB、ソフトバンクテレコム、ワイモバイルの4社が合併。
2015年5月	SIMロック解除に関するガイドライン改正適用開始に伴い、NTTドコモ、KDDI、ソフトバンクモバイルが新ガイドラインに沿ったSIMロック解除の運用を開始。
2015年7月	ソフトバンクモバイル株式会社がソフトバンク株式会社に社名変更。
2015年10月	NTTドコモが国内の通信事業者として初めてVoLTE海外対応を開始。
2016年3月	NTTドコモが世界初、複数ベンダーのEPCソフトウェアを動作可能なネットワーク仮想化技術を商用ネットワークで運用開始。
2016年6月	KDDIがVoLTEの海外対応を開始。

2016年9月	ソフトバンクが「Massive MIMO」（空間多重技術）の商用サービスを世界で初めて提供開始。
2017年3月	NTTドコモが新技術「256QAM」「4 × 4MIMO」の導入により受信時最大682Mbpsの通信サービスを提供開始。
2017年9月	KDDIが「265QAM」「4 × 4 MIMO」の導入により受信時最大708Mbpsの通信サービスを提供開始。
2018年5月	NTTドコモ、KDDI、ソフトバンクが、SMSの機能を進化させたGSMA仕様の新サービス「＋メッセージ」を提供開始。
2018年6月	世界初、NTTドコモがチャイナモバイルと、GSMA 3.1仕様に準拠した「IoT向けマルチベンダ間eSIMソリューション」を商用化。
2018年10月	NTTドコモ、ソフトバンク、KDDIが、事業者間のVoLTE相互接続サービスを順次提供開始。
2019年10月	楽天モバイルが世界初となるエンドツーエンドの完全仮想化クラウドネイティブネットワークによる商用サービスを提供開始。
2020年3月	NTTドコモ、KDDI、ソフトバンクが第5世代移動通信システムを用いた通信サービスを提供開始。
2020年4月	楽天モバイルが携帯キャリアサービスを本格開始。
2020年9月	楽天モバイルが第5世代移動通信システムを用いた通信サービスを提供開始。
2020年10月	KDDIが「UQ mobile」の事業承継を完了。
2021年3月	ソフトバンクがオンライン専用の新ブランド「LINEMO」サービスを開始。
2021年3月	KDDIがオンライン専用の新ブランド「povo」サービスを開始。
2021年3月	NTTドコモがオンライン専用の新ブランド「ahamo」サービスを開始。
2022年3月	KDDI、沖縄セルラー電話がauの3G携帯電話向けサービス「CDMA 1X WIN」等を終了。
2023年5月	NTTドコモ、KDDI、沖縄セルラー電話、ソフトバンク、楽天モバイルがMNPの手続きにワンストップ方式を導入

※ 年表記載の通信速度は各社当該サービス導入時の性能である。

2-3-2-2　PHS のサービス提供状況の推移・事業者の動向

1995 年 7 月	DDI 東京ポケット電話、DDI 北海道ポケット電話、NTT 中央パーソナル通信網、NTT 北海道パーソナル通信網がサービス開始。
1995 年 10 月	以降、DDI ポケット電話グループ 7 社、NTT パーソナル通信網グループ 7 社、アステルグループ 10 社がサービス開始。
1997 年 2 月	新規加入料の廃止。
1998 年 12 月	NTT パーソナル通信網グループ 9 社が NTT ドコモグループ 9 社に営業譲渡。
1999 年 4 月	アステル東京が東京通信ネットワークと合併。
1999 年 11 月	アステル北海道が北海道総合通信網に営業譲渡。
2000 年 1 月	DDI ポケット電話グループ 9 社が合併し、DDI ポケットが誕生。
2000 年 9 月	アステル東北が東北インテリジェント通信に営業譲渡。
2000 年 11 月	アステル中部が中部テレコミュニケーションと合併。アステル関西がケイ・オプティコムに営業譲渡。
2001 年 4 月	アステル九州が九州通信ネットワークに営業譲渡。
2001 年 8 月	DDI ポケットが定額制データ通信サービスを開始。
2001 年 10 月	アステル中国が中国情報システムサービスに営業譲渡。
2001 年 12 月	アステル北陸が北陸通信ネットワークに営業譲渡。
2002 年 3 月	アステル四国が四国情報通信ネットワークに営業譲渡。
2002 年 4 月	四国情報通信ネットワークから STNet へ社名変更。
2002 年 8 月	東京通信ネットワークがマジックメールに PHS 事業譲渡。
2002 年 10 月	マジックメールが鷹山と合併。
2003 年 4 月	NTT ドコモグループが定額制データ通信サービスを開始。
2003 年 7 月	中国情報システムサービスと中国通信ネットワークが合併し、エネルギア･コミュニケーションズ誕生。
2003 年 11 月	九州通信ネットワーク、PHS 電話サービスを終了。
2004 年 3 月	北海道総合通信網、PHS 電話サービスを終了。
2004 年 5 月	北陸通信ネットワーク、PHS 電話サービスを終了。
2004 年 9 月	ケイ・オプティコムが PHS サービスのうち「PHS 音声電話サービス」を終了。
2004 年 10 月	DDI ポケットが KDDI グループより独立。
2004 年 12 月	エネルギア・コミュニケーションズ、PHS サービスのうち「PHS 音声電話サービス」を終了。
2005 年 1 月	アステル沖縄がウィルコム沖縄に営業譲渡。
2005 年 2 月	DDI ポケットが WILLCOM（ウィルコム）に社名変更。
2005 年 5 月	STNet、PHS 電話サービスを終了。
2005 年 5 月	中部テレコミュニケーション、PHS 電話サービスを終了。
2005 年 5 月	ウィルコムが「ウィルコム定額プラン」サービス開始。
2006 年 6 月	YOZAN、PHS 電話サービスを終了。
2006 年 12 月	東北インテリジェント通信、PHS 電話サービスを終了。
2007 年 10 月	エネルギア・コミュニケーションズ、PHS サービスを終了。
2008 年 1 月	NTT ドコモグループ、PHS サービスを終了。
2010 年 12 月	ウィルコムが「だれとでも定額」サービス開始。
2011 年 9 月	ケイ・オプティコム、PHS サービスを終了。
2014 年 6 月	ウィルコムがイー・アクセスと合併（イー・アクセス株式会社）。
2021 年 1 月	ソフトバンクが PHS サービスを終了。

2-3-3　国際電話

2-3-3-1　サービス提供状況の推移・事業者の動向

1989年10月に日本国際通信株式会社（ITJ）、国際デジタル通信株式会社（IDC：現ケーブル・アンド・ワイヤレスIDC）が国際電信電話株式会社（KDD）より23％安い料金でサービス開始

1989年より8年にかけて、KDDが8度、ITJ・IDCがそれぞれ5度値下げを実施し、料金の低廉化が進展した。

1998年10月	第二電電株式会社（DDI）が国際電話サービス開始。料金は対米昼間3分間で240円。 MCIワールドコムジャパン（WCOM）が国際電話サービスを開始。料金は対米昼間3分間で248円。
1998年12月	KDDが全対地（230ヶ国・地域）を対象として料金値下げ。平均値下げ率は約10.6％。対米昼間3分間料金は240円。 日本テレコム株式会社（JT）が28対地を対象として料金値下げ。平均値下げ率は約8.6％。対米昼間3分間料金は240円。 IDCが23対地を対象として料金値下げ。平均値下げ率は約9％。対米昼間3分間料金は240円。 WCOMが料金値下げ。対米昼間3分間料金は150円。
1999年1月	DDIが25対地を対象として料金値下げ。平均値下げ率は約8.4％。対米昼間3分間料金は168円。 JTが97対地を対象として料金値下げ。平均値下げ率は約2.2％。IDCが51対地を対象として料金値下げ。平均値下げ率は約3.5％。
1999年3月	DDIが27対地を対象として、全日23時～翌8時の時間帯を中心とした料金値下げ。平均値下げ率は約5.8％。
1999年7月	東京通信ネットワーク株式会社（TTNet）が国際電話サービス開始。料金は対米昼間3分間で168円。
1999年10月	JTが全対地（223ヶ国・地域）を対象として料金値下げ。平均値下げ率は約10.3％。対米昼間3分間料金は180円。 ケーブル・アンド・ワイヤレスIDC（C&WIDC）が192対地を対象として料金値下げ。平均値下げ率は約10.9％。対米昼間3分間料金は180円。 NTTコミュニケーションズ株式会社（NTTCom）が国際電話サービスを開始。料金は対米昼間3分間料金で180円。
1999年11月	KDDが全対地（231ヶ国・地域）を対象として料金値下げ。平均値下げ率は約11.1％。対米昼間3分間料金は180円。 DDIが38対地を対象として料金値下げ。平均値下げ率は約8.4％。対米昼間3分間料金は156円。 TTNetが58対地を対象として料金値下げ。平均値下げ率は約11％。対米昼間3分間料金は132円。
1999年12月	KDDが全対地（231ヶ国・地域）を対象として携帯／PHS発料金を値下げ。平均値下げ率は約11.9％。
2000年2月	KDDが17対地（台湾、中国、英、仏、独等）を対象として料金値下げ。平均値下げ率は約1.4％。
2000年10月	DDI・KDD・IDOが合併しKDDIに。
2001年4月	フュージョン・コミュニケーションズ株式会社が国際電話サービス開始。使用時間帯にかかわらず24時間一律料金を導入。対米3分間料金は90円。
2001年9月	フュージョン・コミュニケーションズ株式会社が全対地（230ヶ国・地域）を対象として料金値下げ。対米3分間料金は45円。
2003年4月	パワードコム・TTNetが合併し、パワードコムに。
2004年7月	パワードコムの電話事業をフュージョン・コミュニケーションズに統合。
2006年10月	日本テレコムがソフトバンクテレコムに社名変更。
2015年4月	ソフトバンクモバイル、ソフトバンクBB、ソフトバンクテレコム及びワイモバイルが合併しソフトバンクモバイルに。
2015年7月	ソフトバンクモバイルがソフトバンクに社名変更。
2015年12月	フュージョン・コミュニケーションズが楽天コミュニケーションズに社名変更。
2019年7月	楽天コミュニケーションズが運営する国際電話サービスを、会社分割により楽天モバイルへ承継。

●事業者別各種サービス提供状況

（2023 年 7 月現在）

サービスタイプ名		1	2
		ダイヤル通話サービス	直加入型サービス
主対象		−	ビジネスユーザー
サービス概要・特長		通常のダイヤル通話サービス	利用者と提供事業者を専用回線で直結するサービス
提供開始時期		1973 年 3 月	1987 年 8 月
その他			
会社名	問い合せ先・ホームページ	会員各社のサービス提供状況／サービス名	
KDDI ㈱	0057 http://www.001.kddi.com/	001 国際ダイヤル通話	光ダイレクト
ソフトバンク㈱	0120-0088-82　（個人） https://tm.softbank.jp/consumer/（個人）	0061 国際電話	おとくライン
NTT コミュニケーションズ㈱	0120-003300 https://www.ntt.com/	0033 国際電話	Arcstar IP Voice
楽天モバイル㈱	0120-987-100 https://comm.rakuten.co.jp/mobile/kojin/myline/		IP ビジネスダイレクト PRI 直収

（2023 年 7 月現在）

サービスタイプ名	3	4	5
	オペレーター通話サービス	料金即知サービス	仮想内線網サービス
主対象	−	−	ビジネスユーザー
サービス概要・特長	オペレータを介した通話サービス	通話後、利用料金が通知されるサービス	特別な設備を必要とせずに、内線通信ネットワークが構築できるサービス
提供開始時期	1934 年 9 月	1973 年 3 月	1991 年 6 月
その他			
会社名	会員各社のサービス提供状況／サービス名		
KDDI ㈱	国際オペレータ通話		
ソフトバンク㈱			
NTT コミュニケーションズ㈱		00347 料金即知	
楽天モバイル㈱			

（2023 年 7 月現在）

サービスタイプ名	6	7	8
	海外からの 着信サービス（自動）	海外からの着信サービス （オペレーター）	第三者課金サービス
主対象	−	−	−
サービス概要・特長	海外から日本への着信払自動通話サービス	海外から日本のオペレータを呼び出せる通話サービス	通話料金が指定した別の電話番号に請求されるサービス
提供開始時期	1986 年 3 月	1986 年 5 月	1988 年 7 月
その他			
会社名	会員各社のサービス提供状況／サービス名		
KDDI ㈱	ワールドフリーフォン	ジャパンダイレクト	
ソフトバンク㈱			0063 自動第三者課金
NTT コミュニケーションズ㈱	国際フリーダイヤル		
楽天モバイル㈱			

（2023 年 7 月現在）

サービスタイプ名	9	10	11
	クレジット通話サービス	企業向け割引サービス	個人向け割引サービス （回線単位）
主対象	−	ビジネスユーザー	パーソナルユーザー
サービス概要・特長	通話料金をクレジットカード払いにできるサービス。プリペイドカード方式も利用できる。	利用額に応じてさまざまな割引率が適用されるサービス	利用額に応じてさまざまな割引率が適用されるサービス
提供開始時期	1987 年 10 月	1991 年 11 月	1991 年 11 月
その他		他の割引サービスとの併用可能の場合がある。国内通話が対象に含まれる事業者もある。	他の割引サービスとの併用可能の場合がある。国内通話が対象に含まれる事業者もある。
会社名	会員各社のサービス提供状況／サービス名		
KDDI ㈱		まる得割引ワイド まる得割引ライト 2 まる得ライトプラス 長期継続割引プラン	だんぜんトークⅡ DX だんぜんトークⅡ だんぜん年割
ソフトバンク㈱		Voiceselect スーパープラン Voiceselect ワイドプラン Voiceselect 年々割引	局番割引 WIDE 局番割引スーパー 年々割引 ファミリープラス
NTT コミュニケーションズ㈱		ビジネス割引	0033SAMURAIMobile プラチナ・ライン＆世界割
楽天モバイル㈱		ビジネスプランプラス ビジネスプラン ビジネスライン	

2-3-4　専用サービス・データ伝送サービス

2-3-4-1　サービス提供状況の推移・事業者の動向

●専用サービス提供状況の推移

(NTT)

1997年12月　NTT近距離エコノミーサービス「ディジタルアクセス128」提供開始
1998年4月　NTT「ディジタルアクセス1500」提供開始
1998年8月　NTT中・長距離エコノミーサービス「ディジタルリーチ」提供開始
1998年12月　NTT一部帯域保証型ATM専用サービス「ATMシェアリンク」提供開始
1999年10月　NTTコミュニケーションズ「ギガウェイ」提供開始
2000年3月　NTTコミュニケーションズ「エアアクセス」提供開始
2001年4月　NTT東日本・西日本 「ディジタルアクセス6000」提供開始
2001年11月　NTT東日本 「メトロハイリンク」提供開始
2002年6月　NTT東日本 「スーパーハイリンク」提供開始
2002年7月　NTT西日本 「ギガデータリンク」提供開始
2002年10月　NTTコミュニケーションズ「Etherアークストリーム」
2004年6月　NTTコミュニケーションズ「ギガストリーム」提供開始
2008年12月　NTTコミュニケーションズ「ギガストリーム プレミアムイーサ」提供開始
2011年5月　NTTコミュニケーションズ「Arcstar Universal One」提供開始

(長距離・国際系)

1998年4月　KDDI（TWJ）ATM専用サービス提供開始
1998年10月　長距離・国際系NCC各社　エコノミー専用サービス開始
1999年9～10月　長距離・国際系NCC各社　料金設定権取得・エンドエンド料金開始
2000年1月　グローバルアクセス　国内・国際専用線サービス開始
2000年7月　日本テレコム　国内広帯域専用線サービス開始
2002年10月　日本テレコム　国際広帯域専用線サービス開始

(地域系)

1997年4月　電力系9社　高速ディジタル伝送サービス連携開始
1998年1月　TTNetFDDI専用サービス提供開始
1998年4月　TTNetATM専用サービス提供開始
1998年5月　電力系10社　高速ディジタル伝送サービス全国連携完成（OTNetの参加）
1998年10月　電力系9社　ATM専用サービス連携開始
1999年8月　電力系10社　エコノミーサービス全国連携完成
2001年4月　TTNet「ペネリンク（専用）」（イーサネット専用サービス）提供開始
2001年9月　京王ネットワークコミュニケーションズ 「エキスプレスイーサ」サービス提供開始
2002年4月　大阪メディアポート　Ether専用サービス開始
2002年6月　中部テレコミュニケーション　光ファイバ専用サービス提供開始
2003年4月　大阪メディアポート　Ether網サービス（W-Link）サービス開始

(地域系－CATV)

2002年4月　キャッチネットワーク　光ファイバ専用サービス開始
2002年12月　ひまわりネットワーク　光ファイバ専用線サービス開始

2002年12月　マイ・テレビ　地域LANサービス開始

●データ伝送サービス提供状況の推移

（NTT）

1996年12月　NTT OCNサービスを開始
1999年8月　NTTコミュニケーションズ「OBN（Open Business Network）」提供開始
1999年9月　NTTコミュニケーションズ「Arcstarバリューアクセス」提供開始
2000年5月　NTT東日本・西日本「ワイドLANサービス」提供開始
2000年7月　NTTコミュニケーションズ「スーパーVPN（現、ArcstarIP-VPN）」提供開始
2000年7月　NTTドコモ・NTTコミュニケーションズ「RALS（Remote Access Line Service）」提供開始
2000年9月　NTT東日本「フレッツ・オフィス」提供開始
2000年10月　NTTコミュニケーションズ「ブロードバンドアクセス」提供開始
2000年10月　NTT東日本・西日本「メガデータネッツ」提供開始
2000年12月　NTTコミュニケーションズ「ギガイーサープラットホーム」提供開始
2001年1月　NTTコミュニケーションズ「Arcstarグローバル IP-VPN」提供開始
2001年3月　NTT東日本「メトロイーサ」提供開始
2001年4月　NTTコミュニケーションズ「e-VLAN」提供開始
2001年5月　NTT西日本「アーバンイーサ」提供開始
2002年3月　NTT東日本「フレッツ・グループアクセス」提供開始
2002年3月　NTT東日本「スーパーワイドLANサービス」提供開始
2002年3月　NTT西日本「ワイドLANプラス」提供開始
2003年3月　NTT東日本「フレッツ・オフィスワイド」提供開始
2003年4月　NTTコミュニケーションズ「Super HUB」提供開始
2003年5月　NTTコミュニケーションズ「フレックスギガウェイ」提供開始
2003年7月　NTT東日本「フラットイーサ」提供開始
2003年10月　NTT西日本「フラットイーサ」提供開始
2003年12月　NTT東日本「スマートイーサ」提供開始
2004年6月　NTTコミュニケーションズ「Group-VPN」提供開始
2006年4月　NTT西日本「ビジネスイーサ」提供開始
2006年5月　NTT東日本「ビジネスイーサ」提供開始
2009年7月　NTTコミュニケーションズ「Group-Ether」提供開始
2011年5月　NTTコミュニケーションズ「Arcstar Universal One」提供開始

（長距離・国際系）

1997年4月～　長距離・国際系NCC各社　コンピュータネットワークサービスを順次開始
1999年4月　日本テレコム　国際セルリレー提供開始
2000年4月　日本テレコム　Solteria（IP-VPN）提供開始
2000年10月　KDDI　ANDROMEGA IP-VPNサービス提供開始
2001年2月　フュージョン・コミュニケーションズ　FUSIONIP-VPN提供開始
2001年10月　日本テレコム　Wide-Ether（広域LAN）提供開始
2001年12月　ケーブル・アンド・ワイヤレスIDC「高速イーサネットサービス」提供開始
2001年12月　KDDI　Ether-VPNサービス提供開始
2002年9月　ケーブル・アンド・ワイヤレスIDC「IP-VPNQoS」サービス提供開始

2002年11月　日本テレコム　ASSOCIO（MPLSトラヒック交換サービス）提供開始

2012年8月　ソフトバンクテレコム　ホワイトクラウドSmartVPN　提供開始

（地域系）

1997年9月～　電力系NCC各社　コンピュータネットワークサービスを順次開始

2001年3月　北海道総合通信網　広域イーサネットサービス「L2L」提供開始

2001年4月　パワードコム　「Powered Ethernet」（広域イーサネット接続サービス）提供開始

2001年4月　TTNet「ペネリンク（マルチアクセス）」（広域イーサネット接続サービス）提供開始

2001年6月　ケイ・オプティコム　IP-VPNサービス提供開始

2001年7月　パワードコム　「Powered-IP MPLS」（IP-VPNサービス）提供開始

2001年8月　中国通信ネットワーク イーサネット通信網サービス『V-LAN』提供開始

2002年7月　京王ネットワークコミュニケーションズ　「マルチエキスプレスイーサ」サービス提供開始

2003年1月　中部テレコミュニケーション　帯域保証型イーサネット網サービス「CTC Ether LINK」提供開始

2003年7月　中国通信ネットワークと中国情報システムサービスが合併し、エネルギア・コミュニケーションズ誕生

2005年6月　中部テレコミュニケーション　広域イーサネットサービス「CTC Ether DIVE」提供開始

（地域系－CATV）

1995年12月　ひまわりネットワーク　セルリレーサービス提供開始

1997年11月　キャッチネットワーク　セルリレーサービス提供開始

1998年4月　ミクスネットワーク　ATM交換サービス提供開始

1999年9月　ミクスネットワーク　広域LANサービス提供開始

●事業者別各種サービス提供状況

※会員各社へのアンケート調査結果を記載した。アンケート未回答の会社については記載していない。

（2023 年 7 月現在）

サービスタイプ名		1	2
		一般専用	高速ディジタル専用
主対象		ビジネス	ビジネス
サービス概要・特長		・帯域品目（通話・アナログデータ、ファクシミリ伝送、その他帯域伝送） 3.4kHz、3.4kHz(s)、音声伝送等 ・符号品目（32kb/s までのデータの伝送） 2,400b/s、4,800b/s、9,600b/s 等 ・オプション 分岐サービス	64kb/s ～ 6Mb/s までのディジタル専用サービス（通話、データ、映像など企業ネットワークの基幹回線として利用可能な高品質な伝送サービス） ・品目 64kb/s、128kb/s、192kb/s、256kb/s、384kb/s、512kb/s、768kb/s、1Mb/s、1.5Mb/s、2Mb/s、3Mb/s、4.5Mb/s、6Mb/s 等 ・オプション 多重アクセスサービス、分岐サービス
会社名	問い合わせ先・ホームページ	会員各社のサービス提供状況／サービス名	
東日本電信電話㈱	0120-765-000 https://business.ntt-east.co.jp/	アナログ専用	ハイスーパーディジタル
西日本電信電話㈱	https://www.ntt-west.co.jp/ business/category01/#network	アナログ専用サービス	HSD
KDDI ㈱	https://biz.kddi.com/		国内高速ディジタル専用 国際専用線
ソフトバンク㈱	https://www.softbank.jp/biz/		国際専用線
アルテリア・ネットワークス㈱	https://www.arteria-net.com/ business/contact/ https://www.arteria-net.com		
NTT コミュニケーションズ㈱	0120-003300 https://www.ntt.com/business/ services.html	アナログ専用サービス	ディジタル専用サービス Arcstar グローバル専用サービス
スカパー JSAT ㈱	03-5571-7770 https://www.skyperfectjsat.space/		
北海道総合通信網㈱	011-590-5323 https://www.hotnet.co.jp		
㈱トークネット	022-799-4204 http://www.tohknet.co.jp		
北陸通信ネットワーク㈱	076-269-5620 https://www.htnet.co.jp/		
中部テレコミュニケーション㈱	052-740-8001 https://www.ctc.co.jp		

（2023 年 7 月現在）

サービスタイプ名		1	2
		一般専用	高速ディジタル専用
会社名	問い合わせ先・ホームページ	会員各社のサービス提供状況／サービス名	
㈱オプテージ	0120-944-345 https://optage.co.jp/business/		
㈱エネコム	050-8201-1425 https://www.enecom.co.jp/business/enewings/index.html		
㈱ STNet	087-887-2404 https://www.stnet.co.jp/business/		
㈱ QTnet	092-981-7571 http://www.qtnet.co.jp/		QT PRO 国際専用 高速品目
OTNet ㈱	098-866-7715 https://www.otnet.co.jp/		
J-POWER テレコミュニケーションサービス㈱	03-3524-1721 https://www.jpts.co.jp		
エルシーブイ㈱	0266-53-3833 https://www.lcv.jp/		
近鉄ケーブルネットワーク㈱	0743-75-5662 https://www.kcn.jp/		
ミクスネットワーク㈱	0120-345739 https://www.catvmics.ne.jp		
㈱TOKAI コミュニケーションズ	03-5404-7315 https://www.broadline.ne.jp/		
㈱秋田ケーブルテレビ	0120-344-037 https://www.cna.ne.jp/		
㈱コミュニティネットワークセンター	052-955-5163 https://www.cnci.co.jp		
伊賀上野ケーブルテレビ㈱	0595-24-2560 https://www.ict.jp/	一般専用サービス	
㈱ NTT ドコモ	0120-800-000 https://www.docomo.ne.jp/		
アビコム・ジャパン㈱	03-5443-9291 http://www.avicom.co.jp		

（2023 年 7 月現在）

サービスタイプ名	3	4	5
	超高速ディジタル専用	エコノミー専用	ATM 専用
主対象	ビジネス	ビジネス	ビジネス
サービス概要・特長	50Mb/s ～ 10Gb/s までの高速ディジタル伝送サービス ・品目 50Mb/s、100Mb/s、150Mb/s、600Mb/s、1Gb/s、2.4Gb/s、9.6Gb/s、10Gb/s	従来の高速ディジタル伝送サービスの保守機能を簡素化した低料金の専用サービス ・品目 64kb/s、128kb/s、1.5Mb/s、6Mb/s ・サービスグレード 中継区間二重化、中継区間二重化なし ・保守グレード 修理・復旧は営業時間内（土日祝日を除く 9:00 ～ 17:00）に実施 修理・復旧は 24 時間 365 日実施	ATM 伝送方式による高速伝送サービス（提供品目を 1Mb/s 毎とし、機能や保守の違いによりサービスをグレード化） ・品目 0.5Mb/s、1Mb/s ～ 135Mb/s、600Mb/s ・サービスグレード 中継区間二重化、故障時回線自動切換 中継区間二重化、故障時メインパスのみ回線自動切換 中継区間二重化なし ・端末回線 1 芯式　2 芯式 ・保守グレード 修理・復旧は営業時間内（土日祝日を除く 9:00 ～ 17:00）に実施 修理・復旧は 24 時間 365 日実施
会社名	会員各社のサービス提供状況／サービス名		
東日本電信電話㈱		ディジタルアクセス	
西日本電信電話㈱		ディジタルアクセス	
KDDI ㈱	国内超高速ディジタル専用	高速ディジタル専用 （エコノミー／シンプルクラス）	
ソフトバンク㈱	広帯域専用線サービス		
アルテリア・ネットワークス㈱	国内専用線サービス 国際専用線サービス		
NTT コミュニケーションズ㈱	Arcstar Universal One	ディジタルリーチ	
スカパー JSAT ㈱			
北海道総合通信網㈱			
㈱トークネット			
北陸通信ネットワーク㈱	高速デジタル伝送サービス （超高速品目）		ATM 専用サービス
中部テレコミュニケーション㈱			

（2023 年 7 月現在）

サービスタイプ名	3	4	5
	超高速ディジタル専用	エコノミー専用	ATM 専用
会社名	会員各社のサービス提供状況／サービス名		
㈱オプテージ			
㈱エネコム			
㈱ STNet			
㈱ QTnet	QT PRO 国際専用 超高速品目		
OTNet ㈱			
J-POWER テレコミュニケーションサービス㈱			
エルシーブイ㈱			
近鉄ケーブルネットワーク㈱			
ミクスネットワーク㈱			
㈱TOKAI コミュニケーションズ	BroadLine SONET/SDH 専用線		
㈱秋田ケーブルテレビ			
㈱コミュニティネットワークセンター			
伊賀上野ケーブルテレビ㈱			
㈱ NTT ドコモ			
アビコム・ジャパン㈱			

（2023 年 7 月現在）

サービスタイプ名	6	7
	映像伝送	衛星通信
主対象	ビジネス	ビジネス
サービス概要・特長	放送用テレビ映像、イベント中継、社内テレビ会議、社内テレビ放送、テレビ学習、道路交通の監視等に利用される映像伝送サービス ・品目 一般映像伝送サービス 映像：60Hz ～ 4MHz、（音声：50Hz ～ 15kHz） 高品質映像伝送サービス 映像：60Hz ～ 5.5MHz、音声：20Hz ～ 20kHz） 広帯域映像伝送サービス 映像 / 音声：10MHz ～ 50MHz、 70MHz ～ 450MHz、5MHz ～ 450MHz 等 多チャンネル映像伝送サービス 70 ～ 450MHz 多地点映像伝送サービス 映像：60Hz ～ 4MHz、音声：50Hz ～ 15kHz ハイビジョン映像伝送サービス映像： 60Hz ～ 30MHz、音声：20Hz ～ 20kHz）	通信衛星を利用した各種専用サービス
会社名	会員各社のサービス提供状況／サービス名	
東日本電信電話㈱	モアライブ	
西日本電信電話㈱		
KDDI ㈱	長期映像伝送サービス 随時映像伝送サービス	イリジウムサービス インマルサットサービス KDDI Optima Marine サービス Starlink Business
ソフトバンク㈱	映像伝送サービス	
アルテリア・ネットワークス㈱		
NTT コミュニケーションズ㈱	スタジオネット 映像ネットサービス	グローバル衛星通信サービス
スカパー JSAT ㈱		衛星通信サービス 衛星通信専用サービス 国際衛星随時サービス EsBird サービス ExBird サービス Portalink サービス SkyAccess サービス SafetyBird サービス JSAT Marine サービス OceanBB plus サービス Sat-Q サービス 衛星放送専用サービス 衛星音声放送専用サービス
北海道総合通信網㈱	ハイビジョン映像伝送 多チャンネル映像伝送	
㈱トークネット	映像伝送サービス	
北陸通信ネットワーク㈱	映像伝送サービス	
中部テレコミュニケーション㈱	映像伝送サービス	

（2023年7月現在）

サービスタイプ名	6	7
	映像伝送	衛星通信
会社名	会員各社のサービス提供状況／サービス名	
㈱オプテージ	映像伝送サービス	
㈱エネコム	映像伝送サービス	
㈱ STNet	映像伝送サービス	
㈱ QTnet	QT PRO 映像伝送	
OTNet ㈱	映像伝送サービス	
J-POWER テレコミュニケーションサービス㈱		
エルシーブイ㈱		
近鉄ケーブルネットワーク㈱		
ミクスネットワーク㈱		
㈱TOKAIコミュニケーションズ	BroadLine 映像伝送サービス	
㈱秋田ケーブルテレビ		
㈱コミュニティネットワークセンター		
伊賀上野ケーブルテレビ㈱		
㈱ NTT ドコモ		衛星移動通信サービス
アビコム・ジャパン㈱		

（2023年７月現在）

サービスタイプ名	8	9
	イーサネット	IP-VPN
主対象	ビジネス	ビジネス
サービス概要・特長	LAN間接続サービスをエンド・ツー・エンドのイーサネット回線で提供する大容量・低価格、セキュリティの高いサービス （※データ伝送役務によるサービスを含む） 帯域：0.5Mb/s ～ 2.4Gb/s	WAN回線に使用し、IPパケット単位でルーティングする仮想閉域網サービス （※データ伝送役務によるサービスを含む）
会社名	会員各社のサービス提供状況／サービス名	
東日本電信電話㈱	高速広帯域アクセスサービス	フレッツ・VPNプライオ フレッツ・VPNワイド フレッツ・VPNゲート
西日本電信電話㈱	高速広帯域アクセスサービス	フレッツ・VPNワイド フレッツ・VPNゲート フレッツ・VPNプライオ フレッツ・SDx
KDDI㈱	国内イーサネット専用サービス フレキシブル専用サービス KDDIマネージドWDMサービス	KDDI IP-VPN KDDI Global IP-VPN KDDI Wide Area Virtual Switch KDDI Wide Area Virtual Switch2
ソフトバンク㈱	広帯域専用線サービス	SmartVPN
アルテリア・ネットワークス㈱	ダイナイーサ UCOM光専用線アクセス	VECTANTクローズドIPネットワーク 閉域VPNアクセス
NTTコミュニケーションズ㈱	ギガストリーム Arcstar Universal One	Arcstar IP-VPN（国内） Arcstar Universal One Group-VPN（国内）
スカパーJSAT㈱		
北海道総合通信網㈱		
㈱トークネット	高速イーサネット専用サービス	
北陸通信ネットワーク㈱	高速イーサネット専用サービス	
中部テレコミュニケーション㈱	高速イーサネット専用サービス	

（2023 年 7 月現在）

サービスタイプ名	8	9
	イーサネット	IP-VPN
会社名	会員各社のサービス提供状況／サービス名	
㈱オプテージ	高速イーサネット専用サービス WDM 専用サービス	IP-VPN サービス
㈱エネコム	高速イーサネット専用サービス	
㈱ STNet	高速イーサネット専用サービス	
㈱ QTnet	高速イーサネット専用サービス	QT PRO マネージド VPN QT PRO エントリー VPN
OTNet ㈱	OT イーサ専用	OT スマート VPN －結－
J-POWER テレコミュニケーションサービス㈱	JPTS 専用線サービス	
エルシーブイ㈱	イーサネット専用サービス	
近鉄ケーブルネットワーク㈱		K ブロード光 VPN
ミクスネットワーク㈱	マルチメディア通信網サービス M 型サービス	IP-VPN
㈱TOKAI コミュニケーションズ	BroadLine Ethernet 専用線	
㈱秋田ケーブルテレビ		VPN サービス
㈱コミュニティネットワークセンター		
伊賀上野ケーブルテレビ㈱	イーサネット専用サービス	
㈱ NTT ドコモ		
アビコム・ジャパン㈱		

（2023 年 7 月現在）

サービスタイプ名	10	11	12
	光ファイバ専用	広域 LAN	航空無線データ通信
主対象	ビジネス		ビジネス
サービス概要・特長	光ファイバを芯線単位で提供するサービス ・品目 1 芯・2 芯	イーサネットインターフェースによる、高セキュリティが確保された広域 LAN サービス 帯域：64kb/s 〜 10Gb/s	VHF 通信に対応する機上通信装置（ACARS/VDL）を装備した航空機と地上の間で、多くのデータ伝達により運航業務に不可欠な情報（自社機の位置、予想到着時間、航路、気象情報、飛行中の機体 / エンジンの状況等）を共有できるサービス
会社名	会員各社のサービス提供状況／サービス名		
東日本電信電話㈱		ビジネスイーサ ワイド ビジネスイーサ プレミア	
西日本電信電話㈱		ビジネスイーサ ワイド Interconnected WAN	
KDDI ㈱		KDDI Powered Ethernet KDDI Wide Area Virtual Switch KDDI Wide Area Virtual Switch2	
ソフトバンク㈱		SmartVPN	
アルテリア・ネットワークス㈱	ダークファイバサービス	ダイナイーサ・ワイド UCOM 光マルチポイントアクセス	
NTT コミュニケーションズ㈱		e-VLAN Arcstar Universal One	
スカパー JSAT ㈱			
北海道総合通信網㈱		イーサネット通信網（L2L）	
㈱トークネット		高速イーサネット網サービス おトークオフィスワン Think VPN	
北陸通信ネットワーク㈱		イーサネット通信網サービス （HTNet-Ether）	
中部テレコミュニケーション㈱	光ファイバ専用サービス	EtherLINK ad EtherLINK EtherDIVE Ether コミュファ ビジネスコミュファ VPN	

（2023 年 7 月現在）

サービスタイプ名	10	11	12
	光ファイバ専用	広域 LAN	航空無線データ通信
会社名	会員各社のサービス提供状況／サービス名		
㈱オプテージ		イーサネット網サービス イーサネット VPN ワイド イーサネット VPN ワイドアドバンス	
㈱エネコム		イーサネット通信網サービス	
㈱ STNet		高速イーサネット網サービス	
㈱ QTnet		QT PRO VLAN	
OTNet ㈱		OT イーサ網	
J-POWER テレコミュニケーションサービス㈱	光ファイバ芯線提供サービス		
エルシーブイ㈱	光ファイバ専用サービス		
近鉄ケーブルネットワーク㈱	光ファイバー芯線提供サービス		
ミクスネットワーク㈱	マルチメディア通信網サービス M 型サービス		
㈱TOKAI コミュニケーションズ	BroadLine 光ファイバ専用サービス	BroadLine リレーション Ethernet マルチポイント Ethernet	
㈱秋田ケーブルテレビ			
㈱コミュニティネットワークセンター		広域 LAN サービス	
伊賀上野ケーブルテレビ㈱		広域 LAN サービス	
㈱ NTT ドコモ			
アビコム・ジャパン㈱			ACARS

2-3-5 インターネット接続サービス

●事業者別各種サービス提供状況

※会員各社へのアンケート調査結果を記載した。アンケート未回答の会社については記載していない。
※料金は税込。初期費用･キャンペーン割引については記載していない。サービスの詳細は各社のホームページ等にてご確認下さい。

（2023 年 7 月現在）

<table>
<tr><th colspan="2">会　社　名</th><td>東日本電信電話㈱</td></tr>
<tr><th colspan="2">問い合わせ電話番号</th><td>0120-116116</td></tr>
<tr><th colspan="2">ホームページ</th><td>https://flets.com/</td></tr>
<tr><th>サービスタイプ</th><th>サービス名</th><th>サービス概要・料金（税込）等</th></tr>
<tr><td>ダイヤルアップ接続</td><td>フレッツ・ISDN</td><td>インターネットなどへの接続時の通信料金を完全定額制にするサービスです。お客さまがご契約されている ISDN 回線から NTT 東日本が指定する専用ダイヤルアップ番号「1492」にダイヤルアップしていただくことにより、NTT 東日本が設けたフレッツ網を経由して ISP などに接続します。
「フレッツ・ISDN」は 2018 年 11 月 30 日をもって新規申し込み受付を終了しました（「フレッツ光」未提供エリアは除く）。
月額料金　（税込）
<table>
<tr><th>区　分</th><th>通常料金</th><th>「マイラインプラス」とのセット割引適用後＊2</th></tr>
<tr><td>月額利用料＊1</td><td>3,080 円</td><td>2,772 円</td></tr>
</table>
＊1　単位：1 契約者回線（1B チャネル）ごとに必要になります。
＊2「フレッツ・ISDN」をご利用の電話回線について「マイラインプラス」を「市内通話」「同一県内の市外通話」の 2 区分とも NTT 東日本にご登録いただいている場合に適用となります。また、割引適用期間は「マイラインプラス」のご登録日や料金計算期間などにより異なります。
※別途 INS ネットの基本料金が必要です。また、インターネットなどに接続する場合は、別途 ISP 利用料などが必要となります。</td></tr>
<tr><td>DSL</td><td>フレッツ・ADSL</td><td>アクセスラインに ADSL 技術を用いフレッツ網（地域 IP 網）へ接続することにより、下り（データ受信）最大 47Mbps の高速通信を定額料金でご利用いただけるベストエフォート型サービスです。
「フレッツ・ADSL」は 2016 年 6 月 30 日をもって新規申し込み受付を終了、また 2023 年 1 月 31 日をもってサービス提供を終了します（「フレッツ光」未提供エリアは除く）。
【電話共用型＊1】　（税込）
<table>
<tr><th rowspan="2">サービスタイプ</th><th colspan="2">フレッツ・ADSL 月額利用料</th><th rowspan="2">ADSL モデムレンタル料（スプリッター含む）（レンタルの場合）＊3 ＊4</th></tr>
<tr><th>通常料金</th><th>「マイラインプラス」とのセット割引適用後＊2</th></tr>
<tr><td>モアⅢ（47M タイプ）</td><td>3,080 円</td><td>2,772 円</td><td rowspan="2">594 円</td></tr>
<tr><td>モアⅡ（40M タイプ）</td><td>3,025 円</td><td>2,722 円</td></tr>
<tr><td>モア（12M タイプ）</td><td>2,970 円</td><td>2,673 円</td><td rowspan="4">539 円</td></tr>
<tr><td>8M タイプ</td><td>2,915 円</td><td>2,623 円</td></tr>
<tr><td>1.5M タイプ</td><td>2,860 円</td><td>2,574 円</td></tr>
<tr><td>エントリー（1M タイプ）</td><td>1,760 円</td><td>−</td></tr>
</table>
【ADSL 専用型】　（税込）
<table>
<tr><th rowspan="2">サービスタイプ</th><th colspan="2">フレッツ・ADSL 月額利用料</th><th rowspan="2">ADSL モデムレンタル料（レンタルの場合）＊3 ＊4</th></tr>
<tr><th>通常料金</th><th>「マイラインプラス」とのセット割引適用後＊5</th></tr>
<tr><td>モアⅢ（47M タイプ）</td><td>5,555 円</td><td>4,999 円</td><td rowspan="2">539 円</td></tr>
<tr><td>モアⅡ（40M タイプ）</td><td>5,445 円</td><td>4,900 円</td></tr>
<tr><td>モア（12M タイプ）</td><td>5,335 円</td><td>4,801 円</td><td rowspan="4">484 円</td></tr>
<tr><td>8M タイプ</td><td>5,225 円</td><td>4,702 円</td></tr>
<tr><td>1.5M タイプ</td><td>5,005 円</td><td>4,504 円</td></tr>
<tr><td>エントリー（1M タイプ）</td><td>3,245 円</td><td>−</td></tr>
</table>
＊1　加入電話の基本利用料金が別途必要になります。
＊2「マイラインプラス」とのセット割引料金は､「市内電話」「同一県内の市外料金」の 2 区分とも「NTT 東日本」をマイラインプラス契約［登録料 880 円（税込）］いただいている場合、適用となります。割引適用期間は、「マイラインプラス」のご登録日や料金計算期間などにより異なります。
＊3　モデム・スプリッターをお買い上げの場合の価格や詳細につきましては、別途ホームページなど〈https://flets.com/adsl/index.html〉を参照願います。
＊4　IP 電話対応機器（ADSL モデム内蔵 IP 電話ルーター）をレンタルでご利用の場合も同一料金です。
＊5「マイラインプラス」とのセット割引料金は､「市内通話」「同一県内の市外料金」の 2 区分とも「NTT 東日本」をマイラインプラス契約［登録料 880 円（税込）］いただいている同一名義の回線があり、フレッツ・ADSL「アドバンスドサポート」の月額利用料を合算してお支払いいただく場合、適用となります。合算請求は別途「0120-116116」へのお申し込みが必要です。割引適用期間は、「マイラインプラス」のご登録日や料金計算期間などにより異なります。
※インターネットのご利用には、対応する ISP との契約が別途必要です。</td></tr>
</table>

サービスタイプ	サービス名	サービス概要・料金（税込）等
FTTH	フレッツ 光ネクスト	お客様宅まで直接引き込んだ加入者光ファイバーをアクセスラインとする完全定額制のベストエフォート型光ブロードバンドアクセスサービスです。帯域確保型アプリケーションサービスが利用可能です。

月額料金　（税込）

サービスタイプ			金額
ファミリータイプ			5,720円
ファミリー・ハイスピードタイプ			
ギガファミリー・スマートタイプ			6,270円
ファミリー・ギガラインタイプ			5,940円
マンションタイプ	光配線方式	ミニ	4,235円
		プラン1	3,575円
		プラン2	3,135円
	VDSL方式	ミニ	4,235円
		ミニB	
		プラン1	3,575円
		プラン1B	
		プラン2	3,135円
		プラン2B	
	LAN配線方式	ミニ	3,850円
		ミニB	
		プラン1	3,190円
		プラン1B	
		プラン2	2,750円
		プラン2B	
マンション・ハイスピードタイプ*1	光配線方式	ミニ	4,235円
		プラン1	3,575円
		プラン2	3,135円
ギガマンション・スマートタイプ*1		ミニ	4,785円
		プラン1	4,125円
		プラン2	3,685円
マンション・ギガラインタイプ*1		ミニ	4,455円
		プラン1	3,795円
		プラン2	3,355円
ビジネスタイプ			45,210円
プライオ10			45,210円
プライオ1			22,000円

＊1「マンション・ハイスピードタイプ」「ギガマンション・スマートタイプ」「マンション・ギガラインタイプ」は光配線方式でのご提供となります。
※インターネットのご利用には「フレッツ光」の契約に加えISPとの契約が必要となります（別途月額利用料などがかかります）。

サービスタイプ	サービス名	サービス概要・料金（税込）等
	フレッツ 光ライト	ベストエフォート型のIP通信サービス（IPv4／IPv6）に加え、帯域確保型のアプリケーションを利用可能であり、お客さまのご利用量に応じた料金でお使いいただける二段階定額料金の光ブロードバンドサービスです。

月額料金　（税込）

サービスタイプ		金額	備考
月額利用料（基本料）	ファミリータイプ	3,080円	※利用量200MBまで利用可能
	マンションタイプ	2,200円	
月額利用料（通信料）	ファミリータイプ	33円／10MB	※10MB未満の利用量は切り上げ ※マンションタイプの960MB～970MBは10MBあたり22円となります ※ひかり電話の通話は従来どおり電話従量での課金 ※フレッツ・テレビ視聴は利用量としての測定対象外
	マンションタイプ		
上限額	ファミリータイプ	6,380円	※月途中の変更により、合計請求額が上限額を超えた場合は上限額を適用
	マンションタイプ	4,730円	

※インターネットのご利用には「フレッツ 光ライト」の契約に加えISPとの契約が必要となります（別途月額利用料などがかかります）。
※ご利用の端末やソフトウェアによっては、お客さまが電子メールの送受信、ホームページの閲覧などを一切行わない場合であっても自動的に通信が行われ、通信料が発生する場合がありますのでご注意ください。

サービスタイプ	サービス名	サービス概要・料金（税込）等
	フレッツ 光ライトプラス	ベストエフォート型のIP通信サービス（IPv4／IPv6）に加え、帯域確保型のアプリケーションを利用可能であり、お客さまのご利用量に応じた料金でお使いいただける二段階定額料金の光ブロードバンドサービスです。

月額料金　（税込）

	金額	備考
月額利用料（基本料）	4,180円	※利用量3,000MBまで利用可能
月額利用料（通信料）	26.4円／100MB	※100MB未満の利用量は切り上げ ※9,900MB～10,000MBについては100MBあたり48.4円となります。 ※ひかり電話の通話は従来どおり電話従量での課金 ※フレッツ・テレビ視聴は利用量としての測定対象外
上限額	6,050円	

※インターネットのご利用には「フレッツ 光ライトプラス」の契約に加えISPとの契約が必要となります（別途月額利用料などがかかります）。
※ご利用の端末やソフトウェアによっては、お客さまが電子メールの送受信、ホームページの閲覧などを一切行わない場合であっても自動的に通信が行われ、通信料が発生する場合がありますのでご注意ください。

<table>
<tr><th>サービスタイプ</th><th>サービス名</th><th>サービス概要・料金（税込）等</th></tr>
<tr><td>FTTH</td><td>フレッツ 光クロス</td><td>加入者光ファイバーを複数のお客さままで共用し、お客さまが契約する ISP などへ上り下り最大概ね 10Gbps ＊1 の通信速度で接続するベストエフォートサービスです。
月額料金　（税込）
<table>
<tr><th>サービスタイプ</th><th>金額</th></tr>
<tr><td>フレッツ 光クロス</td><td>6,050 円</td></tr>
<tr><td>フレッツ 光クロス対応レンタルルーター</td><td>550 円＊</td></tr>
</table>
＊お客さまがレンタルルーターをご希望された場合に月額利用料が発生します。
※インターネットのご利用には「フレッツ光」の契約に加え ISP との契約が必要となります（別途月額利用料などがかかります）。
＊1 最大概ね 10Gbps とは、技術規格上の最大値であり、実際の通信速度を示すものではありません。本技術規格においては、通信品質確保などに必要なデータが付与されるため、実際の通信速度の最大値は、技術規格上の最大値より十数％程度低下します。また、お客さまのご利用環境（端末機器の仕様など）や回線の混雑状況などにより大幅に低下することがあります。</td></tr>
</table>

<table>
<tr><th colspan="2">会　社　名</th><td>西日本電信電話㈱</td></tr>
<tr><th colspan="2">問い合わせ電話番号</th><td>0120-116116</td></tr>
<tr><th colspan="2">ホームページ</th><td>https://flets-w.com（フレッツシリーズ）</td></tr>
<tr><th>サービスタイプ</th><th>サービス名</th><th>サービス概要・料金（税込）等</th></tr>
<tr><td>ダイヤルアップ接続</td><td>フレッツ・ISDN</td><td>インターネットへの接続が定額制の通信料金で利用できるベストエフォート型サービス（インターネット関連サービス（IP電話を除く））です。お客さまのISDN回線から専用ダイヤルアップ番号「1492」にダイヤルアップすることで、当社の地域IP網を経由し、お客さまが契約するインターネットサービスプロバイダー等に接続します。また､1回線で2回線分のご利用が可能で、インターネットに接続中でも電話やファックスがご利用できます。
「フレッツ・ISDN」は、「フレッツ光」提供エリアにおいては2018年11月30日をもって新規申込受付を終了しており、「フレッツ光」未提供エリアにおいても2024年3月31日をもって新規申込受付を終了し、2026年1月31日をもってサービス提供を終了します。
<table>
<tr><th>サービス名</th><th>最大通信速度</th><th>回線使用料</th></tr>
<tr><td>フレッツ・ISDN</td><td>64kbps</td><td>3,080円</td></tr>
</table>
※月額利用料の他､INSネットの基本料金（回線使用料等）およびインターネットサービスプロバイダー利用料等が別途必要です。</td></tr>
<tr><td>DSL</td><td>フレッツ・ADSL</td><td>インターネットへの接続が定額制の通信料金で利用できるベストエフォート型サービス（DSLアクセスサービス）です。加入者回線区間にADSL技術を用い、当社の地域IP網を経由してお客さまが契約するインターネットサービスプロバイダー等に接続します。ご利用形態としてご利用中の加入電話回線をそのまま利用してインターネットと共用する「タイプ1」と、インターネット通信専用の回線を新たに設置する「タイプ2」があり、それぞれ通信速度の異なる6つのプランがあります。
「フレッツ・ADSL」は、「フレッツ光提供エリア」においては、2016年6月30日をもって新規申込受付を終了しており、2023年1月31日をもってサービス提供を終了しました。また、「フレッツ光」未提供エリアにおいては、2023年7月31日をもって新規申込受付を終了しており、2026年1月31日をもってサービス提供を終了します。なお、2022年2月1日から2023年1月31日の間に､「フレッツ光」が新たにご利用可能となった住所における「フレッツ・ADSL」は、2025年1月31日をもってサービス提供を終了し、2023年2月1日以降に「フレッツ光」を提供開始するエリアにおける「フレッツ・ADSL」は、2026年1月31日をもってサービス提供を終了します。
<table>
<tr><th rowspan="2">プラン名</th><th colspan="2">最大通信速度</th><th rowspan="2">タイプ</th><th rowspan="2">回線使用料</th></tr>
<tr><th>下り</th><th>上り</th></tr>
<tr><td rowspan="2">モアスペシャル</td><td rowspan="2">44～47Mbps</td><td rowspan="2">5Mbps</td><td>タイプ1</td><td>3,278円</td></tr>
<tr><td>タイプ2</td><td>5,445円</td></tr>
<tr><td rowspan="2">モア40</td><td rowspan="2">40Mbps</td><td rowspan="2">1Mbps</td><td>タイプ1</td><td>3,278円</td></tr>
<tr><td>タイプ2</td><td>5,445円</td></tr>
<tr><td rowspan="2">モア24</td><td rowspan="2">24Mbps</td><td rowspan="2">1Mbps</td><td>タイプ1</td><td>3,245円</td></tr>
<tr><td>タイプ2</td><td>5,412円</td></tr>
<tr><td rowspan="2">モア</td><td rowspan="2">12Mbps</td><td rowspan="2">1Mbps</td><td>タイプ1</td><td>3,190円</td></tr>
<tr><td>タイプ2</td><td>5,335円</td></tr>
<tr><td rowspan="2">8Mプラン</td><td rowspan="2">8Mbps</td><td rowspan="2">1Mbps</td><td>タイプ1</td><td>3,080円</td></tr>
<tr><td>タイプ2</td><td>5,225円</td></tr>
<tr><td rowspan="2">1.5Mプラン</td><td rowspan="2">1.5Mbps</td><td rowspan="2">512kbps</td><td>タイプ1</td><td>2,970円</td></tr>
<tr><td>タイプ2</td><td>5,005円</td></tr>
</table>
※月額利用料の他、インターネットサービスプロバイダー利用料等が別途必要です。
※タイプ1（電話と共用するタイプ）をご利用の場合、一般加入電話の基本料金（回線使用料）が別途必要となります。
※屋内配線利用料、機器利用料（レンタルの場合）などが別途必要です。</td></tr>
</table>

<table>
<tr><th>サービスタイプ</th><th>サービス名</th><th>サービス概要・料金（税込）等</th></tr>
<tr><td rowspan="2">FTTH</td><td>フレッツ 光ネクスト</td><td>インターネット等への接続が定額制の通信料金で利用できるベストエフォート型サービス（FTTH アクセスサービス）で、品質確保型のアプリケーションのご利用が可能です。加入者区間に最大 1Gbps の加入者光ファイバーを利用し、当社の次世代ネットワーク（NGN）*を介して、お客さまが契約するインターネットサービスプロバイダー等に接続します。また､セキュリティ機能を標準装備するとともに、ひかり電話や地上デジタル放送の再送信、ブロードバンド映像サービスといった多彩なサービスのご利用が可能です。戸建て住宅向けのファミリータイプ、ファミリー・ハイスピードタイプ、ファミリースーパーハイスピードタイプ 隼、集合住宅向けのマンションタイプ、マンション・ハイスピードタイプ、マンション・スーパーハイスピードタイプ 隼、企業向けのビジネスタイプがあります。
＊既存の IP 通信網（地域 IP 網及びひかり電話網）を高度化･大容量化したものであり、既存の電話網とは異なるネットワークです。
<table>
<tr><th rowspan="2">タイプ名</th><th colspan="2">最大通信速度</th><th rowspan="2">提供方式</th><th rowspan="2">プラン</th><th rowspan="2">月額利用料</th><th rowspan="2">光はじめ割
適用料金</th></tr>
<tr><th>下り</th><th>上り</th></tr>
<tr><td>ファミリー・
スーパーハイスピードタイプ　隼</td><td>概ね 1Gbps</td><td>概ね 1Gbps</td><td>－</td><td>－</td><td rowspan="3">5,940 円</td><td rowspan="3">4,730 円</td></tr>
<tr><td>ファミリー
ハイスピードタイプ</td><td>200Mbps</td><td>200Mbps</td><td>－</td><td>－</td></tr>
<tr><td>ファミリータイプ</td><td>100Mbps</td><td>100Mbps</td><td>－</td><td>－</td></tr>
<tr><td rowspan="3">マンション・
スーパーハイスピードタイプ　隼</td><td rowspan="3">概ね 1Gbps</td><td rowspan="3">概ね 1Gbps</td><td rowspan="3">ひかり
配線方式</td><td>プラン 1</td><td>4,070 円</td><td>3,575 円</td></tr>
<tr><td>プラン 2</td><td>3,520 円</td><td>3,135 円</td></tr>
<tr><td>ミニ</td><td>4,950 円</td><td>4,345 円</td></tr>
<tr><td rowspan="3">マンション
ハイスピードタイプ</td><td rowspan="3">200Mbps</td><td rowspan="3">200Mbps</td><td rowspan="3">ひかり
配線方式</td><td>プラン 1</td><td>4,070 円</td><td>3,575 円</td></tr>
<tr><td>プラン 2</td><td>3,520 円</td><td>3,135 円</td></tr>
<tr><td>ミニ</td><td>4,950 円</td><td>4,345 円</td></tr>
<tr><td rowspan="3">マンションタイプ</td><td rowspan="3">100Mbps</td><td rowspan="3">100Mbps</td><td rowspan="3">ひかり
配線方式</td><td>プラン 1</td><td>4,070 円</td><td>3,575 円</td></tr>
<tr><td>プラン 2</td><td>3,520 円</td><td>3,135 円</td></tr>
<tr><td>ミニ</td><td>4,950 円</td><td>4,345 円</td></tr>
<tr><td>ビジネス</td><td>概ね 1Gbps</td><td>概ね 1Gbps</td><td>－</td><td>－</td><td>45,210 円</td><td>－</td></tr>
</table>
※マンションタイプについては、ひかり配線方式の他、VDSL 方式、LAN 方式があります。
※月額利用料の他、インターネットサービスプロバイダー利用料等が別途必要です。
※「光はじめ割」とは､一定の割引適用期間のご利用をお約束いただくことで､「フレッツ光」の対象サービスの月額利用料を割引くサービスです。なお、ビジネスタイプは「光はじめ割」の対象外になります。
※「光はじめ割」適用料金については、新規申込み時の 1・2 年目の金額です。</td></tr>
<tr><td>フレッツ 光ライト</td><td>インターネット等への接続が 2 段階定額制の通信料金で利用できるベストエフォート型サービス（FTTH アクセスサービス）で､品質確保型のアプリケーションのご利用が可能です。加入者区間に最大 1Gbps の加入者光ファイバーを利用し、当社の次世代ネットワーク（NGN）*を介して、お客さまが契約するインターネットサービスプロバイダー等に接続します。また、セキュリティ機能を標準装備するとともに､ひかり電話や地上デジタル放送の再送信､ブロードバンド映像サービスといった多彩なサービスのご利用が可能です。戸建て住宅向けのファミリータイプ、集合住宅向けのマンションタイプがあります。
＊既存の IP 通信網（地域 IP 網及びひかり電話網）を高度化･大容量化したものであり、既存の電話網とは異なるネットワークです。
「フレッツ 光ライト」は、2023 年 3 月 31 日をもって新規申込受付を終了しており、2025 年 3 月 31 日をもってサービス提供を終了します。
<table>
<tr><th rowspan="2">タイプ名</th><th colspan="2">最大通信速度</th><th rowspan="2">提供方式</th><th rowspan="2">プラン</th><th rowspan="2" colspan="2">月額利用料</th></tr>
<tr><th>下り</th><th>上り</th></tr>
<tr><td rowspan="3">ファミリー
タイプ</td><td rowspan="3">100Mbps</td><td rowspan="3">100Mbps</td><td rowspan="3">－</td><td rowspan="3">－</td><td>利用量 320MB まで</td><td>基本料金 3,520 円</td></tr>
<tr><td>利用量 320MB 超～
1,320MB 未満</td><td>従量料金利用量 10MB あたり 30.8 円
＋基本料金 3,520 円</td></tr>
<tr><td>利用量 1,320MB 以上</td><td>上限料金 6,600 円</td></tr>
<tr><td rowspan="3">マンション
タイプ</td><td rowspan="3">100Mbps</td><td rowspan="3">100Mbps</td><td rowspan="3">ひかり配線
方式</td><td rowspan="3">－</td><td>利用量 320MB まで</td><td>基本料金 2,860 円</td></tr>
<tr><td>利用量 320MB 超～
1,110MB 未満</td><td>従量料金利用量 10MB あたり 30.8 円
＋基本料金 2,860 円</td></tr>
<tr><td>利用量 1,110MB 以上</td><td>上限料金 5,940 円</td></tr>
</table>
※マンションタイプについては、ひかり配線方式のみのご提供となります。
※インターネットのご利用には、本サービスに対応したインターネットサービスプロバイダー利用料等が別途必要です。</td></tr>
</table>

<table>
<tr><th>サービスタイプ</th><th>サービス名</th><th>サービス概要・料金（税込）等</th></tr>
<tr><td>FTTH</td><td>フレッツ 光クロス</td><td>インターネット等への接続が定額制の通信料金で利用できるベストエフォート型サービス（FTTH アクセスサービス）です。加入者区間に最大概ね10Gbps の加入者光ファイバーを利用し、当社の次世代ネットワーク（NGN）*を介して、お客さまが契約するインターネットサービスプロバイダー等に接続します。
また、フレッツ 光クロスを利用し、NGN 上でコンテンツ提供を行う事業者様の提供コンテンツ（地デジ等）の視聴が可能です。（お客さまとコンテンツ提供事業者様との視聴契約等が別途必要となります。）
<table>
<tr><th rowspan="2">タイプ名</th><th colspan="2">最大通信速度</th><th rowspan="2">提供方式</th><th rowspan="2">プラン</th><th rowspan="2">月額利用料</th><th rowspan="2">フレッツ 光クロスの月額利用料割引適用料金</th></tr>
<tr><th>下り</th><th>上り</th></tr>
<tr><td>ファミリータイプ</td><td>最大概ね10Gbps</td><td>最大概ね10Gbps</td><td>－</td><td>－</td><td rowspan="2">6,930 円</td><td rowspan="2">5,720 円</td></tr>
<tr><td>マンションタイプ</td><td>最大概ね10Gbps</td><td>最大概ね10Gbps</td><td>ひかり配線方式</td><td>－</td></tr>
</table>
※最大概ね 10Gbps とは、技術規格上の最大値であり実効速度を示すものではありません。なお、本技術規格においては、通信品質確保等に必要なデータが付与されるため、実効速度の最大値は、技術規格上の最大値より十数%程度低下します。
インターネットご利用時の速度は、お客さまのご利用環境やご利用状況等によっては数 Mbps になる場合があります。ご利用環境とは、パソコンやルーター等の接続機器の機能・処理能力、電波の影響等のことです。ご利用状況とは、回線の混雑状況やご利用時間帯等のことです。</td></tr>
<tr><td>無線 LAN</td><td>フレッツ・スポット</td><td>Wi-Fi 対応機器（スマートフォン･タブレット端末等）を使って､外出先の駅･空港や飲食店等のアクセスポイント設置場所から定額でワイヤレス高速通信がご利用できるベストエフォート型の公衆無線 LAN サービスです。
月額利用料:フレッツアクセスサービス等をご契約のお客様（1ID）220 円（税込）
※月額利用料の他、工事費等の初期費用が必要です。
※フレッツアクセスサービスまたは光コラボレーション事業者様が提供するアクセスサービスの契約・料金が必要です。
※最大 5ID まで利用できます。
※同一の「フレッツ・スポット」認証 ID での同時接続はできません。
※「フレッツ・スポット」は 2017 年 5 月 31 日をもちまして新規申込受付を終了いたしました。</td></tr>
</table>

会　社　名	KDDI㈱
問い合わせ電話番号	① 0077-777（個人向け）　② 0077-7-111（個人向け）　③ 0077-7007（法人向け）
ホームページ	① https://www.au.com/internet/　② https://www.au.com/ ③ https://biz.kddi.com/service/network/

サービスタイプ	サービス名	サービス概要・料金（税込）等
DSL	Business-DSL エコノミー	NTT東日本･西日本提供のフレッツ･ADSLに対応した法人向けインターネット接続サービス（下表参照） ※別途回線料金及び機器レンタル料金が必要。
	Business-ISDN エコノミー	NTT東日本・NTT西日本が提供する「フレッツ・ISDN」に対応した法人向けインターネット接続サービス（下表参照） ※別途フレッツ・ISDNの料金が必要。
FTTH	auひかり	KDDIのFTTHサービス「auひかり」を利用するコース 主に戸建て向けのホームタイプと、マンションなどの集合住宅向けのマンションタイプに大別される。（下表参照）

Business-DSL エコノミー

IPアドレス個数	月額利用料
1個（/32）	7,370円
8個（/29）	12,870円
16個（/28）	25,300円

※別途回線料金及び機器レンタル料金が必要。

Business-ISDN エコノミー

IPアドレス個数	月額利用料
1個（/32）	4,950円
8個（/29）	7,480円

※別途フレッツ・ISDNの料金が必要。

auひかり

メニュー			下り最大速度※1	月額利用料※2	備考
ａｕひかりホーム１ギガ	標準プラン		1G ※3	6,930円	
	ギガ得プラン			5,720円	2年間の契約が前提
	ずっとギガ得プラン			5,390円（3年目以降） 5,500円（2年目） 5,610円（1年目）	3年間の契約が前提
ａｕひかりマンション	マンションミニ　ギガ		1G	5,500円	
	ギガ		1G	4,455円	
	タイプG	16契約以上	664M	5,390円	
				4,180円	2年間の契約が前提
		8契約以上		5,720円	
				4,510円	2年間の契約が前提
	タイプV	16契約以上	100M	4,180円	※4
		8契約以上		4,510円	※4
	タイプE	16契約以上		3,740円	※4
		8契約以上		4,070円	※4
	タイプF			4,290円	※4
	都市機構	DX	100M	4,180円	※4
	都市機構G	DX-G	664M	5,390円	
				4,180円	2年間の契約が前提
	都市機構、都市機構G	16M（B）東日本	16M	2,585円	
		16M（R）東日本		3,025円	
		16M（B）西日本		3,025円	
		16M（R）西日本		3,465円	

※１　記載の速度はユーザー宅内から当社設備までの技術規格上の最大値であり､ユーザー宅内での実使用速度を示すものではない。
※２　上記金額には機器レンタル料が含まれる。また記載の料金は、プロバイダをau one netに指定し「口座振替･クレジットカード割引（110円／月）」の適用時の価格。
※３　auひかりホームでは関東一都三県で高速サービス（10ギガ･5ギガ）をオプションサービスとして提供中。高速サービス利用時は上記金額に10ギガは1,408円、5ギガは550円が加算されるが、料金プランが「ずっとギガ得プラン（3年契約）」の場合は、超高速スタートプログラム適用により高速サービス利用料を550円割引。4年目以降はauスマートバリュー適用中の場合550円割引。
※４　料金プランが「お得プランA（2年契約）」の場合は、月額利用料はそのままでおうちトラブルサポート（440円／月）が内包。
※　auひかり加入時には初期登録料と工事に関する初期費用が別途発生。

<table>
<tr><th>サービスタイプ</th><th>サービス名</th><th>サービス概要・料金（税込）等</th></tr>
<tr><td rowspan="2">FTTH</td><td>コミュファ光コース</td><td>中部テレコミュニケーションの提供するFTTHサービス「コミュファ光」を利用するコース
<table>
<tr><th>メニュー</th><th>月額利用料</th></tr>
<tr><td>ホーム</td><td>1,870円</td></tr>
<tr><td>マンション</td><td>1,320円</td></tr>
</table>
※別途回線利用料が必要。</td></tr>
<tr><td>フレッツ光コース</td><td>NTT東日本･西日本が提供する「フレッツ 光ネクスト」､「フレッツ 光ライト」を利用するコース
<table>
<tr><th>メニュー</th><th>月額利用料</th></tr>
<tr><td>ファミリー、マンション
（NTT東西共通）</td><td>2,167円</td></tr>
</table>
※別途通信料、回線利用料が必要。</td></tr>
<tr><td rowspan="3">光接続</td><td>イーサシェア</td><td>KDDIおよび中部テレコミュニケーション、オプテージの提供する光ファイバーをアクセス回線とする法人向けインターネット接続サービス
<table>
<tr><th>提供エリア</th><th>下り最大速度</th><th>月額利用料</th></tr>
<tr><td rowspan="2">関東エリア</td><td>100M</td><td>193,600円</td></tr>
<tr><td>1G</td><td>330,000円</td></tr>
<tr><td>中部エリア</td><td>100M</td><td>217,800円</td></tr>
<tr><td>関西エリア</td><td>100M</td><td>217,800円</td></tr>
</table>
※アクセス回線の利用料、回線終端装置の利用料込み。
※1Gの提供エリアは、東京、埼玉、千葉、神奈川の一部。</td></tr>
<tr><td>イーサシェアライト</td><td>KDDIの共有型（PON）の光ファイバーおよび電力系通信事業者の光ファイバーをアクセス回線とする法人向けインターネット接続サービス
<table>
<tr><th colspan="2" rowspan="2">メニュー</th><th colspan="5">IPアドレス数</th></tr>
<tr><th>1個（/32）</th><th>4個（/30）</th><th>8個（/29）</th><th>16個（/28）</th><th>32個（/27）</th></tr>
<tr><td>速度帯域</td><td>1G</td><td>20,735円</td><td>27,335円</td><td>31,735円</td><td>53,735円</td><td>86,735円</td></tr>
</table>
※ アクセス回線の利用料や、回線終端装置の利用料込み。</td></tr>
<tr><td>イーサエコノミー</td><td>NTT東日本・西日本提供のフレッツ光に対応した法人向けインターネット接続サービス
<table>
<tr><th colspan="2" rowspan="2">メニュー</th><th colspan="6">IPアドレス数</th></tr>
<tr><th>動的IP</th><th>1個（/32）</th><th>8個（/29）</th><th>16個（/28）</th><th>32個（/27）</th><th>64個（/26）</th></tr>
<tr><td>（フレッツ光ライト）
ファミリー</td><td>100M</td><td>3,443円</td><td>10,780円</td><td>20,680円</td><td>20,680円</td><td>－</td><td>－</td></tr>
<tr><td>（フレッツ光ライト）
マンション</td><td>100M</td><td>3,443円</td><td>10,780円</td><td>20,680円</td><td>－</td><td>－</td><td>－</td></tr>
<tr><td>（フレッツ光ネクスト）
ギガファミリースマート</td><td>1G</td><td rowspan="5">3,443円</td><td rowspan="5">10,780円</td><td rowspan="5">20,680円</td><td rowspan="5">20,680円</td><td rowspan="5">－</td><td rowspan="5">－</td></tr>
<tr><td>ファミリー・ギガライン</td><td>1G</td></tr>
<tr><td>ファミリー・スーパーハイスピードタイプ 隼</td><td>1G</td></tr>
<tr><td>ファミリー・ハイスピード</td><td>200M</td></tr>
<tr><td>ファミリー</td><td>100M</td></tr>
<tr><td>（フレッツ光ネクスト）
ギガマンションスマート</td><td>1G</td><td rowspan="5">3,443円</td><td rowspan="5">10,780円</td><td rowspan="5">20,680円</td><td rowspan="5">－</td><td rowspan="5">－</td><td rowspan="5">－</td></tr>
<tr><td>マンション・ギガライン</td><td>1G</td></tr>
<tr><td>マンション・スーパーハイスピードタイプ 隼</td><td>1G</td></tr>
<tr><td>マンション・ハイスピード</td><td>200M</td></tr>
<tr><td>マンション</td><td>100M</td></tr>
<tr><td>（フレッツ光ネクスト）
プライオ1</td><td>1G</td><td>8,303円</td><td>22,000円</td><td>31,900円</td><td>50,600円</td><td>－</td><td>－</td></tr>
<tr><td>（フレッツ光ネクスト）
プライオ10</td><td>1G</td><td>27,500円</td><td>82,500円</td><td>117,700円</td><td>139,700円</td><td>176,000円</td><td>209,000円</td></tr>
<tr><td>（フレッツ光ネクスト）
ビジネス</td><td>1G</td><td>27,500円</td><td>82,500円</td><td>117,700円</td><td>139,700円</td><td>176,000円</td><td>209,000円</td></tr>
<tr><td>フレッツ 光クロス</td><td>10G</td><td>8,800円</td><td>19,800円</td><td>30,800円</td><td>41,800円</td><td>－</td><td>－</td></tr>
</table>
※別途回線利用料が必要。
※お申し込み時に、接続方式（v6プラス or PPPoE）の選択が必要。
※フレッツ 光クロスは、v6プラス での提供。
※フレッツ 光ネクスト ビジネス、プライオ1、プライオ10はPPPoEでの提供。</td></tr>
</table>

<table>
<tr><th>サービスタイプ</th><th>サービス名</th><th>サービス概要・料金（税込）等</th></tr>
<tr><td rowspan="2">光接続</td><td>KDDI Flexible Internet
（帯域共有型）</td><td>KDDIの共有型（PON）の光ファイバー、電力系通信事業者の光ファイバーおよびNTT東日本・西日本提供のフレッツ光をアクセス回線とする法人向けインターネット接続サービス
<table>
<tr><th colspan="2" rowspan="2">メニュー</th><th colspan="3">IPアドレス数</th></tr>
<tr><th>動的IP</th><th>1個（/32）</th><th>8個（/29）</th></tr>
<tr><td>FTTH（電力/NTT）※1</td><td>1G</td><td>－</td><td>20,735円</td><td>31,735円</td></tr>
<tr><td rowspan="2">フレッツ（ISPのみ）※2</td><td>10G</td><td>8,800円～</td><td>19,800円～</td><td>30,800円～</td></tr>
<tr><td>1G</td><td>3,443円～</td><td>10,780円～</td><td>20,680円～</td></tr>
<tr><td rowspan="2">フレッツ（回線込）※1</td><td>10G</td><td>16,500円～</td><td>27,500円～</td><td>38,500円～</td></tr>
<tr><td>1G</td><td>11,033円～</td><td>18,370円～</td><td>28,270円～</td></tr>
</table>
※アクセス回線の利用料や、回線終端装置の利用料込み。
※別途回線利用料が必要。</td></tr>
<tr><td>光ダイレクト</td><td>KDDIの光ダイレクトに対応した月額通信料定額のインターネット接続サービス
<table>
<tr><th colspan="4">IPアドレス数</th></tr>
<tr><th>4個（/30）</th><th>8個（/29）</th><th>16個（/28）</th><th>32個（/27）</th></tr>
<tr><td>4,950円</td><td>33,000円</td><td>55,000円</td><td>77,000円</td></tr>
</table>
※回線種別によりご利用不可となる場合もある。
※別途回線利用料、接続可能機器が必要。
※IPアドレス数のうち、3つはネットワーク用、ブロードキャスト用、ルーター用にそれぞれ設定するため、お客さま機器への割り当ては不可。
※接続最大速度は、回線種別により異なる（100M／1Gbps）。</td></tr>
<tr><td rowspan="4">携帯電話</td><td>LTE NET</td><td>月額利用料：330円
※別途、パケット通信料が必要。</td></tr>
<tr><td>5G NET</td><td>月額利用料：各料金プランの基本料金に内包
※別途パケット通信料が必要。</td></tr>
<tr><td>LTE NET for DATA</td><td rowspan="2">月額利用料：550円
※別途パケット通信料が必要。</td></tr>
<tr><td>5G NET for DATA</td></tr>
<tr><td rowspan="8">BWA</td><td>WiMAX2 +
フラット for DATA</td><td>WiMAX 2+対応ルーターの料金プラン（ハイスピードモード月間データ容量制限あり）
月額利用料5,715円（2年契約適用時4,615円）
※プロバイダー利用料込み
※本プランは2019年12月25日をもって新規受付を終了</td></tr>
<tr><td>WiMAX 2+フラット
for DATA EX</td><td rowspan="2">WiMAX 2+対応ルーターの料金プラン（ハイスピードモード月間データ容量制限なし）
月額利用料6,468円（2年契約適用時5,368円）
※プロバイダー利用料込み
※本プランは2019年12月25日をもって新規受付を終了</td></tr>
<tr><td>WiMAX 2+フラット
for HOME</td></tr>
<tr><td>モバイルルーター
プラン</td><td rowspan="2">WiMAX 2+対応ルーターの料金プラン（ハイスピードモード月間データ容量制限なし）
月額利用料4,908円（au PAYカードお支払い割もしくは2年契約N適用時4,721円）
※プロバイダー利用料込み
※2年契約Nは2022年3月31日をもって新規受付を終了</td></tr>
<tr><td>ホームルータープラン</td></tr>
<tr><td>ルーターフラット
プラン80（5G）</td><td>5G、WiMAX 2+対応ルーターの料金プラン（月間データ容量制限あり）
月額利用料7,865円（au PAYカードお支払い割もしくは2年契約N適用時7,678円、au PAYカードお支払い割もしくは2年契約Nおよび5Gルータースタートキャンペーン・5Gルータースタート割適用時5,478円）
※プロバイダー利用料込み
※2年契約Nは2022年3月31日をもって新規受付を終了</td></tr>
<tr><td>モバイルルーター
プラン5G</td><td>5G、WiMAX 2+対応ルーターの料金プラン（スタンダードモード月間データ容量制限なし）
月額利用料5,458円（au PAYカードお支払い割もしくは2年契約N適用時5,271円、au PAYカードお支払い割もしくは2年契約Nおよび5Gルーター割適用時4,721円）
※プロバイダー利用料込み
※2年契約Nは2022年3月31日をもって新規受付を終了</td></tr>
<tr><td>ホームルータープラン
5G</td><td>5G、WiMAX 2+対応ルーターの料金プラン（スタンダードモード月間データ容量制限なし）
月額利用料5,170円（5Gルーター割および5Gホームルーター割適用時3,278円）
※プロバイダー利用料込み</td></tr>
</table>

会　社　名	ソフトバンク㈱
問い合わせ電話番号	■移動体通信 【ソフトバンク】 157（ソフトバンク携帯電話から） 0800-919-0157（一般電話から） 【ワイモバイル】 151（ワイモバイル携帯電話から） 0570-039-151（一般電話から） ■固定通信 （新規受付窓口） 【SoftBank 光／ SoftBank Air ／ Yahoo! BB】0120-981-072 （お客様サポート） 【SoftBank 光】0800-111-2009 【SoftBank Air ／ Yahoo! BB ADSL】0800-1111-820 【Yahoo! BB 光 with フレッツ／フレッツコース】0120-981-030 【Yahoo! BB for Mobile】0120-965-343 【ODN】0800-2228-375 【SpinNet】0088-210-209 ／ 044-388-0607 【ULTINA Internet ／ SmartInternet】（カスタマーサポートセンター）0120-982-490
ホームページ	■移動体通信 【ソフトバンク】https://www.softbank.jp 【ワイモバイル】https://www.ymobile.jp 【LINEMO】https://www.linemo.jp/ 【LINE モバイル】https://mobile.line.me/ ■固定通信 【SoftBank 光／ SoftBank Air ／ Yahoo! BB】https://www.softbank.jp/internet/ 【ODN】https://www.odn.ne.jp/ 【SpinNet】https://www.spinnet.jp/ 【ULTINA Internet ／ SmartInternet】 https://www.softbank.jp/biz/services/network/vpn-internet/smart-intenet/

サービスタイプ	サービス名	サービス概要・料金（税込）等
ダイヤルアップ接続	ODN「たっぷり」コース	月額 1,375 円（通信料金は含まない。）
	ODN「まるごと」コース まるごと 1 ～ 10	月額 440 円～ 2,585 円（通信料金は含まない。）
	ODN「メール」コース	月額定額料 220 円 + 接続料金および通信料 11 円／分
	SpinNet ダイヤルアップ基本サービス	月額 2,200 円（通信料金は含まない）
	SpinNet 「フレッツ・ISDN」サービス	月額 2,200 円（フレッツ・ISDN 料金含まず）
	ULTINA Internet ブロードバンドアクセス フレッツ・プラン	NTT 東日本および NTT 西日本が提供するフレッツサービスに対応した法人向けサービス（フレッツ・ISDN）IP1 月額 4,950 円（フレッツ・ISDN 料金含まず）
DSL	ODN 「フレッツ・ADSL」S コース	NTT 東日本・NTT 西日本が提供する「フレッツ・ADSL」に対応したコース 月額 1,320 円（フレッツ・ADSL 料金含まず）
	SpinNet 「フレッツ・ADSL」サービス	NTT 東日本・NTT 西日本が提供する「フレッツ・ADSL」に対応したサービス 月額 2,200 円（フレッツ・ADSL 料金含まず）
	ULTINA Internet ブロードバンドアクセス フレッツ・プラン	NTT 東日本・NTT 西日本が提供する「フレッツ・ADSL」に対応した法人向けサービス （フレッツ・ADSL）IP1、8、16 月額 7,370 円～ 31,680 円（フレッツ・ADSL 料金含まず） （フレッツ・ADSL ビジネス）ダイナミック IP 月額 2,915 円（フレッツ・ADSL ビジネスタイプ料金含まず）
FTTH	Yahoo! BB 光 with フレッツ／フレッツ コース	NTT 東日本／西日本が提供する「フレッツ光」に対応したプロバイダーサービス 月額利用料金（フレッツ光料金含まず） 【スタンダード】 ホーム：1,320 円　マンション：1,045 円 【プレミアム】 ホーム：1,595 円　マンション：1,320 円

サービスタイプ	サービス名	サービス概要・料金（税込）等
FTTH	SoftBank 光	光アクセス回線を ISP とセットで提供するサービス 月額利用料金 【SoftBank 光・10 ギガ以外】 ■ 2 年自動更新プラン（2 年間の継続利用が条件） ファミリー：5,720 円　マンション：4,180 円 ファミリー・ライト：4,290 円～ 6,160 円 ■自動更新なしプラン ファミリー：6,930 円　マンション：5,390 円 ファミリー・ライト：6,050 円～ 7,920 円 ■ 5 年自動更新プラン（TV セット） （5 年間の継続利用及び「ソフトバンク光テレビ」のお申し込みが条件） ファミリー：5,170 円 【SoftBank 光・10 ギガ】※「ホームゲートウェイ（N）10 ギガ」レンタル代を含む ■ 2 年自動更新プラン（2 年間の継続利用が条件） ファミリー：6,930 円　マンション：6,930 円 ■自動更新なしプラン ファミリー：8,140 円　マンション：8,140 円 ■ 5 年自動更新プラン（TV セット） （5 年間の継続利用及び「ソフトバンク光テレビ」のお申し込みが条件） ファミリー：6,380 円
	ODN 「フレッツ光」コース	NTT 東日本および NTT 西日本が提供するフレッツサービスに対応したコース（フレッツ光ネクスト、フレッツ光ライト） 月額 1,320 円（フレッツ料金含まず）
	ODN 「コミュファ光」コース	中部テレコミュニケーションが提供する「コミュファ光」に対応したコース 月額 1,320 円（コミュファ光料金含まず）
	SpinNet 「フレッツ光」サービス	NTT 東日本および NTT 西日本が提供するフレッツサービスに対応したサービス（フレッツ光ネクスト）月額 2,750 円（フレッツ料金含まず）
	ULTINA Internet ブロードバンドアクセス フレッツ・プラン	NTT 東日本および NTT 西日本が提供するフレッツサービスに対応した法人向けサービス （フレッツ光ネクスト）IP1、8、16 月額 10,450 円～ 209,000 円（フレッツ料金含まず）
	ULTINA インターネット プラン F Biz コラボ	光アクセス回線を ISP とセットで提供する法人向けサービス IP1 のみ 月額　マンション：16,720 円～、戸建：17,820 円～
専用線接続	SmartInternet Suite Ether スタンダードタイプ／ ギャランティタイプ	法人向けサービス （10Mbps ～ 1Gbps）：月額 27,500 円～ 522,500 円 （2Gbps、3Gbps スタンダード）：月額 171,600 円 ～ 250,800 円
	ULTINA Internet イーサネットアクセス	法人向けサービス （1Mbps ～ 1Gbps）：月額 105,600 円～ 68,640,000 円 アクセス回線料金含まず
	ULTINA Internet IPv6 ネイティブ／デュアル スタック	法人向けサービス （1Mbps ～ 100Mbps）：月額 105,600 円～ 12,760,000 円 アクセス回線料金含まず
	ULTINA Internet イーサネットアクセス（S）／イーサネットアクセス（S）BGP コネクト	法人向けサービス （100Mbps ～ 1Gbps）：月額 55,000 円～ 8,580,000 円 （BGP 接続は個別見積）
	ULTINA Internet DC コネクト	法人向けサービス （10Mbps（1Mbps）※～ 1Gbps）：月額 132,000 円～ 7,480,000 円（固定料金） ※お客様→インターネット方向は 10Mbps、逆方向は 1Mbps の通信が可能なプラン 他、従量料金プランもあり
	ULTINA Internet DC コネクト（S）	法人向けサービス （100Mbps ～）：月額 217,800 円～ 100Mbps は固定料金、1Gbps 以上は固定もしくは従量料金 ※品目により個別見積

サービスタイプ	サービス名	サービス概要・料金（税込）等
無線 LAN	Yahoo! BB for Mobile	メールサービスや、公衆無線 LAN・海外ローミング・ダイヤルアップ等の外出先での接続を提供するプロバイダーサービス 月額利用料金 【スタンダード】398 円 【プレミアム】　673 円
携帯電話	ソフトバンク	データプランメリハリ無制限：月額 6,160 円（高速データ通信容量上限なし）
		データプランミニフィット＋：月額 2,200 ～ 4,400 円（高速データ通信容量 3GB まで）
		データプラン 4GB（スマホ）：月額 1,188 円（高速データ通信容量 4GB まで）
		データプラン 4GB（ケータイ）：月額 1,188 円（高速データ通信容量 4GB まで）
		データプラン 100MB：月額 330 円（高速データ通信容量 100MB まで）
		データプラン 50GB（データ通信）：月額 4,202 円（高速データ通信容量 50GB まで）
		データプラン 3GB（データ通信）：月額 330 円（高速データ通信容量 3GB まで）
		データプラン 20GB（スマホ）：月額 2,838 円（高速データ通信容量 20GB まで）
	ワイモバイル	シンプル S：月額 2,178 円（高速データ通信容量 3GB まで）
		シンプル M：月額 3,278 円（高速データ通信容量 15GB まで）
		シンプル L：月額 4,158 円（高速データ通信容量 25GB まで）
		ケータイベーシックプラン SS：月額 1,027.4 円（高速データ通信容量 2.5GB まで）
		Pocket WiFi プラン 2（ベーシック）：月額 4,065.6 円（高速データ通信容量 7GB まで）
	LINEMO	スマホプラン：月額 2,728 円（高速データ通信容量 20GB まで）
		ミニプラン：月額 990 円（高速データ通信容量 3GB まで）
BWA	SoftBank Air	5G 回線・AXGP 回線・TD-LTE 回線・FDD-LTE 回線を利用した、個人宅向け無線ブロードバンドサービス 月額利用料金 ■ Air 4G/5G 共通プラン（期間拘束なし） 　機器購入：5,368 円（機器賦払金、月月割を含む） 　機器レンタル：5,907 円（機器レンタル代を含む）

会　社　名		アルテリア・ネットワークス㈱
問い合わせURL		https://www.arteria-net.com/business/contact/
ホームページ		https://www.arteria-net.com/business/
サービスタイプ	サービス名	サービス概要・料金（税込）等
DSL	VECTANT ブロードバンドアクセス（フレッツ／PPPoE品目）	＜法人向けサービス＞ NTT東日本、NTT西日本のフレッツに対応した定額制インターネット接続サービス
	フレッツ･アクセス（アンバンドルサービス）	＜法人向けサービス＞ 「フレッツ・アクセス」は、NTTのフレッツ網を利用して全国各地のエリアを網羅するISPサービス
FTTH	UCOM光 スタンダードギガビットアクセス	＜法人向けサービス＞ 占有型1Gbps光ファイバーインターネット接続サービス。SLA（サービス品質保証制度）標準装備
	UCOM光 プレミアムギガビットアクセス	＜法人向けサービス＞ 占有型で最大1Gbpsの最低帯域確保型サービス。 上り通信に契約帯域の10%分の「最低帯域確保」を具備しながら下り最大1Gbpsまでのトラフィックに対応し、選べる帯域とSLA、充実のサポートサービスを標準装備
	UCOM光 光ビジネスアクセス	＜法人向けサービス＞ 占有型100Mbps光ファイバーインターネット接続サービス
	UCOM光 ファストギガビットアクセス	＜法人向けサービス＞ 占有型1G/2.5G/5G/10Gbps光ファイバーインターネット接続サービス。 ベストエフォート型の提供メニューに加え、10-50Mbpsの一部区間帯域確保メニューを用意
	VECTANT ブロードバンドアクセス（フレッツ／PPPoE品目／クロスパス品目[IPoE]）	＜法人向けサービス＞ NTT東日本、NTT西日本のフレッツに対応した定額制インターネット接続サービス
	UCOM光 フレッツ･アクセス（バンドル／アンバンドルサービス）	＜法人向けサービス＞ 「フレッツ・アクセス」は、NTTのフレッツ網を利用して全国各地のエリアを網羅するISPサービス
専用線接続	ダイナイーサ	＜法人向けサービス＞ 2拠点間を1Gbps～100Gbpsで接続する完全帯域保証型の専用線サービス。提供クラスはデュアル、シングルの2種類から選択可能
	UCOM光 専用線アクセス	＜法人向けサービス＞ 2拠点間を100Mbps～1Gbpsで接続する仮想専用線サービス。ベストエフォート型の提供メニューに加え、1Gbpsは10-200Mbpsの一部区間帯域確保メニューを用意
モバイル	VECTANT ブロードバンドアクセスLTE（D）	＜法人向けサービス＞ NTTドコモ網を利用した3G/LTE回線をご提供するサービス

会　社　名	NTT コミュニケーションズ㈱
問い合わせ電話番号	0120-003300
ホームページ	https://www.ntt.com/business/services/network/internet-connect/ocn-business.html

サービスタイプ	サービス名	サービス概要・料金（税込）等
ダイヤルアップ接続	OCN ISDN アクセス（フレッツ料金含まず）	下表参照
DSL	OCN ADSL アクセス（フレッツ料金含まず）	下表参照
	OCN ADSL サービス（F）（フレッツ料金含む）	下表参照
FTTH	OCN 光 IPx/for VPN（フレッツ、OCN 一括提供）	下表参照
	OCN 光「フレッツ」（フレッツ料金含まず）IPx/for VPN	下表参照
	OCN 光「フレッツ」IPoE（フレッツ料金含まず）	下表参照

ダイヤルアップ接続　OCN ISDN アクセス（フレッツ料金含まず）

プラン	IP1	IP8	for VPN（動的 IP）
フレッツ・ISDN	5,280 円	7,480 円	2,255 円

※ OCN ISDN アクセスは 2023 年 6 月 30 日をもって、新規申し込み受付を終了。また、2023 年 12 月 31 日をもってサービスを終了します。

DSL　OCN ADSL アクセス（フレッツ料金含まず）

プラン		IP1	IP8	IP16	for VPN（動的 IP）
OCN ADSL アクセス「フレッツ」	1.5M/8M/ モア / モア II/ モア 24/ モア 40/ モア III/ モアスペシャル	7,480 円	12,980 円	25,410 円	2,255 円
	ビジネス	9,680 円	15,180 円	31,680 円	2,915 円

OCN ADSL サービス（F）（フレッツ料金含む）

プラン		IP1	IP8	IP16	for VPN（動的 IP）
フレッツ・ADSL	1.5M	12,485 円	17,985 円	30,415 円	8,910 円
	8M	12,705 円	18,205 円	30,635 円	9,130 円
	モア	12,815 円	18,315 円	30,745 円	9,240 円
	モア 24	12,892 円	18,392 円	30,822 円	9,317 円
	モア II	12,925 円	18,425 円	30,855 円	9,350 円
	モア III	13,035 円	18,535 円	30,965 円	9,460 円
	モア 40	12,925 円	18,425 円	30,855 円	9,350 円
	モアスペシャル	12,925 円	18,425 円	30,855 円	9,350 円
フレッツ・ADSL ビジネス	モア II	21,780 円	27,280 円	43,780 円	16,665 円
	モア III	21,780 円	27,280 円	43,780 円	16,665 円

※ OCN ADSL サービス（F）は 2023 年 7 月 14 日をもって、新規申し込み受付を終了致しました。

FTTH　OCN 光 IPx/for VPN（フレッツ、OCN 一括提供）

プラン	アクセスライン		IP1	IP8	IP16	for VPN（動的 IP）
OCN 光	マンション	100Mbps	9,680 円	個別問合せ		2 年割対象外
		200Mbps ※1				
		1Gbps				
	ファミリー	100Mbps	15,070 円			
		200Mbps ※1				
		1Gbps				

※ 2 年割コース適用時の料金になります。
※ 1　東日本エリアでは上り最大 100Mbps、下り最大 200Mbps、西日本エリアでは上下最大 200Mbps となります。

OCN 光「フレッツ」（フレッツ料金含まず）IPx/for VPN

■アクセスライン：光ネクスト / 光ライト

タイプ	アクセスライン		IP1	IP8	IP16	IP32	IP64	for VPN（動的 IP）
光フレッツ「ファミリー」	フレッツ光ネクスト	ファミリー / ファミリー・ハイスピード / ファミリー・スーパーハイスピードタイプ隼	10,780 円	20,680 円	38,170 円	-	-	3,443 円
	フレッツ光ライト	ファミリー	10,780 円	20,680 円	38,170 円	-	-	3,443 円
光フレッツ「ギガファミリー」	フレッツ光ネクスト	ギガファミリー・スマートタイプ / ギガマンション・スマートタイプ	10,780 円	20,680 円	38,170 円	-	-	3,443 円
		ファミリー・ギガラインタイプ / マンション・ギガラインタイプ	10,780 円	20,680 円	38,170 円	-	-	3,443 円
光フレッツ「ビジネス」	フレッツ光ネクスト	ビジネス	82,500 円	117,700 円	139,700 円	176,000 円	209,000 円	-
光フレッツ「プライオ 1」	フレッツ光ネクスト	プライオ 1	22,000 円	31,900 円	50,600 円	-	-	8,030 円
光フレッツ「プライオ 10」	フレッツ光ネクスト	プライオ 10	82,500 円	117,700 円	139,700 円	176,000 円	209,000 円	-
光フレッツ「マンション」	フレッツ光ネクスト	マンション / マンション・ハイスピード / マンション・スーパーハイスピードタイプ隼	7,480 円	17,380 円	-	-	-	3,278 円
	フレッツ光ライト	マンション	7,480 円	17,380 円	-	-	-	3,278 円

OCN 光「フレッツ」IPoE（フレッツ料金含まず）

	IP1	IP8	IP16	動的 IP
OCN 光「フレッツ」IPoE	12,100 円	22,000 円	39,600 円	4,400 円

サービスタイプ	サービス名	サービス概要・料金（税込）等
FTTH	OCN 光サービス（F） （フレッツ料金含む）	（下記参照）

■NTT 東日本エリア

タイプ名			IP1	IP8	IP16	IP32	IP64	for VPN（動的 IP）
フレッツ 光 ネクスト	マンション	プラン１	10,670 円	20,570 円	-	-	-	8,118 円
		プラン２	10,230 円	20,130 円	-	-	-	7,678 円
	マンション・ハイスピード	プラン１	10,670 円	20,570 円	-	-	-	8,118 円
		プラン２	10,230 円	20,130 円	-	-	-	7,678 円
	ファミリー		15,290 円	25,190 円	42,680 円	-	-	9,603 円
	ギガファミリー・スマートタイプ		17,050 円	26,950 円	44,440 円	-	-	11,363 円
	ファミリー・ギガラインタイプ		16,720 円	26,620 円	44,110 円	-	-	11,033 円
	プライオ１		44,000 円	53,900 円	72,600 円	-	-	30,030 円
	プライオ 10		127,710 円	162,910 円	184,910 円	221,210 円	254,210 円	-
	ビジネス		126,500 円	161,700 円	183,700 円	220,000 円	253,000 円	-

■NTT 西日本エリア

タイプ名			IP1	IP8	IP16	IP32	IP64	for VPN（動的 IP）
フレッツ 光 ネクスト	マンション	プラン１	10,890 円	20,790 円	-	-	-	8,338 円
		プラン２	10,340 円	20,240 円	-	-	-	7,788 円
	マンション・ハイスピード	プラン１	10,890 円	20,790 円	-	-	-	8,338 円
		プラン２	10,340 円	20,240 円	-	-	-	7,788 円
	マンション・スーパーハイスピードタイプ 隼	プラン１	10,890 円	20,790 円	-	-	-	8,338 円
		プラン２	10,340 円	20,240 円	-	-	-	7,788 円
	ファミリー		15,510 円	25,410 円	42,900 円	-	-	9,823 円
	ファミリー・ハイスピードタイプ		15,510 円	25,410 円	42,900 円	-	-	9,823 円
	ファミリー・スーパーハイスピードタイプ 隼		15,510 円	25,410 円	42,900 円	-	-	9,823 円
	ビジネス		126,500 円	161,700 円	183,700 円	220,000 円	253,000 円	-

サービスタイプ	サービス名	サービス概要・料金（税込）等
専用線接続	スーパー OCN グローバル IP ネットワーク（GIN）	個別見積
モバイル	OCN モバイル ONE for Business	（下記参照）

■定額料金コース（バリュープラン）

コース	月間規制通信量　※１	月額料金　円（税込）
10GB コース	10GB ／月	2,530 円
15GB コース	15GB ／月	3,740 円
20GB コース	20GB ／月	4,290 円
30GB コース	30GB ／月	6,380 円
50GB コース	50GB ／月	10,450 円

■定額料金コース（通常プラン）

コース	月間規制通信量　※２	月額料金　円（税込）
１GB コース	１GB ／月	2,200 円
3GB コース	3GB ／月	3,850 円
7GB コース	7GB ／月	6,050 円

■データ量従量料金コース・速度限定コース（M2M 利用に最適）

コース	月間規制通信量 / 速度	月額料金　円（税込）
30MB プラス コース	無料通話分 30MB/ 月	550 円 ＋超過 0.01 円 /128 バイト
200kbps コース	0.5GB/ 月　※３ 送受信最大 200kbps	880 円

※１　各コースごとに設定された月間規制通信量を超えた場合には、月末まで一時的にスループットが送受信最大 300kbps に制限されます。
※２　各コースごとに設定された月間規制通信量を超えた場合には、月末まで一時的にスループットが送受信最大 300kbps に制限されます。また日次通信料が 0.5GB を超えた場合も、スループットを送受信最大 300kbps に制限されます。
※３　設定された月間規制通信量を超えた場合には、月末まで一時的にスループットが送受信最大 100kbps に制限されます。

サービスタイプ	サービス名	サービス概要・料金（税込）等
モバイル	OCN モバイル ONE for Business Type Com	（下記参照）

■定額料金コース（通常プラン）

コース	月間規制通信量　※１	月額料金　円（税込）
10MB コース	10MB ／月	231 円
30MB コース	30MB ／月	253 円
50MB コース	50MB ／月	275 円
100MB コース	100MB ／月	330 円
500MB コース	500MB ／月	550 円
１GB コース	１GB ／月	770 円
3GB コース	3GB ／月	1,100 円
7GB コース	7GB ／月	1,870 円
10GB コース	10GB ／月	2,530 円
15GB コース	15GB ／月	3,740 円
20GB コース	20GB ／月	4,290 円
30GB コース	30GB ／月	6,380 円
50GB コース	50GB ／月	10,450 円

※１　各コースごとに設定された月間規制通信量を超えた場合には、月末まで一時的にスループットが送受信最大 30kbps に制限されます。

<table>
<tr><th colspan="2">会　社　名</th><td>スカパー JSAT㈱</td></tr>
<tr><th colspan="2">問い合わせ電話番号</th><td>03-5571-7770</td></tr>
<tr><th colspan="2">ホームページ</th><td>https://www.skyperfectjsat.space/</td></tr>
<tr><th>サービスタイプ</th><th>サービス名</th><th>サービス概要・料金（税込）等</th></tr>
<tr><td rowspan="4">衛星回線を利用したインターネット接続サービス</td><td>ExBird サービス</td><td>ExBird サービスは、設置場所の制約が少ない小口径アンテナ（直径約 74cm 相当）と小型の屋内装置からなる超小型地球局を利用した通信ネットワークサービスです。デジタルデバイド地域（条件不利地域）等において、容易且つスピーディなインターネット接続を可能にします。
<table>
<tr><th>種別　品目</th><th>最大通信速度</th><th>月額サービス利用料</th></tr>
<tr><td>インターネットプラン
インターネット 1M/4M</td><td>（上り）最大 1Mbps
（下り）最大 4Mbps</td><td>82,500 円</td></tr>
<tr><td>インターネットプラン
インターネット 2M/8M</td><td>（上り）最大 2Mbps
（下り）最大 8Mbps</td><td>132,000 円</td></tr>
<tr><td>インターネットプラン
インターネット 3M/10M</td><td>（上り）最大 3Mbps
（下り）最大 10Mbps</td><td>154,000 円</td></tr>
</table></td></tr>
<tr><td>JSAT Marine サービス</td><td>JSAT Marine サービスは、船上に設置した船舶用衛星通信システムと陸上のビジネス拠点を、通信衛星および衛星管制センター内の HUB 局を介して接続します。主に内航・近海船向けの多様なニーズに応じるため、従来の OceanBB より高品質なサービスを提供します。下り（陸→船）回線速度は最大 50Mbps、上り（船→陸）回線速度は最大 3Mbps です。</td></tr>
<tr><td>OceanBB plus サービス</td><td>OceanBB plus サービスは、OceanBB サービスの次世代サービスとして、HTS（High Throughput Satellite）の導入により、下り（陸→船）回線速度は最大 10Mbps、上り（船→陸）回線速度は最大 3Mbps の高速通信を実現します。</td></tr>
<tr><td>Sat-Q サービス</td><td>Sat-Q サービスは、超小型軽量の Satcube 端末を用いて最大 6Mbps のベストエフォート回線を提供する IP 伝送サービスです。
<table>
<tr><th>種別</th><th>最大通信速度</th><th>月額サービス利用料</th></tr>
<tr><td>フルサービス</td><td>インルート・アウトルート回線共
6Mbps ベストエフォート</td><td>220,000 円</td></tr>
<tr><td>アウトルートサービス
（6Mbps）</td><td>アウトルート回線のみ提供
6Mbps ベストエフォート</td><td>110,000 円</td></tr>
<tr><td>アウトルートサービス
（500kbps）</td><td>アウトルート回線のみ提供
500kbps ベストエフォート</td><td>55,000 円</td></tr>
</table></td></tr>
</table>

会　社　名		ソニーネットワークコミュニケーションズ㈱
問い合わせ電話番号		窓口はサービス毎に異なります。
ホームページ		https://www.sonynetwork.co.jp/
サービスタイプ	サービス名	サービス概要・料金（税込）等
FTTH	NURO 光	https://www.nuro.jp/
	So-net 光	https://www.so-net.ne.jp/access/
携帯電話	NURO モバイル	https://mobile.nuro.jp/

会　社　名		北海道総合通信網㈱
問い合わせ電話番号		011-590-5323
ホームページ		（専用型）https://www.hotnet.co.jp/service/ether_access/ （共用型）https://www.hotnet.co.jp/service/ether_share_1g/
サービスタイプ	サービス名	サービス概要・料金（税込）等
専用線接続	HOTCN イーサアクセス（専用型）	1Mbps ～ 10Mbps：124,300 円／月～ 514,800 円／月 20Mbps 以上：別に定める実費
	HOTCN 1G イーサシェアードアクセス（共用型）	お客様拠点でのご利用時 1Gbps：110,000 円／月 S.T.E.P 札幌データセンターでのご利用時 1Gbps：60,500 円／月

会　社　名		㈱トークネット
問い合わせ電話番号		022-799-4211
ホームページ		https://www.tohknet.co.jp/service/internet/tocn/outline.html
サービスタイプ	サービス名	サービス概要・料金（税込）等
専用線接続	TOCN　TYPE-S （アクセス回線料込み）	イーサネット方式、共用型 ・10Mb/s　123,200 ～円／月 ・100Mb/s　161,700 ～円／月
	TOCN　TYPE-S セキュリティプラス （アクセス回線料込み）	イーサネット方式、共用型 ・10Mb/s　189,200 円／月 ・100Mb/s　227,700 円／月
	TOCN　TYPE-B （アクセス回線料込み）	イーサネット方式、共用型 ・1Gb/s　547,800 円／月
	TOCN　TYPE-B セキュリティプラス （アクセス回線料込み）	イーサネット方式、共用型 ・1Gb/s　625,130 円／月
	トークネット光	光電話 + インターネットプラン ・2 年更新コース／契約期間 2 年　5,830 円／月 ・標準コース／契約期間 1 年　6,710 円／月

会　社　名		北陸通信ネットワーク㈱
問い合わせ電話番号		076-269-5605
ホームページ		https://www.htnet.co.jp/
サービスタイプ	サービス名	サービス概要・料金（税込）等
専用線接続	HTCN サービス	1Mbps ～ 1Gbps　月額料金 141,900 円（税込）から

<table>
<tr><th colspan="2">会　社　名</th><td>中部テレコミュニケーション㈱</td></tr>
<tr><th colspan="2">問い合わせ電話番号</th><td>0120-816-538（個人向けサービス）
052-740-8001（法人向けサービス）</td></tr>
<tr><th colspan="2">ホームページ</th><td>https://www.commufa.jp/（個人向けサービス）
https://www.ctc.co.jp（法人向けサービス）</td></tr>
<tr><th>サービスタイプ</th><th>サービス名</th><th>サービス概要・料金（税込）等</th></tr>
<tr><td rowspan="7">FTTH</td><td>コミュファ</td><td>
<table>
<tr><th colspan="3" rowspan="2">メニュー名</th><th colspan="2">月額料金</th></tr>
<tr><th>スタート割適用あり</th><th>スタート割適用なし</th></tr>
<tr><td rowspan="7">プロバイダ一体型</td><td rowspan="3">戸建住宅</td><td>ホーム 10G</td><td>5,940 円</td><td>6,490 円</td></tr>
<tr><td>ホーム 1G</td><td>5,170 円</td><td>5,720 円</td></tr>
<tr><td>ホーム 30M</td><td>4,191 円</td><td>4,741 円</td></tr>
<tr><td rowspan="4">集合住宅</td><td>マンション F10G</td><td>5,940 円</td><td>6,490 円</td></tr>
<tr><td>マンション F1G</td><td>4,070 円</td><td>4,620 円</td></tr>
<tr><td>マンション L100M</td><td>4,070 円</td><td>4,620 円</td></tr>
<tr><td>マンション V100M</td><td>4,070 円</td><td>4,620 円</td></tr>
<tr><td rowspan="7">プロバイダ選択型※</td><td rowspan="3">戸建住宅</td><td>ホーム・セレクト 10G</td><td>4,840 円</td><td>5,390 円</td></tr>
<tr><td>ホーム・セレクト 1G</td><td>4,070 円</td><td>4,620 円</td></tr>
<tr><td>ホーム・セレクト 30M</td><td>3,091 円</td><td>3,641 円</td></tr>
<tr><td rowspan="4">集合住宅</td><td>マンション F・セレクト 10G</td><td>4,840 円</td><td>5,390 円</td></tr>
<tr><td>マンション F・セレクト 1G</td><td>2,970 円</td><td>3,520 円</td></tr>
<tr><td>マンション L・セレクト 100M</td><td>2,970 円</td><td>3,520 円</td></tr>
<tr><td>マンション V・セレクト 100M</td><td>2,970 円</td><td>3,520 円</td></tr>
</table>
※提携プロバイダのプロバイダ利用料が別途必要</td></tr>
<tr><td>ビジネスコミュファライト</td><td>最大帯域　1G　月額料金　5,478 円～
最大帯域　10G　月額料金　8,624 円～</td></tr>
<tr><td>ビジネスコミュファプロ</td><td>最大帯域　100M　月額料金　5,423 円～
最大帯域　1G　月額料金　5,740 円～</td></tr>
<tr><td>ビジネスコミュファプロアドバンス</td><td>最大帯域　100M　月額料金　5,863 円～
最大帯域　1G　月額料金　6,180 円～</td></tr>
<tr><td>ビジネスコミュファVPN</td><td>最大帯域　100M　月額料金　5,984 円～</td></tr>
<tr><td>ビジネスコミュファギガ</td><td>最大帯域　1G　月額料金　6,070 円～</td></tr>
<tr><td>ビジネスコミュファギガプラス</td><td>最大帯域　1G　月額料金　7,610 円～</td></tr>
<tr><td rowspan="7">専用線接続</td><td>NetLINK Business 1G</td><td>最大帯域　1G　月額料金　289,080 円～</td></tr>
<tr><td>NetLINK Business</td><td>最大帯域　100M　月額料金　130,900 円～</td></tr>
<tr><td>NetLINK Lite</td><td>最大帯域　100M　月額料金　88,000 円</td></tr>
<tr><td>NetLINK Premium</td><td>1 ～ 100M　月額料金　99,000 円～</td></tr>
<tr><td>NetLINK PremiumDC</td><td>1 ～ 100M　月額料金　99,000 円～</td></tr>
<tr><td>NetLINK DC10G</td><td>最大帯域　10G　月額料金　352,000 円～</td></tr>
<tr><td>NetDIVE</td><td>最大帯域　100M　月額料金　23,232 円～</td></tr>
</table>

会　社　名	㈱オプテージ
問い合わせ電話番号	0120-34-1010（個人向けサービス） 0120-944-345（法人向けサービス） 0120-988-486（携帯電話サービス）
ホームページ	https://eonet.jp/go/（個人向けサービス） https://optage.co.jp/business/service/network/（法人向けサービス） https://mineo.jp/（携帯電話サービス）

サービスタイプ	サービス名	サービス概要・料金（税込）等
FTTH	eo 光ネット【ホームタイプ】	下記参照

FTTH　eo 光ネット【ホームタイプ】

月額料金　※１

		即割※2	通常			長割※3	
			１年目	２年目	３年目以降	３～５年目	６年目以降、３年ごと
定額制	10 ギガコース	6,530 円	6,635 円	6,582 円	6,530 円	6,303 円	5,971 円
	５ギガコース	5,960 円	6,065 円	6,012 円	5,960 円	5,762 円	5,458 円
	１ギガコース	5,448 円	5,552 円	5,500 円	5,448 円	5,274 円	4,997 円
	100M コース ※４	5,133 円	5,238 円	5,186 円	5,133 円	4,976 円	4,714 円
	10 ギガコース Netflix パック	7,910 円	8,015 円	7,962 円	7,910 円	7,683 円	7,351 円
	５ギガコース Netflix パック	7,340 円	7,445 円	7,392 円	7,340 円	7,142 円	6,838 円
	１ギガコース Netflix パック	6,828 円	6,932 円	6,880 円	6,828 円	6,654 円	6,377 円
従量制	100M ライトコース ※４	2,530 円～5,388 円	2,634 円～5,492 円	2,581 円～5,439 円	2,530 円～5,388 円	－	－

※１　通信料、プロバイダ料、回線終端装置使用料含む
※２　最低利用期間：２年　　※３　最低利用期間：３年
※４　2019 年９月 30 日をもって新規受付終了

オフィス eo 光ネット

月額料金

契約プラン	サービス品目	基本料 ※１	回線終端装置使用料
２年更新プラン	動的（動的 IP アドレス１個）	5,940 円	550 円
	IP1（固定 IP アドレス１個）	8,250 円	
１年更新プラン	動的（動的 IP アドレス１個）	7,040 円	
	IP1（固定 IP アドレス１個）	10,450 円	

※１　通信料、プロバイダ料含む

インターネットオフィス

月額料金
〈100M コース〉

サービス品目	基本料 ※１	回線終端装置使用料
ECO（動的 IP アドレス１個）	17,930 円	550 円
IP1（固定 IP アドレス１個）	26,730 円	
IP8（固定 IP アドレス８個）	37,730 円	
IP16（固定 IP アドレス 16 個）	59,730 円	

※１　通信料、プロバイダ料含む
〈1G コース〉

サービス品目	基本料 ※１	回線終端装置使用料
ECO（動的 IP アドレス１個）	83,050 円	550 円
IP1（固定 IP アドレス１個）	107,250 円	
IP8（固定 IP アドレス８個）	129,250 円	
IP16（固定 IP アドレス 16 個）	151,250 円	
IP32（固定 IP アドレス 32 個）	188,650 円	
IP64（固定 IP アドレス 64 個）	208,450 円	

※１　通信料、プロバイダ料含む
〈10G コース〉

サービス品目	基本料 ※１	回線終端装置使用料
ECO（動的 IP アドレス１個）	142,450 円	1,650 円
IP1（固定 IP アドレス１個）	166,650 円	
IP8（固定 IP アドレス８個）	188,650 円	
IP16（固定 IP アドレス 16 個）	210,650 円	
IP32（固定 IP アドレス 32 個）	248,050 円	
IP64（固定 IP アドレス 64 個）	267,850 円	

※１　通信料、プロバイダ料含む

インターネットハイグレード

〈タイプＳ（ベストエフォート型）〉

	帯域（速度）	月額利用基本額	配線設備使用料	回線接続装置使用料
定額プラン	最大概ね 10Mbps（IP8 ～）	49,500 円～ 88,000 円	2,200 円	3,300 円
	最大概ね 100Mbps（IP8 ～）	92,400 円～ 212,300 円		
	最大概ね 1Gbps（IP8 ～）	242,000 円～ 410,300 円	－	66,000 円

専用線接続　インターネットハイグレード

月額料金
〈タイプＧ（帯域確保型）〉

	帯域（速度）	月額利用基本額	配線設備使用料	回線接続装置使用料
定額プラン	10Mbps（IP32）	324,500 円	2,200 円	3,300 円
	1.5Mbps ～ 100Mbps	ご相談		
従量プラン	100Mbps			
	1Gbps			11,000 円
	10Gbps		－	66,000 円

<table>
<tr><th>サービスタイプ</th><th>サービス名</th><th>サービス概要・料金（税込）等</th></tr>
<tr><td>携帯電話</td><td>mineo（マイネオ）</td><td>月額料金
〈マイピタ〉
<table>
<tr><th>基本データ容量</th><th>月額基本料金</th><th>パケットチャージ</th></tr>
<tr><td>1GB</td><td>880円</td><td rowspan="4">55円／100MB</td></tr>
<tr><td>5GB</td><td>1.265円</td></tr>
<tr><td>10GB</td><td>1,705円</td></tr>
<tr><td>20GB</td><td>1,925円</td></tr>
</table>
最大2カ月間利用可能な「お試し200MBコース」（データ容量200MB、330円／月）も提供
〈マイそく〉
<table>
<tr><th>コース</th><th>月額基本料金</th><th>24時間データ使い放題</th></tr>
<tr><td>スーパーライト（最大32kbps）</td><td>250円</td><td rowspan="4">198円／回</td></tr>
<tr><td>ライト（最大300kbps）</td><td>660円</td></tr>
<tr><td>スタンダード（最大1.5Mbps）</td><td>990円</td></tr>
<tr><td>プレミアム（最大3Mbps）</td><td>2,200円</td></tr>
</table>
</td></tr>
</table>

会　社　名		㈱エネコム
問い合わせ電話番号		0120-50-58-98（メガ・エッグお客さまセンター） 050-8201-1425（法人向けサービス）
ホームページ		https://www.megaegg.jp/ https://www.enecom.co.jp/business/enewings/category/internet.html
サービスタイプ	サービス名	サービス概要・料金（税込）等
FTTH	MEGA EGG 光ベーシック［ホーム］1Gbps※1	2年契約　〈月額料金〉5,720円
	MEGA EGG 光ベーシック［メゾン］1Gbps※1	2年契約　〈月額料金〉4,620円
	MEGA EGG 光ベーシック［マンション］1Gbps※1	2年契約　〈月額料金〉4,070円
	MEGA EGG 光ダブリュー［ホーム］1Gbps※2	2年契約　〈月額料金〉5,720円
	MEGA EGG 光ダブリュー［マンション］1Gbps※2	2年契約　〈月額料金〉4,620円
	MEGA EGG オフィス 100Mbps※3	スタンダード　〈月額料金〉16,940円 IP1 プラン　〈月額料金〉34,540円 IP8 プラン　〈月額料金〉45,540円 IP16 プラン　〈月額料金〉67,540円
	MEGA EGG ビジネス	アクティブ　〈月額料金〉 7,616円 IP1 プラン　〈月額料金〉11,000円 IP8 プラン　〈月額料金〉45,540円 IP16 プラン　〈月額料金〉67,540円
	※1　技術規格上の最大値であり、ベストエフォート型サービスのため、一定の通信速度を保証するものではありません。メガ・エッグ 光ベーシック［マンション］VDSL タイプの1ギガサービスは、上りと下りの帯域を合わせた最大値となります。インターネットご利用時の速度は、パソコン、通信機器の性能やご利用状況により、大幅に低下する場合があります。物件により1ギガサービスをご利用いただけない場合があります。 ※2　「メガ・エッグ 光ダブリュー」は、NTT フレッツ光回線を利用した光コラボレーションモデルのサービスです。技術規格上の最大値であり、ベストエフォート型サービスのため、一定の通信速度を保証するものではありません。インターネットご利用時の速度は、パソコン、通信機器の性能やご利用状況により、大幅に低下する場合があります。物件、設備環境により1ギガサービスをご利用いただけない場合があります。 ※3　ベストエフォート型サービスのため、一定の通信速度を保証するものではありません。通信環境により速度が変化します。	
専用線接続	CCCN プロスペック（固定型）	イーサネットアクセスの場合 1Mb/s ～ 1Gb/s〈月額定額利用料〉256,300円～ 41,360,000円（加算額料別）
	CCCN プロスペック（従量型）	イーサネットアクセスの場合 〈上限速度〉〈最低利用速度〉〈月額定額利用料〉〈月額従量加算料〉 100Mb/s　10Mb/s　935,000円　1Mb/s 毎　80,300円 100Mb/s　30Mb/s　2,530,000円　1Mb/s 毎　66,000円 200Mb/s　80Mb/s　6,380,000円　1Mb/s 毎　46,200円 ※ 200Mb/s ～ 1Gb/s の間は 100Mb/s ごとに設定有り 1GMb/s　100Mb/s　8,250,000円　1Mb/s 毎　46,200円 （加算額料別）
	CCCN プロスペック・ライト	イーサネットアクセスの場合 1Mb/s ～ 10Mb/s〈月額定額利用料〉101,200円～ 547,800円（加算額料別）

<table>
<tr><td colspan="2">会　社　名</td><td>㈱ STNet</td></tr>
<tr><td colspan="2">問い合わせ電話番号</td><td>087-887-2404（法人向けサービス）
0800-100-3950（個人向けサービス）
0800-777-2110（携帯電話サービス）</td></tr>
<tr><td colspan="2">ホームページ</td><td>https://www.stnet.co.jp/business/（法人向けサービス）
https://www.pikara.jp（個人向けサービス）
https://www.pikara.jp/mobile/（携帯電話サービス）</td></tr>
<tr><td>サービスタイプ</td><td>サービス名</td><td>サービス概要・料金（税込）等</td></tr>
<tr><td rowspan="2">FTTH</td><td>ピカラ光ねっと</td><td>・ピカラ光ねっとホームタイプ（1G）：4,620円／月（注1）～5,720円／月
・ピカラ光ねっとホームタイプ（10G）：6,270円／月（注1）～7,370円／月
・ピカラ光ねっとマンションタイプ（1G）：3,520円／月（注2）～4,400円／月
・ピカラ光ねっとマンションタイプ（10G）：5,170円／月（注2）～6,050円／月
（注1）「ステップ2コース」（※7年目以降）または「でんきといっしょ割コース」にご加入いただいた場合
（注2）「でんきといっしょ割コース」にご加入いただいた場合</td></tr>
<tr><td>お仕事ピカラ光ねっと</td><td>・最大1Gb/s：8,140円／月（注3）～9,350円／月
（注3）ステップコースにご加入いただいた場合（※6年目以降）</td></tr>
<tr><td rowspan="7">専用線接続</td><td>STIAプレミアム</td><td>・最大1Gb/s：126,500円／月～338,800円／月</td></tr>
<tr><td>STIAスタンダード</td><td>・最大1Gb/s：39,050円／月～121,000円／月</td></tr>
<tr><td>STIA DCプレミアム</td><td>・最大1Gb/s：38,500円／月～253,000円／月</td></tr>
<tr><td>STIA DC
スーパープレミアム</td><td>・100Mb/s～1Gb/s：1,782,000円／月～17,820,000円／月</td></tr>
<tr><td>STCNイーサネット</td><td>・2M～100M：438,900円／月～9,568,900円／月（M/C含む）</td></tr>
<tr><td>STCNイーサライト</td><td>・2M～100M：180,400円／月～1,360,700円／月（M/C含む）</td></tr>
<tr><td>STCNイーサハウジング</td><td>・2M～100M：308,000円／月～9,438,000円／月（ハウジング料金別）</td></tr>
<tr><td>携帯電話</td><td>ピカラモバイル</td><td>月額基本料金
<table>
<tr><td>データ容量</td><td>データ通信タイプ</td><td>データ通信
（SMS機能付き）</td><td>音声&データ通信タイプ</td><td>パケットチャージ</td></tr>
<tr><td>3GB</td><td>990円</td><td>1,155円</td><td>1,430円</td><td rowspan="5">55円/100MB</td></tr>
<tr><td>6GB</td><td>1,430円</td><td>1,595円</td><td>1,760円</td></tr>
<tr><td>10GB</td><td>1,760円</td><td>1,925円</td><td>2,090円</td></tr>
<tr><td>20GB</td><td>2,200円</td><td>2,365円</td><td>2,530円</td></tr>
<tr><td>30GB</td><td>2,640円</td><td>2,805円</td><td>2,970円</td></tr>
</table>
※「でんきといっしょ割」適用の場合は、上記金額から月々110円引き
※「ピカラといっしょ割」適用の場合は、上記金額から月々330円引き</td></tr>
</table>

<table>
<tr><th colspan="2">会　社　名</th><td>㈱ QTnet</td></tr>
<tr><th colspan="2">問い合わせ電話番号</th><td>0120-86-3727（BBIQ）
092-981-7577（QT PRO）
0120-286-080（QTmobile）</td></tr>
<tr><th colspan="2">ホームページ</th><td>https://www.bbiq.jp/
https://www.qtpro.jp/
https://www.qtmobile.jp/</td></tr>
<tr><th>サービスタイプ</th><th>サービス名</th><th>サービス概要・料金（税込）等</th></tr>
<tr><td rowspan="2">FTTH</td><td>BBIQ</td><td>（100 メガコース）
・ホームタイプ：月額 6,050 円
・マンションタイプ：月額 4,180 円～ 6,050 円
・プラスタイプ：月額 6,050 円
・オフィスタイプ：月額 11,000 円
（100 メガコース STEP プラン）
・ホームタイプ、マンションタイプ：月額 4,180 円～ 7,150 円
（1 ギガコース）
・ホームタイプ：月額 6,380 円
・マンションタイプ：月額 4,510 円～ 6,380 円
・プラスタイプ：月額 6,380 円
・オフィスタイプ：月額 11,330 円
（6 ギガコース）
・ホームタイプ：月額 7,150 円
・マンションタイプ：月額 5,280 円～ 7,150 円
・プラスタイプ：月額 7,150 円
・オフィスタイプ：月額 12,100 円
（10 ギガコース）
・ホームタイプ：月額 7,370 円
・マンションタイプ：月額 5,500 円～ 7,370 円
・プラスタイプ：月額 7,370 円
・オフィスタイプ：月額 12,320 円</td></tr>
<tr><td>BBIQ ライト</td><td>（NTT 西日本のフレッツ 光ネクスト スーパーハイスピードタイプ 隼に相当する場合上り下り 1Gbps、ハイスピードタイプに相当する場合上り 200Mbps 下り 1Gbps、その他のタイプに相当する場合上り下りともに 100Mbps が最大回線速度）
・ホームタイプ　　：月額 5,720 円
・マンションタイプ：月額 4,400 円</td></tr>
<tr><td>専用線接続</td><td>QT PRO インターネットアクセス</td><td>お客さまのご要望に合わせて金額が異なります。</td></tr>
<tr><td rowspan="3">携帯電話</td><td>QTmobile
ドコモ回線（D タイプ）</td><td><table>
<tr><th></th><th></th><th>データ</th><th>データ＋通話</th></tr>
<tr><td rowspan="7">月額料金</td><td>2GB</td><td>770 円</td><td>1,100 円</td></tr>
<tr><td>4GB</td><td>990 円</td><td>1,540 円</td></tr>
<tr><td>6GB</td><td>1,430 円</td><td>1,760 円</td></tr>
<tr><td>10GB</td><td>1,650 円</td><td>1,980 円</td></tr>
<tr><td>20GB</td><td>1,870 円</td><td>2,200 円</td></tr>
<tr><td>30GB</td><td>2,970 円</td><td>3,300 円</td></tr>
<tr><td>SMS</td><td>154 円</td><td>無料</td></tr>
</table></td></tr>
<tr><td>QTmobile
au 回線（A タイプ）</td><td><table>
<tr><th></th><th></th><th>データ</th><th>データ＋通話</th></tr>
<tr><td rowspan="7">月額料金</td><td>2GB</td><td>770 円</td><td>1,100 円</td></tr>
<tr><td>4GB</td><td>990 円</td><td>1,540 円</td></tr>
<tr><td>6GB</td><td>1,430 円</td><td>1,760 円</td></tr>
<tr><td>10GB</td><td>1,650 円</td><td>1,980 円</td></tr>
<tr><td>20GB</td><td>1,870 円</td><td>2,200 円</td></tr>
<tr><td>30GB</td><td>2,970 円</td><td>3,300 円</td></tr>
<tr><td>SMS</td><td>無料</td><td>無料</td></tr>
</table></td></tr>
<tr><td>QTmobile
ソフトバンク回線
（S タイプ）</td><td><table>
<tr><th></th><th></th><th>データ</th><th>データ＋通話</th></tr>
<tr><td rowspan="7">月額料金</td><td>2GB</td><td>770 円</td><td>1,100 円</td></tr>
<tr><td>4GB</td><td>990 円</td><td>1,540 円</td></tr>
<tr><td>6GB</td><td>1,430 円</td><td>1,760 円</td></tr>
<tr><td>10GB</td><td>1,650 円</td><td>1,980 円</td></tr>
<tr><td>20GB</td><td>1,870 円</td><td>2,200 円</td></tr>
<tr><td>30GB</td><td>2,970 円</td><td>3,300 円</td></tr>
<tr><td>SMS</td><td>180 円</td><td>無料</td></tr>
</table></td></tr>
</table>

会　社　名		OTNet ㈱
問い合わせ電話番号		0120-944-577　（ii-okinawa カスタマサポート） 0120-921-114　（ひかりゆいまーるお客さまセンター） 098-866-7715　（法人向けインターネットお問い合わせ窓口）
ホームページ		https://www.ii-okinawa.ad.jp/　（ii-okinawa） https://www.otnet.co.jp/hikari/　（ひかりゆいまーる） https://www.otnet.co.jp/#internet　（法人向けインターネット）
サービスタイプ	サービス名	サービス概要・料金（税込）等
FTTH	ii-okinawa フレッツ光ネクスト 対応接続サービス	NTT 西日本のフレッツ光ネクストに対応した接続サービス。 月額利用料：ファミリーコース 1,760 円、マンションコース 1,540 円
	ひかりゆいまーる	NTT 西日本の光コラボレーションモデルを利用したサービス。 （エリア：NTT 西日本の沖縄県提供エリアに準じる） 月額利用料：ホームタイプ 5,720 円、マンションタイプ 4,180 円
	OT インターネット・ ライトアクセス	・固定 IP1 コース：8,500 円 ・固定 IP4 コース：9,500 円 ・固定 IP8 コース：20,000 円
専用線接続	OT インターネット・ イーサ	・OT インターネット・イーサ 300 最大速度 300Mbps、最低帯域確保 30Mbps、固定 IP8 個 月額利用料：250,000 円 ・OT インターネット・イーサ 100 最大速度 100Mbps、最低帯域確保 10Mbps、固定 IP8 個 月額利用料：123,000 円

会　社　名		近鉄ケーブルネットワーク㈱
問い合わせ電話番号		0120-333-990
ホームページ		https://www.kcn.jp/
サービスタイプ	サービス名	サービス概要・料金（税込）等
FTTH	KCN 光 10 ギガ	10Gbps　1～3年目：6,600円／月 10Gbps　4年目以降：5,500円／月
	KCN 光 5 ギガ	5Gbps　1～3年目：5,500円／月 5Gbps　4年目以降：4,950円／月
	KCN 光 1 ギガ	1Gbps　1～3年目：5,280円／月 1Gbps　4年目以降：4,950円／月
	KCN 光 100 メガ	100Mbps　1～3年目：3,850円／月 100Mbps　4年目以降：3,520円／月
	KCN 光 ハートフルプラン	1Gbps：3,300円／月
	KCN マンション光 1G	1Gbps：5,280円／月
ケーブル インターネット	KCN マンション 320	320Mbps：4,180円／月
	KCN マンション 160	160Mbps：3,080円／月
	KCN マンション ハートフルプラン	320Mbps：2,860円／月
携帯電話	KCN モバイル サービス　タイプa	データ通信＋音声通話＋通話定額（5分まで） 3,278円／月（20GB） 2,860円／月（7GB） 1.980円／月（3GB） 1,760円／月（0GB） データ通信＋音声通話 2,640円／月（20GB） 2,090円／月（7GB） 1,210円／月（3GB） 990円／月（0GB） データ通信のみ 2,508円／月（20GB） 1,958円／月（7GB） 1,078円／月（3GB） 858円／月（0GB）
	KCN モバイル サービス　タイプd	データ通信＋音声通話 2,640円／月（20GB） 2,090円／月（8GB） 1,210円／月（3GB） 990円／月（0GB） データ通信のみ 2,508円／月（20GB） 1,958円／月（8GB） 1,078円／月（3GB） 858円／月（0GB）
BWA	KCN　Air	下り最大 110Mbps／上り最大 10Mbps：3,190円／月
	KCN　WiMAX+5G	下り最大 2.7Gbps／上り最大 183Mbps：4,950円／月

会　社　名		イッツ・コミュニケーションズ㈱
問い合わせ電話番号		0120-109199
ホームページ		http://www.itscom.net/hikari/service/net/ http://www.itscom.net/service/internet/ http://www.itscom.net/service/mobile/datasim/
サービスタイプ	サービス名	サービス概要・料金（税込）等
FTTH	イッツコムひかり ホームタイプ	・2 ギガコース　月額料金　8,250 円 ・1 ギガコース　月額料金　7,700 円 ・300 メガコース　月額料金　7,150 円 ・30 メガコース　月額料金　5,060 円
	イッツコムひかり ホームタイプ 2 年コース	・2 ギガコース　月額料金　6,820 円 ・1 ギガコース　月額料金　6,270 円 ・300 メガコース　月額料金　5,720 円
	イッツコムひかり マンションタイプ	・600 メガコース　月額料金　7,150 円 ・300 メガコース　月額料金　6,600 円 ・30 メガコース　月額料金　5,060 円
	イッツコムひかり マンションタイプ 2 年コース	・600 メガコース　月額料金　4,730 円 ・300 メガコース　月額料金　4,180 円 ・30 メガコース　月額料金　3,520 円
	かっとび光	・ファミリー 1G タイプ　月額料金　5,720 円 ・ファミリー 200M タイプ　月額料金　5,720 円 ・ファミリー 100M タイプ　月額料金　5,720 円 ・マンション 1G タイプ　月額料金　4,180 円 ・マンション 200M タイプ　月額料金　4,180 円 ・マンション 100M タイプ　月額料金　4,180 円
	かっとび FTTH フレッツ	・月額料金　1,386 円（フレッツ光ネクスト／ B フレッツ利用料別途）
専用線接続	専用線型 IP 接続 サービス（法人向け）	専有型　＊固定型　（NTT 東日本接続料別途） ・100Base-TX　1.5Mbps ～　月額料金　110,000 円～ ・10Base-T　64kbps ～　月額料金　11,000 円～ 専有型　＊変動型　（NTT 東日本接続料別途） ・100Base-TX　1.5Mbps ～　月額料金　176,000 円～
ケーブル インターネット	かっとびメガ 160	・160Mbps　月額料金　6,600 円（モデムレンタル料を含む）
	かっとびワイド	・30Mbps　月額料金　5,060 円（モデムレンタル料を含む）
	かっとびプラス	・8Mbps　月額料金　3,520 円（モデムレンタル料を含む）
	かっとびジャスト	・1Mbps　月額料金　1,870 円（モデムレンタル料を含む）
携帯電話	イッツコムスマホ	音声プラン ・月額通信データ容量 20GB　月額料金　2,860 円 ・月額通信データ容量 10GB　月額料金　2,310 円 ・月額通信データ容量　6GB　月額料金　1,760 円 ・月額通信データ容量　3GB　月額料金　1,298 円 ・月額通信データ容量　0GB　月額料金　550 円 データ専用プラン ・月額通信データ容量 20GB　月額料金　2,640 円 ・月額通信データ容量 10GB　月額料金　2,090 円 ・月額通信データ容量　8GB　月額料金　1,540 円 ・月額通信データ容量　3GB　月額料金　1,078 円

会　社　名		㈱ケーブルテレビ品川
問い合わせ電話番号		0120-559-470
ホームページ		http://www.cts.ne.jp/net/ https://www.cts.ne.jp/special/hikari/
サービスタイプ	サービス名	サービス概要・料金（税込）等
FTTH	ホームタイプ 10 ギガコース	・10GMbps　月額料金　8,800 円
	ホームタイプ 2 ギガコース	・2GMbps　月額料金　8,250 円
	ホームタイプ 1 ギガコース	・1GMbps　月額料金　7,700 円
	ホームタイプ 300M コース	・300Mbps　月額料金　7,150 円
	ホームタイプ 30M コース	・30Mbps　月額料金　5,060 円
	マンションタイプ 1 ギガコース	・1GMbps　月核料金　7,150 円
	マンションタイプ 300M コース	・300Mbps　月額料金　6,600 円
	マンションタイプ 30M コース	・30Mbps　月額料金　5,060 円
ケーブル インターネット	かっとびメガ 300	·300Mbps　月額料金　6,600 円
	かっとびワイド	·30Mbps　月額料金　5,060 円
	かっとびプラス	·8Mbps　月額料金　3,520 円
	かっとびジャスト	·1Mbps　月額料金　1,870 円
携帯電話	データ専用	・月額通信データ容量　8GB　月額料金　3,168 円 ・月額通信データ容量　6GB　月額料金　2,398 円 ・月額通信データ容量　3GB　月額料金　1,298 円

会　社　名		㈱ニューメディア
問い合わせ電話番号		0238-24-2525
ホームページ		https://www.ncv.co.jp/service/service-internet/
サービスタイプ	サービス名	サービス概要・料金（税込）等
FTTH	NCV ヒカリ	ヒカリ 1G　月額 4,950 円
	NCV ヒカリ （メッシュ Wi-Fi つき）	ヒカリ 1G　月額 5,280 円

会 社 名		㈱シー・ティー・ワイ
問い合わせ電話番号		0120-30-6500
ホームページ		https://www.cty-net.ne.jp
サービスタイプ	サービス名	サービス概要・料金（税込）等
FTTH	CTY 光サービス	ギガレギュラー：9,680 円／月 ギガライト：8,580 円／月 ギガ BS：6,380 円／月 ギガベーシック：5,280 円／月 ギガレギュラー 10G：11,330 円／月 ギガライト 10G：10,230 円／月 ギガ BS10G：8,030 円／月 ギガベーシック 10G：6,930 円／月
	あんしん自転車プラン付 CTY 光サービス	ギガレギュラー：10,175 円／月 ギガライト：9,075 円／月 ギガ BS：6,875 円／月 ギガベーシック：5,775 円／月 ギガレギュラー 10G：11,825 円／月 ギガライト 10G：10,725 円／月 ギガ BS10G：8,525 円／月 ギガベーシック 10G：7,425 円／月
	CTY 光インターネットサービス	CTY 光 10G：7,480 円／月 CTY 光 1G：5,830 円／月 CTY 光マンションプラン 1G：3,080 円／月 CTY 光ビジネス 10G：33,000 円／月 CTY 光ビジネス 1G：22,000 円／月
	あんしん自転車プラン付 CTY 光インターネットサービス	CTY 光 10G：7,975 円／月 CTY 光 1G：6,325 円／月 CTY 光マンションプラン 1G：3,575 円／月
	CTY 光コラボモデル	戸建てタイプ：4,950 円／月 集合タイプ：3,850 円／月 ライトタイプ：2,860 円／月
	KDDI ケーブルプラス電話	1,463 円／月
	ソフトバンクケーブルライン	1,419 円／月
	CTY 光ひかり電話	ひかり電話：550 円／月 ひかり電話プラス：1,650 円／月 ひかり電話オフィス：1,430 円／月 ひかり電話オフィスプラス：1,210 円／月
無線 LAN	おうち Wi-Fi	440 円／月
	おうち Wi-Fi メッシュ A	1,320 円／月（子機 1 台追加：880 円／月）
	おうち Wi-Fi メッシュ B	880 円／月（子機 1 台追加：550 円／月）
	おうち Wi-Fi プレミアム	330 円／月
	CTY Wi-Fi	FTTH・ケーブルインターネット利用者無料オプション
携帯電話	CTY スマホ D プランデータ通信専用プラン	スタートコース：990 円／月、ライトコース：1,320 円／月、20GB コース：2,068 円／月、プロコース：1,870 円／月
	CTY スマホ D プラン音声通話機能付きプラン	おてがるスマホ：1,320 円／月、スタートコース：1,650 円／月、ライトコース：1,980 円／月、プロコース：2,530 ～ 3,850 円／月、20GB：2,728 円／月
	CTY スマホ A プランデータ通信専用プラン	スタートコース：990 円／月、ライトコース：1,320 円／月
	CTY スマホ A プラン音声通話機能付きプラン	おてがるスマホ：1,320 円／月、スタートコース：1,650 円／月、ライトコース：1,980 円／月
BWA	CTY ワイヤレス	ホームタイプ：2,728 円／月、モバイルタイプ：2,178 円／月

<table>
<tr><th colspan="2">会　社　名</th><td>東京ケーブルネットワーク㈱</td></tr>
<tr><th colspan="2">問い合わせ電話番号</th><td>0800-123-2600</td></tr>
<tr><th colspan="2">ホームページ</th><td>http://www.tcn-catv.co.jp/</td></tr>
<tr><th>サービスタイプ</th><th>サービス名</th><th>サービス概要・料金（税込）等</th></tr>
<tr><td rowspan="2">FTTH</td><td>光ネット 1G コース</td><td>6,600 円／月</td></tr>
<tr><td>光ネット 300M コース</td><td>5,170 円／月</td></tr>
<tr><td rowspan="3">ケーブル
インターネット</td><td>TCN ネット 120M プラス</td><td>6,160 円／月</td></tr>
<tr><td>TCN ネット 120M
シンプル</td><td>5,170 円／月</td></tr>
<tr><td>TCN ネット 3M ミニ</td><td>2,970 円／月</td></tr>
<tr><td>BWA</td><td>TCN ワイヤレス</td><td>3,278 円／月</td></tr>
</table>

会 社 名		㈱ジェイコム東京
問い合わせ電話番号		0120-999-000
ホームページ		https://www.jcom.co.jp/service/net/
サービスタイプ	サービス名	サービス概要・料金（税込）等
FTTH	J:COM NET 光 1G コース on au ひかり	下り：1Gbps、上り：1Gbps　7,348 円（税込）／月
	J:COM NET 光 5G コース on au ひかり	下り：5Gbps、上り：5Gbps　7,898 円（税込）／月
	J:COM NET 光 10G コース on au ひかり	下り：10Gbps、上り：10Gbps　8,756 円（税込）／月
ケーブル インターネット	J:COM NET 12M コース	下り：12Mbps、上り：2Mbps　3,476 円（税込）／月
	J:COM NET 40M コース	下り：40Mbps、上り：2Mbps　4,576 円（税込）／月
	J:COM NET 120M コース	下り：120Mbps、上り：10Mbps　6,248 円（税込）／月
	J:COM NET 320M コース	下り：320Mbps、上り：10Mbps　6,798 円（税込）／月
	J:COM NET 1G コース	下り：1Gbps、上り：100Mbps　7,348 円（税込）／月
無線 LAN	J:COM メッシュ Wi-Fi	1,100 円（税込 / 月（2 台セット）） 880 円（J:COM NET を含む定期契約加入者　税込／月（2 台セット）） 網目状に張り巡らされた Wi-Fi ネットワークを構築する宅内 Wi-Fi サービス
	J:COM Wi-Fi	J:COM NET の無線 LAN オプションサービス 月額料金は、550 円（税込）／月
携帯電話	J:COM MOBILE A プラン ST	■データ＋音声プラン（月額）： 1GB：1,078 円（税込）、5GB：1,628 円（税込）、 10GB：2,178 円（税込）、20GB：2,728 円（税込） ■通信料追加： 500MB パック：220 円（税込）、1,000MB パック：330 円（税込）
	J:COM MOBILE A プラン SU	■データ＋音声プラン（月額）： 1GB：1,078 円（税込）、5GB：1,628 円（税込）、 10GB：2,178 円（税込）、20GB：2,728 円（税込） ■通信料追加： 500MB パック：220 円（税込）、1,000MB パック：330 円（税込）
	J:COM MOBILE D プラン	■データ＋音声プラン（月額）： 3GB：1,760 円（税込）、5GB：2,310 円（税込）、 7GB：2,860 円（税込）、10GB：3,410 円（税込） ■データのみプラン（月額）： 3GB：990 円（税込）、5GB：1,540 円（税込）、 7GB：2,090 円（税込）、10GB：2,640 円（税込） ■通信料追加：100MB：220 円（税込）
BWA	J:COM WiMAX2 ＋ ツープラス ギガ放題（2 年契約）	下り：最大 440Mbps、上り：最大 30Mbps のベストエフォートサービス 月間データ量制限なし：加入者向け　4,524 円（税込）／月 未加入者向け　4,816 円（税込）／月
	J:COM WiMAX2 ＋ ツープラスプラン （2 年契約）	下り：最大 440Mbps、上り：最大 30Mbps のベストエフォートサービス 月間データ量 7GB：　加入者向け　3,771 円（税込）／月 未加入者向け　4,064 円（税込）／月

会　社　名		ミクスネットワーク㈱
問い合わせ電話番号		0120-345739
ホームページ		https://www.catvmics.ne.jp/
サービスタイプ	サービス名	サービス概要・料金（税込）等
FTTH	ミクス光	ひかり 10G…　8,250 円 ひかり 1G…　5,610 円 ひかり 50M…　5,060 円 ひかり Wi-Fi+400…　4,950 円 ひかり Wi-Fi+40…　4,400 円
専用線接続	M 型サービス	10M…　110,000 円 100M…　1,100,000 円
ケーブル インターネット	ケーブルインターネット	スーパータイプ…　4,180 円 シンプルタイプ…　3,740 円
BWA	ミクス Air	3,190 円

会　社　名		㈱アドバンスコープ
問い合わせ電話番号		0120-82-3434
ホームページ		https://www.catv-ads.jp/?page_id=54
サービスタイプ	サービス名	サービス概要・料金（税込）等
FTTH	ads. ひかり 50M	4,378 円（税込）／月　上り、下り　最大 50Mbps
	ads. ひかり 200M	5,060 円（税込）／月　上り、下り　最大 200Mbps
	ads. ひかり 1G	5,830 円（税込）／月　上り、下り　最大 1Gbps
	ads. ひかり 300M(法人)	5,500 円（税込）／月　上り、下り　最大 300Mbps
携帯電話	1GB コース	990 円（税込）／月
	3GB コース	1,430 円（税込）／月
	5GB コース	1,650 円（税込）／月
	10GB コース	2,200 円（税込）／月
	20GB コース	2,640 円（税込）／月

会　社　名		㈱TOKAI コミュニケーションズ
問い合わせ電話番号		@T COM（個人向けインターネット接続サービス）：0120-805633 TNC（個人向けインターネット接続サービス）：0120-696927 LIBMO（MVNO サービス）：0120-27-1146 BroadLine（法人向けインターネット接続サービス）：03-5404-7315
ホームページ		@T COM（個人向けインターネット接続サービス）：https://www.t-com.ne.jp/ TNC（個人向けインターネット接続サービス）：https://www.tnc.ne.jp/ LIBMO（MVNO サービス）：https://www.libmo.jp/ BroadLine（法人向けインターネット接続サービス）：https://www.broadline.ne.jp/
サービスタイプ	サービス名	サービス概要・料金（税込）等
ダイヤルアップ接続	TNC ダイヤルアップ接続サービス	電話回線や携帯電話などを利用した個人向けインターネット接続サービス
DSL	@T COM フレッツ・ADSL コース	NTT 東日本 / 西日本のフレッツ・ADSL に対応した個人向けインターネット接続サービス
	TNC フレッツ・ADSL 対応サービス	NTT 西日本のフレッツ・ADSL に対応した個人向けインターネット接続サービス
	DSL 通信網サービス	ADSL 事業者として提供プロバイダへ ADSL 回線を提供（ホールセール）
FTTH	@T COM @T COM（アットティーコム）ヒカリ	NTT 東日本 / 西日本の光コラボレーションモデルを利用した個人向けインターネット接続サービス
	@T COM フレッツ光コース	NTT 東日本 / 西日本のフレッツ光回線に対応した個人向けインターネット接続サービス
	@T COM au ひかりコース	KDDI の光ファイバー（au ひかり）回線を利用した個人向けインターネット接続サービス
	@T COM ドコモ光コース	NTT ドコモが提供するドコモ光回線に対応した個人向けインターネット接続サービス
	@T COM LCV ひかり	TOKAI グループの LCV が提供する LCV ひかり回線に対応した個人向けインターネット接続サービス
	TNC TNC ヒカリ	NTT 西日本の光コラボレーションモデルを利用した個人向けインターネット接続サービス
	TNC フレッツ光対応サービス	NTT 西日本のフレッツ光回線に対応した個人向けインターネット接続サービス
	TNC TNC ケーブルひかり	TOKAI グループの TOKAI ケーブルネットワークが提供する光ファイバー回線を利用した個人向けインターネット接続サービス
	TNC TNC ひかり de ネット対応サービス	TOKAI グループのトコちゃんねる静岡の光ファイバー回線に対応した個人向けインターネット接続サービス
	TNC コミュファ光対応サービス	中部テレコミュニケーションの光ファイバー回線に対応した個人向けインターネット接続サービス
	TNC ドコモ光コース	NTT ドコモが提供するドコモ光回線に対応した個人向けインターネット接続サービス
	TNC ひかり de ネット N	TOKAI グループの TOKAI ケーブルネットワークが提供するひかり de ネット N 回線に対応した個人向けインターネット接続サービス
専用線接続	BroadLine Ethernet インターネット	アクセス回線には光ファイバを利用し、インターネットバックボーンまでの通信速度を確保する法人向けインターネットサービス
	BroadLine データセンター接続インターネット	当社データセンター内のお客様ハウジングラックからインターネットに接続する法人向けインターネット接続サービス

サービスタイプ	サービス名	サービス概要・料金（税込）等
専用線接続	BroadLine トランジット	インターネットサービス事業者向けの高速・高品質なインターネット接続サービス
携帯電話	@T COM NTT ドコモ データ通信対応コース	NTT ドコモの「FOMA 定額データプラン」「Xi（クロッシィ）データ通信専用プラン」に対応した個人向けインターネット接続サービス
	TNC モバイルプラン	NTT ドコモの「FOMA 定額データプラン」「Xi（クロッシィ）データ通信専用プラン」に対応した個人向けインターネット接続サービス
	LIBMO	NTT ドコモの回線を利用した MVNO サービス
	@T COM WiMAX+5G ホームルーター	UQ コミュニケーションズが提供する「WiMAX+5G」に対応した個人向け MVNO サービス
BWA	@T COM WiMAX+5G ホームルーター	UQ コミュニケーションズが提供する「WiMAX+5G」に対応した個人向け MVNO サービス

会　社　名		㈱秋田ケーブルテレビ
問い合わせ電話番号		0120-344-037
ホームページ		https://www.cna.ne.jp/
サービスタイプ	サービス名	サービス概要・料金（税込）等
FTTH	CNA ひかり　1G	下り／上り　1Gbps、料金：4,500 円
	CNA ひかり　100M	下り／上り　100Mbps、料金：3,800 円
	CNA ひかり　20M	下り／上り　20Mbps、料金：3,400 円
	CNA ひかり　1M	下り／上り　1Mbps、料金：2,800 円
専用線接続	光専用線サービス	光伝送路、端末装置等を組み合わせて各種信号を光伝送できる環境を提供するサービス。　料金：32,000 円～
ケーブル インターネット	ハイパープレミア 300M	下り　300Mbps ／上り　10Mbps、料金：4,500 円
	パーソナル　25M	下り　25Mbps ／上り　2Mbps、料金：3,800 円
	パーソナル　10M	下り　10Mbps ／上り　2Mbps、料金：3,400 円
	パーソナル　1M	下り　1Mbps ／上り　128kbps、料金：2,800 円
無線 LAN	地域 Wi-Fi	秋田駅周辺等で加入者は無料で 60 分間利用可能。加入者以外はアンケートに答え、無料で 60 分間利用可能。
携帯電話	CNA モバイル A プラン	UQMVNO　A プラン（データ +SMS）　1GB：550 円～ UQMVNO　A プラントーク（データ + 音声従量通話）　1GB：1,100 円～ UQMVNO　A プラントーク V（データ +5 分通話無料定額）　1GB：1,540 円～
	CNA モバイル I プラン	IIJ MVNO（データ）　2GB：990 円～ IIJ MVNO（データ +SMS）　2GB：1,144 円～ IIJ MVNO（データ +SMS+ 音声通話）　2GB：1,430 円～
	CNA モバイル waamo プラン	IIJ MVNO（データ +SMS+ 音声通話）　1GB：1,100 円～
BWA	CNA LTE Air	下り　110Mbps ／上り　10Mbps、料金：2,980 円

会　社　名		松阪ケーブルテレビ・ステーション㈱
問い合わせ電話番号		0598-50-2200
ホームページ		https//www.mctv.jp/
サービスタイプ	サービス名	サービス概要・料金（税込）等
FTTH	MCTV 光インターネット	最高通信速度（上下最大）　月額利用料 光 10G　10Gbps　5,940 円 光 1G　1Gbps　4,730 円 光 300M　300Mbps　3,960 円
携帯電話	【データ通信専用 SIM】 D プラン	2GB コース　990 円 4GB コース　1,430 円 10GB コース　1,980 円 20GB コース　2,310 円
	【音声通話機能付き SIM】 D プラン／ A プラン	2GB コース　1,210 円 4GB コース　1,650 円 10GB コース　2,200 円 20GB コース　2,530 円
	【SMS 機能付き SIM】 D プラン／ A プラン	2GB コース　1,155 円 4GB コース　1,595 円 10GB コース　2,145 円 20GB コース　2,475 円
BWA	MCTV Air	3,960 円

会　社　名		伊賀上野ケーブルテレビ㈱
問い合わせ電話番号		0595-24-2560
ホームページ		https://www.ict.jp/
サービスタイプ	サービス名	サービス概要・料金（税込）等
FTTH	ICT 光 100M	月額 3,600 円＋税、ベストエフォート 最大速度上り 100Mbps/ 下り 100Mbps
	ICT 光 1G	月額 4,500 円＋税、ベストエフォート　最大速度上り 1Gbps/ 下り 1Gbps
	ICT 光 10G	月額 6,300 円＋税、ベストエフォート 最大通信速度上り 10Gbps/ 下り 10Gbps
	ICT 光ビジネス 100M	月額 9,000 円＋税、ベストエフォート（優先制御あり）、 固定 IPv4 アドレス 1 個貸与、最大速度上り 100Mbps/ 下り 100Mbps
	ICT 光ビジネス 1G	月額 11,000 円＋税、ベストエフォート（優先制御あり）、 固定 IPv4 アドレス 1 個貸与、最大速度上り 1Gbps/ 下り 1Gbps
	ICT 光ビジネス 10G	月額 15,000 円＋税、ベストエフォート（優先制御あり）、 固定 IP アドレス 1 個貸与、最大速度上り 10Gbps/ 下り 10Gbps
	ICT 光マンション	月額 3,500 円＋税、ベストエフォート 最大通信速度上り 100Mbps/ 下り 100Mbps
BWA	ICT Air	月額 2,500 円＋税、ベストエフォート　最大通信速度下り 110Mbps

会　社　名		㈱中海テレビ放送
問い合わせ電話番号		0859-29-2211
ホームページ		https://www.chukai.co.jp/
サービスタイプ	サービス名	サービス概要・料金（税込）等
FTTH	ひかり Chukai インターネット	ひかりギガ MAX コース：　月額 6,820 円 ひかり 200M コース：　月額 6,160 円 ひかり 21M コース：　月額 4,180 円
ケーブルインターネット	Chukai インターネット	プレミアムコース：　月額 6,490 円 ハイグレードコース：　月額 6,050 円 スタンダードコース：　月額 5,395 円 ジャストコース：　月額 4,222 円 エコノミーコース：　月額 3,489 円

会　社　名		入間ケーブルテレビ㈱
問い合わせ電話番号		04-2965-0550
ホームページ		http://ictv.jp
サービスタイプ	サービス名	サービス概要・料金（税込）等
FTTH	インターネット接続サービス　50M	上り 50Mbps ／下り 50Mbps　月額 4,070 円
	インターネット接続サービス　300M	上り 300Mbps ／下り 300Mbps　月額 5,280 円
	インターネット接続サービス　1000M	上り 1000Mbps ／下り 1000Mbps　月額 6,380 円
ケーブルインターネット	インターネット接続サービス　2M	上り 2Mbps ／下り 2Mbps　月額 3,278 円
	インターネット接続サービス　25M	上り 2Mbps ／下り 25Mbps　月額 3,850 円
	インターネット接続サービス　80M	上り 2Mbps ／下り 80Mbps　月額 4,950 円
	インターネット接続サービス　160M	上り 2Mbps ／下り 160Mbps　月額 6,050 円
携帯電話	スマイルフォン タイプ D	1GB　月額 1,078 円　5GB　月額 1,716 円 10GB　月額 2,266 円　20GB　月額 2,706 円 上記金額に加算　SMS 機能付 SIM　＋ 165 円、音声機能付 SIM　＋ 242 円
	スマイルフォン タイプ A	1GB　月額 1,243 円　5GB　月額 1,881 円 10GB　月額 2,431 円　20GB　月額 2,871 円 ※すべて SMS 機能付 上記金額に加算　音声機能付 SIM　＋ 77 円
BWA	スマイル Air	上り 10Mbps ／下り 110Mbps 購入プラン　月額 2,200 円 レンタルプラン　月額 3,300 円

会　社　名		㈱NTT ドコモ
問い合わせ電話番号		
ホームページ		【ドコモ光】https://www.docomo.ne.jp/hikari/ 【ahamo 光】https://www.docomo.ne.jp/internet/ahamo_hikari/ 【d Wi-Fi】https://www.nttdocomo.co.jp/service/d_wifi / 【sp モード】https://www.nttdocomo.co.jp/service/spmode/index.html 【i モード】http://www.nttdocomo.co.jp/service/imode/index.html 【mopera U】http://www.mopera.net/ 【home 5G】https://www.docomo.ne.jp/home_5g/ 【OCN 光】https://service.ocn.ne.jp/hikari/ocnhikari/ 【ぷらら光】https://www.plala.or.jp/p-hikari/
サービスタイプ	サービス名	サービス概要・料金（税込）等
FTTH	ドコモ光 /ahamo 光	ドコモ光　戸建・タイプ A　5,720 円 ドコモ光　戸建・タイプ B　5,940 円 ドコモ光　戸建・タイプ C　5,720 円 ドコモ光　戸建・単独タイプ　5,500 円 ドコモ光　戸建・ミニ　2,970 円～ 6,270 円 ※ 1 ドコモ光　マンション・タイプ A　4,400 円 ドコモ光　マンション・タイプ B　4,620 円 ドコモ光　マンション・タイプ C　4,400 円 ドコモ光　マンション・単独タイプ　4,180 円 ドコモ光　戸建・10 ギガ タイプ A　6,930 円 ドコモ光　戸建・10 ギガ タイプ B　7,150 円 ドコモ光　戸建・10 ギガ 単独タイプ　6,490 円 ドコモ光　戸建・ahamo 光　4,950 円 ドコモ光　マンション・ahamo 光　3,630 円 ※ 1 2023 年 3 月 31 日新規お申込み受付を終了、2025 年 3 月 31 日をもってサービスの提供を終了。 ※単独タイプ以外は全て ISP 料金込み。 ※ 2 年定期契約の場合の料金。定期契約なしの場合は、上記の料金に戸建 1,650 円、マンション 1,100 円を加算。
	OCN 光 （フレッツ、OCN 一括提供）	OCN 光　ファミリータイプ（戸建て）1G・200M・100M　5,610 円　※ 1 OCN 光　マンションタイプ（集合住宅）1G・200M・100M　3,960 円　※ 1 OCN 光　2 段階定額ファミリー（戸建て）100M 基本料金 4,290 円～　上限料金 6,160 円 従量部分の通信料金　26.4 円／ 100MB　※ 2 ※ 1 新 2 年自動更新型割引を適用した場合の料金です。 ※ 2 1 ヶ月あたりの利用量が 3,040MB までは基本料金のみとなりますが、3,040MB 以上の場合は従量部分の通信料（3,040MB ～ 9,940MB 未満は 26.4 円／ 100MB、9,940MB ～ 10,040MB は 48.4 円／ 100MB）が加算され、上限料金を上限とします。 ※ OCN 光　2 段階定額ファミリーは 2023 年 3 月 31 日をもって新規販売を終了しました。また、2025 年 3 月 31 日をもってサービス提供を終了します。 ※ OCN 光　ファミリー、マンションは 2023 年 6 月 30 日をもって新規販売を終了しました。
	ぷらら光	ぷらら光 ホームタイプ　5,280 円～　※ 1 ぷらら光 マンションタイプ　3,960 円～　※ 2 ※ 1 サービスの種類が無線 LAN 機器ありの場合、LAN カードを 1 枚追加につき 110 円（税込）追加となります。 ※ 2 ホームゲートウェイ（ひかり電話機能なし）をぷらら光へ転用した後も引き続きレンタルする場合、ホームゲートウェイ 1 台につき 330 円（税込）追加となります。また、LAN カード 1 枚追加につき 110 円（税込）追加となります ※ NTT 東日本エリアにおけるフレッツ 光ネクストギガファミリー・スマートタイプ／ギガマンション・スマートタイプに相当する回線をご利用の場合、別途機器利用料 330 円（税込）が発生します。 ※転用に伴い回線の種類が変更になる場合、および光回線を利用していない場合は、回線設置工事が必要となり別途工事費がかかります。なお、事業者変更で回線の種類を変更する場合は、工事含めお受けできません。 ※新規・転用・事業者変更手続きの受付は 2022 年 6 月 30 日に終了しました
無線 LAN	d Wi-Fi	無料 ※ d ポイントクラブ会員向けに無料で提供

サービスタイプ	サービス名	サービス概要・料金（税込）等
携帯電話	sp モード	月額 330 円 ※一部の料金プランにおいては、「sp モード」の契約が含まれております
	i モード	月額 330 円 ※新規受付終了
	mopera U	① U スタンダードプラン 月額 550 円 ② U ライトプラン 月額 330 円　※ご利用月のみの課金 ③ U スーパーライト 月額 165 円　※定額データプラン 128K 専用プラン ④ U シンプル 月額 220 円　※データ通信専用機種専用プラン
	home 5G	工事不要で 5G/4G に対応した Wi-Fi 環境を構築できるサービス home 5G プラン：月額 4,950 円 ※「home 5G」の利用には、home 5G プランの契約と 5G 対応ホームルーター HR01 ／ HR02 の購入が必要

会　社　名		沖縄セルラー電話㈱
問い合わせ電話番号		① au 携帯電話から局番なし 157 ② au 以外の携帯電話、一般電話から 0077-7-111
ホームページ		https://www.au.com/okinawa_cellular/
サービスタイプ	サービス名	サービス概要・料金（税込）等
FTTH	au ひかりちゅら （ホーム）	6,930 円／月（ネットのみ） 7,480 円／月（ネット＋電話） 8,030 円／月（ネット＋電話＋ TV）
	au ひかりちゅら （マンションギガ）	5,148 円／月（ネットのみ） 5,698 円／月（ネット＋電話） 6,248 円／月（ネット＋電話＋ TV）
	au ひかりちゅら （マンション V）	4,290 円／月（ネットのみ） 4,840 円／月（ネット＋電話） 5,390 円／月（ネット＋電話＋ TV）
	au ひかりちゅら （マンション G）	4,290 円／月（ネットのみ） 4,840 円／月（ネット＋電話） 5,390 円／月（ネット＋電話＋ TV）
携帯電話	LTE NET	月額利用料：330 円 ※別途、パケット通信料が必要。
	5G NET	月額利用料：各料金プランの基本料金に内包 ※別途パケット通信料が必要。
	LTE NET for DATA	月額利用料：550 円 ※別途パケット通信料が必要。
	5G NET for DATA	

会　社　名		楽天モバイル㈱
問い合わせ電話番号		■楽天ひかり：0120-987-600（10:00-18:00） ■移動体通信：050-5434-4653（9:00-17:00/ 年中無休） ■ Rakuten Turbo：0800-805-0040（9:00-17:00/ 年中無休）
ホームページ		■楽天ひかり：https://network.mobile.rakuten.co.jp/hikari/ ■移動体通信：https://network.mobile.rakuten.co.jp/ ■ Rakuten Turbo：https://network.mobile.rakuten.co.jp/internet/turbo/
サービスタイプ	サービス名	サービス概要・料金（税込）等
FTTH	楽天ひかり	光回線を ISP とセットで提供するサービス ファミリープラン：5,280 円（税込） マンションプラン：4,180 円（税込）
携帯電話	Rakuten 最強プラン	月額 3GB まで 1,078 円（税込）、20GB まで 2,178 円（税込）、 20GB 超過後 3,278 円（税込） 「Rakuten Link」アプリで国内通話がかけ放題（国内通話かけ放題（Rakuten Link アプリ使用時）はプランに含まれる。アプリ未使用時 30 秒 20 円（税込 22 円）。一部対象外番号あり。）
	Rakuten Turbo	工事不要で 5G/4G に対応した Wi-Fi 環境を構築できるサービス プラン料金：4,840 円（税込） ※「Rakuten Turbo」の利用には、Rakuten Turbo プランの契約と対応端末の購入が必要

会　社　名		関西エアポートテクニカルサービス㈱
問い合わせ電話番号		072-455-4903
ホームページ		http://www.tech.kansai-airports.co.jp/
サービスタイプ	サービス名	サービス概要・料金（税込）等
DSL	専用線 ADSL 接続サービス	専用線接続の一種で、契約者側と当社システム間の両端に ADSL モデムを設置したブロードバンドタイプのインターネット接続サービス。 基本料金（定額）　16,500 円／月（含専用線利用料） 基本料金（定額）［固定 1IP アドレス］　27,500 円（含専用線利用料） 基本料金（定額）［固定複数アドレス］　55,000 円（含専用線利用料）

会　社　名		UQ コミュニケーションズ㈱
問い合わせ電話番号		0120-929-777
ホームページ		https://www.uqwimax.jp/wimax/
サービスタイプ	サービス名	サービス概要・料金（税込）等
BWA	WiMAX +5G	WiMAX 2+、au 4G LTE/5G（※ 1）が利用できる高速モバイルインターネット接続サービス ○「ギガ放題プラス S」 ・月間容量上限なし（※ 2） ・月額料金：4,950 円（当初 2 年は 4,268 円） ・契約年数：期間条件 ・プラスエリアモード：月額 1,100 円（利用月のみ発生） ※ 1 UQ 社に割り当てられた周波数帯を利用した 5G ネットワークを含む。 ※ 2 ネットワークの継続的な高負荷などが発生した場合、状況が改善するまでの間、サービス安定提供のための速度制限を行う場合あり。

第3章
情報通信政策をめぐる行政の動き

3-1 デジタル社会の実現に向けた推進体制、取組み等

推進体制	計画・取組み
デジタル社会形成基本法 (2021年9月施行) デジタル社会推進会議 (デジタル庁設置法に基づき設置(2021年9月)) 議長：内閣総理大臣 副議長：内閣官房長官、デジタル大臣 構成員：各府省の大臣等	● デジタル社会の実現に向けた重点計画（2021年12月） ● デジタル社会の実現に向けた重点計画（2022年6月改定） ● デジタル社会の実現に向けた重点計画（2023年6月改定）
デジタル田園都市国家構想実現会議 (2021年11月～開催) 議長：内閣総理大臣 副議長：デジタル田園都市国家構想担当大臣、デジタル大臣、内閣官房長官 構成員：関係大臣及び有識者	● デジタル田園都市国家構想基本方針（2022年6月） ● デジタル田園都市国家構想総合戦略（2022年12月）
デジタル行財政改革会議 (2023年10月～開催) 議長：内閣総理大臣 副議長：デジタル行財政改革担当大臣、内閣官房長官 構成員：関係大臣及び有識者	

3-2　総務省における情報通信関連の主な審議会等

3-2-1　主な審議会・委員会・会議等

●情報通信審議会

所掌事務	総務大臣の諮問に応じて、情報の電磁的流通及び電波の利用に関する政策に関する重要事項を調査審議し、総務大臣に意見を述べること、郵政事業及び郵便認証司に関する重要事項を調査審議し、関係各大臣に意見を述べること
審議会の組織（抜粋）	
情報通信政策部会	総合政策委員会
電気通信事業政策部会	接続政策委員会、ユニバーサルサービス政策委員会、電気通信番号政策委員会、電話網移行円滑化委員会、通信政策特別委員会
情報通信技術分科会	放送システム委員会、IP ネットワーク設備委員会、陸上無線通信委員会、新世代モバイル通信システム委員会、航空・海上無線通信委員会、衛星通信システム委員会、電波利用環境委員会、技術戦略委員会

●情報通信行政・郵政行政審議会

所掌事務	総務大臣の諮問に応じて、電気通信事業法、郵便法、民間事業者による信書の送達に関する法律、郵政民営化法等の施行に伴う関係法律の整備等に関する法律等の規定によりその権限に属させられた事項を調査審議すること。
審議会の組織（抜粋）	
電気通信事業部会	基本料等委員会、接続委員会、ユニバーサルサービス委員会、電気通信番号委員会

●電気通信紛争処理委員会

所掌事務	電気通信事業者間の接続に関する紛争、ケーブルテレビ事業者と地上テレビジョン放送事業者との間の再放送の同意に関する紛争等に対し、「あっせん」や「仲裁」を実施。 総務大臣が、接続協定に関する協議命令や裁定、再放送の同意に関する裁定、業務改善命令などの行政処分を行う際、諮問を受け、審議・答申。 あっせん・仲裁や諮問に対する審議・答申に関し、競争ルールの改善等について意見があれば、総務大臣に対し勧告。

●電波監理審議会

所掌事務	総務大臣の諮問（必要的諮問事項）に対し答申すること。 必要的諮問事項に関する事項について総務大臣に必要な勧告を行うこと。 総務大臣が実施する電波の利用状況調査結果に基づき電波の有効利用の程度の評価（以下「有効利用評価」という。）を行い、総務大臣に対し有効利用評価に関する事項について必要な勧告を行うこと。 電波法及び放送法に基づく総務大臣等の処分に対する審査請求について審理及び議決すること。

●総務省デジタル田園都市国家構想推進本部

目　的	地方を活性化し、世界とつながる「デジタル田園都市国家構想」を推進するため、総務大臣を本部長とする「総務省デジタル田園都市国家構想推進本部」を置く。

3-2-2　主な審議会答申

答申概要	審議会名	答申年月日
6GHz 帯無線 LAN の導入のための技術的条件（一部答申）	情報通信審議会	2022 年 4 月 19 日
2.3GHz 帯における第 5 世代移動通信システム（5G）の普及のための特定基地局の開設計画の認定	電波監理審議会	2022 年 5 月 18 日
令和 3 年度携帯電話及び全国 BWA に係る電波の利用状況調査の評価結果	電波監理審議会	2022 年 5 月 18 日
東日本電信電話株式会社及び西日本電信電話株式会社の第一種指定電気通信設備に関する接続約款の変更の認可（長期増分費用方式に基づく令和 4 年度の接続料等の改定）	情報通信行政・郵政行政審議会	2022 年 5 月 27 日
東日本電信電話株式会社及び西日本電信電話株式会社の電報サービス契約約款等の変更の認可	情報通信行政・郵政行政審議会	2022 年 5 月 27 日
Beyond 5G に向けた情報通信技術戦略の在り方 －強靱で活力のある 2030 年代の社会を目指して－（中間答申）	情報通信審議会	2022 年 6 月 30 日
2030 年頃を見据えた情報通信政策の在り方（一次答申）	情報通信審議会	2022 年 6 月 30 日
電気通信番号計画の一部変更	情報通信行政・郵政行政審議会	2022 年 7 月 12 日
無線設備規則の一部を改正する省令等（920MHz 帯の小電力無線システムの広帯域化等に係る制度整備）	電波監理審議会	2022 年 7 月 15 日
令和 3 年度電波の利用状況調査の評価結果	電波監理審議会	2022 年 7 月 15 日
電波法施行規則等の一部を改正する省令（EPIRB の次世代基準の導入等）	電波監理審議会	2022 年 7 月 15 日
電波法施行規則等の一部を改正する省令（5.2GHz 帯自動車内無線 LAN 及び 6GHz 帯無線 LAN の導入に向けた制度整備）	電波監理審議会	2022 年 7 月 15 日
電気通信事業法第 27 条の 3 の規定の適用を受ける電気通信事業者の指定	情報通信行政・郵政行政審議会	2022 年 8 月 26 日
電波法施行規則等の一部を改正する省令	電波監理審議会	2022 年 9 月 1 日
日本放送協会が徴収することができる割増金の上限	電波監理審議会	2022 年 9 月 1 日
仮想化技術等の進展に伴うネットワークの多様化・複雑化に対応した電気通信設備に係る技術的条件（一部答申）	情報通信審議会	2022 年 9 月 16 日
固定電話を巡る環境変化等を踏まえたユニバーサルサービス交付金制度等の在り方	情報通信審議会	2022 年 9 月 20 日
基幹放送普及計画の一部を変更する告示	電波監理審議会	2022 年 9 月 28 日
日本放送協会定款の変更の認可	電波監理審議会	2022 年 9 月 28 日
日本放送協会放送受信規約の変更の認可	電波監理審議会	2022 年 9 月 28 日
自動的に又は遠隔操作によって動作する簡易無線の技術的条件（一部答申）	情報通信審議会	2022 年 11 月 15 日
日本放送協会の関連事業持株会社への出資の認可及び関連事業出資計画の認定	電波監理審議会	2022 年 11 月 21 日

答申概要	審議会名	答申年月日
ユニバーサルサービス制度に基づく交付金の額及び交付方法の認可並びに負担金の額及び徴収方法の認可	情報通信行政・郵政行政審議会	2022年11月25日
電気通信事業法施行規則等の一部を改正する省令等	情報通信行政・郵政行政審議会	2022年11月25日
電波法施行規則等の一部を改正する省令（9.7GHz帯汎用型気象レーダーの導入に向けた制度整備）	電波監理審議会	2022年12月21日
日本放送協会のインターネット活用業務実施基準の変更の認可	電波監理審議会	2022年12月21日
日本放送協会放送受信規約の変更の認可	電波監理審議会	2023年1月18日
電気通信事業法施行規則等の一部を改正する省令（ワイヤレス固定電話の提供開始に伴う接続料に係る規定の整備等）	情報通信行政・郵政行政審議会	2023年1月20日
電気通信事業法施行規則等の一部改正	情報通信行政・郵政行政審議会	2023年1月20日
「新世代モバイル通信システムの技術的条件」のうち「携帯電話の上空利用拡大に向けたLTE-Advanced（FDD）等の技術的条件等」（一部答申）	情報通信審議会	2023年1月24日
ブロードバンドサービスに係る基礎的電気通信役務制度等の在り方	情報通信審議会	2023年2月7日
基幹放送の業務に係る特定役員及び支配関係の定義並びに表現の自由享有基準の特例に関する省令の一部を改正する省令	電波監理審議会	2023年2月8日
電波法施行規則等の一部を改正する省令（ワイヤレス人材育成のためのアマチュア無線の活用等に係る制度改正）	電波監理審議会	2023年2月8日
電気通信事業法施行規則等の一部改正	情報通信行政・郵政行政審議会	2023年2月10日
仮想化技術等の進展に伴うネットワークの多様化・複雑化に対応した電気通信設備に係る技術的条件（一部答申）	情報通信審議会	2023年2月24日
放送法施行規則の一部を改正する省令	電波監理審議会	2023年3月8日
航空機局の無線設備等保守規程の認定	電波監理審議会	2023年3月8日
電波法施行規則等の一部を改正する省令等（デジタル簡易無線の高度化のための制度整備）	電波監理審議会	2023年3月8日
認定放送持株会社の認定	電波監理審議会	2023年3月8日
電波法施行規則及び無線局免許手続規則の一部を改正する省令	電波監理審議会	2023年3月8日
電波法施行規則等の一部を改正する省令（地上基幹放送局の再免許等に関する諸規定の整備）	電波監理審議会	2023年3月8日
日本放送協会放送受信規約の変更の認可	電波監理審議会	2023年3月8日
東日本電信電話株式会社及び西日本電信電話株式会社の第一種指定電気通信設備に関する接続約款の変更の認可（令和5年度の接続料の改定等）	情報通信行政・郵政行政審議会	2023年3月24日
電気通信事業法施行規則等の一部を改正する省令等（卸協議の適正性の確保に係る制度整備関係）	情報通信行政・郵政行政審議会	2023年3月24日

答申概要	審議会名	答申年月日
電気通信事業法施行規則等の一部を改正する省令（電話網のIP網への移行及びワイヤレス固定電話の提供開始に伴うユニバーサルサービス交付金制度に基づく補填に係る規定の整備等）	情報通信行政・郵政行政審議会	2023年3月24日
電気通信事業法第30条第3項第2号の規定により禁止される行為の相手方となる電気通信事業者の指定に関する告示の一部改正	情報通信行政・郵政行政審議会	2023年3月24日
日本放送協会に対する令和5年度国際放送等実施要請	電波監理審議会	2023年3月24日
基幹放送用周波数使用計画の一部を変更する告示	電波監理審議会	2023年4月14日
認定放送持株会社の認定	電波監理審議会	2023年4月14日
電気通信事業法施行規則等の一部を改正する省令等	情報通信行政・郵政行政審議会	2023年4月14日
東日本電信電話株式会社及び西日本電信電話株式会社の第一種指定電気通信設備に関する接続約款の変更の認可（長期増分費用方式に基づく令和5年度の接続料等の改定）	情報通信行政・郵政行政審議会	2023年5月26日
電気通信事業法施行規則の一部改正（ネットワークのクラウドネイティブ化に対応した技術基準の適用範囲の見直し）	情報通信行政・郵政行政審議会	2023年5月26日
電気通信事業法施行規則の一部を改正する省令等（IP網へのマイグレーションに伴う料金体系変更等を踏まえたプライスキャップ規制に係る規定の整備）	情報通信行政・郵政行政審議会	2023年5月26日
「新世代モバイル通信システムの技術的条件」のうち「5G等の利用拡大に向けた中継局及び高出力端末等の技術的条件」（一部答申）	情報通信審議会	2023年6月21日
「新世代モバイル通信システムの技術的条件」のうち「狭帯域LTE-Advancedの技術的条件」（一部答申）	情報通信審議会	2023年6月21日
日本放送協会受信料免除基準の変更の認可	電波監理審議会	2023年6月21日
日本放送協会放送受信規約の変更の認可	電波監理審議会	2023年6月21日
「2030年頃を見据えた情報通信政策の在り方」（最終答申）	情報通信審議会	2023年6月23日
基礎的電気通信役務の提供に係る交付金及び負担金算定等規則の一部を改正する省令の一部を改正する省令	情報通信行政・郵政行政審議会	2023年7月6日
放送システムに関する技術的条件	情報通信審議会	2023年7月18日
デジタル化の進展に対応した事故報告制度・電気通信設備等に係る技術的条件（一部答申）	情報通信審議会	2023年7月18日
電波法施行規則及び無線局運用規則の一部を改正する省令（ローカル5Gのより柔軟な運用に向けた制度整備）	電波監理審議会	2023年7月31日
700MHz帯における移動通信システムの普及のための開設指針	電波監理審議会	2023年7月31日
電波法施行規則等の一部を改正する省令（狭帯域LTE-Advancedシステムの導入に係る制度整備）	電波監理審議会	2023年7月31日
東日本電信電話株式会社及び西日本電信電話株式会社の第一種指定電気通信設備に関する接続約款の変更の認可（将来原価方式に基づく令和5年度の接続料の改定等）	情報通信行政・郵政行政審議会	2023年7月31日

答申概要	審議会名	答申年月日
電気通信事業法施行規則等の一部を改正する省令（連続する通信事故の発生を踏まえた制度の見直し）	情報通信行政・郵政行政審議会	2023年7月31日
電気通信事業法第27条の3の規定の適用を受ける電気通信事業者の指定	情報通信行政・郵政行政審議会	2023年7月31日
「広帯域無線LANの導入のための技術的条件」及び「無線LANシステムの高度化利用に係る技術的条件」（一部答申）	情報通信審議会	2023年9月12日
検索情報電気通信役務及び媒介相当電気通信役務を提供する者の指定	情報通信行政・郵政行政審議会	2023年9月19日
特定無線設備の技術基準適合証明等に関する規則の一部を改正する省令（新方式グローバルスターシステムへの対応）	電波監理審議会	2023年9月22日
電波法施行規則及び無線設備規則の一部を改正する省令等（時分割多元接続方式広帯域デジタルコードレス電話の高度化等に係る制度整備）	電波監理審議会	2023年9月22日
無線設備規則の一部を改正する省令（2.4GHz帯無線LAN等の技術基準及び試験方法の見直しに係る制度整備）	電波監理審議会	2023年9月22日

3-3 総務省における情報通信関連の主な研究会等

研究会名	開催期間	担当
ブロードバンドサービスに関するユニバーサルサービス制度におけるコスト算定に関する研究会	2023年9月26日～	総合通信基盤局電気通信事業部基盤整備促進課
eシールに係る検討会	2023年9月6日～	サイバーセキュリティ統括官室
自動運転時代の“次世代のITS通信”研究会	2023年2月16日～	総合通信基盤局電波部移動通信課新世代移動通信システム推進室
上限価格方式の運用に関する研究会	2022年12月21日～	総合通信基盤局電気通信事業部料金サービス課
ICT活用のためのリテラシー向上に関する検討会	2022年11月4日～	情報流通行政局情報流通振興課
視聴覚障害者等向け放送の充実に関する研究会	2022年11月1日～	情報流通行政局地上放送課
非常時における事業者間ローミング等に関する検討会	2022年9月28日～	総合通信基盤局電気通信事業部電気通信技術システム課
Web3時代に向けたメタバース等の利活用に関する研究会	2022年8月1日～	情報通信政策研究所　調査研究部、情報流通行政局　参事官室
無線LAN等の欧米基準試験データの活用の在り方に関する検討会	2022年3月18日～	総合通信基盤局電波部電波環境課
ワイヤレス人材育成のためのアマチュア無線アドバイザリーボード	2022年1月26日～	総合通信基盤局電波部移動通信課
宇宙天気予報の高度化の在り方に関する検討会	2022年1月12日～	国際戦略局宇宙通信政策課
「ポストコロナ」時代におけるテレワーク定着アドバイザリーボード	2021年11月24日～	情報流通行政局情報流通振興課
デジタル時代における放送制度の在り方に関する検討会	2021年11月8日～	情報流通行政局放送政策課
新たな携帯電話用周波数の割当方式に関する検討会	2021年10月21日～	総合通信基盤局電波部電波政策課携帯周波数割当改革推進室
デジタルインフラ（DC等）整備に関する有識者会合	2021年10月19日～	総合通信基盤局電気通信事業部データ通信課
情報通信経済研究会	2021年9月1日～	情報通信政策研究所　調査研究部
電気通信事業ガバナンス検討会	2021年5月12日～	総合通信基盤局電気通信事業部電気通信技術システム課、サイバーセキュリティ統括官室
放送分野の視聴データの活用とプライバシー保護の在り方に関する検討会	2021年4月27日～	情報流通行政局情報通信作品振興課
デジタル活用支援アドバイザリーボード	2021年3月23日～	情報流通行政局情報流通振興課情報活用支援室
消費者保護ルール実施状況のモニタリング定期会合	2021年2月2日～	総合通信基盤局電気通信事業部消費者行政第一課

研究会名	開催期間	担当
空間伝送型ワイヤレス電力伝送システムの運用調整に関する検討会	2020年12月9日～	総合通信基盤局電波部電波環境課
インターネットトラヒック研究会	2020年12月1日～	総合通信基盤局電気通信事業部データ通信課
デジタル変革時代の電波政策懇談会	2020年11月30日～	総合通信基盤局電波部電波政策課
「ポストコロナ」時代におけるデジタル活用に関する懇談会	2020年10月23日～	情報流通行政局情報通信政策課
聴覚障害者の電話の利用の円滑化に関する基本的な方針に関する関係者ヒアリング	2020年9月10日	総合通信基盤局電気通信事業部事業政策課
消費者保護ルールの在り方に関する検討会	2020年6月25日～	総合通信基盤局電気通信事業部消費者行政第一課
発信者情報開示の在り方に関する研究会	2020年4月30日～	総合通信基盤局電気通信事業部消費者行政第二課
ブロードバンド基盤の在り方に関する研究会	2020年4月3日～	総合通信基盤局電気通信事業部事業政策課
NTTグループにおける共同調達に関する検討会	2020年3月24日～	総合通信基盤局電気通信事業部事業政策課
Beyond 5G推進戦略懇談会	2020年1月27日～	総合通信基盤局電波部電波政策課
特定基地局開設料の標準的な金額に関する研究会	2019年10月7日～	総合通信基盤局電波部電波政策課、移動通信課
自治体システムデータ連携標準検討会	2019年6月25日～	情報流通行政局地方情報化推進室
インターネット上の海賊版サイトへのアクセス抑止方策に関する検討会	2019年4月19日～	総合通信基盤局電気通信事業部消費者行政第二課
AIインクルージョン推進会議	2019年2月15日～	情報流通振興課、情報通信政策研究所調査研究部
デジタル変革時代のICTグローバル戦略懇談会	2018年12月12日～	総務省国際戦略局総務課、技術政策課、国際政策課
デジタル・プラットフォーマーを巡る取引環境整備に関する検討会	2018年11月16日～	情報流通行政局情報通信政策課
デジタル活用共生社会実現会議	2018年11月15日～	情報流通行政局情報流通振興課
放送コンテンツの適正な製作取引の推進に関する検証・検討会議	2018年10月29日～	情報流通行政局情報通信作品振興課
プラットフォームサービスに関する研究会	2018年10月18日～	総務省総合通信基盤局電気通信事業部消費者行政第二課
ネットワーク中立性に関する研究会	2018年10月17日～	総務省総合通信基盤局電気通信事業部データ通信課
災害時における通信サービスの確保に関する連絡会	2018年10月9日～	総合通信基盤局電気通信技術システム課安全・信頼性対策室
クラウドサービスの安全性評価に関する検討会	2018年8月27日～	情報流通行政局情報通信政策課

研究会名	開催期間	担当
言語バリアフリー関係府省連絡会議	2018年4月11日～	国際戦略局技術政策課研究推進室
情報信託機能の認定スキームの在り方に関する検討会	2017年11月7日～	情報流通行政局情報通信政策課
医療機関における電波利用に関する全国代表者会議	2017年6月28日～	総合通信基盤局電波部電波環境課
接続料の算定に関する研究会	2017年3月27日～	総合通信基盤局電気通信事業部 料金サービス課
サイバーセキュリティタスクフォース	2017年1月30日～	サイバーセキュリティ統括官室
情報通信法学研究会	2017年1月17日～	情報通信政策研究所調査研究部
AIネットワーク社会推進会議	2016年10月31日～	情報通信政策研究所調査研究部
テレワーク関係府省連絡会議	2016年7月26日～	情報流通行政局情報流通振興課 情報流通高度化推進室
電気通信市場検証会議	2016年5月13日～	総合通信基盤局電気通信事業部 事業政策課
電気通信事故検証会議	2015年5月28日～	総合通信基盤局電気通信事業部 電気通信技術システム課 安全・信頼性対策室
2020年に向けた社会全体のICT化推進に関する懇談会	2014年11月14日～	情報通信国際戦略局 情報通信政策課
ICTサービス安心・安全研究会	2014年2月24日～	総合通信基盤局消費者行政課
電気通信事業におけるサイバー攻撃への適正な対処の在り方に関する研究会	2013年11月29日～	総合通信基盤局電気通信事業部 消費者行政課 サイバーセキュリティ統括官室
携帯電話の基地局整備の在り方に関する研究会	2013年10月1日～	総合通信基盤局電波部移動通信課
生体電磁環境に関する検討会	2008年6月～	総合通信基盤局電波部電波環境課
電気通信消費者支援連絡会	2003年1月24日～	総合通信基盤局消費者行政課
暗号技術検討会	2001年5月15日～	サイバーセキュリティ統括官室
長期増分費用モデル研究会	2000年9月8日～	総合通信基盤局料金サービス課
情報通信分野における外資規制の在り方に関する検討会	2021年6月14日～ 2022年1月21日	情報流通行政局放送政策課
上限価格方式の運用に関する研究会	2020年12月25日～ 2021年3月19日	総合通信基盤局 電気通信事業部料金サービス課
マイナンバーカードの機能のスマートフォン搭載等に関する検討会	2020年11月10日～ 2022年4月15日	総務省自治行政局住民制度課 情報流通行政局情報流通振興課 情報流通高度化推進室
高度化された陸上無線システムに対する定期検査のあり方に関する検討会	2020年5月28日～ 2020年10月28日	総合通信基盤局電波部移動通信課
組織が発行するデータの信頼性を確保する制度に関する検討会	2020年4月20日～ 2021年6月23日	サイバーセキュリティ統括官室

研究会名	開催期間	担当
タイムスタンプ認定制度に関する検討会	2020年3月30日～ 2021年3月15日	サイバーセキュリティ統括官室
医療機関における携帯電話の利用環境整備検討会	2017年7月21日～ 2021年3月19日	総合通信基盤局電波部電波環境課
放送を巡る諸課題に関する検討会	2015年11月2日～ 2022年6月17日	情報流通行政局放送政策課

第４章
電気通信をめぐる海外の動向

4-1 主要国の加入数、普及率など

4-1-1　固定回線

4-1-1-1　固定電話契約数

（単位：千契約、下段は人口100人あたりの普及率(%)）

国	2018	2019	2020	2021	2022
アルゼンチン	9,764	7,757	7,356	7,626	7,615
	22.0	17.3	16.3	16.8	16.7
オーストラリア	8,200	6,200	5,455	6,717	6,409
	32.8	24.5	21.3	25.9	24.5
オーストリア	3,735	3,722	3,787	3,809	3,544
	42.3	41.9	42.5	42.7	39.6
ベルギー	4,107	3,930	3,635	3,305	2,953
	35.9	34.1	31.4	28.5	25.3
ブラジル	38,312	33,713	30,654	28,887	27,258
	18.2	15.9	14.4	13.5	12.7
ブルガリア	1,120	975	873	788	691
	15.7	13.8	12.5	11.4	10.2
カナダ	13,842	13,596	13,340	11,783	11,312
	37.4	36.2	35.2	30.9	29.4
チリ	2,997	2,750	2,568	2,511	2,217
	16.0	14.4	13.3	12.9	11.3
中国	192,085	191,033	181,908	180,701	179,414
	13.6	13.4	12.8	12.7	12.6
香港	4,196	4,030	3,901	3,804	3,673
	56.1	53.8	52.0	50.8	49.1
台湾	13,174	12,972	12,750	12,535	12,313
	55.5	54.6	53.5	52.5	51.5
コロンビア	6,974	7,012	7,248	7,567	7,588
	14.2	14.0	14.2	14.7	14.6
チェコ	1,512	1,494	1,335	1,302	1,214
	14.4	14.2	12.7	12.4	11.6
デンマーク	1,122	1,004	734	715	712
	19.5	17.3	12.6	12.2	12.1
エジプト	7,865	8,760	9,858	11,031	11,600
	7.6	8.3	9.2	10.1	10.5
エストニア	346	324	305	297	266
	26.1	24.4	22.9	22.3	20.1
フィンランド	323	269	225	207	186
	5.9	4.9	4.1	3.7	3.4
フランス	38,132	37,797	37,759	38,097	37,740
	59.3	58.7	58.6	59.0	58.4
ドイツ	42,500	38,270	38,380	38,490	38,580
	51.3	46.0	46.1	46.1	46.3
ギリシャ	5,115	4,807	4,859	4,912	4,907
	48.1	45.5	46.2	47.0	47.3
ハンガリー	3,080	3,049	2,970	2,956	2,845
	31.5	31.2	30.5	30.4	28.5
インド	21,868	21,005	20,052	23,774	27,450
	1.6	1.5	1.4	1.7	1.9
インドネシア	8,304	9,662	9,662	9,019	8,424
	3.1	3.6	3.6	3.3	3.1
イラン	30,482	28,955	29,094	29,307	29,342
	35.6	33.4	33.3	33.3	33.1
アイルランド	1,829	1,767	1,679	1,595	1,498
	37.8	36.1	33.9	32.0	29.8
イスラエル	3,200	3,140	3,370	3,500	3,574
	37.8	36.5	38.5	39.3	39.5

国	2018	2019	2020	2021	2022
イタリア	20,397	19,519	19,607	19,995	19,982
	34.1	32.7	33.0	33.8	33.8
韓国	25,907	24,727	23,858	23,213	22,810
	50.1	47.7	46.0	44.8	44.0
クウェート	516	583	583	-	573
	11.9	13.1	13.4	-	13.4
ルクセンブルグ	274	267	268	266	261
	45.0	43.1	42.5	41.6	40.3
マレーシア	7,429	7,405	7,468	8,247	8,453
	22.9	22.6	22.5	24.6	24.9
メキシコ	21,647	22,678	24,500	25,616	27,185
	17.5	18.1	19.4	20.2	21.3
オランダ	5,900	5,560	4,937	5,024	4,570
	34.1	32.0	28.3	28.7	26.0
ニュージーランド	1,073	967	844	908	757
	22.2	19.5	16.7	17.7	14.6
ノルウェー	565	445	349	234	140
	10.6	8.3	6.5	4.3	2.6
フィリピン	4,132	4,256	4,731	4,673	4,885
	3.8	3.9	4.2	4.1	4.2
ポーランド	6,575	6,045	5,777	5,312	5,277
	17.1	15.7	15.0	13.9	13.2
ポルトガル	5,074	5,088	5,213	5,319	5,437
	49.3	49.4	50.6	51.7	52.9
ルーマニア	3,660	3,380	3,025	2,606	2,222
	18.7	17.3	15.6	13.5	11.3
ロシア	30,108	27,674	25,892	23,864	-
	20.7	19.0	17.7	16.4	-
サウジアラビア	5,387	5,378	5,749	6,595	6,773
	15.4	15.0	16.0	18.3	18.6
シンガポール	2,001	1,911	1,891	1,901	1,906
	34.4	32.6	32.0	32.0	31.9
南アフリカ	3,345	2,025	2,099	1,472	1,310
	5.8	3.5	3.6	2.5	2.2
スペイン	19,763	19,640	19,456	19,061	18,687
	42.2	41.7	41.1	40.1	39.3
スウェーデン	2,164	1,751	1,479	1,261	-
	21.3	17.1	14.3	12.0	-
スイス	3,331	3,171	3,064	2,954	2,919
	39.1	37.0	35.5	34.0	33.4
タイ	6,059	5,415	5,003	4,634	4,368
	8.5	7.6	7.0	6.5	6.1
トルコ	11,633	11,533	12,449	12,310	11,198
	14.0	13.8	14.8	14.5	13.1
ウクライナ	6,074	4,183	3,314	2,283	1,739
	14.4	10.0	7.9	5.5	-
ベトナム	4,296	3,658	3,206	3,122	2,391
	4.5	3.8	3.3	3.2	2.4
英国	31,511	32,748	32,730	31,703	29,798
	47.4	49.0	48.8	47.1	44.1
米国	110,333	106,431	101,799	97,819	91,623
	33.2	31.8	30.3	29.0	27.1
日本（参考）	63,443	62,743	61,979	61,584	60,721
	50.2	49.9	49.5	49.4	49.0

出所：ITU ICT Indicators Database2023 (31th/July2023) からのデータに基づき作成

注：数値には IP 電話と公衆電話等の数値が含まれている。

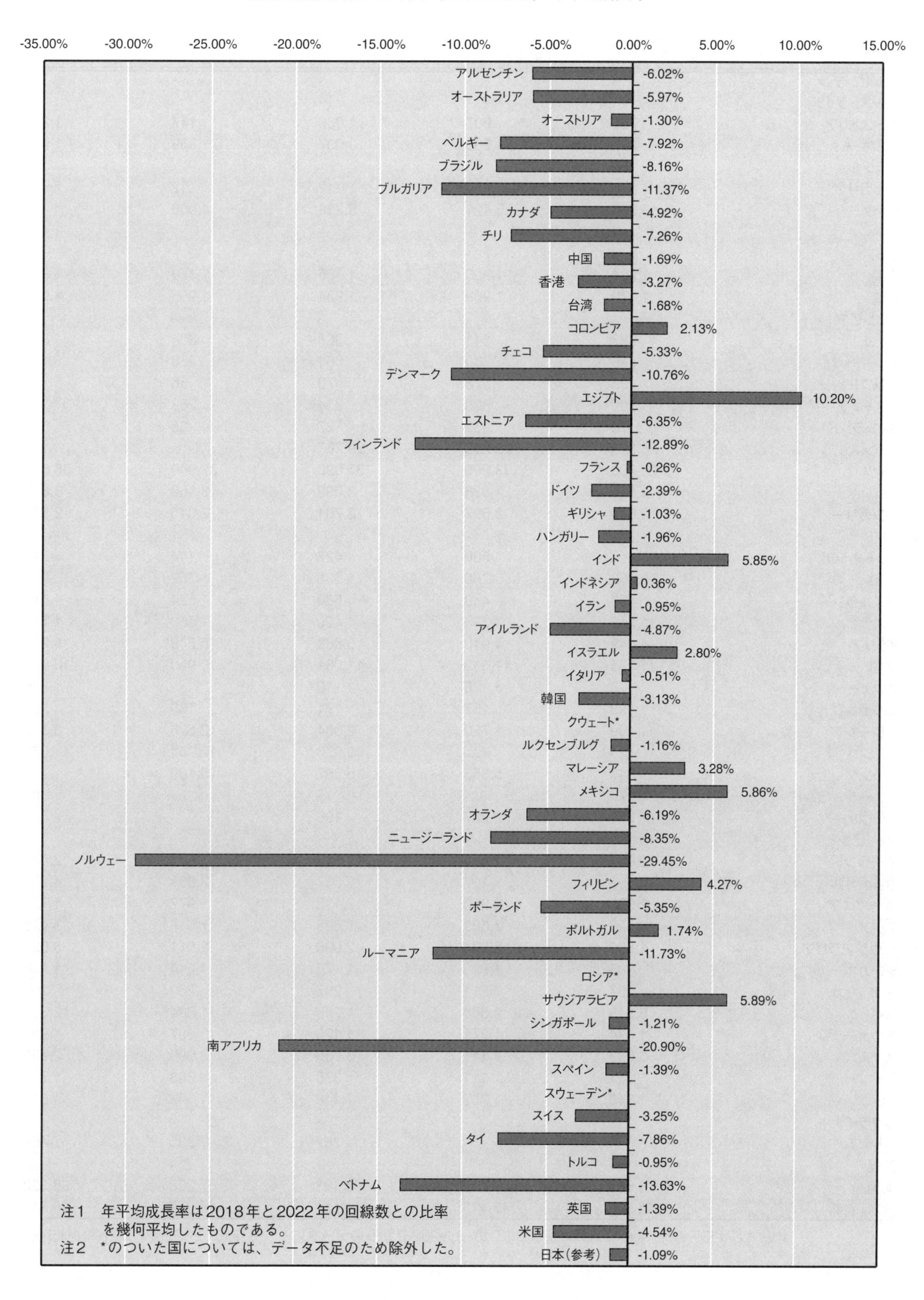

固定電話契約数の5年間（2018-2022）の平均成長率
-35.00%
-30.00%
-25.00%
-20.00%
-15.00%
-10.00%
-5.00%
0.00%
5.00%
10.00%
15.00%
アルゼンチン -6.02%
オーストラリア -5.97%
オーストリア -1.30%
ベルギー -7.92%
ブラジル -8.16%
ブルガリア -11.37%
カナダ -4.92%
チリ -7.26%
中国 -1.69%
香港 -3.27%
台湾 -1.68%
コロンビア 2.13%
チェコ -5.33%
デンマーク -10.76%
エジプト 10.20%
エストニア -6.35%
フィンランド -12.89%
フランス -0.26%
ドイツ -2.39%
ギリシャ -1.03%
ハンガリー -1.96%
インド 5.85%
インドネシア 0.36%
イラン -0.95%
アイルランド -4.87%
イスラエル 2.80%
イタリア -0.51%
韓国 -3.13%
クウェート*
ルクセンブルグ -1.16%
マレーシア 3.28%
メキシコ 5.86%
オランダ -6.19%
ニュージーランド -8.35%
ノルウェー -29.45%
フィリピン 4.27%
ポーランド -5.35%
ポルトガル 1.74%
ルーマニア -11.73%
ロシア*
サウジアラビア 5.89%
シンガポール -1.21%
南アフリカ -20.90%
スペイン -1.39%
スウェーデン*
スイス -3.25%
タイ -7.86%
トルコ -0.95%
ベトナム -13.63%
英国 -1.39%
米国 -4.54%
日本(参考) -1.09%
注1　年平均成長率は2018年と2022年の回線数との比率
を幾何平均したものである。
注2　*のついた国については、データ不足のため除外した。

4-1-1-2　VoIP 契約数

（単位：千契約）

国	2017	2018	2019	2020	2021
アルゼンチン	-	-	-	-	-
オーストラリア	-	-	-	-	-
オーストリア	785	907	1,036	1,147	1,299
ベルギー	297	1,969	2,007	1,969	1,902
ブラジル	-	-	-	-	-
ブルガリア	-	-	12	12	12
カナダ	5,236	5,421	5,218	4,956	0
チリ	-	-	-	-	-
中国	-	-	-	-	-
香港	1,204	1,285	1,355	1,370	1,379
台湾	1,870	1,908	1,934	1,956	1,976
コロンビア	-	-	-	-	-
チェコ	893	841	888	804	826
デンマーク	648	730	661	438	448
エジプト	83	78	78	66	62
エストニア	300	300	254	259	-
フィンランド	20	32	27	36	55
フランス	28,325	29,258	29,767	-	-
ドイツ	29,600	33,900	37,090	37,940	38,520
ギリシャ	1,515	1,836	3,098	3,368	3,638
ハンガリー	2,641	2,692	2,701	2,645	2,577
インド	-	-	-	-	-
インドネシア	-	500	427	144	245
イラン	269	280	335	352	-
アイルランド	437	469	500	524	555
イスラエル	1,316	1,315	1,400	1,550	1,770
イタリア	4,649	4,910	5,868	5,649	5,933
韓国	11,735	11,513	11,081	10,960	10,966
クウェート	8	8	10	-	9
ルクセンブルグ	138	157	171	189	206
マレーシア	1,409	1,720	2,064	2,526	3,340
メキシコ	-	-	9,550	12,754	11,087
オランダ	5,647	5,555	5,287	5,109	-
ニュージーランド	270	-	-	-	-
ノルウェー	279	237	196	-	-
フィリピン	-	-	-	-	-
ポーランド	2,632	2,498	2,513	2,533	2,588
ポルトガル	2,597	3,117	3,557	3,883	4,201
ルーマニア	2,330	2,340	2,138	1,977	1,728
ロシア	6,528	7,689	7,688	7,619	7,426
サウジアラビア	1,805	2,094	2,096	2,611	3,025
シンガポール	985	1,096	1,172	1,214	1,276
南アフリカ	137	211	297	260	208
スペイン	8,879	9,860	11,205	11,804	12,300
スウェーデン	1,474	1,271	1,125	997	902
スイス	3,033	3,111	3,055	2,999	2,929
タイ	-	111	378	368	755
トルコ	1,348	1,282	1,148	1,503	1,510
ウクライナ	-	-	-	-	-
ベトナム	-	-	252	330	409
英国	-	-	-	-	-
米国	66,585	66,819	68,183	67,268	68,323
日本（参考）	42,555	43,413	44,131	44,670	45,348

出所：ITU ICT Indicators Database2023 (31th/July2023) からのデータに基づき作成、2022 年の統計数値は未発表

4-1-2　移動体回線

4-1-2-1　移動電話契約数

（単位：千契約、下段は人口100人あたりの普及率(%)、プリペードも含まれる）

国	2018	2019	2020	2021	2022
アルゼンチン	58,598	56,353	54,764	59,066	60,236
	131.9	125.9	121.6	130.5	132.4
オーストラリア	27,640	27,968	27,013	27,092	28,018
	110.7	110.3	105.2	104.5	107.0
オーストリア	10,984	10,726	10,717	10,882	11,035
	124.2	120.8	120.3	122.0	123.4
ベルギー	11,447	11,510	11,530	11,740	11,874
	100.0	100.0	99.7	101.1	101.9
ブラジル	209,410	202,009	205,835	219,661	212,926
	99.6	95.4	96.5	102.5	98.9
ブルガリア	8,387	8,135	7,946	7,903	7,964
	117.8	115.3	113.8	114.8	117.4
カナダ	33,211	34,367	32,360	33,611	35,082
	89.7	91.6	85.4	88.1	91.2
チリ	25,179	25,052	25,068	26,572	26,415
	134.6	131.6	129.9	136.3	134.7
中国	1,649,302	1,746,238	1,718,411	1,733,006	1,780,613
	116.4	122.8	120.6	121.5	124.9
香港	19,899	21,456	21,865	23,940	21,861
	266.0	286.2	291.5	319.4	291.9
台湾	29,341	29,291	29,351	29,674	30,260
	123.7	123.2	123.2	124.4	126.6
コロンビア	64,514	66,283	67,673	75,056	80,812
	130.9	132.1	132.9	145.7	155.8
チェコ	12,704	13,101	13,000	13,287	13,475
	120.6	124.3	123.4	126.4	128.4
デンマーク	7,216	7,243	7,253	7,364	7,444
	125.1	125.0	124.5	125.8	126.5
エジプト	93,784	95,340	95,357	103,450	103,450
	90.4	90.3	88.7	94.7	93.2
エストニア	1,924	1,951	1,926	1,981	2,056
	145.5	147.0	144.9	149.1	155.0
フィンランド	7,150	7,150	7,120	7,150	7,130
	129.6	129.5	128.8	129.2	128.7
フランス	70,422	72,040	72,751	75,304	76,807
	109.6	111.9	112.8	116.7	118.8
ドイツ	107,500	107,200	107,400	106,400	104,400
	129.7	128.9	128.9	127.6	125.2
ギリシャ	12,171	11,882	11,413	11,494	11,326
	114.5	112.4	108.6	110.0	109.1
ハンガリー	10,042	10,273	10,333	10,382	10,372
	102.7	105.1	106.0	106.9	104.1
インド	1,176,022	1,151,480	1,153,710	1,154,047	1,142,930
	85.9	83.3	82.6	82.0	80.6
インドネシア	319,435	341,278	355,620	365,873	316,553
	119.6	126.6	130.8	133.7	114.9
イラン	88,722	118,061	127,625	135,889	145,668
	103.6	136.4	146.2	154.6	164.5
アイルランド	4,971	5,160	5,234	5,374	5,690
	102.8	105.4	105.8	107.8	113.3
イスラエル	10,700	11,700	12,270	12,500	13,758
	126.5	135.9	140.1	140.4	152.2

国	2018	2019	2020	2021	2022
イタリア	83,342	79,481	77,581	78,115	78,503
	139.2	133.1	130.4	131.9	133.0
韓国	66,356	68,893	70,514	72,855	76,992
	128.4	133.0	136.0	140.6	148.6
クウェート	7,100	7,327	6,770	6,918	7,726
	164.5	165.0	155.3	162.8	181.0
ルクセンブルグ	799	818	838	876	-
	131.4	131.9	133.0	137.1	-
マレーシア	42,413	44,601	43,724	47,202	47,952
	130.9	136.0	131.7	140.6	141.3
メキシコ	120,165	122,035	122,898	126,469	127,872
	96.9	97.6	97.5	99.8	100.3
オランダ	21,108	21,762	21,415	21,888	20,737
	122.1	125.3	122.8	125.1	118.1
ニュージーランド	6,319	6,011	6,236	5,846	5,947
	130.6	121.2	123.2	114.0	114.7
ノルウェー	5,721	5,776	5,826	5,926	6,015
	107.7	108.0	108.3	109.7	110.7
フィリピン	134,599	167,322	149,579	163,345	166,454
	124.0	151.6	133.3	143.4	144.0
ポーランド	48,286	48,393	49,351	50,589	52,589
	125.3	125.7	128.4	132.1	131.9
ポルトガル	11,860	11,910	11,851	12,445	12,792
	115.3	115.7	115.1	120.9	124.5
ルーマニア	22,634	22,671	22,588	22,929	23,219
	115.4	116.1	116.2	118.6	118.1
ロシア	229,431	239,796	238,733	246,569	245,267
	157.4	164.4	163.6	169.0	-
サウジアラビア	41,311	41,299	43,215	45,427	48,198
	118.0	115.3	120.1	126.4	132.4
シンガポール	8,568	9,034	8,445	8,762	9,351
	147.4	154.0	142.9	147.5	156.5
南アフリカ	92,428	96,972	95,959	100,328	100,260
	161.2	166.9	163.2	168.9	167.4
スペイン	54,161	55,355	55,648	56,805	59,020
	115.7	117.4	117.5	119.6	124.1
スウェーデン	12,626	12,896	12,792	13,016	13,194
	124.2	125.6	123.4	124.3	125.1
スイス	10,789	10,887	11,006	10,728	10,450
	126.7	126.9	127.4	123.4	119.6
タイ	125,098	129,614	116,294	120,850	126,414
	175.9	181.8	162.7	168.8	176.3
トルコ	80,118	80,791	82,128	86,289	90,298
	96.7	96.8	97.6	101.8	105.8
ウクライナ	53,934	54,843	53,978	55,926	49,304
	127.8	130.6	129.3	135.0	-
ベトナム	140,639	136,230	138,935	135,349	137,412
	148.2	142.2	143.8	138.9	139.9
英国	78,891	80,701	79,007	79,773	81,564
	118.8	120.8	117.8	118.6	120.8
米国	348,242	355,763	352,522	361,664	372,682
	104.8	106.4	104.9	107.3	110.2
日本（参考）	179,873	186,514	195,055	200,479	207,648
	142.5	148.3	155.7	160.9	167.5

出所：ITU ICT Indicators Database2023 (31th/July2023) からのデータに基づき作成

移動電話契約数5年間（2018-2022）の平均成長率

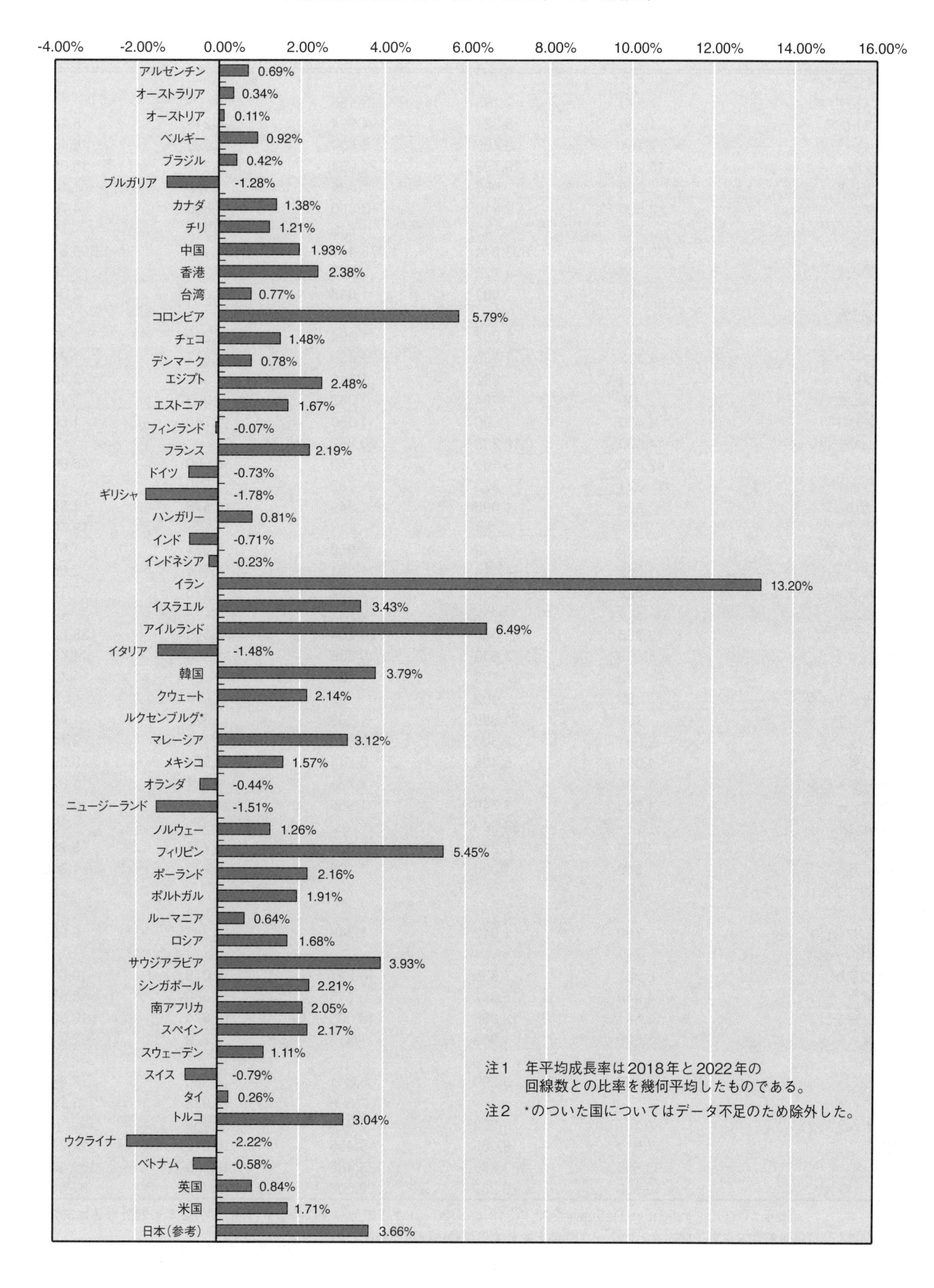

4-1-2-2　M2M移動体通信網契約件数（IoTなどに利用）

（単位：千契約）

国	2017	2018	2019	2020	2021
アルゼンチン	-	-	-	-	-
オーストラリア	1,940	2,190	3,130	-	-
オーストリア	1,836	3,321	4,994	6,243	8,442
ベルギー	2,184	2,466	3,104	4,090	5,457
ブラジル	15,219	19,792	24,664	28,233	35,051
ブルガリア	908	985	1,135	1,129	1,109
カナダ	3,500	2,910	3,550	3,880	4,708
チリ	527	543	510	512	756
中国	270,256	693,844	1,078,447	1,165,987	1,399,513
香港	97	1,728	2,519	1,273	868
台湾	481	681	1,013	2,030	2,641
コロンビア	-	-	-	-	-
チェコ	917	1,001	1,094	1,210	1,307
デンマーク	1,153	1,320	1,459	1,637	1,796
エジプト	754	982	1,319	1,956	2,401
エストニア	250	284	343	395	448
フィンランド	1,480	1,590	1,650	1,740	1,500
フランス	14,900	18,238	20,862	-	-
ドイツ	17,600	23,100	27,700	36,000	45,600
ギリシャ	321	373	432	590	727
ハンガリー	1,000	1,096	1,343	1,476	1,856
インド	-	-	-	-	19,560
インドネシア	29	9	959	1,034	1,570
イラン	1,565	1,814	1,581	1,564	2,696
アイルランド	829	1,012	1,207	1,575	2,176
イスラエル	-	-	-	-	-
イタリア	16,298	21,050	24,254	26,345	28,082
韓国	5,853	7,846	9,636	11,486	14,468
クウェート	72	133	124	94	138
ルクセンブルグ	92	102	85	74	80
マレーシア	766	890	1,009	1,322	1,488
メキシコ	2,031	2,360	2,574	2,758	3,117
オランダ	4,091	5,456	6,744	7,904	9,080
ニュージーランド	1,405	-	1,721	1,491	1,828
ノルウェー	1,569	1,740	1,965	-	-
フィリピン	-	134,593	-	-	-
ポーランド	2,802	3,295	3,824	4,798	5,986
ポルトガル	849	1,096	1,194	1,230	1,333
ルーマニア	-	-	-	-	-
ロシア	-	-	-	-	-
サウジアラビア	790	1,012	1,343	3,293	9,985
シンガポール	-	-	-	-	-
南アフリカ	6,563	7,335	8,097	9,078	10,005
スペイン	4,940	5,877	6,748	7,686	8,867
スウェーデン	11,441	12,856	15,005	16,874	19,900
スイス	626	1,060	1,317	1,772	2,022
タイ	-	-	-	1	-
トルコ	4,495	5,209	5,861	6,380	7,445
ウクライナ	-	-	2,596	2,939	3,697
ベトナム	-	3,002	2,970	1,158	-
英国	7,911	8,065	9,458	10,872	12,215
米国	93,558	103,876	126,485	149,449	169,400
日本（参考）	19,560	23,239	28,606	32,771	37,611

出所：ITU ICT Indicators Database2023 (31th/July2023) からのデータに基づき作成、2022年の統計数値は未発表

注：M2M契約は車載端末や電子機器などのデータ交換を主とする移動体機器と機械との契約数

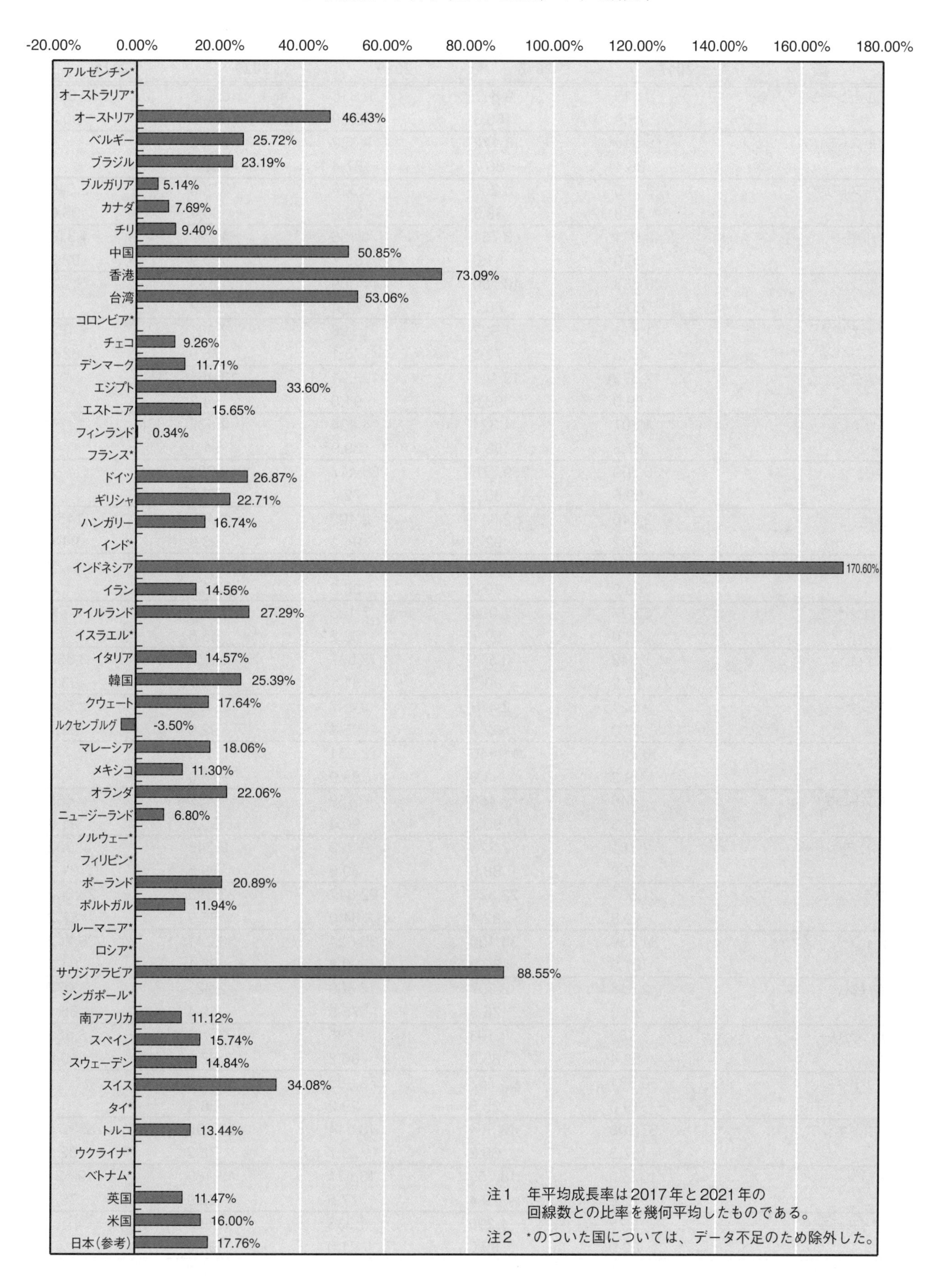
M2M契約数の5年間（2017-2021）の平均成長率
-20.00%
0.00%
20.00%
40.00%
60.00%
80.00%
100.00%
120.00%
140.00%
160.00%
180.00%
アルゼンチン*
オーストラリア*
オーストリア 46.43%
ベルギー 25.72%
ブラジル 23.19%
ブルガリア 5.14%
カナダ 7.69%
チリ 9.40%
中国 50.85%
香港 73.09%
台湾 53.06%
コロンビア*
チェコ 9.26%
デンマーク 11.71%
エジプト 33.60%
エストニア 15.65%
フィンランド 0.34%
フランス*
ドイツ 26.87%
ギリシャ 22.71%
ハンガリー 16.74%
インド*
インドネシア 170.60%
イラン 14.56%
アイルランド 27.29%
イスラエル*
イタリア 14.57%
韓国 25.39%
クウェート 17.64%
ルクセンブルグ -3.50%
マレーシア 18.06%
メキシコ 11.30%
オランダ 22.06%
ニュージーランド 6.80%
ノルウェー*
フィリピン*
ポーランド 20.89%
ポルトガル 11.94%
ルーマニア*
ロシア*
サウジアラビア 88.55%
シンガポール*
南アフリカ 11.12%
スペイン 15.74%
スウェーデン 14.84%
スイス 34.08%
タイ*
トルコ 13.44%
ウクライナ*
ベトナム*
英国 11.47%
米国 16.00%
日本（参考） 17.76%
注1　年平均成長率は2017年と2021年の
回線数との比率を幾何平均したものである。
注2　*のついた国については、データ不足のため除外した。

4-1-3　インターネット

4-1-3-1　インターネット加入世帯数（固定・無線アクセスを含む：推定値）

（単位：千世帯、下段は普及率(%)）

国	2017	2018	2019	2020	2021
アルゼンチン	8,915	9,517	9,918	10,868	11,016
	75.9	80.3	82.9	90.0	90.4
オーストラリア	8,010	8,172	8,332	8,492	-
	86.1	86.7	87.4	88.0	-
オーストリア	3,235	3,260	3,326	3,363	3,549
	88.8	88.8	89.9	90.4	95.0
ベルギー	3,941	3,731	4,156	4,227	4,310
	86.0	81.0	89.7	90.9	92.3
ブラジル	36,883	40,789	44,009	51,639	-
	60.8	66.7	71.4	83.2	-
ブルガリア	1,817	1,932	1,996	2,081	2,189
	67.3	72.1	75.1	78.9	83.5
カナダ	12,373	13,141	12,891	13,464	-
	89.0	93.6	91.0	94.2	-
チリ	4,207	4,324	4,434	4,532	-
	87.5	88.7	89.9	91.1	-
中国	236,309	259,778	288,417	313,028	-
	59.6	65.2	72.1	77.9	-
香港	2,016	2,341	2,409	2,423	2,454
	80.2	92.3	94.1	93.9	94.4
台湾	6,781	6,728	6,529	6,746	-
	89.9	89.0	86.2	88.9	-
コロンビア	6,627	7,094	7,123	7,801	-
	50.0	52.7	52.2	56.5	-
チェコ	3,349	3,501	3,537	3,567	3,630
	77.2	80.5	81.1	81.7	83.0
デンマーク	2,521	2,416	2,497	2,430	2,534
	97.0	92.7	95.4	92.5	96.1
エジプト	10,240	11,446	12,981	16,120	-
	49.2	53.9	59.9	73.0	-
エストニア	446	458	459	457	466
	88.3	90.5	90.4	90.0	91.8
フィンランド	2,189	2,223	2,229	2,243	2,302
	87.8	88.9	89.0	89.5	91.7
フランス	21,587	22,326	22,817	23,390	23,800
	79.8	82.4	84.0	85.9	87.2
ドイツ	34,139	35,106	35,624	36,241	36,212
	87.9	89.9	90.8	92.1	91.9
ギリシャ	2,616	2,807	2,869	2,922	3,077
	71.0	76.5	78.5	80.4	85.1
ハンガリー	3,163	3,193	3,296	3,342	3,453
	82.4	83.3	86.2	87.6	90.8
インド	50,381	63,767	78,988	99,476	-
	19.0	23.8	29.2	36.4	-
インドネシア	37,108	43,354	48,814	52,298	55,475
	57.3	66.2	73.7	78.2	82.1
イラン	16,960	18,759	18,574	19,163	19,524
	72.8	79.4	77.5	79.0	79.5
アイルランド	1,272	1,290	1,336	1,366	-
	89.0	89.0	91.0	92.0	-
イスラエル	1,752	1,802	1,856	2,048	-
	74.1	74.9	75.9	82.5	-

国	2017	2018	2019	2020	2021
イタリア	16,933	17,727	17,947	18,603	19,146
	71.7	75.1	76.1	79.0	81.5
韓国	19,408	19,431	19,493	19,521	19,571
	99.5	99.5	99.7	99.7	99.9
クウェート	696	712	724	731	740
	99.7	100.0	100.0	99.4	99.4
ルクセンブルグ	205	200	209	209	224
	97.2	93.0	95.2	93.6	99.2
マレーシア	5,671	5,838	6,128	6,318	6,663
	85.7	87.0	90.1	91.7	95.5
メキシコ	14,448	15,169	16,349	17,753	17,936
	50.9	52.9	56.4	60.6	60.6
オランダ	6,997	6,924	7,032	6,867	7,047
	96.2	94.9	96.2	93.8	96.0
ニュージーランド	1,541	1,566	1,591	1,615	-
	87.8	88.4	89.1	89.7	-
ノルウェー	2,207	2,202	2,265	2,239	2,325
	97.0	96.0	98.0	96.1	99.0
フィリピン	-	-	3,794	-	-
	-	-	17.7	-	-
ポーランド	11,231	11,538	11,878	12,363	12,624
	81.9	84.2	86.7	90.4	92.4
ポルトガル	2,810	2,892	2,938	3,058	3,152
	76.9	79.4	80.9	84.5	87.3
ルーマニア	5,385	5,655	5,803	5,946	6,084
	76.5	80.9	83.6	86.2	88.7
ロシア	39,220	39,432	39,642	41,271	43,304
	76.3	76.6	76.9	80.0	84.0
サウジアラビア	4,455	4,609	4,917	5,011	5,105
	93.0	94.5	99.2	99.5	99.8
シンガポール	1,184	1,282	1,302	1,312	1,334
	91.1	97.7	98.4	98.4	99.3
南アフリカ	8,099	8,591	8,510	8,706	-
	61.8	64.7	63.3	63.9	-
スペイン	13,587	14,092	14,927	15,576	15,660
	83.4	86.4	91.4	95.4	95.9
スウェーデン	4,440	4,532	4,562	4,590	4,482
	94.7	96.1	96.1	96.1	93.2
スイス	3,129	3,208	3,286	3,366	3,502
	88.6	90.0	91.6	93.1	96.2
タイ	12,613	13,307	14,696	16,834	17,562
	64.4	67.7	74.6	85.2	88.7
トルコ	14,386	15,154	16,179	16,807	16,467
	80.7	83.8	88.3	90.7	88.2
ウクライナ	11,185	12,110	12,803	15,332	-
	60.3	61.9	65.8	79.2	-
ベトナム	5,170	8,808	13,786	14,910	15,932
	27.3	46.0	71.3	76.4	81.0
英国	24,182	24,487	25,363	26,142	-
	89.6	90.2	92.9	95.2	-
米国	104,948	107,490	109,737	112,304	-
	83.8	85.3	86.6	88.1	-
日本(参考)	45,138	44,795	45,195	45,277	-
	96.2	95.7	96.9	97.3	-

出所：ITU ICT Indicators Database2022 (28th/July2022) からのデータに基づき作成

注：世帯数は ITU 推定値を基に算出　　注：2022 年の世帯数の数値が未発表のため 21 年の数値を再掲した。

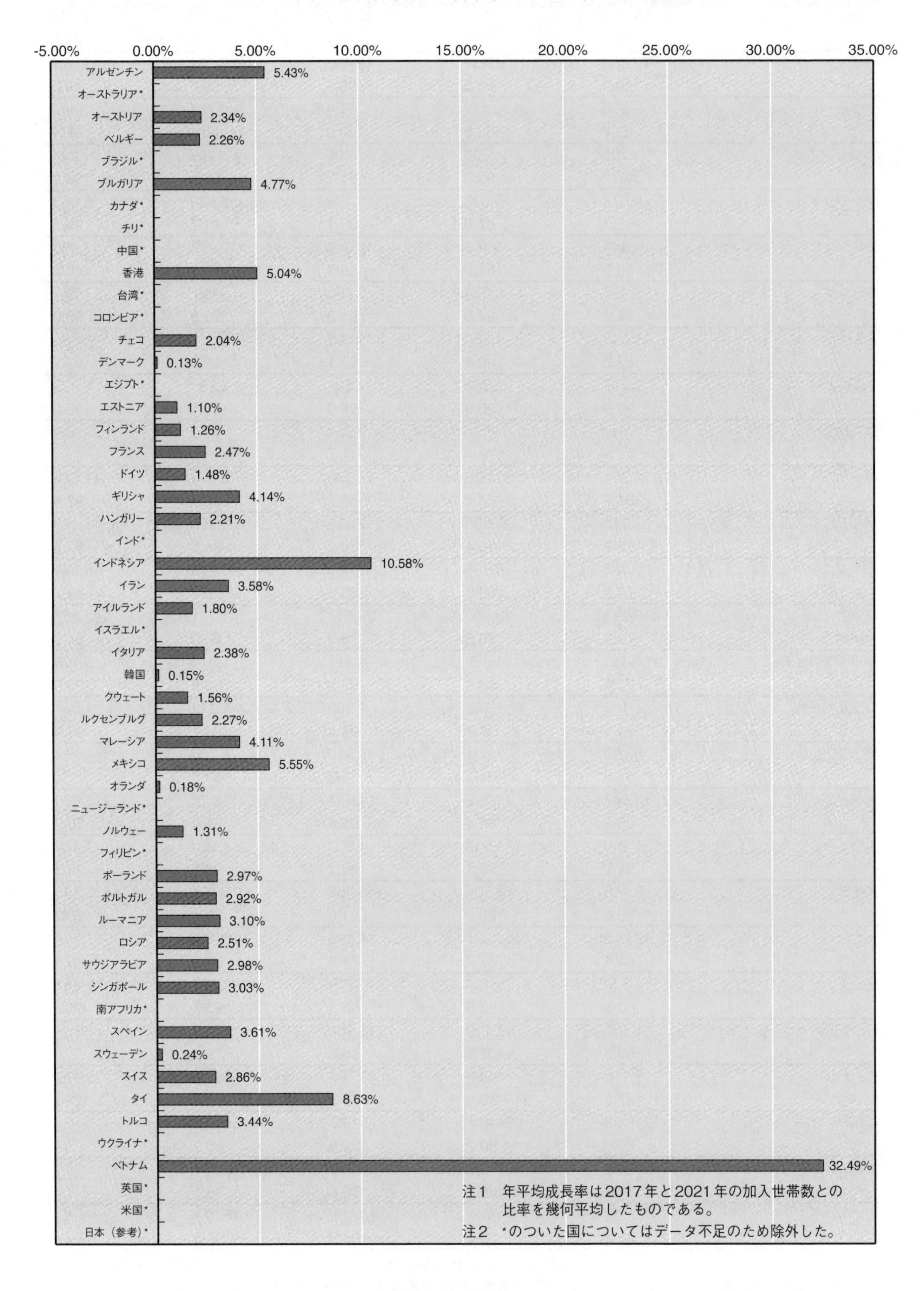
インターネット加入世帯数の5年間（2017-2021）の平均成長率
-5.00%
0.00%
5.00%
10.00%
15.00%
20.00%
25.00%
30.00%
35.00%
アルゼンチン 5.43%
オーストラリア*
オーストリア 2.34%
ベルギー 2.26%
ブラジル*
ブルガリア 4.77%
カナダ*
チリ*
中国*
香港 5.04%
台湾*
コロンビア*
チェコ 2.04%
デンマーク 0.13%
エジプト*
エストニア 1.10%
フィンランド 1.26%
フランス 2.47%
ドイツ 1.48%
ギリシャ 4.14%
ハンガリー 2.21%
インド*
インドネシア 10.58%
イラン 3.58%
アイルランド 1.80%
イスラエル*
イタリア 2.38%
韓国 0.15%
クウェート 1.56%
ルクセンブルグ 2.27%
マレーシア 4.11%
メキシコ 5.55%
オランダ 0.18%
ニュージーランド*
ノルウェー 1.31%
フィリピン*
ポーランド 2.97%
ポルトガル 2.92%
ルーマニア 3.10%
ロシア 2.51%
サウジアラビア 2.98%
シンガポール 3.03%
南アフリカ*
スペイン 3.61%
スウェーデン 0.24%
スイス 2.86%
タイ 8.63%
トルコ 3.44%
ウクライナ*
ベトナム 32.49%
英国*
米国*
日本（参考）*
注１　年平均成長率は2017年と2021年の加入世帯数との比率を幾何平均したものである。
注２　*のついた国についてはデータ不足のため除外した。

4-1-3-2　インターネットユーザー数（推定値）

（単位：千人、下段は人口100人あたりの普及率(%)）

国	2018	2019	2020	2021	2022
アルゼンチン	34,509	35,773	38,512	39,459	40,220
	77.7	79.9	85.5	87.2	88.4
オーストラリア	22,481	23,737	24,745	24,946	-
	90.0	93.6	96.4	96.2	-
オーストリア	7,734	7,792	7,797	8,256	8,369
	87.5	87.8	87.5	92.5	93.6
ベルギー	10,149	10,391	10,582	10,774	10,957
	88.6	90.3	91.5	92.8	94.0
ブラジル	148,029	156,534	173,420	172,940	173,387
	70.4	73.9	81.3	80.7	80.5
ブルガリア	4,611	4,792	4,897	5,183	5,366
	64.8	67.9	70.2	75.3	79.1
カナダ	35,050	34,488	34,971	35,421	-
	94.6	91.9	92.3	92.8	-
チリ	15,878	16,187	16,670	17,582	-
	84.9	85.0	86.4	90.2	-
中国	838,905	911,143	998,203	1,041,661	1,078,132
	59.2	64.1	70.1	73.1	75.6
香港	6,771	6,877	6,932	6,976	7,160
	90.5	91.7	92.4	93.1	95.6
台湾	20,453	21,120	21,192	21,503	20,612
	86.2	88.8	89.0	90.1	86.3
コロンビア	31,600	32,625	35,547	37,622	37,762
	64.1	65.0	69.8	73.0	72.8
チェコ	8,500	8,521	8,566	8,689	8,872
	80.7	80.9	81.3	82.7	84.5
デンマーク	5,612	5,683	5,625	5,788	5,756
	97.3	98.0	96.5	98.9	97.9
エジプト	48,680	60,501	77,283	78,734	80,133
	46.9	57.3	71.9	72.1	72.2
エストニア	1,181	1,197	1,184	1,209	1,207
	89.4	90.2	89.1	91.0	91.0
フィンランド	4,903	4,948	5,097	5,138	5,152
	88.9	89.6	92.2	92.8	93.0
フランス	52,736	53,671	54,619	55,559	55,148
	82.0	83.3	84.7	86.1	85.3
ドイツ	72,151	73,282	74,840	76,261	76,392
	87.0	88.1	89.8	91.4	91.6
ギリシャ	7,681	8,001	8,212	8,199	8,637
	72.2	75.7	78.1	78.5	83.2
ハンガリー	7,437	7,854	8,266	8,607	9,017
	76.1	80.4	84.8	88.6	90.5
インド	274,914	408,343	606,108	651,843	-
	20.1	29.5	43.4	46.3	-
インドネシア	106,572	128,566	146,060	170,013	183,166
	39.9	47.7	53.7	62.1	66.5
イラン	60,104	62,717	65,965	69,104	-
	70.2	72.5	75.6	78.6	-
アイルランド	4,206	4,260	4,550	4,746	-
	87.0	87.0	92.0	95.2	-
イスラエル	7,081	7,471	7,893	8,036	-
	83.7	86.8	90.1	90.3	-

国	2018	2019	2020	2021	2022
イタリア	44,541	40,526	41,938	44,349	50,218
	74.4	67.9	70.5	74.9	-
韓国	49,622	49,813	50,033	50,571	50,349
	96.0	96.2	96.5	97.6	97.2
クウェート	4,300	4,421	4,321	4,237	-
	99.6	99.5	99.1	99.7	-
ルクセンブルグ	590	602	621	631	636
	97.1	97.1	98.5	98.7	-
マレーシア	26,309	27,617	29,732	32,483	33,055
	81.2	84.2	89.6	96.8	97.4
メキシコ	70,266	87,100	90,076	95,823	-
	56.7	69.6	71.5	75.6	-
オランダ	15,884	16,198	15,924	16,111	16,250
	91.9	93.3	91.3	92.1	92.5
ニュージーランド	4,306	4,456	4,700	4,920	-
	89.0	89.9	92.9	95.9	-
ノルウェー	5,126	5,241	5,090	5,349	5,380
	96.5	98.0	94.6	99.0	99.0
フィリピン	47,879	47,493	52,855	59,987	-
	44.1	43.0	47.1	52.7	-
ポーランド	29,870	30,963	31,967	32,705	34,652
	77.5	80.4	83.2	85.4	86.9
ポルトガル	7,682	7,753	8,060	8,470	8,679
	74.7	75.3	78.3	82.3	84.5
ルーマニア	13,858	14,381	15,253	16,157	16,809
	70.7	73.7	78.5	83.6	85.5
ロシア	117,847	120,552	124,037	128,715	-
	80.9	82.6	85.0	88.2	90.4
サウジアラビア	32,675	34,296	35,228	35,950	36,409
	93.3	95.7	97.9	100.0	100.0
シンガポール	5,126	5,218	5,437	5,758	5,734
	88.2	88.9	92.0	96.9	96.0
南アフリカ	35,780	40,485	41,350	42,947	-
	62.4	69.7	70.3	72.3	-
スペイン	40,291	42,757	44,146	44,589	44,936
	86.1	90.7	93.2	93.9	94.5
スウェーデン	9,070	9,703	9,803	9,909	10,023
	89.2	94.5	94.5	94.7	95.0
スイス	7,816	7,988	8,151	8,306	-
	91.8	93.1	94.3	95.6	-
タイ	40,413	47,528	55,639	61,054	63,077
	56.8	66.7	77.8	85.3	88.0
トルコ	58,830	61,757	65,348	69,014	71,206
	71.0	74.0	77.7	81.4	83.4
ウクライナ	26,408	29,441	31,315	32,811	-
	62.6	70.1	75.0	79.2	-
ベトナム	66,296	65,762	67,944	72,331	77,165
	69.8	68.7	70.3	74.2	78.6
英国	60,249	61,781	63,585	65,047	-
	90.7	92.5	94.8	96.7	-
米国	293,940	298,983	304,432	309,206	-
	88.5	89.4	90.6	91.8	-
日本（参考）	112,047	116,647	112,995	103,321	-
	88.7	92.7	90.2	82.9	-

出所：ITU ICT Indicators Database2023 (31th/July2023) からのデータに基づき作成

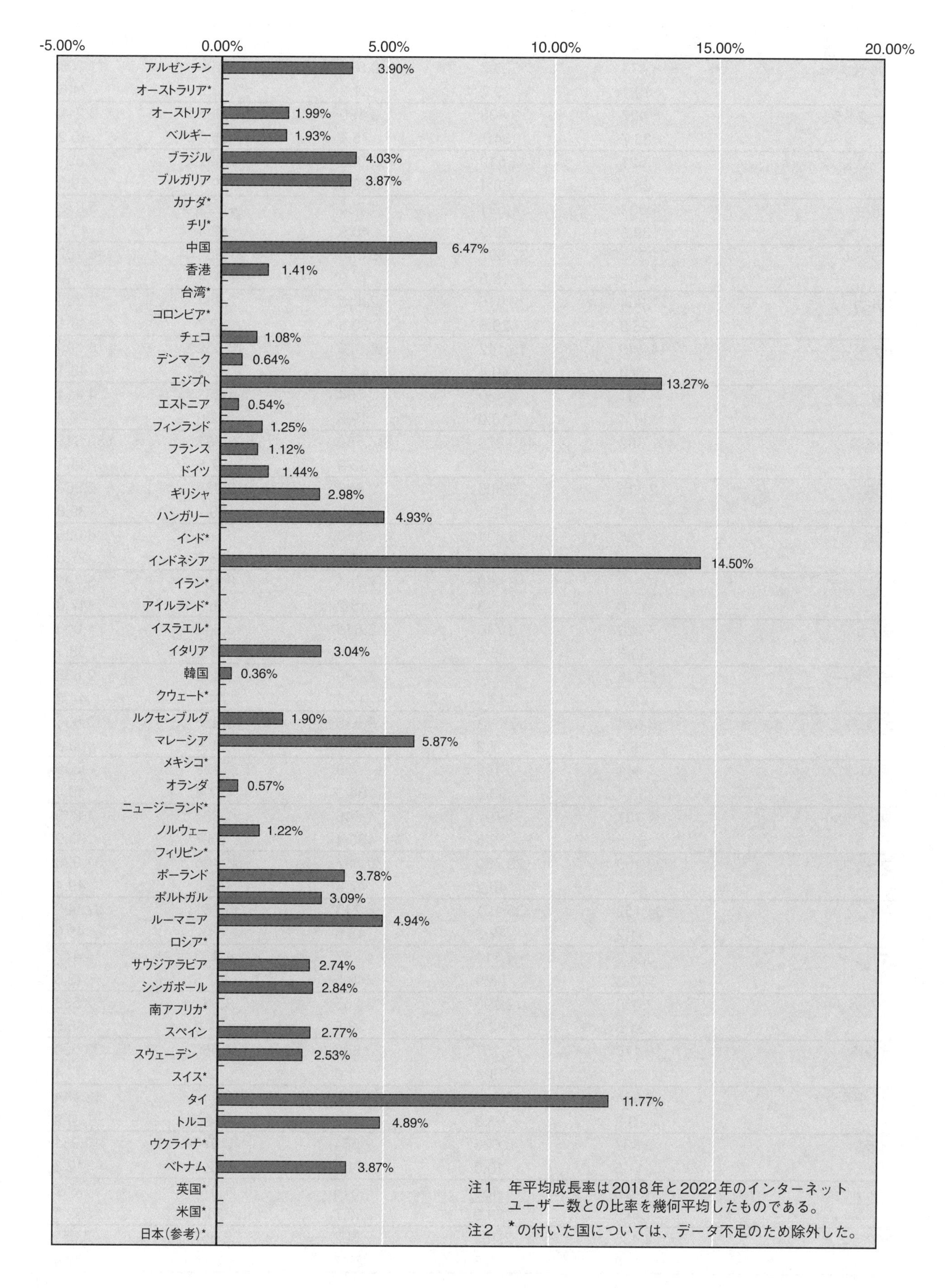
インターネットユーザー数の5年間（2018-2022）の平均成長率
-5.00%
0.00%
5.00%
10.00%
15.00%
20.00%
アルゼンチン 3.90%
オーストラリア*
オーストリア 1.99%
ベルギー 1.93%
ブラジル 4.03%
ブルガリア 3.87%
カナダ*
チリ*
中国 6.47%
香港 1.41%
台湾*
コロンビア*
チェコ 1.08%
デンマーク 0.64%
エジプト 13.27%
エストニア 0.54%
フィンランド 1.25%
フランス 1.12%
ドイツ 1.44%
ギリシャ 2.98%
ハンガリー 4.93%
インド*
インドネシア 14.50%
イラン*
アイルランド*
イスラエル*
イタリア 3.04%
韓国 0.36%
クウェート*
ルクセンブルグ 1.90%
マレーシア 5.87%
メキシコ*
オランダ 0.57%
ニュージーランド*
ノルウェー 1.22%
フィリピン*
ポーランド 3.78%
ポルトガル 3.09%
ルーマニア 4.94%
ロシア*
サウジアラビア 2.74%
シンガポール 2.84%
南アフリカ*
スペイン 2.77%
スウェーデン 2.53%
スイス*
タイ 11.77%
トルコ 4.89%
ウクライナ*
ベトナム 3.87%
英国*
米国*
日本(参考)*
注1　年平均成長率は2018年と2022年のインターネットユーザー数との比率を幾何平均したものである。
注2　*の付いた国については、データ不足のため除外した。

4-1-4　ブロードバンド

4-1-4-1　固定ブロードバンド加入件数

（単位：千台、下段は人口100人あたりの普及率(%)）

国	2018	2019	2020	2021	2022
アルゼンチン	8,474	8,793	9,572	10,490	11,208
	19.1	19.7	21.3	23.2	24.6
オーストラリア	8,427	8,803	9,100	9,085	9,214
	33.7	34.7	35.4	35.0	35.2
オーストリア	2,521	2,519	2,606	2,592	2,621
	28.5	28.4	29.3	29.1	29.3
ベルギー	4,503	4,591	4,734	4,921	5,072
	39.3	39.9	40.9	42.4	43.5
ブラジル	31,233	32,907	36,345	41,657	45,162
	14.9	15.5	17.0	19.4	21.0
ブルガリア	1,904	2,015	2,115	2,254	2,382
	26.8	28.6	30.3	32.7	35.1
カナダ	14,446	15,142	15,572	16,052	16,565
	39.0	40.4	41.1	42.1	43.1
チリ	3,251	3,430	3,764	4,283	4,454
	17.4	18.0	19.5	22.0	22.7
中国	407,382	449,279	483,550	535,787	589,648
	28.7	31.6	33.9	37.6	41.4
香港	2,715	2,805	2,886	2,935	2,983
	36.3	37.4	38.5	39.2	39.8
台湾	5,725	5,831	6,050	6,343	6,635
	24.1	24.5	25.4	26.6	27.8
コロンビア	6,679	6,950	7,765	8,434	8,799
	13.6	13.8	15.2	16.4	17.0
チェコ	3,223	3,740	3,845	3,949	4,003
	30.6	35.5	36.5	37.6	38.1
デンマーク	2,536	2,537	2,590	2,616	2,638
	44.0	43.8	44.5	44.7	44.8
エジプト	6,624	7,573	9,335	10,836	10,836
	6.4	7.2	8.7	9.9	9.8
エストニア	441	449	456	498	536
	33.4	33.8	34.3	37.4	40.4
フィンランド	1,737	1,797	1,846	1,864	1,879
	31.5	32.5	33.4	33.7	33.9
フランス	29,100	29,760	30,627	31,485	31,928
	45.3	46.2	47.5	48.8	49.4
ドイツ	34,152	35,191	36,215	36,881	37,500
	41.2	42.3	43.5	44.2	45.0
ギリシャ	3,962	4,111	4,257	4,435	4,447
	37.3	38.9	40.5	42.5	42.8
ハンガリー	3,080	3,190	3,265	3,382	3,538
	31.5	32.6	33.5	34.8	35.5
インド	18,170	19,157	22,950	27,560	33,500
	1.3	1.4	1.6	2.0	2.4
インドネシア	8,874	10,284	11,722	12,419	13,444
	3.3	3.8	4.3	4.5	4.9
イラン	9,807	8,626	9,564	10,675	10,931
	11.5	10.0	11.0	12.1	12.3
アイルランド	1,430	1,463	1,516	1,577	1,612
	29.6	29.9	30.7	31.6	32.1
イスラエル	2,435	2,481	2,602	2,657	2,655
	28.8	28.8	29.7	29.9	29.4

国	2018	2019	2020	2021	2022
イタリア	17,158	17,470	18,129	18,687	19,982
	28.7	29.3	30.5	31.5	33.8
韓国	21,286	21,762	22,327	22,944	23,537
	41.2	42.0	43.1	44.3	45.4
クウェート	104	85	74	70	63
	2.4	1.9	1.7	1.7	1.5
ルクセンブルグ	224	232	235	244	250
	36.9	37.4	37.3	38.1	38.7
マレーシア	2,696	2,965	3,359	3,734	4,223
	8.3	9.0	10.1	11.1	12.4
メキシコ	18,359	19,353	22,509	24,580	24,848
	14.8	15.5	17.9	19.4	19.5
オランダ	7,407	7,459	7,525	7,615	7,810
	42.8	43.0	43.2	43.5	44.5
ニュージーランド	1,648	1,698	1,765	1,801	1,863
	34.1	34.2	34.9	35.1	35.9
ノルウェー	2,206	2,261	2,388	2,430	2,487
	41.5	42.3	44.4	45.0	45.8
フィリピン	3,788	6,313	7,937	9,624	8,744
	3.5	5.7	7.1	8.5	7.6
ポーランド	7,851	7,838	8,369	8,679	9,155
	20.4	20.4	21.8	22.7	23.0
ポルトガル	3,785	3,968	4,161	4,314	4,473
	36.8	38.6	40.4	41.9	43.6
ルーマニア	5,090	5,277	5,685	6,101	6,364
	26.0	27.0	29.2	31.6	32.4
ロシア	32,063	32,858	33,893	34,623	35,880
	22.0	22.5	23.2	23.7	-
サウジアラビア	6,822	6,802	7,890	10,588	13,457
	19.5	19.0	21.9	29.5	37.0
シンガポール	1,494	1,504	1,510	1,526	2,233
	25.7	25.6	25.5	25.7	37.4
南アフリカ	1,107	1,250	1,303	1,695	1,948
	1.9	2.2	2.2	2.9	3.3
スペイン	15,177	15,617	16,189	16,674	16,929
	32.4	33.1	34.2	35.1	35.6
スウェーデン	3,942	4,039	4,180	4,253	4,262
	38.8	39.3	40.3	40.6	40.4
スイス	3,884	4,024	4,016	4,174	4,331
	45.6	46.9	46.5	48.0	49.5
タイ	9,189	10,109	11,478	12,421	13,229
	12.9	14.2	16.1	17.3	18.5
トルコ	13,407	14,232	16,735	18,136	18,999
	16.2	17.0	19.9	21.4	22.3
ウクライナ	5,405	6,784	7,769	7,566	7,191
	12.8	16.2	18.6	18.3	-
ベトナム	12,994	14,802	16,699	19,328	21,258
	13.7	15.5	17.3	19.8	21.7
英国	26,587	26,908	27,352	27,821	28,006
	40.0	40.3	40.8	41.4	41.5
米国	110,756	114,292	121,232	125,885	127,123
	33.3	34.2	36.1	37.4	37.6
日本（参考）	41,496	42,502	44,001	43,629	44,575
	32.9	33.8	35.1	35.0	36.0

出所：ITU WWW(2023), ITU Statistics Database より作成

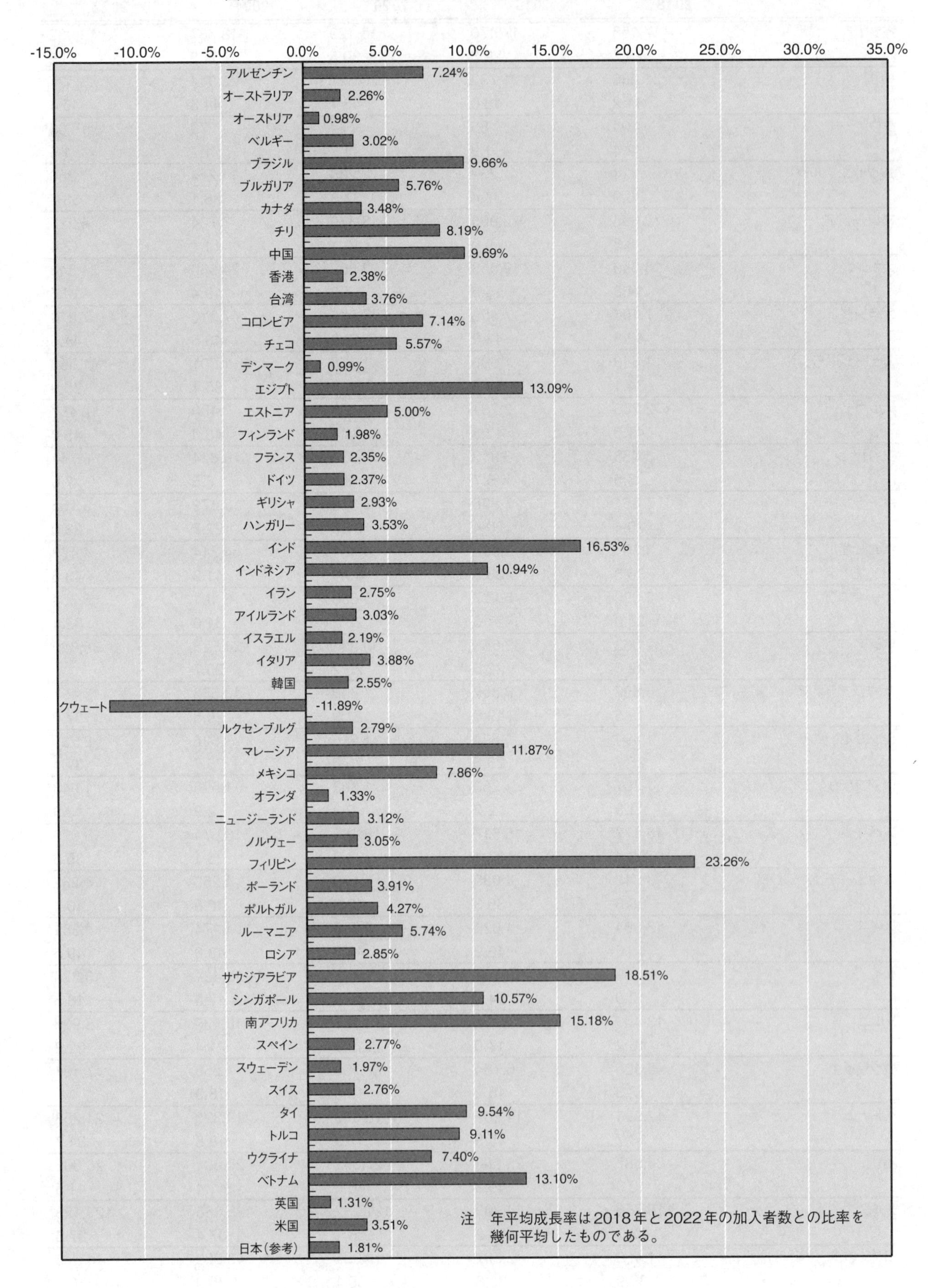
固定ブロードバンド加入件数の5年間（2018-2022）の平均成長率
-15.0%
-10.0%
-5.0%
0.0%
5.0%
10.0%
15.0%
20.0%
25.0%
30.0%
35.0%
アルゼンチン 7.24%
オーストラリア 2.26%
オーストリア 0.98%
ベルギー 3.02%
ブラジル 9.66%
ブルガリア 5.76%
カナダ 3.48%
チリ 8.19%
中国 9.69%
香港 2.38%
台湾 3.76%
コロンビア 7.14%
チェコ 5.57%
デンマーク 0.99%
エジプト 13.09%
エストニア 5.00%
フィンランド 1.98%
フランス 2.35%
ドイツ 2.37%
ギリシャ 2.93%
ハンガリー 3.53%
インド 16.53%
インドネシア 10.94%
イラン 2.75%
アイルランド 3.03%
イスラエル 2.19%
イタリア 3.88%
韓国 2.55%
クウェート -11.89%
ルクセンブルグ 2.79%
マレーシア 11.87%
メキシコ 7.86%
オランダ 1.33%
ニュージーランド 3.12%
ノルウェー 3.05%
フィリピン 23.26%
ポーランド 3.91%
ポルトガル 4.27%
ルーマニア 5.74%
ロシア 2.85%
サウジアラビア 18.51%
シンガポール 10.57%
南アフリカ 15.18%
スペイン 2.77%
スウェーデン 1.97%
スイス 2.76%
タイ 9.54%
トルコ 9.11%
ウクライナ 7.40%
ベトナム 13.10%
英国 1.31%
米国 3.51%
日本(参考) 1.81%
注　年平均成長率は2018年と2022年の加入者数との比率を
幾何平均したものである。

4-1-4-2　移動体ブロードバンド加入件数

（単位：千台、下段は人口100人あたりの普及率(%)）

国	2018	2019	2020	2021	2022
アルゼンチン	-	32,262	31,026	33,000	-
	-	72.1	68.9	72.9	-
オーストラリア	32,268	32,744	31,671	31,669	32,394
	129.2	129.1	123.4	122.2	123.7
オーストリア	9,191	9,616	9,639	9,397	10,143
	104.0	108.3	108.2	105.3	113.5
ベルギー	8,697	10,037	10,338	10,822	11,061
	76.0	87.2	89.4	93.2	94.9
ブラジル	184,571	183,789	190,739	205,539	200,379
	87.8	86.8	89.5	95.9	93.1
ブルガリア	7,123	7,393	7,391	7,603	7,839
	100.1	104.8	105.9	110.4	115.6
カナダ	28,323	30,941	27,018	30,857	33,242
	76.5	82.5	71.3	80.9	86.4
チリ	17,258	18,104	19,460	21,600	21,461
	92.3	95.1	100.8	110.8	109.5
中国	1,334,229	1,386,741	1,364,966	1,449,271	1,537,262
	94.2	97.5	95.8	101.6	107.8
香港	11,457	11,645	10,138	12,011	11,829
	153.1	155.4	135.2	160.3	158.0
台湾	26,326	27,468	27,614	27,893	28,358
	111.0	115.5	115.9	116.9	118.7
コロンビア	25,982	29,533	31,455	36,767	39,513
	52.7	58.8	61.8	71.4	76.2
チェコ	9,384	9,888	10,109	10,707	11,024
	89.1	93.8	96.0	101.9	105.0
デンマーク	8,053	7,967	8,032	8,299	8,371
	139.6	137.5	137.9	141.8	142.3
エジプト	53,069	59,573	66,273	67,300	72,102
	51.2	56.4	61.7	61.6	65.0
エストニア	1,941	2,089	2,190	2,392	2,779
	146.8	157.5	164.7	180.1	209.6
フィンランド	8,530	8,570	8,630	8,700	8,890
	154.7	155.2	156.1	157.2	160.4
フランス	59,379	63,170	64,793	67,911	69,115
	92.4	98.1	100.5	105.2	106.9
ドイツ	68,630	72,258	75,984	78,728	79,650
	82.8	86.9	91.2	94.4	95.5
ギリシャ	8,563	9,122	9,231	9,875	9,886
	80.5	86.3	87.8	94.5	95.2
ハンガリー	6,582	7,169	7,356	7,982	8,132
	67.3	73.4	75.4	82.2	81.6
インド	507,190	642,799	725,120	765,992	800,336
	37.0	46.5	51.9	54.4	56.5
インドネシア	233,270	219,763	284,996	314,284	251,006
	87.3	81.5	104.8	114.8	91.1
イラン	55,794	66,534	77,707	91,844	102,374
	65.2	76.9	89.0	104.5	115.6
アイルランド	5,002	5,146	5,162	5,418	5,932
	103.5	105.1	104.4	108.7	118.1
イスラエル	9,500	9,800	10,500	11,000	-
	112.3	113.8	119.9	123.6	-

国	2018	2019	2020	2021	2022
イタリア	54,496	55,826	56,334	57,359	56,884
	91.0	93.5	94.7	96.8	96.4
韓国	58,140	58,859	59,932	60,721	62,248
	112.5	113.6	115.6	117.2	120.1
クウェート	5,422	5,585	5,443	5,808	6,467
	125.6	125.7	124.8	136.6	151.5
ルクセンブルグ	692	719	706	735	-
	113.8	116.0	112.0	115.0	-
マレーシア	36,795	40,431	38,837	42,016	43,240
	113.6	123.2	117.0	125.1	127.4
メキシコ	88,291	97,435	101,378	109,457	112,080
	71.2	77.9	80.5	86.4	87.9
オランダ	21,330	21,949	23,126	24,279	21,660
	123.4	126.4	132.6	138.7	123.3
ニュージーランド	4,705	4,798	4,559	4,785	4,987
	97.2	96.8	90.1	93.3	96.2
ノルウェー	5,294	5,471	5,622	5,340	5,341
	99.7	102.3	104.5	98.8	98.3
フィリピン	-	72,646	70,509	71,000	80,672
	-	65.8	62.8	62.3	69.8
ポーランド	65,111	70,388	74,720	78,838	76,556
	169.0	182.9	194.4	205.8	192.1
ポルトガル	7,573	8,095	8,242	9,114	9,834
	73.6	78.7	80.0	88.6	95.7
ルーマニア	16,824	16,975	17,722	18,537	18,407
	85.8	86.9	91.2	95.9	93.6
ロシア	127,200	142,064	146,249	157,069	160,477
	87.3	97.4	100.2	107.6	-
サウジアラビア	37,441	40,052	41,380	42,975	45,875
	106.9	111.8	115.0	119.5	126.0
シンガポール	8,568	9,034	8,445	8,762	9,351
	147.4	154.0	142.9	147.5	156.5
南アフリカ	44,781	59,858	65,628	68,702	80,895
	78.1	103.0	111.6	115.7	135.1
スペイン	45,983	48,110	49,231	50,954	52,327
	98.3	102.1	103.9	107.3	110.0
スウェーデン	12,658	12,925	13,028	13,254	13,536
	124.6	125.9	125.6	126.6	128.3
スイス	8,472	8,628	8,760	8,783	8,807
	99.5	100.6	101.4	101.1	100.8
タイ	58,054	60,348	63,060	80,145	87,357
	81.6	84.6	88.2	111.9	121.8
トルコ	61,093	62,408	65,630	70,029	71,651
	73.8	74.8	78.0	82.6	84.0
ウクライナ	19,908	32,453	35,596	33,184	31,745
	47.2	77.3	85.3	80.1	-
ベトナム	68,692	69,895	78,099	85,621	95,179
	72.4	73.0	80.8	87.8	96.9
英国	66,160	70,084	73,097	76,230	77,673
	99.6	104.9	109.0	113.3	115.1
米国	463,097	492,896	523,908	558,700	586,991
	139.4	147.4	156.0	165.8	173.5
日本（参考）	245,859	257,510	270,645	278,599	290,534
	194.7	204.7	216.1	223.6	234.4

出所：ITU WWW(2023), ITU Statistics Databaseより作成

移動体ブロードバンド加入件数の5年間（2018-2022）の平均成長率

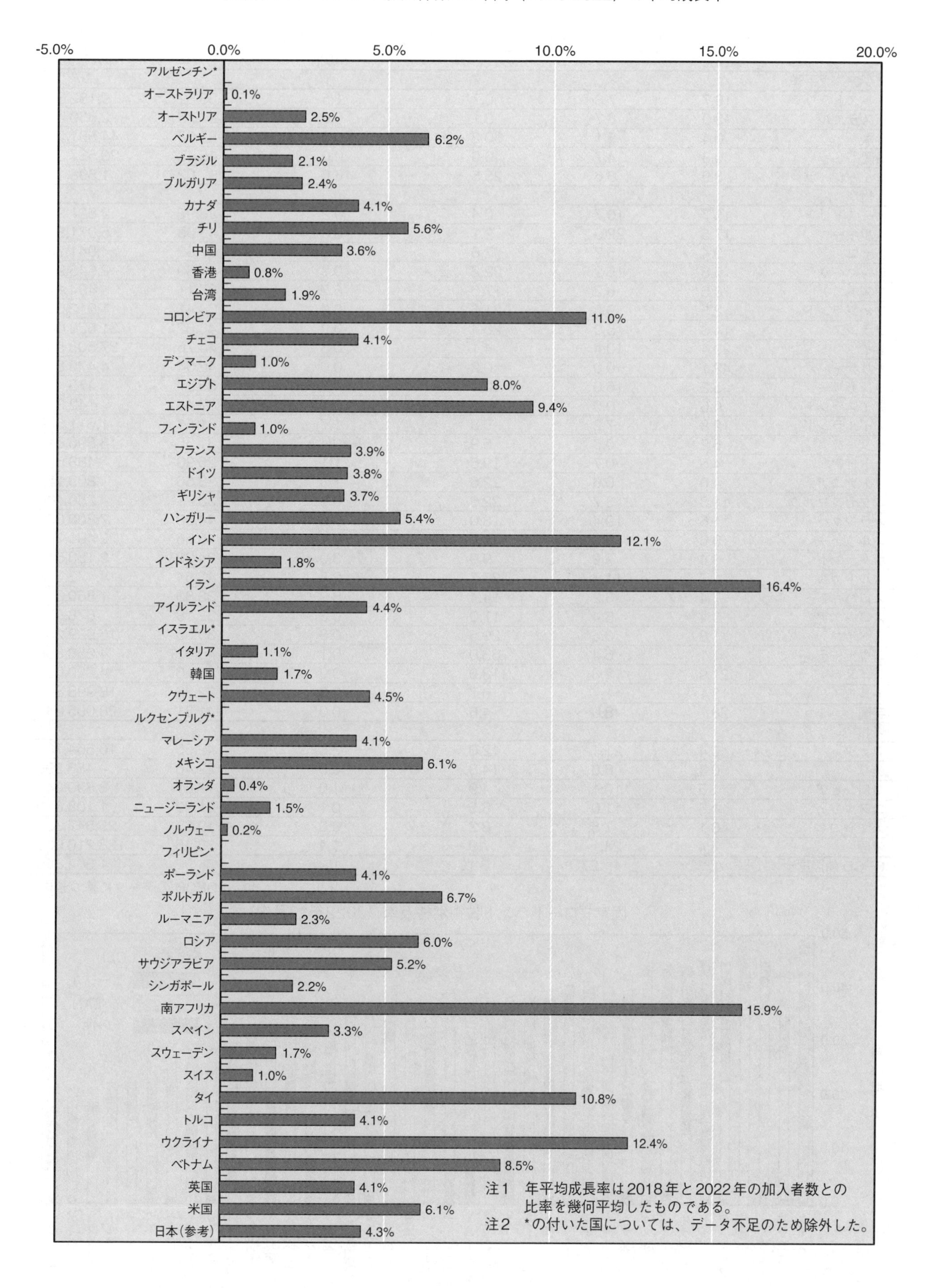

4-1-4-3　ブロードバンド技術別普及率

4-1-4-3-1　固定ブロードバンド技術別普及率

人口 100 人あたりの固定ブロードバンド技術別加入者数（技術別普及率）　　（2022 年 12 月末）

	DSL	ケーブル	光 /LAN	その他	普及率	加入者数
アジア・太平洋						
オーストラリア	16.7	7.8	8.7	1.5	35.32	9,182,335
イスラエル	13.0	6.7	8.1	0.0	27.75	2,650,475
日本	0.4	5.1	30.2	0.0	35.68	44,581,256
韓国	0.8	4.7	40.0	0.0	45.43	23,537,333
ニュージーランド	3.9	0.6	25.5	6.6	37.02	1,898,112
欧州						
オーストリア	15.7	10.7	2.4	0.2	28.95	2,621,237
ベルギー	17.5	22.9	2.1	0.8	43.38	5,071,841
チェコ	9.4	5.7	7.6	14.9	37.82	4,041,762
デンマーク	6.8	15.2	22.2	0.7	44.80	2,645,902
エストニア	6.6	6.2	17.6	6.7	37.11	494,173
フィンランド	2.5	9.5	21.6	0.7	34.41	1,912,000
フランス	14.3	5.0	26.4	0.9	46.62	31,928,000
ドイツ	29.4	10.4	4.1	0.8	44.76	37,503,560
ギリシャ	42.1	0.0	0.2	0.0	42.34	4,478,876
ハンガリー	5.2	16.0	13.4	1.3	35.87	3,473,439
アイスランド	6.6	0.0	30.7	0.1	37.44	142,334
アイルランド	12.8	7.2	9.8	1.7	31.51	1,611,509
イタリア	5.2	0.0	5.9	20.4	31.55	18,596,017
ラトビア	4.5	0.7	19.6	1.1	25.90	488,603
リトアニア	4.0	0.6	22.6	1.3	28.56	809,162
ルクセンブルグ	11.3	3.7	22.6	0.6	38.21	250,400
オランダ	11.6	19.4	13.0	0.0	44.06	7,800,000
ノルウェー	0.6	9.2	31.7	4.1	45.66	2,491,793
ポーランド	3.4	7.9	9.9	3.0	24.28	9,183,514
ポルトガル	1.7	11.6	27.7	2.5	43.54	4,472,779
スロバキア	7.4	3.2	14.4	8.9	33.83	1,860,822
スロベニア	6.4	8.4	17.0	0.3	32.18	678,524
スペイン	1.8	3.6	29.5	0.6	35.55	16,929,202
スウェーデン	1.1	6.4	33.0	0.1	40.61	4,258,836
スイス	21.9	12.3	13.0	0.9	48.16	4,229,000
トルコ	13.1	1.7	6.7	0.8	22.28	18,998,803
英国	28.7	8.0	4.6	0.0	41.31	28,005,847
米州						
カナダ	6.4	21.1	12.0	3.0	42.55	16,564,753
チリ	0.4	6.6	14.8	0.5	22.46	4,453,599
コロンビア	1.5	10.1	4.9	1.0	17.61	8,890,041
コスタリカ	1.6	11.0	8.5	0.1	21.20	1,105,670
メキシコ	3.1	7.5	8.2	0.9	19.87	25,547,356
米国	4.4	24.1	7.9	1.4	38.45	128,216,000
OECD 加盟国全体	8.32	11.27	13.16	1.97	34.92	481,604,865

出所：OECD のデータに基づき作成

固定ブロードバンド技術別普及率（2022年12月末）

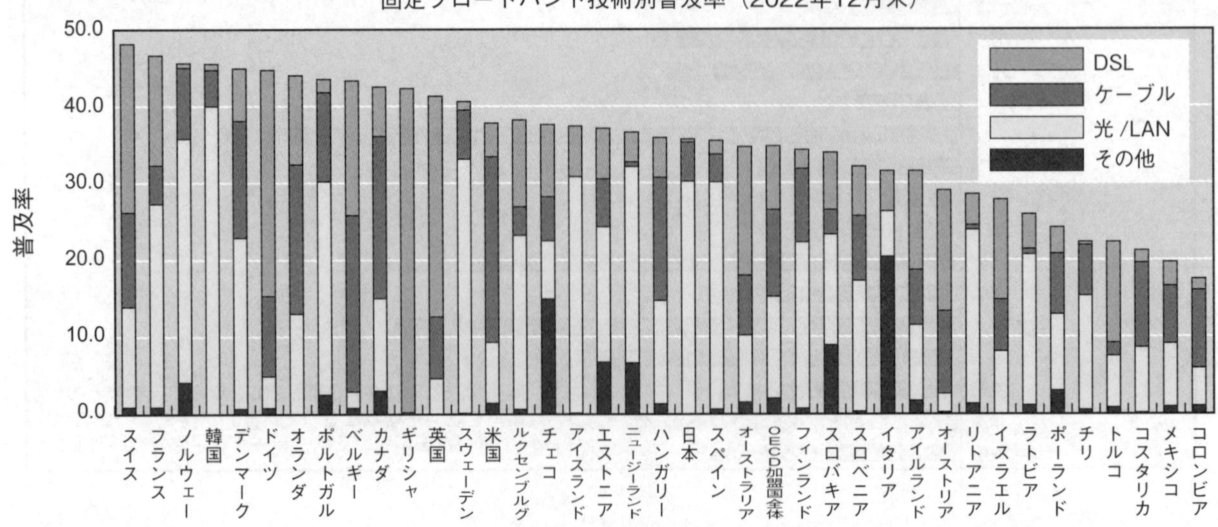

4-1-4-3-2　移動体ブロードバンド技術別普及率

人口100人あたりの移動体ブロードバンド技術別加入者数（技術別普及率）　　（2022年12月末）

	音声+データ契約	5Gを除く 音声+データ契約	データ専用型	5G契約	未判別	普及率合計	契約件数
アジア・太平洋							
オーストラリア	110.3	110.3	16.9			127.3	33,086,000
イスラエル	144.1	0.0	0.0	17.3	126.8	144.1	13,758,317
日本	106.3	55.7	90.2	50.5		196.5	245,489,792
韓国	114.5	60.3	5.7	54.2		120.1	62,248,223
ニュージーランド	97.1	97.1	6.2			103.3	5,297,058
欧州							
オーストリア	84.3	84.3	30.2			114.5	10,362,122
ベルギー	91.4	79.3	3.2	12.1		94.6	11,060,512
チェコ	100.2	86.1	2.9	14.1		103.1	11,023,748
デンマーク	120.7	44.9	21.1	75.8		141.8	8,373,241
エストニア	176.0	176.0	28.1			204.1	2,718,452
フィンランド	121.5	121.5	38.5			160.0	8,890,000
フランス	95.3	83.4	5.6	12.0		100.9	69,115,000
ドイツ	88.3	75.6	3.9	12.7		92.1	77,204,000
ギリシャ	94.2	94.2	4.1			98.3	10,394,936
ハンガリー	79.5	79.5	6.7			86.2	8,350,282
アイスランド	106.7	90.7	17.1	15.9		123.7	470,386
アイルランド	109.0	89.7	6.9	19.3		116.0	5,931,848
イタリア	85.4	68.2	10.7	17.3		96.1	56,624,598
ラトビア	96.6	79.1	21.2	17.5		117.8	2,222,363
リトアニア	98.0	96.4	29.7	1.6		127.7	3,617,999
ルクセンブルグ	111.2	111.2	3.1			114.3	749,000
オランダ	117.4	117.4	5.2			122.6	21,700,000
ノルウェー	97.9	97.9	4.9			102.9	5,613,275
ポーランド	109.3	109.3	23.1			132.5	50,110,885
ポルトガル	88.8	74.2	6.9	14.6		95.7	9,833,783
スロバキア	81.8	73.1	7.2	8.7		89.0	4,895,259
スロベニア	88.3	75.1	8.3	13.2		96.5	2,035,253
スペイン	107.7	84.9	2.3	22.8		110.0	52,381,089
スウェーデン	118.7	98.4	14.5	20.3		133.2	13,963,691
スイス	94.6	94.6	9.0			103.6	9,100,750
トルコ	83.2	83.2	0.8			84.0	71,651,056
英国	106.8	106.8	7.8			114.6	77,672,950
米州							
カナダ	79.6	79.6	5.5			85.1	33,130,696
チリ	104.5	94.3	2.5	10.2		107.0	21,223,156
コロンビア	77.3	77.3	0.9			78.3	39,512,920
コスタリカ	93.5	93.5	2.4			95.9	5,001,945
メキシコ	86.0	86.0	1.2			87.2	112,080,476
米国	176.0	0.0		34.5	141.5	176.0	586,991,000
OECD加盟国平均					127.88	127.88	1,763,886,061

出所：OECDのデータに基づき作成

移動体ブロードバンド技術別普及率（2022年12月末）

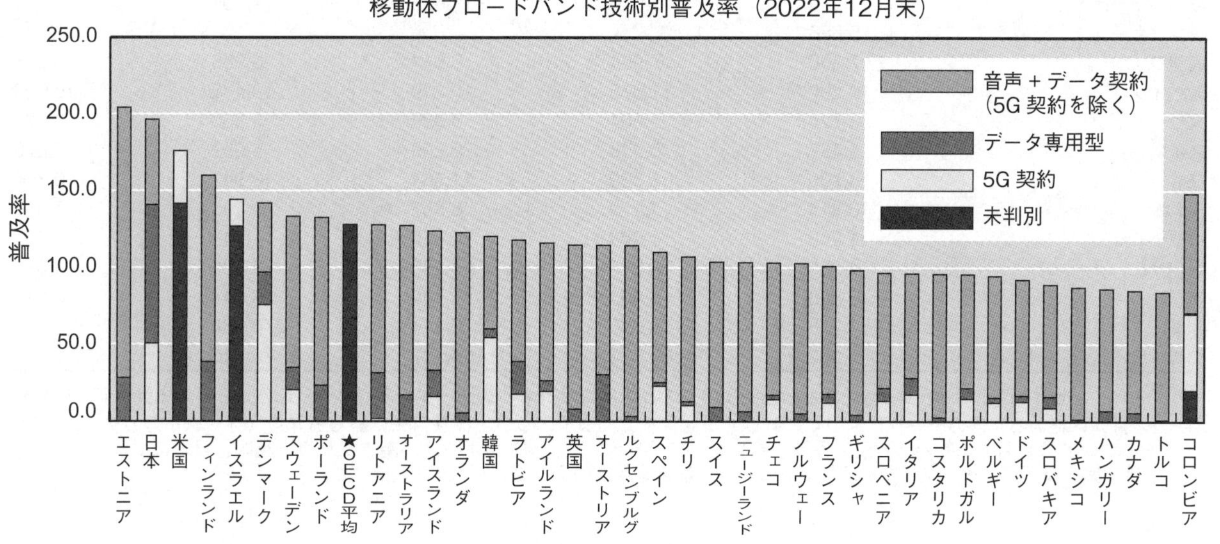

4-2 主要国の市場規模

4-2-1 移動電話サービス売上高

（単位：100万US$）

国	2017	2018	2019	2020	2021
アルゼンチン	8,263	5,933	4,816	4,377	4,664
オーストラリア	-	-	-	-	-
オーストリア	2,651	2,812	2,715	2,772	2,990
ベルギー	3,107	3,218	3,073	3,120	3,296
ブラジル	17,314	15,245	16,811	12,990	12,950
ブルガリア	776	856	848	901	1,019
カナダ	18,861	20,920	20,834	19,312	21,550
チリ	-	-	-	-	-
中国	134,914	139,502	133,797	129,555	-
香港	5,995	6,035	6,242	5,867	-
台湾	6,609	5,837	5,241	5,195	5,532
コロンビア	3,257	3,309	3,076	2,800	3
チェコ	2,015	2,115	2,033	2,032	2,298
デンマーク	1,693	1,802	1,674	1,657	1,797
エジプト	2,404	2,742	3,296	-	4,314
エストニア	245	246	223	195	211
フィンランド	1,983	2,161	2,046	2,108	2,226
フランス	14,617	15,493	14,283	-	-
ドイツ	21,208	22,037	20,475	19,954	21,277
ギリシャ	2,127	2,241	2,204	2,110	2,247
ハンガリー	2,070	2,271	2,198	2,395	2,482
インド	6,847	16,712	17,541	19,913	22,134
インドネシア	11,976	10,063	11,602	11,649	12,200
イラン	6,233	5,962	7,274	9,963	12,576
アイルランド	1,754	1,860	1,763	1,792	1,850
イスラエル	2,284	2,161	2,050	1,866	2,077
イタリア	15,456	15,165	13,055	12,402	12,327
韓国	22,342	22,218	20,659	20,803	22,039
クウェート	2,410	1,655	2,447	2,031	2,576
ルクセンブルク	284	303	277	268	300
マレーシア	5,072	5,373	4,850	4,364	4,532
メキシコ	13,956	14,881	16,682	14,685	16,033
オランダ	5,740	5,490	5,067	4,794	5,105
ニュージーランド	1,954	-	1,854	1,861	2,070
ノルウェー	2,357	2,361	2,239	-	-
フィリピン	-	-	-	-	-
ポーランド	5,212	5,028	4,126	4,150	4,510
ポルトガル	1,488	1,469	1,400	1,415	1,490
ルーマニア	1,747	1,823	1,704	1,707	1,764
ロシア	11,117	10,419	11,652	10,564	10,575
サウジアラビア	11,070	11,023	11,682	11,191	10,972
シンガポール	5,688	-	-	-	-
南アフリカ	7,560	7,981	6,641	6,986	8,046
スペイン	10,290	11,075	10,399	10,446	10,003
スウェーデン	3,724	3,664	3,326	3,363	3,602
スイス	5,457	5,218	5,209	5,692	4,870
タイ	6,706	8,399	11,364	10,942	10,704
トルコ	10,814	7,179	6,857	6,132	5,667
ウクライナ	1,202	1,204	1,455	1,741	1,959
ベトナム	4,555	4,273	4,156	3,923	3,985
英国	20,808	18,403	17,140	16,044	16,894
米国	257,778	270,220	276,114	278,868	-
日本（参考）	65,202	69,676	68,112	76,740	-

出所：ITU ICT Indicators Database2023 (31th/July2023) からのデータに基づき作成、2022 年の統計数値は未発表

注：12 月末に終わる年度のデータに基づく。但しアルゼンチン、タイについては９月末に終わる年度、オーストラリア、エジプトについては６月末に終わる年度、香港、インド、アイルランド、シンガポール、南アフリカ、英国、日本については４月１日で始まる年度、イランについては３月 22 日で始まる年度のデータ。

4-2-2　電気通信サービス総売上高

（単位：100万US$）

国	2017	2018	2019	2020	2021
アルゼンチン	17,416	13,232	11,083	9,957	10,249
オーストラリア	33,567	34,579	32,439	31,560	32,618
オーストリア	4,103	4,342	4,159	4,292	4,526
ベルギー	6,851	7,226	6,854	7,094	7,409
ブラジル	35,160	30,153	32,655	24,086	22,498
ブルガリア	1,212	1,346	1,329	1,401	1,558
カナダ	38,760	40,978	40,850	39,816	44,043
チリ	-	-	-	-	-
中国	187,366	196,927	190,111	197,516	228,604
香港	13,251	13,841	14,537	14,152	-
台湾	11,308	10,527	9,658	9,557	9,867
コロンビア	7,319	7,451	6,789	6,099	6,504
チェコ	3,256	3,452	3,363	3,390	3,802
デンマーク	5,060	5,336	4,959	4,898	5,188
エジプト	3,629	4,202	4,982	6,029	7,008
エストニア	600	546	447	465	491
フィンランド	3,358	3,531	3,326	3,364	3,516
フランス	35,313	36,718	33,743	-	-
ドイツ	46,067	48,679	46,078	49,286	52,277
ギリシャ	5,555	5,764	5,608	5,526	5,915
ハンガリー	2,771	2,966	2,930	2,723	3,471
インド	36,892	30,184	26,562	29,128	31,865
インドネシア	17,540	18,599	19,154	19,242	17,645
イラン	8,061	7,621	9,071	12,902	16,594
アイルランド	3,562	4,165	3,904	3,973	4,096
イスラエル	5,334	5,138	4,929	4,748	5,201
イタリア	30,101	30,387	27,328	26,175	26,223
韓国	50,700	52,669	50,685	51,917	55,989
クウェート	2,825	3,023	3,095	2,708	-
ルクセンブルク	591	626	594	613	644
マレーシア	7,999	8,271	7,872	7,600	7,913
メキシコ	24,686	25,714	26,929	25,690	27,171
オランダ	13,027	12,000	11,149	11,940	11,468
ニュージーランド	3,816	-	3,492	3,407	3,738
ノルウェー	4,074	4,095	3,841	-	-
フィリピン	-	-	-	-	-
ポーランド	10,501	10,865	10,322	10,454	10,568
ポルトガル	4,077	4,170	3,994	4,068	4,316
ルーマニア	2,994	3,107	2,889	2,832	3,029
ロシア	27,012	25,857	26,006	23,697	23,746
サウジアラビア	15,519	15,578	17,262	18,616	18,879
シンガポール	7,531	7,043	-	-	-
南アフリカ	9,618	10,754	9,243	8,590	9,883
スペイン	21,373	22,165	20,912	20,489	20,668
スウェーデン	6,183	5,837	5,334	5,414	5,741
スイス	15,053	15,426	14,040	15,353	14,641
タイ	11,463	12,532	15,123	13,365	12,980
トルコ	14,020	12,226	11,753	10,999	10,438
ウクライナ	1,922	2,076	2,517	2,733	2,969
ベトナム	5,901	5,484	5,682	5,526	5,634
英国	48,159	44,799	41,011	41,519	42,731
米国	618,559	633,729	645,361	636,978	-
日本（参考）	149,987	151,422	161,809	166,321	-

出所：ITU ICT Indicators Database2023 (31th/July2023) からのデータに基づき作成、2022年の統計数値は未発表

注：12月末に終わる年度のデータに基づく。但しアルゼンチン、タイについては9月末に終わる年度、オーストラリア、エジプトについては6月末に終わる年度、香港、インド、アイルランド、シンガポール、南アフリカ、英国、日本については4月1日で始まる年度、イランについては3月22日で始まる年度のデータ。

4-2-3　移動電話サービスの電気通信サービス総売上に占める割合

（単位：%）

国	2017	2018	2019	2020	2021
アルゼンチン	47.4%	44.8%	43.5%	44.0%	45.5%
オーストラリア	-	-	-	-	-
オーストリア	64.6%	64.8%	65.3%	64.6%	66.1%
ベルギー	45.4%	44.5%	44.8%	44.0%	44.5%
ブラジル	49.2%	50.6%	51.5%	53.9%	57.6%
ブルガリア	64.0%	63.6%	63.8%	64.3%	65.4%
カナダ	48.7%	51.1%	51.0%	48.5%	48.9%
チリ	-	-	-	-	-
中国	72.0%	70.8%	70.4%	65.6%	-
香港	45.2%	43.6%	42.9%	41.5%	-
台湾	58.4%	55.4%	54.3%	54.4%	56.1%
コロンビア	44.5%	44.4%	45.3%	45.9%	0.1%
チェコ	61.9%	61.3%	60.5%	59.9%	60.4%
デンマーク	33.5%	33.8%	33.7%	33.8%	34.6%
エジプト	66.2%	65.3%	66.2%	-	61.6%
エストニア	40.8%	45.1%	49.9%	42.0%	43.0%
フィンランド	59.1%	61.2%	61.5%	62.7%	63.3%
フランス	41.4%	42.2%	42.3%	-	-
ドイツ	46.0%	45.3%	44.4%	40.5%	40.7%
ギリシャ	38.3%	38.9%	39.3%	38.2%	38.0%
ハンガリー	74.7%	76.6%	75.0%	88.0%	71.5%
インド	18.6%	55.4%	66.0%	68.4%	69.5%
インドネシア	68.3%	54.1%	60.6%	60.5%	69.1%
イラン	77.3%	78.2%	80.2%	77.2%	75.8%
アイルランド	49.2%	44.7%	45.2%	45.1%	45.2%
イスラエル	42.8%	42.1%	41.6%	39.3%	39.9%
イタリア	51.3%	49.9%	47.8%	47.4%	47.0%
韓国	44.1%	42.2%	40.8%	40.1%	39.4%
クウェート	85.3%	54.8%	79.1%	75.0%	-
ルクセンブルク	48.1%	48.4%	46.6%	43.8%	46.5%
マレーシア	63.4%	65.0%	61.6%	57.4%	57.3%
メキシコ	56.5%	57.9%	61.9%	57.2%	59.0%
オランダ	44.1%	45.8%	45.4%	40.2%	44.5%
ニュージーランド	51.2%	-	53.1%	54.6%	55.4%
ノルウェー	57.9%	57.7%	58.3%	-	-
フィリピン	-	-	-	-	-
ポーランド	49.6%	46.3%	40.0%	39.7%	42.7%
ポルトガル	36.5%	35.2%	35.1%	34.8%	34.5%
ルーマニア	58.4%	58.7%	59.0%	60.3%	58.3%
ロシア	41.2%	40.3%	44.8%	44.6%	44.5%
サウジアラビア	71.3%	70.8%	67.7%	60.1%	58.1%
シンガポール	75.5%	-	-	-	-
南アフリカ	78.6%	74.2%	71.8%	81.3%	81.4%
スペイン	48.1%	50.0%	49.7%	51.0%	48.4%
スウェーデン	60.2%	62.8%	62.3%	62.1%	62.7%
スイス	36.2%	33.8%	37.1%	37.1%	33.3%
タイ	58.5%	67.0%	75.1%	81.9%	82.5%
トルコ	77.1%	58.7%	58.3%	55.7%	54.3%
ウクライナ	62.5%	58.0%	57.8%	63.7%	66.0%
ベトナム	77.2%	77.9%	73.1%	71.0%	70.7%
英国	43.2%	41.1%	41.8%	38.6%	39.5%
米国	41.7%	42.6%	42.8%	43.8%	-
日本（参考）	43.5%	46.0%	42.1%	46.1%	-

注：移動通信サービスの売上げを電気通信総売上で割って算出した。

4-3 主要国の電話トラフィック

4-3-1　国内固定通信トラフィック（固定端末機から固定端末機あて）

（単位：百万分）

国	2017	2018	2019	2020	2021
アルゼンチン	-	18,784	14,363	11,697	7,021
オーストラリア	-	-	-	-	-
オーストリア	1,446	1,294	1,167	1,148	1,093
ベルギー	5,284	4,616	3,909	4,519	3,561
ブラジル	33,412	23,194	17,242	13,308	11,483
ブルガリア	568	436	346	311	245
カナダ	-	-	-	-	-
チリ	3,596	2,491	1,765	1,457	877
中国	184,169	148,119	120,547	102,595	93,339
香港	2,185	1,959	1,759	1,658	1,596
台湾	10,886	9,417	8,088	7,326	6,901
コロンビア	2,181	2,026	2,234	2,343	2,533
チェコ	709	628	595	503	472
デンマーク	-	-	-	-	-
エジプト	8,000	11,452	9,599	7,625	6,499
エストニア	299	164	181	110	92
フィンランド	-	-	-	-	-
フランス	44,732	38,199	32,147	-	-
ドイツ	101,000	91,000	81,000	89,000	86,000
ギリシャ	12,827	11,627	10,551	11,622	10,551
ハンガリー	3,137	2,834	2,461	2,678	3,213
インド	-	-	-	-	4,157
インドネシア	2,216	2,084	1,643	893	976
イラン	23,916	14,879	23,256	10,279	9,149
アイルランド	1,678	1,418	1,148	1,191	1,005
イスラエル	4,290	3,920	3,859	4,498	3,380
イタリア	28,462	24,153	19,851	20,796	15,919
韓国	6,545	5,595	4,648	4,097	3,589
クウェート	-	-	-	-	-
ルクセンブルク	299	271	237	250	216
マレーシア	815	729	531	314	231
メキシコ	19,100	19,756	14,308	14,683	10,917
オランダ	8,971	7,007	5,863	-	-
ニュージーランド	4,050	-	2,038	1,788	1,482
ノルウェー	936	751	571	-	-
フィリピン	-	-	-	-	-
ポーランド	4,471	3,150	4,152	4,182	3,717
ポルトガル	3,900	3,430	2,931	3,146	2,724
ルーマニア	1,712	1,360	1,052	1,007	777
ロシア	48,578	41,469	34,369	31,348	26,358
サウジアラビア	2,909	2,546	-	-	-
シンガポール	-	-	-	-	-
南アフリカ	7,036	15,100	5,107	4,438	3,930
スペイン	21,208	17,778	14,186	16,446	12,524
スウェーデン	3,559	2,800	2,052	1,612	1,075
スイス	5,770	4,775	4,231	4,645	3,788
タイ	248	19	16	12	26
トルコ	3,987	3,199	2,698	2,293	1,744
ウクライナ	-	-	640	483	296
ベトナム	-	-	760	1,325	1,100
英国	34,427	31,194	26,231	31,421	25,509
米国	-	-	-	-	-
日本（参考）	24,324	20,952	17,628	14,778	-

出所：ITU ICT Indicators Database2023 (31th/July2023) からのデータに基づき作成、2022 年の統計数値は未発表

注：12 月末に終わる年度のデータに基づく。但しアルゼンチン、タイについては９月末に終わる年度、オーストラリア、エジプトについては６月末に終わる年度、香港、インド、アイルランド、シンガポール、南アフリカ、英国、日本については４月１日で始まる暦年、イランについては３月 22 日で始まる暦年のデータ。

4-3-2　国内移動通信トラフィック（携帯端末機から携帯端末機あて）

（単位：百万分）

国	2017	2018	2019	2020	2021
アルゼンチン	83,409	81,754	78,737	80,933	74,679
オーストラリア	-	-	-	-	-
オーストリア	21,131	21,834	22,321	26,955	26,373
ベルギー	15,763	16,072	16,612	20,207	20,271
ブラジル	249,474	238,665	218,518	211,137	199,378
ブルガリア	18,699	19,215	19,427	21,789	21,936
カナダ	182,533	190,819	198,234	235,789	232,742
チリ	30,894	35,010	37,860	45,772	46,311
中国	5,413,450	5,101,050	3,744,730	2,256,960	2,281,010
香港	14,047	12,112	10,559	8,648	5,269
台湾	17,334	13,914	12,180	10,945	9,840
コロンビア	107,915	146,550	149,172	160,423	180,459
チェコ	20,907	21,152	21,931	25,660	26,628
デンマーク	14,109	14,250	14,848	17,010	17,452
エジプト	-	312,272	338,792	370,712	401,496
エストニア	3,338	3,402	3,548	3,930	-
フィンランド	14,856	14,666	14,068	16,486	16,279
フランス	164,462	169,372	167,749	-	-
ドイツ	112,600	115,690	124,210	152,520	160,200
ギリシャ	26,244	26,271	26,028	28,909	30,310
ハンガリー	21,118	21,927	22,947	25,923	28,785
インド	6,132,370	7,636,100	8,889,750	9,539,850	10,592,400
インドネシア	350,065	265,479	247,558	374,182	387,833
イラン	157,921	186,586	199,110	228,528	241,616
アイルランド	10,959	11,041	11,356	13,031	12,849
イスラエル	-	-	-	-	-
イタリア	182,477	179,393	182,770	213,972	184,815
韓国	164,591	170,199	173,000	184,940	193,782
クウェート	4,521	7,654	6,946	-	7,316
ルクセンブルク	826	874	861	1,047	1,028
マレーシア	37,421	33,775	35,676	118,668	126,944
メキシコ	274,562	294,792	306,524	315,895	319,676
オランダ	13,825	-	-	-	-
ニュージーランド	8,450	-	8,946	9,702	10,184
ノルウェー	13,600	13,700	14,044	-	-
フィリピン	-	-	-	-	-
ポーランド	101,919	96,190	102,919	123,682	120,866
ポルトガル	25,208	26,572	27,335	32,253	33,875
ルーマニア	64,654	64,517	66,190	71,480	68,463
ロシア	455,806	455,940	448,107	471,718	461,911
サウジアラビア	106,837	104,231	-	-	-
シンガポール	-	-	6,986	5,776	5,097
南アフリカ	74,579	93,070	100,147	102,434	83,666
スペイン	93,353	91,141	94,595	116,896	114,940
スウェーデン	32,922	34,605	36,291	40,149	41,679
スイス	12,260	12,235	12,769	15,437	14,811
タイ	37,817	30,956	31,591	31,943	30,126
トルコ	256,682	267,590	273,759	296,874	313,218
ウクライナ	-	-	155,984	162,728	157,764
ベトナム	-	-	91,126	96,934	93,261
英国	153,750	160,729	161,113	189,664	186,503
米国	-	-	-	-	-
日本（参考）	130,824	127,632	125,652	135,252	-

出所：ITU ICT Indicators Database2023 (31th/July2023) からのデータに基づき作成、2022 年の統計数値は未発表

注：12 月末に終わる年度のデータに基づく。但しアルゼンチン、タイについては９月末に終わる年度、オーストラリア、エジプトについては６月末に終わる年度、香港、インド、アイルランド、シンガポール、南アフリカ、英国、日本については４月１日で始まる暦年、イランについては３月 22 日で始まる暦年のデータ。

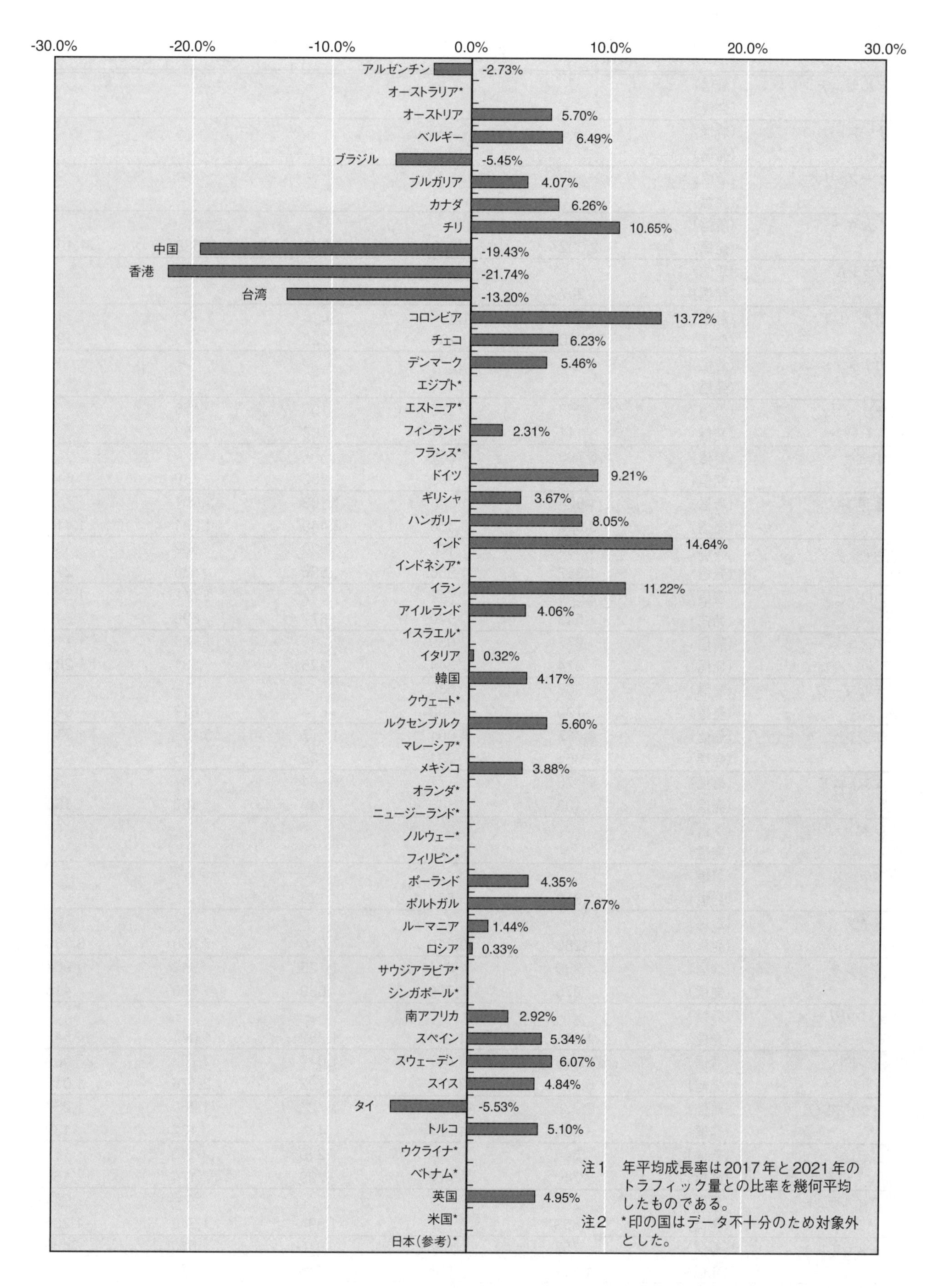
国内移動通信トラフィックの５年間（2017-2021）の平均成長率
-30.0%
-20.0%
-10.0%
0.0%
10.0%
20.0%
30.0%
アルゼンチン -2.73%
オーストラリア*
オーストリア 5.70%
ベルギー 6.49%
ブラジル -5.45%
ブルガリア 4.07%
カナダ 6.26%
チリ 10.65%
中国 -19.43%
香港 -21.74%
台湾 -13.20%
コロンビア 13.72%
チェコ 6.23%
デンマーク 5.46%
エジプト*
エストニア*
フィンランド 2.31%
フランス*
ドイツ 9.21%
ギリシャ 3.67%
ハンガリー 8.05%
インド 14.64%
インドネシア*
イラン 11.22%
アイルランド 4.06%
イスラエル*
イタリア 0.32%
韓国 4.17%
クウェート*
ルクセンブルク 5.60%
マレーシア*
メキシコ 3.88%
オランダ*
ニュージーランド*
ノルウェー*
フィリピン*
ポーランド 4.35%
ポルトガル 7.67%
ルーマニア 1.44%
ロシア 0.33%
サウジアラビア*
シンガポール*
南アフリカ 2.92%
スペイン 5.34%
スウェーデン 6.07%
スイス 4.84%
タイ -5.53%
トルコ 5.10%
ウクライナ*
ベトナム*
英国 4.95%
米国*
日本(参考)*
注１　年平均成長率は2017年と2021年のトラフィック量との比率を幾何平均したものである。
注２　*印の国はデータ不十分のため対象外とした。

4-3-3　国際通信トラフィック

（単位：百万分）

国		2017	2018	2019	2020	2021
アルゼンチン	（着信）	-	-	-	-	-
	（発信）	-	-	-	-	-
オーストラリア	（着信）	-	-	-	-	-
	（発信）	-	-	-	-	-
オーストリア	（着信）	-	-	-	-	-
	（発信）	-	-	-	-	-
ベルギー	（着信）	-	-	-	-	-
	（発信）	2,002	1,760	1,640	1,538	1,191
ブラジル	（着信）	-	-	-	-	-
	（発信）	207	111	94	56	57
ブルガリア	（着信）	1,538	1,807	1,646	1,495	1,315
	（発信）	240	233	228	225	196
カナダ	（着信）	-	-	-	-	-
	（発信）	-	-	-	-	-
チリ	（着信）	253	225	195	158	-
	（発信）	111	91	68	53	-
中国	（着信）	6,793	4,841	-	-	-
	（発信）	1,146	905	882	730	612
香港	（着信）	1,824	1,348	1,102	1,061	759
	（発信）	5,026	3,368	2,449	1,991	1,415
台湾	（着信）	1,534	1,166	820	509	386
	（発信）	1,367	1,088	696	436	279
コロンビア	（着信）	2,004	1,741	1,672	1,742	1,839
	（発信）	543	520	677	693	648
チェコ	（着信）	1,977	2,059	2,285	1,980	1,719
	（発信）	374	344	325	331	281
デンマーク	（着信）	907	836	-	-	-
	（発信）	790	698	674	617	548
エジプト	（着信）	3,067	4,001	4,877	5,737	1,945
	（発信）	351	231	208	126	36
エストニア	（着信）	73	77	94	84	87
	（発信）	103	148	149	160	150
フィンランド	（着信）	-	-	-	-	-
	（発信）	-	-	-	-	-
フランス	（着信）	-	-	-	-	-
	（発信）	11,859	9,582	8,123	-	-
ドイツ	（着信）	-	-	-	-	-
	（発信）	11,280	9,810	7,670	7,760	6,380
ギリシャ	（着信）	1,299	1,211	1,128	942	967
	（発信）	975	796	669	526	415
ハンガリー	（着信）	-	-	-	-	-
	（発信）	1,011	1,291	1,282	1,041	543
インド	（着信）	79,846	64,047	51,017	37,763	27,689
	（発信）	5,179	3,187	2,702	2,176	1,018
インドネシア	（着信）	2,938	14,311	3,723	1,260	1,267
	（発信）	661	11,987	434	132	132
イラン	（着信）	344	244	210	140	189
	（発信）	740	404	299	174	160
アイルランド	（着信）	-	-	-	-	-
	（発信）	1,853	1,718	1,394	1,340	1,205
イスラエル	（着信）	757	688	610	570	480
	（発信）	1,112	935	758	578	510

国		2017	2018	2019	2020	2021
イタリア	（着信）	-	-	-	-	-
	（発信）	7,404	7,797	7,496	6,535	5,622
韓国	（着信）	514	450	368	378	358
	（発信）	929	680	476	306	226
クウェート	（着信）	132	88	65	95	-
	（発信）	160	115	79	-	-
ルクセンブルク	（着信）	353	336	298	341	259
	（発信）	382	373	352	374	335
マレーシア	（着信）	1,499	1,376	904	417	380
	（発信）	12,734	9,974	7,242	5,518	4,046
メキシコ	（着信）	-	-	-	-	-
	（発信）	-	-	-	-	-
オランダ	（着信）	-	-	-	-	-
	（発信）	-	-	-	-	-
ニュージーランド	（着信）	-	-	-	-	-
	（発信）	626	-	478	414	362
ノルウェー	（着信）	-	-	-	-	-
	（発信）	821	789	728	-	-
フィリピン	（着信）	-	-	-	-	-
	（発信）	-	-	-	-	-
ポーランド	（着信）	-	-	-	-	-
	（発信）	1,475	1,705	1,616	1,630	1,632
ポルトガル	（着信）	-	-	-	-	-
	（発信）	1,248	1,372	1,364	1,095	1,041
ルーマニア	（着信）	3,326	3,492	3,197	2,843	2,565
	（発信）	3,911	3,273	2,666	2,328	1,795
ロシア	（着信）	-	-	-	-	-
	（発信）	6,847	3,944	2,840	2,016	1,640
サウジアラビア	（着信）	2,708	2,305	-	-	-
	（発信）	9,946	10,173	-	-	-
シンガポール	（着信）	1,431	869	-	-	-
	（発信）	3,985	2,554	2,546	1,887	1,228
南アフリカ	（着信）	6,788	1,069	958	1,365	280
	（発信）	1,340	1,602	1,147	873	473
スペイン	（着信）	5,969	6,321	6,673	5,831	5,723
	（発信）	3,400	3,387	3,184	2,746	2,209
スウェーデン	（着信）	-	-	-	-	-
	（発信）	914	993	714	661	576
スイス	（着信）	-	-	-	-	-
	（発信）	3,013	2,567	2,315	2,351	1,892
タイ	（着信）	446	286	196	140	67
	（発信）	379	256	171	148	69
トルコ	（着信）	2,521	2,047	1,675	1,352	1,112
	（発信）	767	660	602	421	367
ウクライナ	（着信）	-	-	1,450	1,317	1,336
	（発信）	-	-	822	700	615
ベトナム	（着信）	-	-	390	274	291
	（発信）	-	-	120	89	57
英国	（着信）	-	-	-	-	-
	（発信）	7,254	5,965	5,068	4,738	3,476
米国	（着信）	-	-	-	-	-
	（発信）	-	-	-	-	-
日本（参考）	（着信）	902	751	661	527	-
	（発信）	744	594	497	259	-

出所：ITU ICT Indicators Database2023（31th/July2023）からのデータに基づき作成、2022 年の統計数値は未発表

注：12 月末に終わる年度のデータに基づく。但しアルゼンチン、タイについては 9 月末に終わる年度、オーストラリア、エジプトについては 6 月末に終わる年度、香港、インド、アイルランド、シンガポール、南アフリカ、英国、日本については 4 月 1 日で始まる暦年、イランについては 3 月 22 日で始まる暦年のデータ。

4-3-4　SMS（ショートメッセージサービス）トラフィック

（単位：百万分）

国	2017	2018	2019	2020	2021
アルゼンチン	23,956	14,764	10,933	7,376	6,225
オーストラリア	-	-	-	-	-
オーストリア	2,547	2,227	1,849	1,456	1,390
ベルギー	22,464	20,466	17,839	14,523	12,031
ブラジル	45,975	28,931	17,210	10,752	8,183
ブルガリア	467	397	382	310	325
カナダ	-	-	-	-	-
チリ	1,210	1,087	1,146	1,064	1,199
中国	665,087	1,140,980	-	1,785,120	1,766,440
香港	2,738	2,691	3,015	3,605	4,209
台湾	4,118	4,927	4,785	6,274	10,955
コロンビア	2,440	2,016	1,924	2,181	1,792
チェコ	8,168	7,961	7,449	6,332	5,628
デンマーク	5,983	5,560	5,325	4,887	4,287
エジプト	5,658	5,598	4,731	4,341	4,443
エストニア	662	715	769	788	831
フィンランド	2,195	1,931	1,559	1,433	1,389
フランス	184,409	171,282	159,827	-	-
ドイツ	10,300	8,900	7,900	7,000	7,800
ギリシャ	2,380	2,185	2,358	2,213	2,349
ハンガリー	1,874	1,966	1,922	1,735	1,718
インド	224,702	239,737	223,944	205,544	194,375
インドネシア	264,813	86,729	55,917	40,317	40,428
イラン	234,882	222,611	233,840	261,311	321,138
アイルランド	4,902	4,342	3,665	2,773	2,684
イスラエル	-	-	-	-	-
イタリア	17,017	12,311	7,649	5,584	6,141
韓国	59,010	59,755	56,536	52,673	46,809
クウェート	310	285	250	88	169
ルクセンブルク	609	505	477	369	336
マレーシア	8,514	5,846	4,278	2,999	2,933
メキシコ	75,035	61,788	46,908	33,147	20,348
オランダ	3	3	3	3	2
ニュージーランド	9,210	-	8,093	7,317	7,316
ノルウェー	5,326	4,951	4,629	-	-
フィリピン	-	-	-	-	-
ポーランド	50,214	48,389	46,333	41,757	39,949
ポルトガル	16,918	15,962	14,729	11,394	10,729
ルーマニア	15,579	13,336	10,317	6,907	5,395
ロシア	48,784	37,567	27,293	20,760	17,831
サウジアラビア	63,293	68,947	-	-	-
シンガポール	2,824	2,168	2,160	1,038	965
南アフリカ	15,158	16,176	17,640	20,221	23,346
スペイン	1,430	1,091	870	756	868
スウェーデン	8,461	8,192	8,046	6,676	6,207
スイス	1,956	1,661	1,346	1,135	877
タイ	16,882	18,234	13,414	11,084	15,093
トルコ	89,067	82,831	62,077	41,841	38,851
ウクライナ	4,222	3,771	-	1,237	-
ベトナム	-	-	25,413	23,441	18,742
英国	78,785	74,107	65,040	48,585	40,863
米国	1,500,000	1,701,000	1,708,000	1,717,000	-
日本（参考）	-	-	-	-	-

出所：ITU ICT Indicators Database2023 (31th/July2023 からのデータに基づき作成、2022 年の統計数値は未発表

注：12 月末に終わる年度のデータに基づく。但しアルゼンチン、タイについては 9 月末に終わる年度、オーストラリア、エジプトについては 6 月末に終わる年度、香港、インド、アイルランド、シンガポール、南アフリカ、英国、日本については 4 月 1 日で始まる暦年、イランについては 3 月 22 日で始まる暦年のデータ。

4-4　主要国の通信政策・市場などの動向

4-4-1　米国

4-4-1-1　米国電気通信産業概要

<table>
<tr><td colspan="3">根拠法／規制法</td><td colspan="2">1934 年通信法（Communications Act of 1934）
1962 年通信衛星法（Communications Satellite Act of 1962）
1996 年電気通信法（Telecommunications Act of 1996）</td></tr>
<tr><td colspan="3">監督機関：
主管庁／規制機関</td><td colspan="2">連邦通信委員会（Federal Communications Commission : FCC ）
各州の公益事業委員会（Public Utilities Commission : PUC）
商務省国家電気通信情報庁（NTIA）（National Telecommunications and Information Administration : NTIA）
連邦取引委員会　（Federal Trade Commission:FTC）
司法省（Department of Justice:DOJ）など</td></tr>
<tr><td colspan="3">自由化及び既存事業者</td><td colspan="2">（ナショナル・キャリアからの民営化というプロセスはとっていない。）</td></tr>
<tr><td rowspan="7">主要通信事業者</td><td colspan="2">固定通信事業者[*1]
（22 年 6 月）</td><td colspan="2">既存区域内通信事業者（ILEC）：708 社
競争通信事業者（CLEC）及び競争アクセス事業者（CAP）、
その他の地域内通信事業者：1,987 社（地域通信事業者合計：2,342 社）
VoIP サービス提供事業者：1,860 社</td></tr>
<tr><td rowspan="2">主な
固定通信
事業者</td><td>通信事業系</td><td colspan="2">AT&T、ルーメン（←20 年 9 月、ルーメンテクノロジーズがセンチュリーリンク買収に伴う改称）、ベライゾンコミュニケーションズ、フロンティアコミュニケーションズ（再建中）、アルタフィバー（旧シンシナチベル）</td></tr>
<tr><td>CATV 系</td><td colspan="2">コムキャスト、コックス、チャーターコミュニケーションズ、アルティス USA（旧ケーブルヴィジョン＋オプティマム（旧サドンリンク））</td></tr>
<tr><td rowspan="3">主な
移動通信
事業者</td><td>セルラー</td><td colspan="2">ベライゾン・ワイヤレス、AT&T、T- モバイル（20 年にスプリントを吸収合併）、DISH（以上 4 社が全国的キャリア）、US セルラー、C スパイヤー、NTELOS、（この他、米国内には地域限定的な小規模携帯電話会社が 59 社）</td></tr>
<tr><td>主な MVNO</td><td colspan="2">トラックフォン（ベライゾンが America Movil から買収）、バージンモビル USA、ブーストモビル、ティン、他 70 社以上、グーグル（2016 年）、コムキャスト（2017 年）、チャータコム（2018 年）が参入　DISH も Boost Mobile を買収し参入（2020 年 7 月）</td></tr>
<tr><td>主な VoIP
事業者</td><td colspan="2">コールセントリック、コールオンザネット、ゴーツーコール、ギャラクシー、voip、バイパーネットワクス、エフォニカ、</td></tr>
<tr><td colspan="2"></td><td colspan="2"></td></tr>
<tr><td rowspan="2">市場規模</td><td colspan="2">収入ベース（21 年）</td><td>収入（ユニバーサルサービス対象）
地域サービス
無線サービス
中継サービス
ユニバーサルサービス賦課金
収入（ユニバーサル対象外）
合計収入</td><td>1,228 億 1,200 万ドル
618 億 4,700 万ドル
386 億 8,800 万ドル
231 億 5,100 万ドル
91 億 2,600 万ドル
4,226 億 7,000 万ドル
5,454 億 8,200 万ドル</td></tr>
<tr><td colspan="2">加入者ベース</td><td>固定電話加入者数（普及率）
移動電話加入者数（普及率）

高速回線数[*2]合計　（21 年 12 月）
ADSL
SDSL
その他固定回線
ケーブル
ファイバー
衛星無線
固定無線
移動無線</td><td>9,162 万加入　（27.1%）
3 億 7,268 万加入　（110.2%）

5 億 1,019 万 8,000 加入
1,686 万 8,000 加入
1 万 4,000 加入
53 万 0,000 加入
8,023 万 2,000 加入
2,333 万 8,000 加入
187 万 3,000 加入
292 万 3,000 加入
3 億 8,442 万 0,000 加入</td></tr>
</table>

*　ことわり書きが無い時は 2022 年 12 月 31 日現在

*1　ILEC と非 ILEC の双方の形式で事業を運営していると FCC に報告した会社も少なくなく、FCC はその場合どちらにも 1 社として割り振りダブルカウントしているため、ILEC と非 ILEC の合計数は一致してない。

*2　ここでいう高速回線とは、少なくとも片方向で 200kbps 以上の回線、FCC はブロードバンドの定義としては、下り 25Mbps、上り 3Mbps と 2015 年 1 月に再定義している。加入者数はいずれも 2019 年 6 月末時点のもの。

出所：FCC, “2022 Communications Marketplace Report”, Dec. 2022
FCC, “Internet Access Service Status as of12/31/21”, Aug. 2023
FCC, “Universal Service Monitoring Report 2022”, Feb. 2023
FCC, “Voice Telephone Services as of 6/30 2022”, Aug. 2023

4-4-1-2　米国電気通信政策・事業者動向（1）　－2022年7月～2023年6月－

〈ホワイトハウス、プラットフォーム説明責任強化で6原則発表〉

ホワイトハウスは2022年9月8日、大手オンライン・プラットフォームの説明責任強化に向けた六つの基本原則を発表した。その主な内容は以下の通りである。

1. テクノロジー分野での競争を促進する。中小企業や起業家が公平に競争できる場を確立する明確な規則が必要である。
2. 連邦政府は米国市民のプライバシーに対し強力な保護を提供する。個人データの収集・使用・移譲・保管には明確な制限が必要であり、オンライン・プラットフォームは収集する情報を最小限に抑えるよう尽力することが求められる。特に位置情報や健康情報などの機微情報には強力な保護が必要である。
3. より強力なプライバシー保護やオンライン安全対策によって子どもを保護する。オンライン・プラットフォーム、製品、サービスの設計や慣行においては、利益よりも若年層の安全や福利を優先する必要がある。
4. 大手オンライン・プラットフォームに対する特別な法的保護を撤廃する。プラットフォームは現在、通信品位法第230条に基づく法的免責の対象になっているが、バイデン大統領は以前より同条項の抜本的改革を求めている。
5. オンライン・プラットフォームのアルゴリズムやコンテンツモデレーションの透明性を向上する。
6. アルゴリズムによる差別的な意思決定を阻止する。重要な機会を平等に提供できない、社会的弱者を差別的に危険な製品に晒す、執拗な監視を行うなど、保護されるべき層がアルゴリズムによって不当に差別されないようにするための強力な保護措置が必要である。

基本原則は、ホワイトハウスが専門家や実務家を招いて同日開催した「プラットフォームに起因する被害と説明責任の必要性」に関するリスニングセッションを受けて発表された。セッションでは主な懸念事項として、市場競争、プライバシー、若年者のメンタルヘルス、誤情報・偽情報、性的搾取を含む違法・虐待行為、アルゴリズムによる差別と透明性の欠如が挙がった。

〈商務省、半導体輸出規制を拡大、先端技術を広範囲に〉

商務省産業安全保障局（BIS）は、2022年10月7日、中国向けスーパーコンピューターおよび半導体製造装置に対する新たな輸出規制を発表した。この措置は、米国が国家安全保障を理由に外国企業との貿易の制限を可能にするため既存の法的枠組みを拡大解釈したものであり、「輸出管理規則（EAR)」と特定の貿易制限が適用される取引相手を指定する様々な「リスト」の双方を活用したものである。EARは有形物体および知的財産の双方に適用され、二重利用品目の輸出および再輸出の規制を目的としている。BISは、今回輸出規制の対象とした製品や能力は、大量破壊兵器を含む高度な軍事システムの製造に使用されており、軍事的意思決定、計画、兵站、自律型軍事システム構築の速度と精度を改善し、人権侵害を犯していると指摘し、規制を正当化している。

規制は広範囲におよび、以下の3つの柱で構成されている。

1. 特に中国で使用または設置される先端半導体や半導体製造装置に係る輸出規制
2. 中国国内で特定の集積回路の開発または生産を支援する米国人および米国企業の能力に対する規制
3. 特定事業者の二重利用品目への参入を制限することを目的とした「未検証ユーザーリストおよび「エンティティリスト（アメリカの安全保障や外交政策上の利益に反すると判断された企業等のリスト)」の掲載事業体の追加

米国企業が人工知能（AI）やスーパーコンピューター向けの先端技術を中国向けに開発・輸出する場合、事実上の許可制となる。中国企業と半導体の先端技術や製造装置を取引する場合には、新しいライセンスが求められる。

規制対象には、中国半導体メーカーの長江存儲科技（YMTC）が含まれた。同社は中国政府系ファンドから多額の資金を受け、メモリー量産で急成長を遂げたとされる。米議会はYMTCを禁輸対象にするよう要求していた。

〈司法省、オンライン広告事業の独占についてグーグルを提訴〉

司法省は、2023年1月24日、グーグルが、オンライン広告の最大の仲介者、供給者、オークション運営者としての市場優位の立場を濫用しているとして、同社を提訴した。また、本件には、カリフォルニア、ニューヨークなど8州も原告に加わっている。

司法省は、バージニア州東地区連邦地方裁判所に提出された訴状において、グーグルが広告テクノロジー業界における独占的な力を濫用することで、競合する製品を利用しようとするウェブパブリッシャーや広告主に損害を与えていると主張し、2008年のダブルクリック社の買収など、グーグルが過去に行った反競争的買収の解消と広告取引所の売却を命じるよう裁判所に求めている。

グーグルはこれに対し、この訴訟は、広告テクノロジー業界の勝者、敗者を恣意的に決めようとする試みだと反論し、司法省の主張は、イノベーションを遅らせ、広告料金を引き上げ、小規模事業者・パブリッシャーの成長を困難にすると主張している。

なお、司法省は、2020年にもグーグルを相手取って同社のオンライン検索事業に関する訴訟を提起しており、この裁判は2023年に開始される見込みである。

〈バイデン政権、初の国家サイバーセキュリティ戦略を発表〉

バイデン政権は2023年3月2日、同政権で初となる2023年国家サイバーセキュリティ戦略を発表した。この戦略は、サイバースペースにおける役割、責任、資源を根本的に転換し、変革することを目的としている。個人、中小企業、地方自治体から、データ保有者や技術プロバイダーのような最も能力があり、リスクを軽減するのに最適な立場にある組織へと負担を移すことによって、サイバースペースを防衛する責任のバランスを調整する。この戦略は、5つの協力的な柱を通じてこれらの目標を達成することを想定している。

1. 重要インフラの防衛：米国の重要インフラの回復力に対する信頼を構築するため、規制の枠組みは、重要部門に対する最低限のサイバーセキュリティ要件を定める
2. 脅威となる行為者（actor）の破壊：民間企業や国際的なパートナーと協力して、米国はランサムウェアの脅威に対処し、悪意のある行為者を混乱させることを目指す
3. セキュリティやレジリエンスを推進するための市場の形成：助成金制度は、安全なインフラへの投資を促進し、また、安全なソフトウェア製品やサービスに対する責任は、最も弱い立場にある人々から移され、優れたプライバシー慣行が促進される
4. セキュアでレジリエントな次世代技術：多様なサイバー人材が育成され、ポスト量子暗号を含む新技術のサイバーセキュリティ研究開発が優先される
5. グローバルなサイバー防衛を推進するための国際パートナーシップの促進：米国は同盟国やパートナーと協力してサイバー脅威に対抗し、信頼できる情報通信技術のサプライチェーンを構築する

この戦略について国家サイバー長官を代行するケンバ・ウォルデン氏は会見において、次のような見解を示した。サイバー空間と、より広いデジタルエコシステムの将来について大胆な新しいビジョンを打ち出すものであり、米国におけるサイバー社会の協定を根本から再構築し、適切な者に、サイバーリスク管理の責任を再分配するものである。特に、重要インフラの防衛については、同戦略は、米国ではこれまでほとんどの重要インフラのサイバーセキュリティを自主的なガイドラインに頼ってきたが、これが不十分で一貫性のない結果に終わった。米国標準技術研究所（NIST）の重要インフラ向けフレームワークといった既存の枠組みを用いた最低基準を重要インフラに課し、これまでの情報共有と協力を重視した政策から、より厳格な規制でサイバーセキュリティを確保する方針に切り替える。また、脅威となる行為者への対応については、米国がサイバー攻撃を未然に防ぐために国力のあらゆる要素を行使することを求めており、外国のネットワーク上の悪意あるハッカーを見つけ出す米国サイバー軍の「先回り防衛」戦略を継続する。

同戦略では、今後の規制を協調させる必要性も訴えており、クラウドベースのサービスについても規制の対象に含めることを提案している。ソフトウェア業界に安全性に欠ける製品の責任を負わせることについては以前から議論されてきたが、これにより、テクノロジー企業が訴訟や高額な罰金に直面し、最悪の場合、ソフトウェア業界が壊滅すると警告する声もあった。しかし、ホワイトハウスは今回の戦略では、ソフトウェアメーカーが責任を負うべきという側に立ったことになる。ただ、その場合でも、実際にどのような形でソフトウェアメーカーの責任を問うのかについては連邦議会に託しており、規制の策定に至るまでは大きな困難が予想される。

〈中国通信企業締め出し政策〉

〈FCC、国家安全保障上の脅威となる中国電気通信事業者３社をカバーリストに追加〉

FCCは、2022年9月20日、中国の電気通信事業者であるパシフィックネットワークスとその完全子会社であるコムネット（USA）及びチャイナユニコムを米国の国家安全保障に対する脅威に指定された通信機器・サービスの「Covered List（対象リスト）」に追加したことを発表した。FCCは、これらの企業が、中国政府による搾取・影響・支配の対象であるため、国家安全保障上のリスクがあるとし、また、中国政府による通信傍受の要請に従うことを強要される懸念があるとしている。

「Covered List」とは、米国連邦通信委員会（FCC）が「2019年安全で信頼できる通信ネットワーク法（Secure and Trusted Communications Networks Act of 2019）」に基づいて定めた、米国の国家安全保障に対する脅威に該当する通信機器・サービスのリストである。このリストに掲載されている通信機器・サービスは、米国の政府機関や企業が使用することが禁止されている。また、これらの通信機器・サービスを輸入・販売することも禁止されている。この指定は、米国通信網を保護するために制定された2019年の法律に基づくもので、2021年3月には、まずファーウェイ、ZTE、ハイテラコミュニケーションズ、ハイクビジョン・テクノロジー、ダーファ・テクノロジーの中国企業5社が指定を受けている。

FCCは2019年に、国家安全保障上のリスクを理由に、チャイナモバイルが米国で電気通信サービスを提供するための認可申請を却下し、2021年10月には、チャイナテレコムの米国での事業認可を取り消している他、2022年初めには、同じく国家安全保障上の懸念を理由に、チャイナユニコムの米国事業であるパシフィックネットワークスとコムネットの米国での事業認可を取り消すことを決議。さらに、3月には、ロシアのAOカスペルスキーラボ、チャイナテレコム（アメリカズ）、チャイナモバイル・インターナショナルUSAを「Covered List」に追加している。

〈バイデン政権、中国半導体チップ産業を後退させる包括的輸出規制を発表〉

バイデン政権は、2022年10月7日、生産国がどこであれ米国製装置が製造に使われている限り、特定の半導体チップの中国への販売を禁じることを含む包括的な輸出規制を発表。中国の技術・軍事分野での進歩を遅らせるため、従来の輸出規制を大幅に拡大した。米国政府は同年、半導体製造装置の製造大手、KLA、ラムリサーチ、アプライドマテリアルズに送った書簡で、高度な論理チップを製造する完全中国資本の工場への機器出荷を停止するよう命じたが、今回の新たな規制はこれに基づくもので、その一部は即時適用される。

今回の一連の措置は、1990年代からの中国への技術輸出に対する米国の政策を最も大きく転換させるものともいえ、有効に機能すれば、米国技術を利用する米国あるいは外国の企業が、中国の主要工場やチップメーカーへのサポートを打ち切らざるを得なくなり、中国のチップ製造産業を困難な状況に陥らせる可能性がある。

今回の輸出規制はいわゆる「Foreign Direct Product Rule」の拡大に基づくもので、これまでにも外国で製造されたチップのファーウェイへの輸出を規制する権限を与えるために拡大され、ウクライナ侵攻後にロシアへの半導体輸出を止めるためにも用いられている。新方針では、信頼性を確認できないリストに掲載された企業に対して、米国当局が現地調査を行うことを当該国政府が妨げた場合、米国当局は60日後にその企業をエンティティリストに追加する手続きを開始する。

〈FCC、中国製通信機器の輸入・販売を禁止し、中国５社を完全排除〉

米連邦通信委員会（FCC）は、2021 年 11 月に成立した「2021 年安全機器法（Secure EquipmentAct）」において、FCC が 1 年以内に国家安全保障上容認できないリスクをもたらす通信機器の認可を禁止する規則を採択するよう義務付けられていることを受け、2022 年 11 月 25 日、「国家安全保障に容認できないリスク」をもたらすと判断した特定の中国製通信機器の輸入・販売を禁止する新規則を採択し、華為技術（ファーウェイ）や中興通訊（ZTE）などの中国 IT（情報技術）大手 5 社について米国での輸入・販売を禁じたと発表した。ファーウェイと ZTE に加え、杭州海康威視数字技術（ハイクビジョン）と浙江大華技術（ダーファ・テクノロジー）、海能達通信（ハイテラ）が対象になる。子会社や関連会社も含まれる。

米政府は政府から補助金を受け取る米国企業が中国 IT 大手から機器やサービスを購入するのを禁止している。今回の規制で米国市場からの排除の網が幅広い民間の活動にも広がる。

FCC は、これまでに国家安全保障上の懸念を理由に、米国の中国電信や中国聯合通信などの中国系通信事業者の免許を取り消している。また、米政府は 2022 年 10 月に先端半導体を巡り、製造装置や人材も含めた中国への幅広い禁輸措置を導入した。バイデン政権は米中関係を民主主義と権威主義の「体制間競争」と位置づける。軍事技術や情報活動につながる技術は中国との分離を一段と進める。2021 年 11 月に中国の特定企業の製品を許可しないよう求める法律が成立した。1 年後をメドに FCC がルールを公表する定めになっていた。米国では今回のルール適用が始まるのを前に、販売をとりやめる動きがでていた。

2023 年 2 月 6 日、FCC は 2022 年 11 月に採択した「国家安全保障に容認できないリスク」をもたらすと判断した特定の中国製通信機器の輸入・販売を禁止する新規則を官報に掲載した。新規則は、「2019 年安全で信頼できる通信ネットワーク法（Secure and Trusted Communications Networks Act of 2019）」に従って FCC の公共安全・国土安全保障局が公表した「対象リスト」で特定されている機器の今後の認可に適用され、FCC の認証プロセスにおいてそれらの機器を認可することを禁止し、またそれらの機器をサプライヤー適合宣言プロセスで認可したり、機器認可の免除を認める規則に基づいて輸入または販売したりすることができないことを明確化する。新規則は 2 月 6 日付けで発効する。

〈米州政府で TikTok 使用禁止相次ぐ〉

TikTok を巡って、米国の複数の州政府機関や連邦議会下院などの公的組織で 2022 年 12 月以降、電子端末から排除する動きが急速に広まってきている。最初に州政府の機器で TikTok を使うことを禁じたのは、フロリダ州だった。2020 年 8 月 11 日、フロリダ州金融サービス局は、同局所有のデバイスでの TikTok の使用を禁止した。翌 12 日には、ネブラスカ州がこれに続いた。その後は間があいたが、2022 年 11 月 29 日にサウスダコタ州知事は州職員が政府の端末でアプリを使用することを禁止する行政命令に署名した。12 月に入るとサウスカロライナ州（12 月 5 日）を皮切りに、メリーランド州（12 月 6 日）やインディアナ州とテキサス州（12 月 7 日）など、18 の州が、州政府が支給する機器で TikTok の使用を禁止するなどの措置をとった。2023 年 4 月末現在で以下の図のように 50 州の内少なくとも 34 州で州政府機関、職員、請負業者が政府支給のデバイスで TikTok を使用することを禁止すると発表または制定している。各州の禁止は政府職員にのみ影響し、民間人が個人のデバイスでアプリを持ったり使用したりすることは禁止されていない。

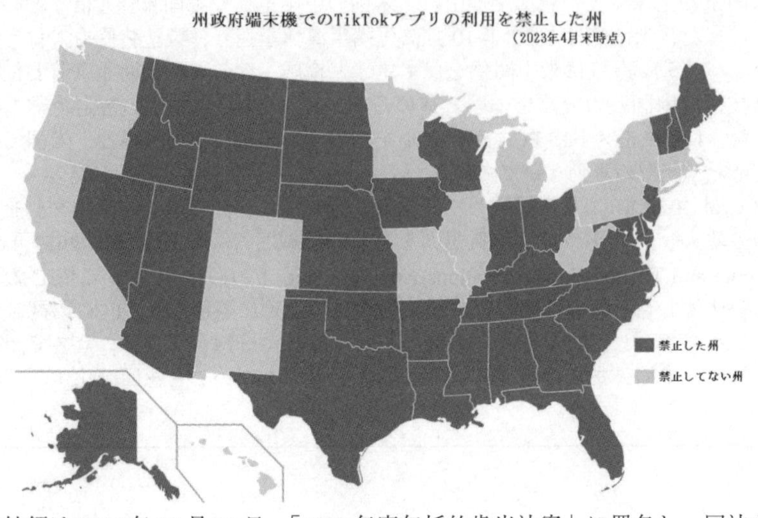

また、バイデン大統領は 2022 年 12 月 29 日、「2023 年度包括的歳出法案」に署名し、同法が成立した。2023 年度の予算に関する法律であるが、FCC のオークション権限を 2023 年 3 月 9 日まで暫定延長する条項や、2020 年に単独の法案として提出された、すべての連邦政府デバイスでの TikTok の使用を禁止する米国連邦法である「No TikTok on Government Devices Act」も同法の一部として含まれている。

これに続いて、2023 年 3 月 1 日には、米下院外交委員会が、米国で中国系動画投稿アプリ「TikTok」を全面禁止する権限をバイデン大統領に付与する法案を賛成 24 反対 16 の賛成多数で可決した。法案は今後、上下両院の本会議を通過し、バイデン大統領の署名が必要であり、成立までの道のりは依然不透明である。しかし成立すれば、１億人超とされる TikTok 利用者に影響が及ぶことになる。

〈FCC、特定の中国製通信機器の新規認可を禁止する FCC 規則が発効〉

FCC は、2023 年 2 月 6 日、前年 11 月に採択した「国家安全保障に容認できないリスク」をもたらすと判断した特定の中国製通信機器の輸入・販売を禁止する新規則を官報に掲載した。新規則は、「2019 年安全で信頼できる通信ネットワーク法（Secure and Trusted Communications Networks Act of 2019）」に従って FCC の公共安全・国土安全保障局が公表した「対象リスト」で特定されている機器の今後の認可に適用され、FCC の認証プロセスにおいてそれらの機器を認可することを禁止し、またそれらの機器をサプライヤー適合宣言プロセスで認可したり、機器認可の免除を認める規則に基づいて輸入または販売したりすることができないことを明確化する。

これは、2021 年 11 月に成立した「2021 年安全機器法（Secure EquipmentAct）」において、FCC が 1 年以内に国家安全保障上容認できないリスクをもたらす通信機器の認可を禁止する規則を採択するよう義務付けられていることを受けたもので、新規則は 2 月 6 日付けで発効する。

〈商務省、偵察気球に関連する中国6団体をエンティティリストに追加〉

商務省は、2023年2月10日、中国の偵察気球が領空に侵入したとされる事件に対する報復措置の一環として、中国政府の航空宇宙プログラムに関わる中国企業5社と研究機関一つをエンティティリストに追加したことを発表した。

追加されたのは、北京南江空天科技、中国電子科技集団公司第四十八研究所、東莞凌空遙感科技、鷹門航空科技集団、廣州天海翔航空科技、山西鷹門航空科技集団。

これにより、6団体は米国技術にアクセスすることが今まで以上に難しくなる。

産業安全保障局は、6団体が中国人民解放軍（PLA）の近代化、特に飛行船や気球を含むPLAの航空宇宙計画を支援していることをリストに追加した理由に挙げている。

また、同局は、PLAが高高度気球（HAB）を情報収集、偵察活動に利用していると指摘している。

〈モンタナ州、米国で初めてTikTok禁止法が成立〉

モンタナ州のグレッグ・ジャンフォルテ州知事は2023年5月17日、州民の個人情報やデータを中国による情報収集から保護することを理由に、同州内でのTikTokの営業を禁止する法案に署名した。これにより、モンタナ州はTikTokを禁止する米国初の州となった。今回の州法は、グーグル及びアップルのアプリストアがモンタナ州でTikTokを提供することを違法とするが、TikTokを利用する個人に対する罰則はない。州法は2024年1月1日より施行される。

〈周波数オークション〉

〈5G用2.5GHz帯オークション、T-モバイルが91%の免許を落札〉

2022年7月29日より開始された5G用2.5GHz帯周波数オークション（オークション108）が2022年8月29日、73回の入札ラウンドを経て終了した。同オークションは主にルーラル地域をカバーする計8,017件の免許を競売にかけたものである。免許は小規模事業者が落札しやすいよう郡単位で発行され、5Gの地域格差を是正することが期待されている。最終的にオークション参加資格者82者のうち63者が計7,872件の免許を落札､落札総額は5G用ミッドバンド周波数オークションとしては最低額の4億2,778万9,670ドルとなった。落札免許数が最も多かったのは通信大手T-モバイルで、全体の91%を占める7,156件を獲得し、落札総額の71%に相当する3億430万ドルを支払った。T-モバイルは2.5GHz帯で5G網を構築する唯一の大手通信事業者であり、以前から同社が最多落札者となることが予想されていた。競合のベライゾンやAT&T、ディッシュは既にほかのオークションに多額の投資をしていることや今回の入札が教育ブロードバンドサービス（EBS）向けの周波数帯であったため、落札した企業は、周波数帯の既存事業者を避けて保護するか、バンドから排除するよう交渉しなければならず、落札者がその免許を完全に利用できない可能性があったことから、落札の意義があまり見いだせず、今回応札には参加したもののどの免許も落札しなかった。次点に付いたのは、107件を落札した北米カトリック教育プログラミング財団。それ以外の落札者の獲得件数はそれぞれ100件未満であった。支払額が2,000万ドル以上なのはT-モバイルだけである。

〈周波数オークションに関するFCCの権限が失効〉

FCCによる周波数オークションを実施する権限は、2022年初めの一時的な延期を経て、2022年12月16日に失効した。バイデン大統領が、2022年12月29日、2023年統合歳出法（H.R.2617）に署名した法律により、FCCの周波数オークション権限は2022年12月30日から2023年3月9日まで延長された。その後、新たな立法措置は成立していないため、FCCの周波数オークションの権限は2023年6月末時点では失効したままとなっている。議会調査局によると､議会メンバーはその後の延長期間と延長のための最適な立法手段について議論していたが､単独法案、年次予算法案、または他の手段という形にするか、あるいは他の条項の中にさらなる延長を含む包括的な周波数パッケージの策定についてなど議論を続けている。

1993年、議会はFCCに対し、競争入札（すなわちオークション）を利用して、商業用移動体通信に特定の周波数を使用する権利のライセンスを付与する権限を与えた。この権限はもともと1998年9月30日に失効する予定だったが、議会は何度か延長してきた。直近の2012年の長期延長（2022年9月30日まで）は、「2012年中流階級税救済および雇用創出法」の一部として認められた。2022年9月30日、議会はFCCの周波数オークション権限を2022年12月16日まで延長する継続決議を可決し、バイデン大統領が署名した。2022年12月29日には、2023年3月9日までに延長されたが、この延長により、FCCは2.5GHz帯オークション（'Auction 108'）に関連する免許付与やその他の活動を完了することができた。5Gの普及に伴い今後も新しい周波数のオークションを実施する状況が到来することは想像に難くない。3.1GHz～3.45GHz帯は次の周波数帯オークションの有力候補である。

〈FCC、衛星政策の近代化を目的に宇宙局を設立〉

FCC は、2023 年 4 月 11 日、衛星政策の見直しと近代化を目的に、宇宙局を正式に設立した。これまで衛星政策とライセンスは、国際通信とともに国際局が担当していたが、FCC は 2022 年 11 月、同局を宇宙局と国際関係室（OIA）に分割することを提案し、2023 年初頭にこれを承認していた。

ローゼンウォーセル FCC 委員長は、この組織再編により、衛星新時代のより広範な宇宙経済を支援できるようになると述べている。宇宙局は、政策分析、規則作成、衛星・地球局システムの認可を行い、米国政府機関の間で宇宙政策を調整する中心的な役割を果たすことになる。

また、宇宙局局長に就任したジュリー・キアーニー氏は、同局は宇宙における米国のリーダーシップを促進するだけでなく、規制プロセスの透明性と合理化された申請プロセスに重点を置くとしている。また、宇宙局の優先事項として、新しい宇宙活動の促進、宇宙安全規則の更新を挙げており、FCC が 4 月の定例会合で議題とする非静止軌道上の周波数共有に関する命令案が、同局が出す最初の命令になるとしている。

〈FCC、NGSO FSS システム間の周波数共用を認める新規則を採択、公表〉

FCC は、2023 年 4 月 20 日、非静止衛星軌道（non-geostationary satellite orbit：NGSO）固定衛星サービス（fixed-satellite service：FSS）システム間での周波数共用を可能とする新たな規則を含む報告と命令等の決定（FCC23-29）を全会一致で採択し、NGSO FSS システムの保護義務を明確化した。これにより、FCC は、ブロードバンドサービスを提供するために使用される次世代衛星の多くが、既存の NGSO FSS システムと新規参入者の両方にとって、より良い規制の確実性を可能にする業界へのガイダンスを更新することで、その展開を奨励しようとしている。近年、衛星産業は記録的なペースで成長している一方で、FCC によると、その規制枠組みはそれに追いついておらず、FCC は、法的な義務を果たしつつ、連邦政府全体の調整を改善し、21 世紀の衛星産業を支援するため、自らのリソース配分を見直すことを決定した。既存の国際局の機能を再編し、2023 年 4 月 11 日に新たに宇宙局を立ち上げている。

新規則は、時期が異なる処理ラウンドで免許が交付されたシステム間での周波数共用について明確性を提供し、先に認可されたシステムに対して、一定期間（それ以降の処理ラウンドでの最初の認可（authorization）又は市場アクセスの交付（grant）から 10 年間）、優先的な周波数アクセスを認める一方、新規参入者に対して、確立された協調的な周波数共用枠組みでの参加を可能とする。

FCC は、誠実な協調の要件には情報共有が含まれることを示したが、どのような情報が共有されなければならないかについては、詳細には説明しなかった。FCC は、同一地点で同時にサービスを提供できる衛星の最大数、GSO アークに対する排他角、地球局の最小仰角、ゲートウェイ地球局の位置、潜在的には、ある状況下でどの衛星が送信するかなど、共有されると想定される特定の情報について言及している。これらの情報は、規則では特に要求されていない。FCC は、“互換性の証明書を提出した後、後発のシステムが非干渉ベースで運用される見込みがあるため、先発の運用者が、その継続的な運用が実際に保護されていることを確認するために、追加的な技術情報を共有するインセンティブを与える可能性がある”と説明している。

〈FCC 委員候補として通信分野の弁護士アンナ・ゴメス氏を指名〉

バイデン大統領は、2023 年 5 月 22 日、2 年以上にわたり空席となっている 5 人目の FCC 委員候補として、電気通信分野の弁護士として長年の経験を持つアンナ・ゴメス氏を指名した。同氏は現在、国務省サイバースペース・デジタル政策局で国際情報通信政策シニアアドバイザーを務めている。それ以前の 2009 年から 2013 年までは、国家電気通信情報庁（NTIA）副長官を務め、また FCC では、国際局副局長や、ウィリアム・ケナード委員長（当時）の上級法律顧問など、12 年間さまざまな役職を歴任した。また、クリントン政権時代には、上院商務・科学・運輸委員会通信小委員会の顧問や、国家経済会議の次席補佐官を短期間務めたこともある。2023 年に国務省に入省する前は、Wiley LLP の電気通信メディア・技術グループのパートナーを務めていた。

また、ホワイトハウスはゴメス氏指名公表と同時に、現職 FCC 委員である共和党のジェフリー・スタークス氏とブレンダン・カー氏を再指名した。

なお、2021 年 10 月にバイデン大統領が FCC 委員候補に指名していた非営利公益団体パブリック・ナレッジの共同創設者でありトム・ウィーラー元 FCC 委員長の顧問でもあったジジ・ソーン氏は、2023 年 3 月 7 日、FCC 委員指名を辞退することを発表した。CATV 業界やメディア業界のロビイストによる「容赦のない不誠実で残酷な攻撃」を受けて辞退を決定した。上院で承認されるための十分な票数を確保できる見通しがたっていなかった。FCC 委員は 5 名で構成され、通常は与党委員が 3 名で過半数を占め、与党の政策を多数決により決定する。しかし、現体制は民主党委員 2 名・共和党委員 2 名で、メディア所有などの問題の審議や、大統領選挙時のバイデン大統領の公約の 1 つだった、ネット中立性規則を復活させるための投票ができていない状態が続いている。

〈FCC、プライバシー・データ保護タスクフォースを新設〉

米連邦通信委員会（FCC）のジェシカ･ローゼンウォーセル委員長は、2023年6月14日、新たに「プライバシー・データ保護タスクフォース（Privacy and Data Protection TaskForce）」を立ち上げることを発表した。FCC執行局長のロヤーン・イーガル氏が指揮する同タスクフォースは、プライバシー・データ保護分野に係る規則改正、施行、一般への啓発についてFCC全体の調整を行う。

通信サービスを利用する米国消費者は、機微情報の共有、位置情報の収集、大手通信事業者の度重なるデータ漏洩といった問題に直面しており、このような状況で新設される同タスクフォースは、FCCが提案するSIMスワッピングの対策強化のための規則や、データ漏洩の報告に関する規則の改正に貢献することになる。

また、ローゼンウォーセルFCC委員長はスピーチの中で、顧客のセキュリティを危険にさらした通信事業者2社に対する執行措置案があることを示唆している。

〈FCC、全ISPに対してブロードバンド利用者ラベルの表示を求める規則を採択〉

FCCは、2022年11月17日、すべてのインターネットサービス･プロバイダー（ISP）に対し、ブロードバンドサービスの販売時に、消費者向けラベルを表示するよう求める新要件を発表した。FCCは、無線および有線サービスにおいて、月額料金、ブロードバンド・スピード、データ・サイズ、追加条件や料金など、いくつかの主要な指標を含むこれらのラベルを利用できるようにすることを要求している。ブロードバンド表示を求める決議は、2022年11月17日に採択されたもの以前にも、2016年4月4日にFCCが発表したものがある。この決議は、ブロードバンドプロバイダーに対して、価格、速度、データ制限などの情報を含むラベルを自主的に表示することを推奨するものであった。しかし、この決議は義務付けではなく、自主参加型のものであった。そのため、実際にラベルを表示しているプロバイダーは少なかったと言われている。2022年の決議は、インフラ投資・雇用創出法に基づいて制定されたもので、ブロードバンドプロバイダーに対して、ラベルの表示を義務付けるものである。下記のFCCの例に見られるように、この情報は食品に含まれる栄養表示と同じ形式で表示される。

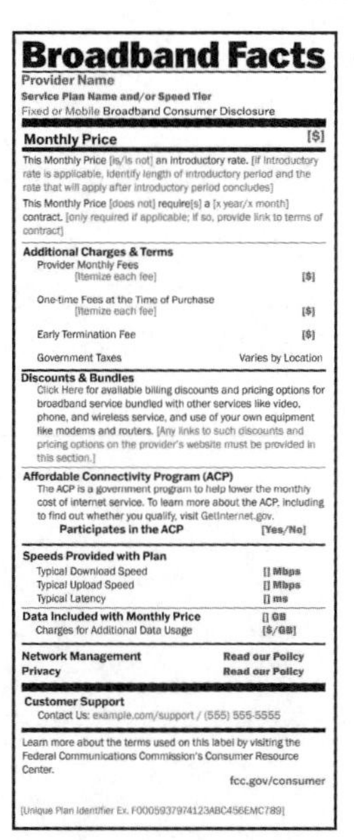

Broadband Facts

Provider Name
Service Plan Name and/or Speed Tier
Fixed or Mobile Broadband Consumer Disclosure

Monthly Price [$]

This Monthly Price [is/is not] an introductory rate. [If introductory rate is applicable, identify length of introductory period and the rate that will apply after introductory period concludes]
This Monthly Price [does not] require[s] a [x year/x month] contract. [only required if applicable; if so, provide link to terms of contract]

Additional Charges & Terms

Provider Monthly Fees [Itemize each fee]	[$]
One-time Fees at the Time of Purchase [Itemize each fee]	[$]
Early Termination Fee	[$]
Government Taxes	Varies by Location

Discounts & Bundles
Click Here for available billing discounts and pricing options for broadband service bundled with other services like video, phone, and wireless service, and use of your own equipment like modems and routers. [Any links to such discounts and pricing options on the provider's website must be provided in this section.]

Affordable Connectivity Program (ACP)
The ACP is a government program to help lower the monthly cost of internet service. To learn more about the ACP, including to find out whether you qualify, visit GetInternet.gov.
Participates in the ACP [Yes/No]

Speeds Provided with Plan

Typical Download Speed	[] Mbps
Typical Upload Speed	[] Mbps
Typical Latency	[] ms
Data Included with Monthly Price	[] GB
Charges for Additional Data Usage	[$/GB]
Network Management	Read our Policy
Privacy	Read our Policy

Customer Support
Contact Us: example.com/support / (555) 555-5555

Learn more about the terms used on this label by visiting the Federal Communications Commission's Consumer Resource Center.
fcc.gov/consumer

[Unique Plan Identifier Ex. F0005937974123ABC456EMC789]

超党派インフラ法（P.L.117-58）に基づき制定されたブロードバンド消費者表示要件は、消費者、消費者擁護団体、政府および業界の専門家の意見を取り入れた連邦規則制定プロセスを通じて作成された。以下の要件を満たしていなければならない。

・一番上にプロバイダー会社名
・提供されている特定のプラン名（速度名なのか、ターボネットなどのブランド名なのか）
・固定インターネット・プランかモバイル・インターネット・プランか
・プランの料金― 紹介料金かどうか、もしそうなら、その料金はいつまで続き、次回の料金はいくらになるのか、契約が必要かどうか、またその期間はどれくらいか
・1回限りの設置料や機器使用料、早期解約料、適用される税金などの追加料金
・他のサービス（テレビや電話など）とのセット割引の有無
・別個のアフォーダブル・コネクティビティ・プログラムに含まれるかどうか
・標準的なダウンロードとアップロードの速度（メガビット/秒)、および待ち時間（ミリ秒）
・そのプランで顧客が毎月転送／アクセスできるデータ量の上限、および超過料金（それぞれギガバイト単位と1ギガバイトあたりの料金)
・ネットワーク管理およびプライバシーポリシーへのリンク
・カスタマーサポートの電話番号またはウェブサイト
・fcc.gov/consumerサイトへのリンク
・プラン固有の識別番号

〈NTIA、アップルとグーグルの商慣行がモバイルアプリ市場の競争を阻害しているとの見解〉

国家電気通信情報庁（NTIA）は、2023年2月1日、モバイルアプリ市場の競争に関する報告書を発表。この中で、アップルとグーグルの商慣行やサービスポリシーが市場競争を阻害していると結論付け、両社に対する規制を設ける抜本的な新規則を求めた。

NTIAは、両社は、アプリ開発者に不要な障壁やコストを課すことで、競合他社を圧迫していると指摘し、この問題に対処するために、以下の対応を提案している。

1. 連邦反トラスト法執行機関の資金増額
2. 企業による自社サービス優遇行為の制限
3. 反競争的行為を制限・禁止する法律・規則の制定
4. プライバシー、セキュリティ、安全性に対策を取る適切な自由を維持しながら、合法アプリの流通を促進する措置
5. 企業による自社決済システムの利用強制の制限・禁止

〈FTC、アップルとグーグルの商慣行がモバイルアプリ市場の競争を阻害しているとの見解〉

連邦取引委員会（FTC）は、2023年３月23日、サブスクリプションサービスをオンラインで簡単に解約できる選択肢を提供するよう義務付ける新規則を提案した。これは、オンラインで加入できても、解約には電話をかける必要があるといった、面倒な解約手続きを採る企業を取り締まる取組みの一環である。

FTCは、1973年に制定された「Negative Option Rule」改正の一環として、「クリック解約」規則を導入する方針で、この改正では、物理的な商品以外を提供するプログラムに加入した消費者に、サブスクリプションを自動更新する前に通知を送信する義務や消費者が解約時に追加のオファーを不要だと選択できるようにすることなども提案されている。

〈未成年者のソーシャルメディア利用を制限する州法が相次いで成立〉

米国で未成年者のソーシャルメディア利用を制限する州法が相次いで成立した。ユタ州では2023年３月23日、アーカンソー州では2023年４月12日に、相次いで未成年のソーシャルメディア利用を制限する新法が成立した。米国内で始めて成立したユタ州の未成年のソーシャルメディア利用を制限する新法は、二つの州法からなる。

一つ目（SB152）の新州法では、18歳未満の利用は保護者の同意が必要となり、保護者が子どものアカウントにアクセスできるようにすることを義務付け、子どもを対象とするデータの収集及び広告のターゲットとすることが出来なくなっている。

二つ目（SB311）の新州法では、違反した場合に25万ドルの罰金が科されるほか、依存性のあるデザイン・機能にさらされた子ども１人につき最大2,500ドルの罰金が科される。また、ソーシャルメディアアプリから受けた被害に対して訴訟を起こす場合の規則も定めており、16歳未満の子どもが関与するソーシャルメディア企業に対する訴訟では、立証責任が逆転し、企業側に自社製品が有害でないと証明する責任が生じる。

また、アーカンソー州では、未成年者がソーシャルメディアのアカウントを新規作成する際、保護者の許可を得ることを義務付ける州法が成立。未成年者のソーシャルメディア利用を制限する法律を制定するのはユタ州に続いて、アーカンソー州が２番目となった。この新州法（SB396）は、ソーシャルメディア企業がサードパーティ業者と契約して新規ユーザの年齢確認を行うことを義務付けており、９月以降に新規作成されるアカウントが対象で、年間売上１億ドル以上のソーシャルメディアプラットフォームにのみ適用され、リンクトイン、グーグル、YouTubeなど特定のプラットフォームには適用されない。

APによると、連邦レベルでの法整備が進まない中、ユタ州及びアーカンソー州以外でも、テキサス、オハイオ、ルイジアナ、ニュージャージー各州が同様の法案を審議しており、カリフォルニア州は2022年、テクノロジー企業が子どものプロファイリングを行ったり、子どもを物理的、心理的に傷つける形で個人情報を使用したりすることを禁止する法律を制定している。

米国電気通信政策・事業者動向（2）　－2022年7月～2023年6月－

1．市場概要

米国では、市内通信事業者、長距離通信事業者、移動体通信事業者、衛星通信事業者、ケーブルテレビ事業者等が電気通信サービスを提供している。米国の連邦レベルでの電気通信・放送分野を所掌している連邦通信委員会（Federal Communications Commission：FCC）によると、米国の基本的な電気通信市場の総売上高（市内通信、長距離通信、移動体通信、州間通信、国際通信からFCCに報告する義務のある通信事業者の基本的な電気通信サービスの売上高の合計）は、2001年の3,018億US$をピークに、その後、年ごとに増減を繰り返していたが、2008年からは低減傾向が続き、2012年以降は毎年6～8%の割合で市場規模が縮小していた。この傾向は2021年も同じで、2020年と比べ7.7%の落ち込みとなり、総売上高は1,330億US＄まで縮小している。

一方、情報通信サービスなどのサービスを含めた全体的な電気通信サービス市場は、2021年は増加したが、全体としてはほぼ横ばいの状態で推移している。

規定によりFCCに申告した事業者のサービス別売り上げの推移（単位：百万米ドル）

売り上げ		2012	2013	2014	2015	2016	2017	2018	2019	2020	2021
市内通話及び公衆電話	市内回線交換通話	$35,298	$32,922	$30,537	$28,410	$25,900	$23,208	$20,771	$18,806	$16,115	$14,995
	公衆電話	368	359	322	286	271	269	265	280	286	311
	市内専用線	29,072	29,632	31,222	32,191	30,472	30,272	26,906	25,560	21,608	19,619
	市内VoIP通話	8,990	10,103	11,136	11,968	14,398	14,428	14,503	14,355	14,317	13,722
	その他の市内電話	2,462	1,746	1,450	1,493	1,510	1,749	1,710	1,265	1,164	1,117
	連邦・州USF支援総額	6,282	5,991	5,786	6,137	6,016	5,904	5,994	6,422	6,484	7,349
	加入回線料金	6,195	5,968	5,511	5,175	4,787	4,431	4,049	3,700	3,345	2,940
	アクセス料金	6,787	6,384	5,006	4,836	3,809	3,312	2,850	2,575	2,257	1,793
	売り上げ合計（市内電話サービスおよび公衆電話売り上げの合計）(1)	95,455	93,105	90,969	90,495	87,162	83,572	77,048	72,964	65,576	61,847
携帯電話	携帯電話サービス総売り上げ(2)	105,147	98,160	86,996	75,262	65,636	56,952	52,890	39,631	33,379	28,688
市外通話	オペレーター	3,373	3,064	2,699	2,351	1,876	1,844	1,810	1,711	1,464	1,481
	市外VoIP	4,693	4,999	5,139	5,238	3,447	3,768	3,925	3,518	2,491	2,373
	非オペレータ回線交換	20,718	18,346	7,354	16,261	14,850	11,841	11,068	9,913	9,054	7,749
	市外専用線	12,221	12,542	12,293	12,778	13,353	13,316	12,850	11,991	10,698	9,709
	その他の市外サービス	5,155	3,886	3,965	3,050	2,816	3,306	2,233	2,273	2,268	1,838
	市外売り上げ総合計（3）	46,159	42,837	41,450	39,678	36,342	34,075	31,885	29,405	25,975	23,151
市内及び移動体、市外通話の売り上げ合計 (1)＋(2)＋(3)		246,761	234,102	219,416	205,436	189,141	174,599	161,824	142,000	124,930	113,685
ユニバーサルサービス（4）		9,964	8,986	9,083	9,041	9,135	8,319	8,438	8,447	8,059	9,126
電気通信サービス売り上げ総合計 (1)＋(2)＋(3)＋(4)		256,725	243,088	228,499	214,477	198,276	182,918	170,262	150,447	132,989	122,812
前年との比較（売上げ合計）		－	94.7%	94.0%	93.9%	92.4%	92.3%	93.1%	88.4%	88.4%	92.3%
非電気通信サービス売上げ合計（注）		219,548	251,892	268,804	301,121	311,404	321,597	337,212	361,245	379,509	422,670
売上げ総合計		476,274	494,981	497,304	515,599	509,681	504,516	507,475	511,693	512,499	545,483
前年との比較（売上げ総合計）		－	103.9%	100.5%	103.7%	98.9%	99.0%	100.6%	100.8%	100.2%	106.4%

出所：Universal Service Monitoring Report 2022の数値から作成

注：FCCは、米国のすべての電気通信事業者に対して毎年Form499-Aを提出することを義務付け、業者の収益、顧客数、サービス提供地域などの情報を提出させている。この表の数値はその情報を基にしている。
この表でいう非電気通信サービスとは、ユニバーサルサービスの対象とならない電気通信サービスと電気通信サービス以外のすべての収入を指している。電気通信を介して情報を生成、保存、変換、処理、検索、利用、または利用可能にする機能を提供する情報サービスはこの表では非電気通信サービスに分類されている。
具体的にはショート・メッセージ・サービス（SMS）やマルチメディア・メッセージ・サービス（MMS）を含むワイヤレス・テキスト・メッセージング・サービスなどがある。
この他、ブロードバンドインターネットアクセスや電子電話番号帳サービス、決済サービスなども非電気通信サービスに分類されている。

２．固定通信

(1) 固定通信市場の概要

全世界的に固定回線の加入者数は、減少傾向にあるが、米国も例外ではない。FCC のまとめによると 2021 年末時点では、9,711 万件で、人口普及率は 28.8% であった。2019 年末の時点で、家庭向けに固定回線での音声サービスを提供する通信事業者は、1,311 社ある。A&T やルーメン（センチュリーリンクを買収して改称）、チャーター、コムキャスト、ベライゾンの 5 社で市場の 68% を占めている。

音声サービスは、かつて公衆交換電話網が唯一の接続手段だった。最近は、音声サービスは、固定音声とモバイル音声に分けられる。固定は、従来の回線交換アクセス接続と相互接続された VoIP にさらに分割される。VoIP は、インターネットプロトコルネットワークを介して単にデータとして伝送される音声であり、基盤となるブロードバンド接続にバンドルされるか、必要なデータサービス（「over the top」または「OTT」）に依存せずに提供される音声サービスになる。

FCC によると、2022 年 6 月 30 日時点で、1,116 万の住宅回線を含む 2,720 万のエンドユーザー回線交換アクセス回線がある。VoIP 利用では、2,945 万の住宅回線を含む 6,804 万回線の加入者がいる。これらを合計した 9,524 万回線のうち 42.6% が住宅接続で 57.4% がビジネス接続である。固定交換アクセスと相互接続された VoIP サービスとでは対照的な成長となっている。住宅用の音声接続に限ってみると、2022 年 6 月現在で、回線交換によるアクセスは 27.5% を占め、VoIP によるものは 72.5% である。固定音声接続全体で見ると住宅用の音声接続はわずか 14.1% を占めているに過ぎない。

(2) ブロードバンド

インターネットの普及に伴い、通信事業者などが業務用や家庭用にブロードバンドを激しく売り込んだことから、固定ブロードバンド回線は一貫して増加してきた。ブロードバンドを提供する通信事業者は増え続けている。200kbps 以上のブロードバンドサービスを提供する通信事業者は 2020 年の時点で 2,201 社を数えている。2019 年の 2,052 社と比べ 7.3% 増加した。数こそ 2,000 を超えるものの、圧倒的多数の通信事業者は米国全人口の 1% 以下をサービス対象地域とした小規模の事業形態である。

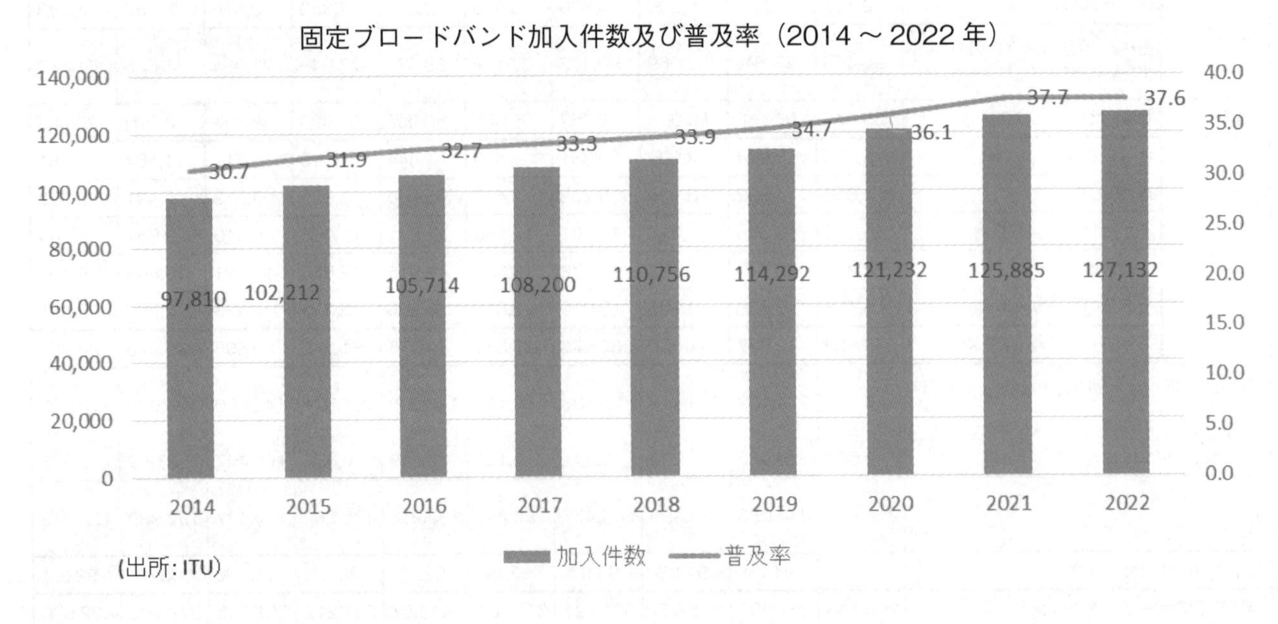

人口の 5% 以上を対象地域とする事業者は、T- モバイル、ベライゾン（Verizon)、AT&T、コムキャスト（Comcast：CATV 会社)、チャーター（Charter：CATV 会社)、ルーメン（旧センチュリーリンク)、TDS、フロンティア（Frontier)、コックス（Cox：CATV 会社)、アルティス USA（Altice：CATV 会社)、JAB ワイヤレス（JAB Wireless)、のわずか 11 社である。 人口カバー率で最大なのが T- モバイルである。T- モバイルは固定無線技術（Fixed Wireless Technology）で全米人口の 60% をカバーしている。ベライゾンと AT&T はともに全米人口の 40% をカバーしている。これにコムキャスト（36%）とチャーター（33%）が続いている。上位 5 シェア以降になると展開範囲は大きく落ちる。ルーメンス（17%)、TDS（11%)、フロンティア（11%)、が続き、残りの 3 社は 5% ～ 7% となっている。

調査会社 Leichtman Research Group によると、2022 年のブロードバンド市場では米国では大手の電気通信事業者と CATV 会社、固定無線サービス業者を合計した契約件数は約 1 億 1 千万件で、市場シェアの 95% を占めている。内訳は以下の表のとおりであるが、CATV 会社を合計した契約者数が約 7,565 万件、電気通信事業者の契約者数は約 3,080 万件と米国のブロードバンド市場では CATV 会社が電気通信事業者を圧倒している。2022 年には、351 万件のブロードバンドインターネット加入者を純増させたことが明らかになった。しかし、全米のケーブル会社に暗雲を投げかける事象が起こっている。2021 年には上位 CATV 会社は 280 万件の新規加入者を得ていたが、2022 年には 51 万件と大幅に減少した。上位の電気通信事業者が提供する固定ブロードバンド回線も、2022 年にはおよそ 18 万回線減少している。

会社別ブロードバンド加入数　（単位：件）

CATV 会社	加入者数（2022 年）	新規加入数（2022 年）
Comcast	32,151,000	250,000
Charter	30,433,000	344,000
Cox	5,560,000	30,000
Altice	4,282,900	(-103,300)
Mediacom	1,468,000	5,000
Cable One	1,060,400	14,400
Breezeline	693,781	(-22,997)
上位 CATV 会社合計	75,649,081	517,103
電話会社	加入者数（2022 年）	新規加入数（2022 年）
AT&T	15,386,000	(-118,000)
Verizon	7,484,000	119,000
Lumen	3,037,000	(-253,000)
Frontier	2,839,000	40,000
Windstream	1,175,000	10,300
TDS	510,000	19,700
Consolidated	367,458	724
上位電話会社合計	30,798,458	(-181,276)
固定無線サービス（FWS）	加入者数（2022 年）	新規加入数（2022 年）
T-Mobile	2,646,000	2,000,000
Verizon	1,452,000	1,171,000
上位 FWS 合計	4,098,000	3,171,000
総合計（CATV ＋電話＋ FWS）	110,545,539	3,506,827

（出所：Leichtman Research Group）

2022 年から 2023 年にかけて固定無線アクセスサービス（FWA）の利用者が激増している。2022 年中に米国で増加したブロードバンド純顧客数のうち、固定無線アクセスサービス（FWA）が占める割合が 90％に達した。2021 年の FWA の割合が 20% であったことに照らすと、いかに FWA（主にベライゾンと T モバイルのサービス）が 2022 年下半期から 2023 年にかけて利用者に大きな影響を与えているかが察せられる。ベライゾンは 2018 年 10 月に、T モバイルは 2021 年 4 月に 5G FWA ブロードバンドを開始し、両事業者は全国的にサービスを拡大している。ベライゾンのブロードバンド 5G FWA 契約総数は、12 ヵ月前の約 70 万件から 2023 年 6 月末には約 230 万件に増加した。T モバイルの 5G FWA は、2Q22 に報告された 150 万件未満から 2023 年半ばには約 370 万件に増加した。FWA の利用が急増している理由として、5G の導入による高速化が、動画配信やオンラインゲームなどのコンテンツ配信や、リモートワークやオンライン会議などの業務用途に適しており、① FWA の利用拡大を後押ししたこと、② FWA は、固定回線に比べて初期費用や月額料金が安価なこと（月額利用料は半額になる場合がある）、③ FWA サービスを提供する事業者が拡大し、サービスの種類や料金プランが充実したため、ユーザは自分に合ったサービスを選ぶことができるようになったこと、などが挙げられる。

Wolfe Research 社が 2022 年 12 月にフェースブックの T モバイル FWA ユーザーグループを対象に調査を行った結果では、回答者の 42% が以前にケーブル接続を契約していた。37% が DSL 事業者、6% がファイバーを利用していた。一方で、FWA は、固定回線の代替として、今後も米国の電気通信市場で成長を続けることが期待されているが、T- モバイルとベライゾンがいつまでも成長を続けるのは難しいのではないかとの見方もある。ワイヤレス・ネットワークの余剰容量は限られているからである。

AT&T は、FWA は光ファイバーが行きわたらない地域の代替手段としてとらえ、FWA 5G 展開を後回しにいていた。ライバル 2 社が FWA でブロードバンド加入者を急増させる状況下でその展開に後れをとった AT&T は、2023 年 4 月「AT&T Internet Air」と呼ばれる 5G を利用した新しい固定無線アクセス（FWA）サービスを発表した。当初はそれまでの銅線ネットワークが廃止される予定の地域の DSL 顧客をターゲットにし、その後は、銅線ベースの既存顧客にも展開し始める予定である。

3．移動体通信

(1) 移動体通信市場の概要

米国には地域ベースで事業運営を行う数多くの移動電話事業者が存在する。全国展開を行っている大手移動体通信事業者としては、2019 年までは AT&T モビリティ（AT&T Mobility）、ベライゾンワイヤレス（Verizon Wireless）、スプリント（Sprint）、T モバイル USA（T-Mobile USA、以下単に T- モバイル）の 4 社であったが、2020 年 4 月 1 日に T- モバイルとスプリントの合併が完了（FCC は、2019 年 10 月 16 日に承認）したため、それ以降、全国展開している通信事業者は 3 社となった。この大手 3 社は全国的にくまなく通信網を張り巡らしているというわけではなく、真の意味でユビキタスなサービスを提供していないが、各サービスプロバイダーは、4G Long-Term Evolution（LTE）ネットワークで少なくとも米国人口の 93% 以上、米国道路マイルの少なくとも 58% をカバーしている。（道路マイルの 58% をカバーしているということは、米国の道路の 58% が、4G の通信を受信できる範囲内にあることを意味する。具体的には、米国内の道路の総延長は 420 万マイルであるが、そのうち 244 万マイルが 4G の通信を受信できる範囲内にある。）また、5G ネットワークで少なくとも米国人口の 67% 以上、道路マイルの少なくとも 25% をカバーしている。3 社合計で 4 億 5,300 万以上の契約回線がある。

2017 年まではベライゾンが加入件数で 35% とトップの位置にあったが、2018 年には AT&T が形勢を逆転し、徐々にシェアを拡大し、2019 年後半には 40% を超えてから勢いを増しシェアを広げている。2023 年第 2 四半期の携帯電話加入契約件数では 46.41% のシェアを持つ。一方のベライゾンは、2018 年以降は勢いを失い、2018 年からはシェアは 30% 前後にとどまっていたが、2019 年から 2021 年にかけて 30% を割ってしまった。2022 年前半に持ち直す傾向がみられたが、同年第 4 四半期には再び 30% を割り、その後も低下傾向が続いている。一方、T- モバイルは、スプリントとの合併話が最初に浮上した 2014 年頃の加入件数でのシェアは、14% と合併したスプリントの 16% の後塵を拝していたが、2019 年以降はスプリントの加入者を加え 24% 前後で推移している。2023 年第 2 四半期では 23.6% のシェアである。T- モバイルは、合併したスプリントが確保していた電波帯を有効利用して、いち早く 5G の全国展開に乗り出したため、最近は 5G の契約件数の獲得で勢いを増している。

UScellular は現在、米国で 4 番目に大きい施設ベースの通信事業者であり、複数地域のサービスプロバイダーとして最もよく特徴付けられる。UScellular は 21 州の一部で無線ネットワークと顧客サービス事業を展開し、2021 年 12 月 31 日現在、約 500 万の契約回線がある。この他、米国内には数十の設備型移動無線サービスプロバイダーが存在し、その多くは単一の地域（多くは田舎）でサービスを提供している。

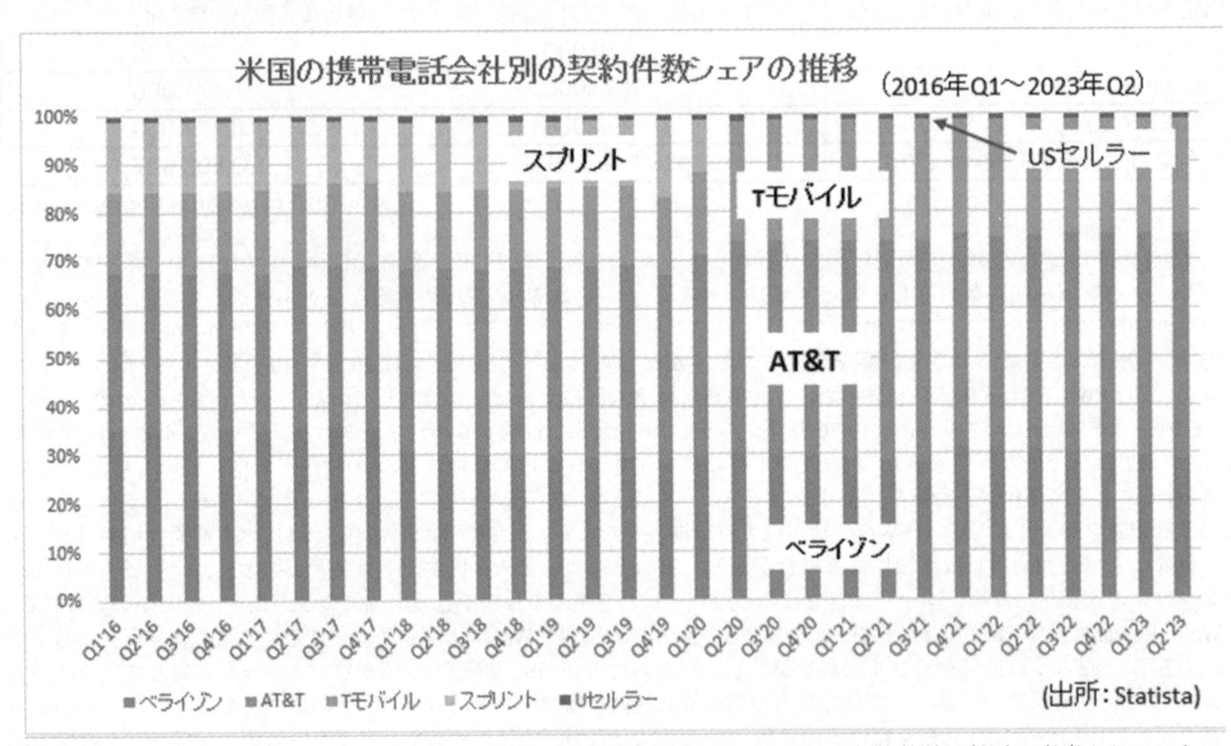

（上記の推移図には傘下の MVNO の契約件数は統計に考慮されていない。）

ネットワーク設備を所有せず、大手 3 社などから卸売ベースでモバイル・ワイヤレス・サービスを購入し、これらのサービスを消費者に再販している MVNO も多数存在している。2021 年、ベライゾンはこうした企業の最大手、以前はアメリカ・モビルの子会社であったトラックフォンを買収した。

TracFone がベライゾンに売却され、後述する Boost Mobile を除けば、従来型の MVNO で残る最大手は、約 400 万人の顧客を持つ Consumer Cellular である。他の主要な MVNO には、推定 200 万人の顧客を持つ Google の Google Fi、Mint Mobile を含むブランド全体で推定 200 ～ 300 万人の顧客を持つ Ultra Mobile などがある。FCC は、2019 年 11 月に T- モバイル / スプリントの合併を認める条件の 1 つとして、スプリントが持っていた MVNO であるプリペイドサービスの子会社「Boost Mobile」を手放すことを条件とした。これを 2020 年 7 月 1 日に米衛星放送大手のディッシュ・ネットワーク（DISH）が買収し、消費者向けワイヤレス市場に参入した。ディッシュは、その後も新たな周波数帯や MVNO のティンモバイル（Ting Mobile）などを買収している。そして 2022 年 5 月 4 日、ラスベガスに於いて 5G サービスである「プロジェクトジェネシス（Project Genesis）」を開始した。T- モバイルとスプリントの合併で全国的にサービスを提供する移動体通信会社は3社となっていたが、全国的に移動通信サービスを提供する4番目の会社としての一歩を踏み出した。同社は、2023年6月14日時点で15,000以上の5Gサイトを展開し、FCCに対する2023年6月の要件を満たしている。しかし、真の第4のワイヤレス・キャリアになるにはまだ時間がかかりそうである。

(2) 移動体通信事業者の動向

①T-モバイルが時価総額でトップへ

T-モバイルの快進撃が続いている。スプリントとの合併により豊富な周波数帯を獲得した。5Gの開始ではAT&Tやベライゾンに遅れをとったが、この2社をはるかに上回るスピードで全国展開した。この5Gの全国展開の種が実をつけ始めてきた。2022年はT-モバイルの経営陣にとっては記憶に残る年になった。

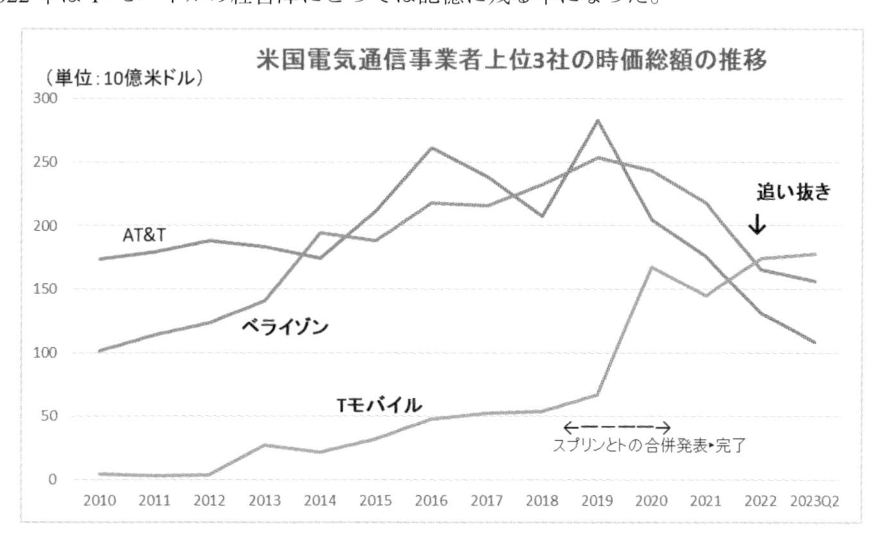

②ドイツテレコムがT-モバイルの株式を過半数取得

ドイツテレコム(DT)は2023年4月5日、年次株主総会で複数年にわたりT-モバイルの株式所有率を高めてきた結果、その割合が50%を超え、同社の過半数オーナーになったと発表した。DTはT-モバイルUSAを戦略的に最重要と位置づけ、T-モバイルオランダや通信塔施設を売却して買収資金を調達してきた。2021年には、DTのT-モバイル持ち分を5.3%増やし、48.4%にする取引を発表し、当時、T-モバイルはDTの売上高の5分の3を占める最も収益性の高い事業部門となっていた。

T-モバイルは、ネットフリックスの無料提供などの人気サービスを提供することで、それまで大きく引き離されてきたベライゾン、AT&Tを急追し、2020年にはスプリントも買収し、その勢いに拍車をかけている。今回の報道後も株価は上昇し、現在の時価総額は1,820億ドル程度と、ベライゾンの1,660億ドル、AT&Tの1,400億ドル、ボーダフォンの300億ドル(240億ポンド)を上回っている。

Light Readingによれば、米国拠点の通信企業を外国組織が所有することは新しい概念ではなく、例えば、2013年には日本のソフトバンクがスプリントの所有権を購入していると指摘している。

③通信市場に参入するケーブル事業者系MVNO

近年、移動通信事業に参入するケーブル事業者が増加しており、コムキャスト(Xfinity Mobile: ベライゾンと提携)やチャーター(Spectrum Mobile: ベライゾンと提携)の他、アルティスUSA(Altice Mobile:T-モバイルと提携)やWideOpenWest(WOW! Mobile: ベライゾンと提携)も移動通信サービスの提供を開始している。これに加えて、2022年8月29日、ケーブル大手コックス・コミュニケーションズは移動通信サービス「コックス・モバイル(Cox Mobile)」を試験的に提供することを発表し、2023年1月5日に全国展開を成功裏に果たしたことを発表した。コックス・モバイルはMVNO契約と自社が所有する約400万カ所のWi-Fiホットスポットを組み合わせたサービスで、利用できるデータ量をギガバイトあたりで提供する「Pay As You Gig(月額15ドル/GB)」とデータ使用量無制限の「Gig Unlimited(月額45ドル/回線)」という二つのプランが用意されているMVNOパートナーとしてベライゾンと提携している。

〈3Gの停波〉

5Gサービスが全国的に展開して行く陰で、携帯大手3社は、2022年中に第3世代(3G)通信サービスを停止した。AT&Tは2022年2月22日に3Gサービスを終了した。T-モバイルは2022年3月31日にスプリントの3G CDMAネットワーク、2022年7月1日に自社の3GUMTSネットワークをそれぞれ停止した。ベライゾン・コミュニケーションズも2022年12月31日に、自社の3G CDMAネットワークを停止した。ベライゾンによれば、この3Gの停止によって、ポストペイド契約は合計90万9,000件(コンシューマー向け57万6,000件、ビジネス向け33万3,000件)、コンシューマー向けプリペイド契約は23万7,000件が喪失している。これで米国の大手移動体通信事業者の3Gネットワークはすべて幕を閉じることになった。USセルラーなどの大手地域通信事業者も、2023年中の停止を目指している。

3Gサービス終了で空いた電波帯などは高速通信規格「5G」網の拡大に活用する予定である。一方、T-モバイルの2G

GSM ネットワークは、2024 年 4 月 2 日に停止される予定である。AT&T は 2017 年に 2G を停波している。T- モバイルが 2G の停止をとどまっているのは、2G を使用する IoT デバイスは何百万台もあり（例：大学の寮の地下にあるコーラの自販機）、そこでは他の信号が浸透しないためである。また、2020 年 4 月の合併で取得したスプリントのレガシーネットワークは、それぞれ 2022 年 3 月 31 日（CDMA）、2022 年 6 月 30 日（LTE）に停波し、スプリントの通信網は完全に停止した。

４．次世代移動体通信（5G）の動向

〈経緯〉

米国ではベライゾン・コミュニケーションズが 2019 年 4 月 3 日、イリノイ州シカゴとミネソタ州ミネアポリスで 5G サービスを開始した。AT&T は 2017 年から「5G Evolution」というサービスを提供している。「5G」を冠しているものの、実体は 4G の改良版である。5G 準拠のサービスとしては、ミリ波帯を使った「5G+」がある。6 月 17 日に企業向け 5G スマートフォンサービスを開始している。

AT&T とベライゾンは 5G のアプローチでも大幅に異なっている。ベライゾンは、5G サービスの展開を開始したとき、超高周波（EHF）ミリ波（mmWave）帯域のみに焦点を当てるという独自のアプローチを採用した。有線の家庭向けインターネット接続を、5G 信号や Wi-Fi ネットワークに対応したデバイスに置き換えている。モバイル 5G とは異なり、アンテナ受信機の接続は固定されており、障害物の少ない通信経路が必要になる。AT&T は最初からモバイル 5G に重点を置き、2019 年から一部の都市でサービスを開始している。

AT&T とベライゾンより少し遅れて、T- モバイルは 2019 年 6 月 28 日にスマートフォン向け 5G サービスを 6 都市（アトランタ、クリーブランド、ダラス、ラスベガス、ロサンゼルス、ニューヨーク）で開始した。同年 12 月 2 日には、全米 5,000 以上の都市をカバーする 600MHz 帯を使う全国規模の 5G ネットワークの提供を開始した。600MHz 帯を使った世界初の 5G ビデオ通話、データ・セッションに成功している。2020 年 8 月 4 日、T- モバイルは、世界初の携帯電話事業者として、商業的な全国スタンドアロン（SA）アーキテクチャの 5G ネットワークを立ち上げた。短期的には、SA ネットワークの立ち上げにより、T- モバイルは 600MHz の電波到達範囲（フットプリント）を 5G のために利用することができる。

また、2019 年に T- モバイルとスプリントの合併条件により、スプリントのプリペイドビジネスを継承し第 4 の全国的通信事業者として出発することになったディッシュネットワーク（ディッシュ）は 2020 年 7 月に開始された 5G 向けの 3,550 ～ 3,650MHz 帯の周波数オークションでは、ライセンス数では 1 位、金額では 2 位と多くの周波数帯を確保した。自社の 5G ネットワークをクラウド上で管理し、運用しようとする米国で最初唯一のクラウドネイティブなオープン RAN 方式の 5G ネットワークを構築中である。具体的には、大手クラウド事業者である米 Amazon Web Services（AWS）のクラウド基盤をフル活用した 5G インフラの構築を進めている。コアネットワークから無線アクセスネットワーク（RAN）の一部まで、AWS のクラウド基盤の上に仮想化ネットワークとして作る計画である。また、ネットワークの運用と最適化を図るために IBM の AI を活用した自動化およびネットワーク・オーケストレーション・ソフトウェアとサービスを利用している。T- モバイルに次いでスタンドアロン（SA）方式の 5G ネットワークを採用する 2 番目の企業となった。既存の 3G や 4G ネットワークとの相互運用を考えず、5G ネットワークを構築している。当初は、2021 年の第三四半期での 5G サービス提供を目指していたが、延期に次ぐ延期を重ね、ついに 2022 年 5 月 4 日、5G サービスの開始にこぎつけた。

〈航空機無線への干渉問題が影響して C バンド 5G の運用開始がたびたび延期〉

2019 年末に実施された 5G サービス向けのミッドバンドの入札と並行して、航空関係団体は C バンド周波数での 5G 伝送はヘリコプターから民間航空機に至るまで使用されている無線高度計に干渉する可能性があるとの懸念を FCC に指摘していた。3.7GHz ～ 3.98GHz 帯の 5G 信号と、4.2GHz ～ 4.4GHz 帯の周波数を使用する航空機の無線高度計との間の干渉懸念である。これに対して、無線通信業界を代表する業界団体である CTIA を始めとした無線業界関係団体は、C バンド 5G が近隣の帯域のサービスに対して有害な干渉はおろか、干渉も起こさずに運用できるとの見解で一致し、FCC に航空業界の裏付けのない主張を退けることを申し入れていた。

2021 年夏頃からは、米国の政府機関である連邦航空局（Federal Aviation Administration：FAA）、や航空会社、航空機メーカーなどの航空業界は 3.7GHz 帯の 5G の導入を延期するよう移動体通信事業者に求めていることが世間の耳目を集め始めた。AT&T とベライゾンは両社とも当初 2021 年 12 月 5 日に 3.7GHz 帯の 5G を導入するために基地局の設置など準備を進めてきた。しかし、航空業界の懸念を受け入れ、12 月 5 日に予定していた 3.7GHz 帯のミッドバンド周波数を使用した 5G の導入を航空業界の度重なる延期要請を受け入れ、2022 年 1 月 18 日、5G の新サービスについて、2022 年 7 月 5 日まで多くの空港で半径 2 マイル以内の通信塔の運用を控えたり、出力を低下させることに不承不承合意した。なお、米国の主要な移動体通信事業者としては T- モバイル USA も 3.7GHz 帯を取得していたが、ミッドバンドは 2.5GHz 帯を使用して高速通信を実現できる 5G を広範に整備しているため、他社ほど 3.7GHz 帯を重視していない。

2022 年 6 月 17 日、米連邦航空局（FAA）は、AT&T とベライゾンは、航空会社による飛行機が干渉に遭わないように改修する作業を行うため、一部の C バンド 5G の使用を 2023 年 7 月まで延期することに自主的に同意したと発表した。2023 年 3 月 31 日、移動通信大手 4 社（ベライゾン、AT&T、T- モバイル、US セルラー）は、C バンドにおける 5G 運用制限計画に関する書簡を FCC に提出し、空港周辺の電波高度計との干渉問題について空港や滑走路から一定の距離以

内では5Gの電波出力を低下させるか、停止させることで、無線高度計への干渉を防ぐことを約束した。また、FAAが指定した地域や空域では5Gの電波出力を制限することも合意した。今回の書簡で2028年までその運用を修正することに実質的に合意した形となる。4社は、これらの自主的な約束に同意するにあたり、FCCから合法的に取得した周波数ライセンスによって付与されるあらゆる権利・特権を留保することを言明している。

〈各社の5Gの展開状況〉

全国展開する通信事業者4社は、2022年から2023年にかけて、5Gサービスのエリア拡大や品質向上を図るとともに、固定無線ブロードバンドやMEC（マルチアクセスエッジコンピューティング）、法人向けソリューションなどの新たなビジネス領域への進出を目指している。しかし、各社の5G戦略は異なる点も多い。

ベライゾンは、5Gサービスにおいて、高帯域（ミリ波帯）に強みを持っている。2018年10月から固定無線ブロードバンドサービス「5G Home」を提供し始めたほか、2019年4月からはスマートフォン向けの移動体通信サービス「5G Ultra Wideband」を開始した。2020年10月には「5G nationwide」サービスも開始し、対象地域を全国規模へと拡大した。5G Nationwideは低帯域スペクトラムを使用し、より広いカバレッジを提供するが、5G Ultra Widebandより低速で遅延が大きい。ベライゾンの5Gウルトラワイドバンドはミリ波（mmWave）技術を使用し、極めて高速なスピードと低遅延を実現したが、可用性と範囲は限られていた。2021年2月に行われたCバンドオークションでは、ベライゾンは454億ドルという最高額を投じて周波数を獲得した。この周波数を使って、2021年下半期から「5G Ultra Wideband」のエリア拡大を始めた。2022年12月5日には5G Ultra Widebandサービスで1億7,500万人以上をカバーするとの計画が達成されたことを明らかにしている。また、固定無線ブロードバンドサービス「5G Home」もCバンドで提供することで、より多くの地域で利用可能にする計画である。2023年4月までに、ベライゾンは1,700都市の一部で5G Ultra Widebandを、2,000都市以上で5G Nationwideを利用できるようになった。さらに、ベライゾンは、2023年6月21日、完全に商用化された5G環境下で、複数のネットワークスライス上で接続を確立し、データの伝送を行うフィールド実証を行ったことを明らかにした。この試験では、市販スマートフォン、フィールドで稼働中の仮想化無線アクセスネットワーク（vRAN）機器及び非仮想化RAN機器、ベライゾンのマルチベンダ5G SAコアを使用、5Gスマートフォンが複数のネットワークスライスに登録され、ネットワーク全体を通してデータを伝送することに成功した。これにより、5Gネットワーク上でのエンドツーエンドの動的ネットワークリソースプロビジョニングの初期機能が実証された。

AT&Tは、5Gサービスにおいて、低帯域（600MHz帯）と中帯域（Cバンド）に強みを持っている。2019年12月から低帯域で全米規模の5Gサービス「Nationwide 5G」を提供し始めた。このサービスでは、カバレッジは広いものの、ノンスタンドアロン方式であるため速度は4G/LTEと大差ないという状況であった。高速化や大容量化は実現できるが、超低遅延や多数同時接続などの5Gの特徴は十分に発揮できない。AT&Tは単に標準ネットワークを「5G」と呼び、中帯域と高帯域のネットワークには5G Plus（5G+）という名前を使用している。AT&Tの場合、低帯域と中帯域でのバランス重視を図っているが、高速5Gサービス「5G+」のエリア拡大が遅れているという課題があった。2021年2月に行われたCバンドオークションでは、AT&Tは234億ドルを投じて周波数を獲得した。この周波数を使って、2021年後半から「5G+」のエリア拡大を始め、2022年から2023年にかけては、その展開を強化している。それでも、2022年9月時点での「5G+」の提供地域は、人口の35%程度にとどまっている。今後は、中帯域の周波数を活用して「5G+」のエリア拡大を加速させる必要がある。また、5G+は、スタンドアロン方式のため超低遅延や多数同時接続などの5Gの特徴を最大限に活用できる。AT&Tは、HBO Maxなどの動画配信サービスやワーナーメディアなどのコンテンツ事業との連携による5Gサービスの差別化を図っている。

T-モバイルは、5Gサービスにおいて、低帯域（600MHz帯）と中帯域（2.5GHz帯）に強みを持っている。2019年12月から低帯域で全米規模の5Gサービス「Nationwide 5G」を提供し始めた。このサービスでは、カバレッジは広いものの、速度は4G/LTEと大差ないという状況であった。そのため、2020年4月にスプリントと合併したことで獲得した中帯域（2.5GHz帯）を使って、高速5Gサービス「Ultra Capacity 5G」の展開を加速させている。このサービスでは、下り最大速度が1Gbps以上という高速通信を実現している。また、T-モバイルは、固定無線ブロードバンドサービス「T-Mobile 5G Home Internet」を2021年4月7日から提供しており、他の5Gサービスとのセット割引などで顧客獲得を目指している。

2023年4月21日、T-モバイルは5Gでの携帯電話サービスとして新しく「Go5GNext」と「Go5G Plus」を発表した。このサービスは、ビジネス向けのサービスでデバイスのアップグレードが容易になる。従来から無制限の5Gサービスとして提供している個人向けのMagentaとMagenta Maxサービスに類似するサービスである。（Ultra Capacity 5Gはいずれのサービスにも含まれている。）Go5G NextとGo5G Plusともに、無制限のデータとテキスト、国内外の通話が利用できるが、月額料金の高いGo5G Plusでは、40GBまでの高速モバイルホットスポットなどが提供され、また、データ使用量に関係なく、50GBを超えても速度が低下しないことが保証されている。T-モバイルはライバルのAT&Tやベライゾンとは異なり、全員が同じプランに加入する必要があり、家族プランの1人がGo5G Plusに移行したい場合、残りの家族もT-モバイルの最も割高なオプションにプランを変更する必要がある。

また、T-モバイルとグーグル・クラウドは、2023年6月14日、5Gとエッジ・コンピュートのパワーを組み合わせ、企業がデジタルトランスフォーメーションを導入する方法を増やすために協力すると発表した。T-モバイルは、パブリック、プライベート、ハイブリッド5Gネットワークの5G ANSスイートとGoogle Distributed Cloud Edge（GDC Edge）を接続し、AR/VRエクスペリエンスなどの次世代5Gアプリケーションやユースケースの導入を支援する。

ディッシュの子会社であるディッシュワイヤレスは、2022年5月4日、米国ネバダ州ラスベガスにおいて、「Project

Genesis」という名称の5Gサービスを開始し、ようやく市場への参入を果たした。また、同社は、これより先、2020年7月1日にT-モバイルとの合意に基づき、Boost Mobileというプリペイドブランドを買収し、また、2021年7月19日、AT&Tと10年間のMVNO契約を締結している。自社の5Gネットワークに加えて、AT&Tの4G LTEおよび5Gネットワークも利用できるようになった。

ディッシュは、電通通信市場参入の条件として、FCCに対して、2023年6月までにセルサイト15,000カ所、米国人口の70%までカバレッジを拡大することを約束していた。ディッシュは、2023年6月15日、同社の5Gネットワークが6月14日に人口カバー率70%を達成し、同日までに達成する必要があった連邦通信委員会（FCC）の公約をすべて満たしたと発表した。その結果、約2億4,000万人のアメリカ人が、1万5,000の5Gセルサイトで構成される第5世代ネットワークにアクセスできるようになった。カバレッジ70%という数字は、AWS-4、700MHz帯の下位Eブロック、AWS Hブロック、600MHz帯の周波数を組み合わせて使用することで達成された。さらに、2022年5月にラスベガスで5Gサービスを開始したのと同時に提供し始めた5GベースのVoNR（Voice-Over-New-Radio）サービスは、現在全米で7,000万人以上をカバーしている。

〈プライベート5Gサービスの展開〉

米国では、プライベート5Gの導入に向けて、政府や通信事業者、クラウドサービスプロバイダー、機器メーカーなどが積極的に動いている。特に、FCCが3.55GHzから3.7GHzまでの150MHzの帯域を2020年1月27日に民間に開放したCBRS（Citizens Broadband Radio Service：市民ブロードバンド無線サービス）帯が、プライベート5Gの普及に大きな役割を果たしている。米国のプライベート5Gは、通信事業者のもつ周波数帯や、CBRS帯などの共用可能な周波数帯を用いて、通信事業者やクラウドサービスプロバイダーが企業や自治体向けに、その敷地内に特定エリアをカバーした専用通信網を構築・運用するサービスである。パブリック5Gとローカル5Gの中間的なサービスに位置づけられる。パブリック5Gは、通信事業者が一般利用者向けに提供している通常の5G通信網である。ローカル5Gは、通信事業者ではない企業や自治体が、一部のエリアまたは建物・敷地内に専用の5Gネットワークを構築する方法で、高いセキュリティや独自性が確保できる。一方で、免許取得や設備整備などの手間やコストがかかる。プライベート5Gは、通信事業者が構築・運営するパブリック5Gの安心感や品質と、専用通信網を構築できるというローカル5Gのメリットを併せ持っている。プライベート5Gを利用することで、自社の個別要件に応じた通信網で、5Gの高度な制御機能やアプリケーションを活用できる。

ベライゾンは、2021年6月10日からCBRS帯を使ってプライベート5Gサービス「Verizon On Site 5G」を提供している。T-モバイルは、CBRS帯やミリ波帯を利用したプライベート5Gサービス「T-Mobile Private 5G」を2021年11月に発表し2022年5月23日からT-mobile 5G ANS（Advanced Network Solution）の一部として提供を開始している。AT&Tは、CBRS帯やミリ波帯を利用したプライベートサービス「AT&T Private Cellular Networks」を2020年10月から開始した。このサービスは専用LTE網を構築するサービスであるが、AT&Tは、2022年2月24日に、マイクロソフトとのコラボレーションにより、プライベート5Gネットワークとエッジコンピューティングを統合したプラットフォーム「AT&T Private 5G Edge」を提供する予定であることを発表した。このサービスは現在開発中である。

また、2022年頃からは米国の大手IT企業も、クラウドサービスとの統合による競争力の強化のため、それぞれのクラウドサービスとプライベート5Gを統合することで、お客さまに付加価値の高いサービスを提供し始めた。

アマゾンの子会社であるAmazonWeb Services（AWS）は、2022年8月11日、「AWS Private 5G」の一般提供を開始したと発表した。2021年11月30日に事前告知的な位置付けで発表されていたサービスを本格的なサービスとした。必要なハードウェアとソフトウェアをすべてAWSが提供し、独自のプライベート・モバイル・ネットワークの導入、運用、拡張を容易にするマネージド・サービスである。ネットワークの設定と展開を自動化し、オンデマンドで容量を拡張できる。初期費用やデバイスごとのコストは発生せず、顧客は希望したネットワーク容量とスループットに対する料金のみを支払う。これは市民ブロードバンド無線サービス帯を利用したAWSのクラウドサービスと連携した法人向けプライベート5Gサービスで、専門知識のない企業でも数日でプライベート・ネットワークを構築できるようになる。AWSの幹部らはこのサービスについて「通信事業者との競合ではなくコラボレーションを目指すもの」と強調している。

グーグルやマイクロソフトにも、ネットワークの構築と管理を可能にするサービスを提供していたり、開発中のサービスがある。グーグルは、2022年6月29日、Google Distributed Cloud Edgeという技術を利用して、企業向けプライベート5Gネットワークを提供するサービスGoogle Cloud Private 5Gを発表した。このサービスは、Betacom, Boingo, Celona, Crown Castle, Kajeetというパートナー企業と協力して展開されている。

マイクロソフトは、2022年12月19日に、標準的な4Gおよび5GスタンドアロンRANに接続し、5Gコアネットワーク機能をAzure Stack Edgeデバイスにデプロイおよび管理するサービスAzure Private 5G Coreをプレビューとして発表した。5G IoTデバイスに高性能、低遅延、セキュアな接続性を提供する。これらのサービスは、AWS Private 5Gと同じく、企業や自治体向けに、特定エリアをカバーした専用ネットワークを提供するサービスである。

〈通信事業者向けにIT大手企業が5Gクラウドサービスを続々と発表〉

米国の大手IT企業は、5Gサービス展開において、通信事業者との連携や自社のサービスの強化などに取り組んでいる。2023年2月27日から3月2日にかけて、スペインのバルセロナで「World Mobile Congress 2023」が開催された。今年のWMCでは、AWS、Microsoft Azure、Google Cloudなどのクラウドサービスプロバイダーが通信事業者向けにクラウドサービスを発表した。まず、AWSは、2月21日、「AWS Telco Network Builder」を発表した。

「AWS Telco Network Builder」は、通信事業者AWSクラウドで5Gなどでのパブリックおよびプライベート通信ネットワークをデプロイおよび管理するのに役立つサービスである。パッケージングとデプロイにはAmazon Elastic Kubernetes Service（EKS）を利用している。

マイクロソフトは、2023年2月27日、通信サービスプロバイダー向けのキャリアグレードのハイブリッドクラウドプラットフォームであるAzure Operator Nexusのパブリックプレビューを発表した。Operator Nexusはすでにマイクロソフトの主要顧客であるAT&Tにリリースされている。マイクロソフトは今後、より多くの通信事業者と協力し、世界中で展開していく予定である。

マイクロソフトは、5Gネットワークやエッジコンピューティングなどの分野で、通信事業者がデジタルトランスフォーメーションを加速し、新しいサービスやビジネスモデルを創出できるよう支援する「Azure for Operators」を以前から提供している。Azure Operator Nexusは、その一部として提供されるAzure Operator Distributed Servicesのプライベートプレビューを拡張したものである。Azure Operator Distributed Servicesは通信事業者向けの次世代ハイブリッドクラウドプラットフォームである。また、Azureのセキュリティや管理機能、AIや機械学習などのサービスも統合されており、簡素化された運用と効率化を実現できる。

Operator Nexusとは別に、マイクロソフトは2つの新しい人工知能オペレーション（AIOps）サービス、Azure Operator InsightsとAzue Operator Service Managerも発表した。Operator Insightは機械学習ベースのサービスで、オペレーターがネットワーク運用から収集した膨大なデータを分析し、潜在的な問題をトラブルシューティングするのに役立つ。一方、Service Managerは、ネットワーク構成の生成を支援する。

そしてGoogleは、2023年2月28日、「Telecom Network Automation」をプレビューとして発表した。Telecom Network Automationはクラウドを用いて5Gネットワークの展開（デプロイ）と管理を実現するマネージドサービスである。キャリアグレードのKubernetesをベースに、マルチクラウド、マルチベンダ、クラウドネイティブな環境での自動化を実現する。

電気通信業界は、これまで通信断絶がほとんど許されない高品質の通信サービスを実現するために、自前の通信回線網やハードウェア、データセンターを用いてきた。しかし厳しい競争環境によるコスト削減圧力と、汎用のネットワークとサービス基盤であるクラウドの急速な進化によって高い品質が実現可能になったことなどが重なり、いまクラウドが急速に既存の電気通信業界へ入り込もうとしている。これまで通信事業者が自前で構築することが当たり前だった通信網とコンピューティング基盤が、クラウドのサービスとして提供されようとしている。

5．クラウドサービス市場

クラウドサービスは、インターネットに接続することを前提とする各種のサービスである。サービス内容がコンピュータリソースだったり、アプリケーションだったり、OSであったり、様々なものを提供している。範囲は広く、現在では、「IaaS（イァース：Infrastrucuture as a Service：情報システムの稼動に必要な仮想サーバをはじめとした機材やネットワークなどのインフラを、インターネット上のサービスとして提供する形態）」や「PaaS（パース：Platform as a Service：アプリケーションソフトが稼動するためのハードウェアやOSなどのプラットフォーム一式を、インターネット上のサービスとして提供する形態）」、「SaaS（サース：Software as a Service：従来からパッケージ製品として提供されていたソフトウェアを、インターネット経由でサービスとして提供・利用する形態）」など利用形態によって分類した用語が使用されている。

先行の利を生かし、IaaSのデファクトスタンダード（事実上の標準）となっているのがAmazon Web Services（AWS）である。アマゾンのAWS事業は2006年、オンラインショッピング事業の派生ビジネスとして開始された。IaaS市場でトップシェアを保っている。クラウド市場全体としては、これまでアマゾンのAWSが市場の半分以上を占め、クラウド市場の成長率よりAWSの市場成長率のほうが高かった。

クラウド専門の米国調査会社シナジー社（Synergy Research Group）が2023年1月に発表したデータによると、2022年の事業者／ベンダーの収益は5,440億ドルに達し、2021年から21%増加した。最も大きく成長したのはIaaSとPaaS分野で、米ドル高や中国市場の問題による大きな逆風にもかかわらず、年間収益は前年比29%増の1,950億ドル超になった。マネージドプライベートクラウドサービス、エンタープライズSaaS、CDNの各分野は平均19%の増加だった。

クラウド市場では、パブリックIaaSとPaaSが市場の大半を占めている。パブリック·クラウドのエコシステム全体で、最も目立った企業はマイクロソフト、アマゾン、セールスフォース、グーグルだった。その他の主要企業としては、アドビ、アリババ、シスコ、デル、デジタルリアルティ、ファーウェイ、IBM、インスプール、オラクル、SAP、ヴイエムウェアが挙げられる。これらの企業を合計すると、パブリック・クラウド関連収益の60%を占めている。

クラウド市場は世界の全地域で力強く成長しているが、米国は依然としてその中心である。2022年、米国はクラウドサービス売上全体の45%、ハイパースケールデータセンターの収容能力の53%を占めた。すべてのサービスおよびインフラ市場において、主要プレーヤーの大半は米国企業であり、次いで中国企業が2022年のクラウドサービス売上全体の8%、ハイパースケールデータセンターの収容能力の16%を占める。

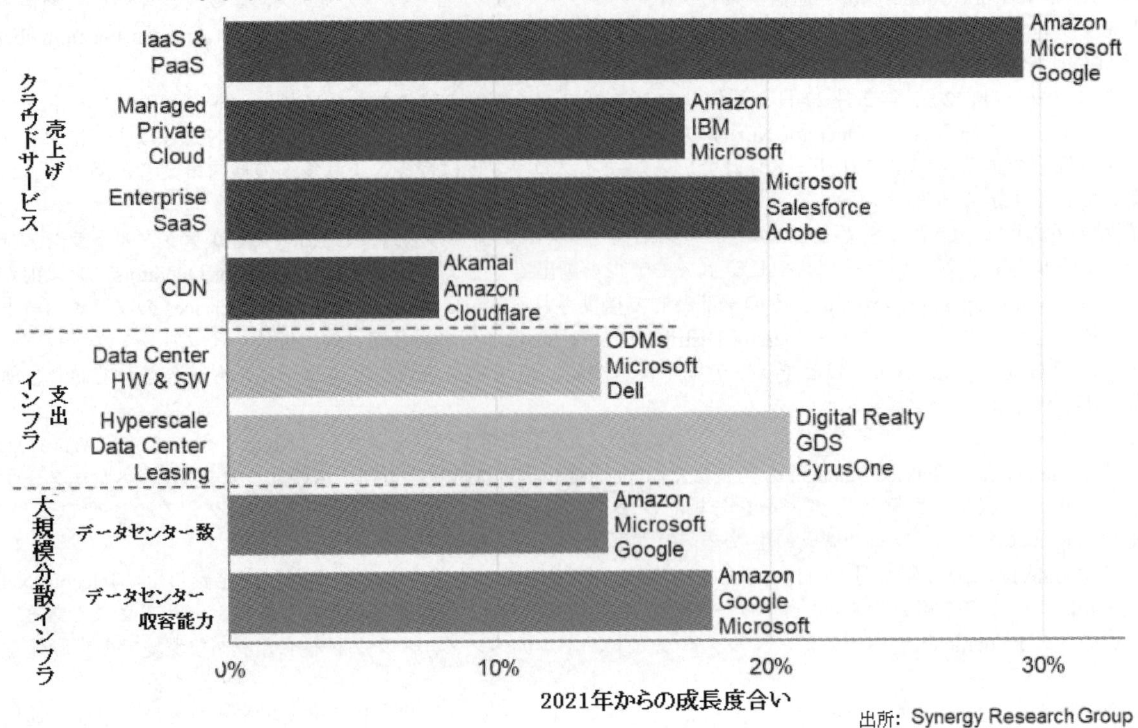

2023年第２四半期では、クラウド・インフラ・サービスに対する企業支出は全世界で650億ドル近くに達し、2022年第２四半期から100億ドル増加した。クラウド市場が2022年から３四半期連続で100億ドルの成長を記録した。

大手クラウドプロバイダーの中では、グーグルとマイクロソフトの前年同期比の成長率が高く、その結果、両社の世界市場シェアは前年の第２四半期から１ポイント上昇した。両社の2023年の第２四半期の世界市場シェアはそれぞれ22%と11%であった。一方、マーケットリーダーであるアマゾンは、その範囲の下端ではあるが、長年のシェア帯である32～34%の範囲内にとどまった。３社合計で世界市場の65%を占めている。第２グループのクラウドプロバイダーで前年比成長率が高いのは、オラクル、スノーフレイク、MongoDB、VMware、ファーウェイ、チャイナテレコムなどである。

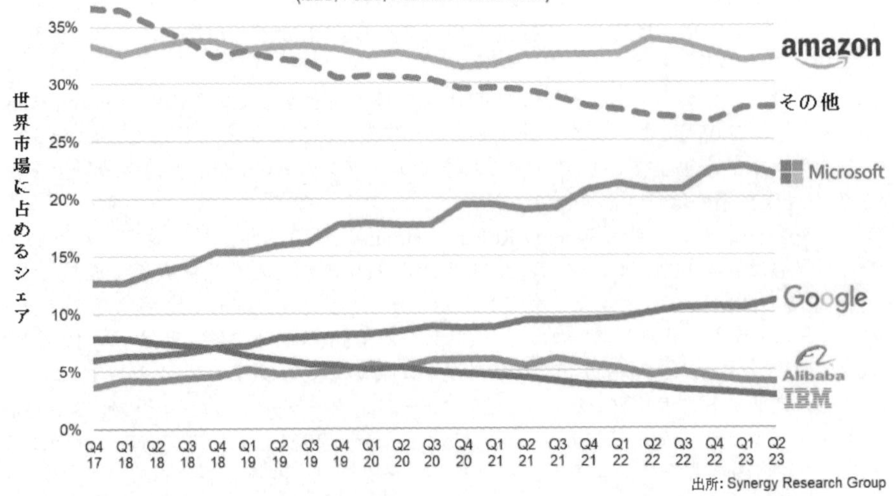

シナジー社の予測データによると、パブリック・クラウドのエコシステム収益は、わずか４年で倍増する見込みである。同期間中、主要クラウドプロバイダーは稼働中のハイパースケールデータセンターの数を50%増やし、データセンターネットワークの容量を65%以上拡大すると予想されている。

３社に共通して言えることは、人口知能（AI）技術を使用したソリューションの開発を加速させるために、AIへの投資を拡大している。

6．海底ケーブル

海底ケーブルは、インターネットの国際通信の99%を担う大動脈である。約150年の歴史を持ち、国際電話やインターネットの中継網として発展してきた。2021年までの過去8年間は、市場は堅調に、そして時には目を見張るような成長を遂げ、異常な盛り上がりを見せてきた。海底光ファイバー業界は、新しいケーブルシステムに対する旺盛な需要で、前例のない時期を迎えている。

かつて海底ケーブルが結ぶ「グローバルネットワーク」という言葉は、通信事業者同士が協力しあって構築した世界の大都市間を結ぶネットワークを指していた。今日のグローバルネットワークは文字通り地球の果てまで広がっている。最近では、アマゾン川流域、地球上で最も遠い有人島の一つとされるセントヘレナ島、南米の先端、太平洋やインド洋の多くの小島に海底ケーブルが敷設されている。北極圏や南極圏でも複数のプロジェクトが提案されている。

現在、大西洋を横断する海底ケーブルで伝送されるデータ・トラフィックのうち3分の2は企業の専用通信網からのもので、電気通信事業者からのものではない。この割合は、2010年の20%から大幅に増加している。2015年頃から回線帯域の需要が電気通信事業者から大手コンテンツ・プロバイダに移っていることが大きな理由である。

近年では、通信事業者によるネットワークインフラ網としての役割から米国のIT大手グーグルやメタプラットフォームズ（旧フェイスブック）などが世界各地に作るデータセンターを結ぶためのイントラ網としての役割に変貌している。米国の調査会社テレジェオグラフィー社（Telegeography）社の調査によると、2010年の段階では、いわゆるGAFA（Google、Amazon、Facebook、Apple）を始めとしたコンテンツ事業者による海底ケーブルのトラフィックは全体の1割にとどまっていた。2020年には一気に7割を占めるまでに急激に膨張していた。GAFAの中でもリアルタイム性が高いネットサービスを提供しているグーグルとメタの需要が多い。世界各地に設けたデータセンター間で毎日データをやり取りする必要がある。世界各地に点在するデータセンターが蓄える膨大なデータを同期させるためには、海底ケーブルを使った大量の通信が必要になる。

かつては、各国の通信事業者がコンソーシアムを組んで資金を出し合い、ケーブルを建設していた。IT大手は、通信事業者が建設した海底ケーブルを借りていたデータ量が膨大に膨れあがると、経済合理性から自ら海底ケーブルを引き始めようとする判断が生まれてくる。2010年に、日本と米国を結ぶ太平洋横断海底ケーブル「Unity/EAC-Pacific」の敷設に、初めて通信事業者以外の企業、IT大手のグーグルが参加した。その後は、グーグルに続き、メタやアマゾン、マイクロソフトらが、こぞって海底ケーブルの敷設に参加し始めた。GAFAは需要拡大に応えるため海底ケーブルへの投資、敷設に力を入れている。グーグルは、2019年7月時点で16本の海底ケーブルに投資し、最大の海底ケーブル所有者となっている。ここ数年、1年間に敷設される海底ケーブルの本数は20本前後である。その2割前後のプロジェクトに大手IT企業の名前が連なっている。最近では単独で海底ケーブルを敷設するという傾向も出てきている。

2023年には、世界各地で海底線ケーブルの敷設が加速した。デジタル化の進展によるデータ通信量の増加、5Gやクラウドコンピューティングなどの新しい技術の普及、海洋資源の開発などがその主な理由として考えられる。2023年から2024年までに稼働開始が予定されている主な海底線ケーブルとしては以下のようなものがある。

- JUNO（ジュノ）：日本の千葉県・三重県と米国のカリフォルニアを結び、総延長距離は約1万キロメートル。総通信容量は350テラビット（Tbps）。NTTリミテッド・ジャパン、米PC Landing、三井物産、JA三井リースの4社により設立された新会社セレンジュノネットワークが敷設。2024年末運用開始予定。
- Topaz: 日本とカナダを結ぶ海底光ファイバーケーブル。総通信容量は240テラビット（Tbps）。グーグルが敷設。2023年に開通予定
- Equiano：ポルトガルからアフリカ大陸西岸沿いに敷設し、途中いくつかの分岐点を設け南アフリカまでの15,000kmを繋ぐ光ファイバーケーブル。総通信容量は144テラビット（Tbps）。グーグルが敷設。2023年3月に稼働開始。
- Bifrost：アジアと北米を結ぶ海底ケーブル。総通信容量は18テラビット（Tbps）。メタ（旧フェースブック）主導で敷設。2024年に開通予定
- Juniper: 日本（千葉県、三重県）と米国（カリフォルニア州）を結ぶ光海底ケーブル。総距離は約10,000km、2024年末に完成予定。太平洋横断ケーブルとしては初めて、最大40心（20ファイバーペア）となる。総通信容量は毎秒350テラビット（Tbps）で、日米間を結ぶ海底ケーブルとして最大の通信容量となる。
- 2Africa（＋2Africa Pearl）：ヨーロッパ、アフリカ、中東を結び、支線（2Africa Pearls）によりインドまでの延長を予定する世界最長の海底ケーブル。総延長は4万5,000km以上。メタ（旧フェースブック）が敷設。支線を含めると相互に接続する国は33ヶ国となる。インターネット利用者は2Africaで12億人、支線のPearlによりさらに18億人増え、合計30億人となる。これは世界人口の約36%に相当する。

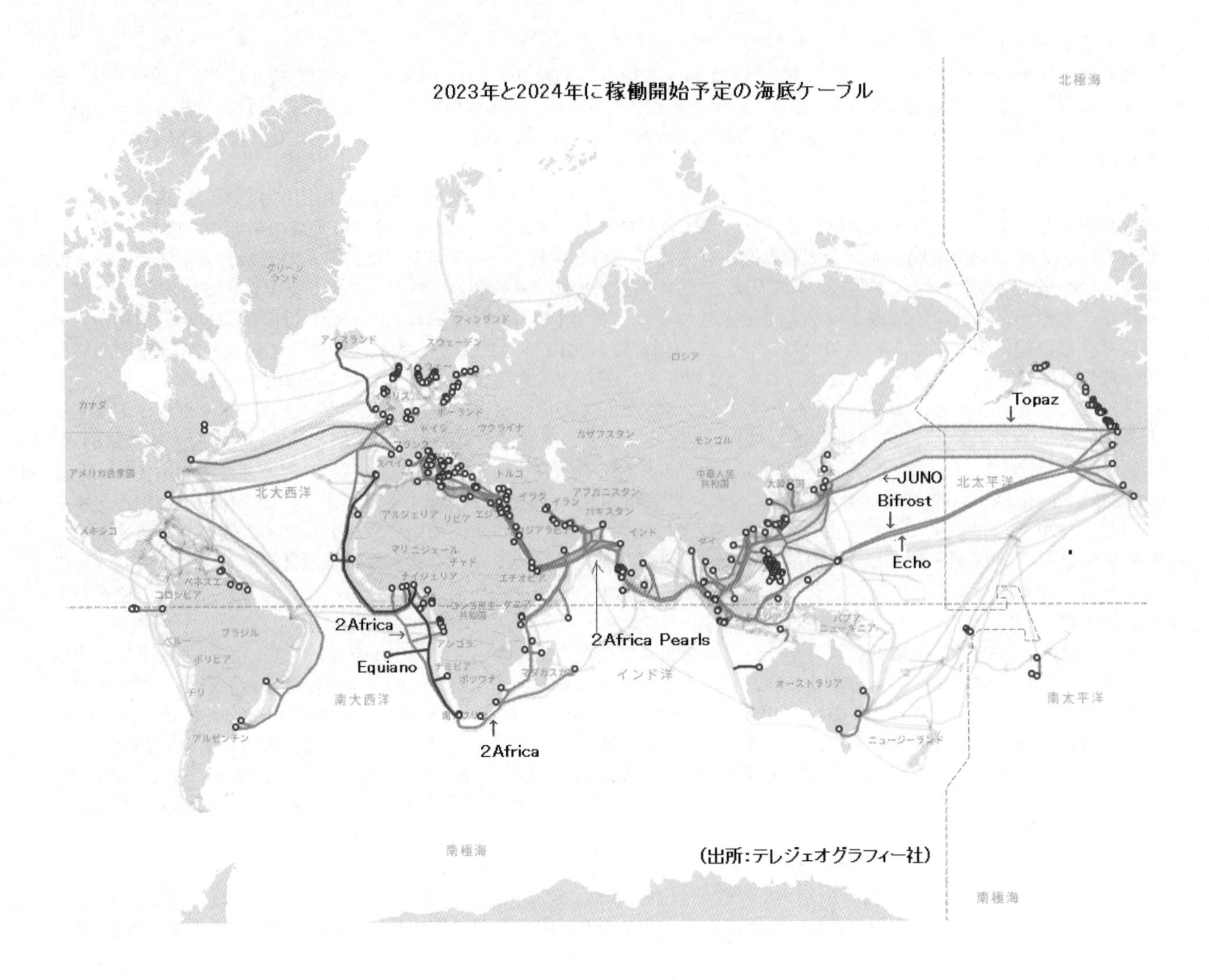

(出所:テレジェオグラフィー社)

7．衛星通信

20世紀の後半にかけて注目を集めてきた衛星通信であるが、その後は長い間海底ケーブルに主役を奪われてきた。現在、米国内のFSSスペクトルのほぼすべての衛星通信サービスを提供しているのはインテルサットとSES、ユーテルサット、テレサット、ヒューズネットワークシステム（エコースター）、ヴィアサット（ViaSat）である。テレサットは米国政府に衛星サービスを提供し、ヴィアサットにKaバンドの衛星容量を提供している。ヴィアサットはその容量を利用して米国内でブロードバンドサービスを提供している。ヴィアサットとヒューズネットワークシステムは、米国内の顧客にホールセールおよびリテールの商用ブロードバンドサービスを提供している。

最近注目を浴びているのが低軌道（Low Earth Orbit:LEO）や中軌道（Middle Earth Orbit:MEO）で地球を巡回する多数の通信衛星を複数基協調させて機能させるシステムである通信衛星コンステレーションである。低～中軌道上を飛行するので遅延が小さく、通信速度も静止軌道上通信衛星と比較すると速い。全ての地域に対してブロードバンド（高速で大容量の情報が送受信できる通信網）級の通信が可能になる。デジタルディバイドの解消にもつながる。FCCによると、2021年末時点で、衛星通信事業者は米国で合計170万加入者、全世界で約300万加入者にサービスを提供しており、インフラの拡大に伴い、事業者は消費者が利用できる通信速度を向上させている。

衛星によるインターネットサービスは、光ファイバーやケーブル接続のインターネットの速度には及ばない。しかし、インターネットへのアクセスが絶対不可欠な場合、人里離れた村や戦争などの緊急時では唯一のアクセス手段として衛星インターネットが重要な役割を果たす。米国で一般人が利用できる衛星インターネットの選択肢は広くない。衛星インターネットサービスを提供する企業はヴィアサット（Viasat）とヒューズネット（HugesNet）、スターリンク（Starlink）の3社である。

米国で利用できる衛星インターネット比較

(2023年6月末)

	ヒューズネット	ヴィアサット	スターリンク
最大速度	ダウンロード：50Mbps アップロード：3Mbps	ダウンロード：12-150Mbps アップロード：3Mbps	ダウンロード：25-220Mbps アップロード：5-20Mbps
最低月額費用	$50-$150	$50-$300	$90-$120, $250-$1,500（プレミアム）
通常月額料金	$50-$175	$70-$300	$90-$120, $250-$1,500（プレミアム）
契約期間	２年	２年	無し
機器費用（1回のみ）	$15または$350の購入費用	$15または、$300の購入費用	$599の購入費用、または、プレミアムで$2500
データ利用容量	15-200GB	35-500GB	無制限； 1-6TB（プレミアム）

(出所：CNET)

ヴィアサットは、衛星インターネットの売り上げの伸びは前年比37%と財務的に絶好調となっている。主に、飛行機内の乗客に対するインターネットサービスの提供に勢いがついている。そのヴィアサットは、2021年11月8日、73億米ドル相当の取引でインマルサット（Inmarsat）を買収すると発表し衛星業界関係者に衝撃を与えた。インマルサットは、成長するグローバルモビリティ分野で卓越した存在感を示し、多次元メッシュネットワークでネットワーク設計の最前線に立っている。この買収は、2023年6月5日に正式に完了した。

また、ヒューズネットはムラの無いダウンロードスピードに定評がある。FCCの調査報告書では実際のダウンロードスピードの中央値（メディア値）はヒューズネットが最速であると評価している。スターリンクは、2021年10月に公共向けのベータテストを終了し、本格的な販売を開始した。スペースXは2021年10月までに約3,500基の第1世代衛星を打ち上げており、2022年6月時点で約50万人が加入している。待機中の契約見込み者もいる。3社の中では最速のダウンロードスピードである。スターリンクは、ウクライナを始めとして欧州地域で人気がある。また、FCCは2022年12月1日、スペースXによる人工衛星を使った高速インターネットサービス「スターリンク」に対し、最大7,500基の小型人工衛星の追加配備を承認した。

〈衛星を介した市販のスマートフォンによる双方向音声通話実現への動き〉

スターリンクを運用する会社スペースXは、2022年8月25日、Space Xの衛星通信サービス「Starlink（スターリンク）」にT-モバイルのスマートフォンを接続可能にする計画「Coverage Above and Beyond」を発表した。スペースXの衛星通信サービス「スターリンク」とT-モバイルが保有する中域周波数帯とを組み合わせることで、宇宙から地上の携帯電話に直接インターネット接続を提供する。衛星がソフトウェアによって仮想の地上基地局として動作する仕組みである。

現行のスターリンクは通信にパラボラアンテナ付端末が必要で携帯電話に届くほどの信号強度がないため、より強力なフェーズドアレイアンテナを搭載する第2世代スターリンク衛星を完成させることが前提となる。

現在のLTEと5Gネットワークでは、どの携帯キャリアからもアクセスできない状態にある電波が届かなかった遠隔地などに電波を届けることができるようになる。従来の技術では、国立公園など土地利用の制限のある場所や、山や砂漠などの地形の制限がある地域では、接続を断たれ、衛星電話を持ち歩くために高い料金が必要になる。今回の「Coverage Above and Beyond」が実現すれば、衛星電話用の専用端末は必要なくなり、T-モバイルのネットワークを利用している一般的なスマートフォンの多くが、特別な機器の追加なく使えるようになる。

また、衛星と地上の携帯電話を直接接続するサービスは、米ベンチャー企業のリンク・グローバルやASTスペースモバイルも計画中である。リンク・グローバルは既に衛星を打ち上げ、2021年9月29日に、一般的な普通の携帯電話と衛星との間で、直接通信し、インターネットに接続する実証試験に成功したと発表している。衛星通信ブロードバンド新興企業であるASTスペースモバイルは2023年4月25日、低軌道衛星と市販スマートフォンの直接通信による双方向音声通話に成功したと発表した。試験は米AT&T、英ボーダフォン、楽天の協力を得てテキサス州ミッドランドで実施された。AT&Tが保有する周波数帯を利用し、サムスン製スマートフォン「Galaxy S22」からASTスペースモバイルの「BlueWalker 3」衛星を経由して、日本の楽天をつなぐ音声通話を実現した。

4-4-1-3　米州

4-4-1-3-1　米州諸国における電気通信産業概要

（2023年6月30日現在）

		カナダ		ブラジル	
根拠法／規制法		1993年電気通信法、1985年無線通信法		1997年一般電気通信法、 1996年最小限法 2014年インターネット憲法 2019年電気通信近代化法（No.13,897）	
主管庁		イノベーション･科学経済開発省（ISED）		科学技術イノベーション通信省	
規制・監督機関		ラジオテレビ電気通信委員会（CRTC）		国家電気通信庁（ANATEL）	
完全自由化時期		1998年		—	
独占時代からの事業者		・Bell Canada（BCE傘下）（1880年） ・Rogers Communications（1960年） ・TELUS（1990年） ・MTS（1908年）←BCEが買収へ ・SaskTel（1908年） ・Videotron（CATV）（1964年） ・Cogeco（CATV）（1957年）		・Oi（旧Telemar：1989年） → 破産法申請（2016年6月） ・Telefónica Brasil（Vivo）&GVT（1998年） ・Embratel（America Movil）（1989年） →Claroに統合	
主要キャリア	固　定	**新規参入事業者（参入時期）** ・Bell Aliant（1999年創立、2014年からはBell Canadaに買収され、その商標名） ・Bell MTS（2012年にMTS Alstreamから分離されるも、2016年にBell Canadaにより買収される） ・Allstream（2012年にMTS Alstreamから分離）		**新規参入事業者（参入時期）** ・Vivo（1998年：旧GVT） ・TIM Brasil（1995年） ・Claro（2003年、America Movil系） ・Claro-nxt（旧Nextel 1987年参入 ← 2019年America Movilが買収） ・Algar（2010年） ・Sercomtel（2009年） ・Sencinet（2020年 旧BTラテン諸国事業部門）	
	移動体	**事業者（参入時期）**	**通信方式**	**事業者（参入時期）**	**通信方式**
		・Rogers Wireless（83年）	①、②、③、④、⑤、⑥、⑧、⑨、⑭	・VIVO （Telefonica Brasil：03年）	①、②、③、④、⑤、⑥、⑧、⑨、⑩、⑭
		・Bell Mobility（86年）	④、⑤、⑦、⑧、⑨、⑭	・Claro （← America Movil：03年）	①、②、③、④、⑤、⑥、⑧、⑨、⑩、⑭
		・TELUS Mobility（84年） 以上大手3社に次いで、地域でサービスを提供する準大手として、Freedom Mobile, Videotron, SaskTel, TNWWirelesの4社。他に中小企業多数有り	④、⑤、⑦、⑧、⑨、⑭	・TIM （Telecom Italia：98年）	①、②、③、④、⑤、⑥、⑧、⑨、⑩、⑭
				・Winity Telecom （← 21年に5G周波数帯を落札）	

<table>
<tr><th colspan="4"></th><th colspan="2">カナダ</th><th colspan="2">ブラジル</th></tr>
<tr><td rowspan="8">通信市場規模</td><td>収入</td><td colspan="2">電気通信サービス総収入
移動体収入比率（%）</td><td colspan="2">552 億カナダドル
48.9%</td><td colspan="2">1,214 億レアル
57.6%</td></tr>
<tr><td rowspan="7">加入数</td><td rowspan="2">固定</td><td>加入者回線数（単位、千件）
人口普及率（%）</td><td colspan="2">11,312
29.4%</td><td colspan="2">27,258
12.7%</td></tr>
<tr><td>インターネットユーザ
（単位、千人）</td><td colspan="2">35,421（21 年）</td><td colspan="2">173,387</td></tr>
<tr><td rowspan="3">移動体</td><td>総加入数
人口普及率（%）</td><td colspan="2">35,082
91.2%</td><td colspan="2">212,926
98.9%</td></tr>
<tr><td>事業者別加入者数</td><td>・Rogers Wireless
・Bell Mobility
（MTS, Virgin Mobile を含む）
・TELUS Mobility</td><td>10,240（2022.06）
9,602（2022.06）

9,429（2022.06）</td><td>・VIVO
・Claro
・TIMi
MVNO 多数</td><td>97,979（2022.12）
83,260（2022.12）
62,485（2022.12）</td></tr>
<tr><td>M2M 用移動体網契約数
（単位、千件）</td><td colspan="2">4,708</td><td colspan="2">35,051</td></tr>
<tr><td>放送</td><td>CATV 加入者数
（単位、千件）</td><td colspan="2">4,086</td><td colspan="2">5,441</td></tr>
</table>

・主要キャリアの移動体欄の無線通信方式は、① GSM、② GPRS、③ EDGE、④ UMTS、⑤ HSDPA、⑥ HSPA ＋、⑦ DC-HSPA+、⑧ LTE、⑨ LTE-A、⑩ LTE-M、⑪ CDMA、⑫ iDEN、⑬ VoLTE、⑭ 5GNR、⑮ 5GSA

・通信市場規模の収入及び M2M 契約数、CATV 加入者数は 2021 年末現在の数値、それ以外は（ ）内に言及がなければ 2022 年 12 月末の数値

・事業者別加入者数の単位は、1,000 件．（ ）内は月日

・出所：ITU Statistics、各社ウェブサイト、関係各種資料より作成、各社ウェブサイト、関係各種資料より作成

4-4-1-3-2　米州諸国における最近の電気通信政策・市場等の動向－2022年7月～2023年6月－

カナダ	■主要な通信事業者、緊急ローミングと相互支援の約束に合意 　カナダの主要な通信ネットワーク事業者は、2022年9月7日、「自然災害やネットワーク障害、その他の衝撃的な緊急事態の際に、必要とする人々の重要なライフラインである通信ネットワークの信頼性と回復力を確保するため」に、通信の信頼性に関する覚書に署名した。この措置は、7月にロジャースのネットワークで大規模な障害が発生したことを受けて、フランソワ・フィリップ・シャンパーニュ革新・科学・産業大臣が命じたものである。参加企業（ロジャース、ベル、テルス、イーストリンク、コジェコ、サスクテル、ショー（フリーダム・モバイルを含む）、Tベイテル、テレサット、ビデオトロン、エクスプロネット、ザヨ）は、3つの主要プロトコル（緊急ローミング、相互援助、緊急ネットワーク停止通信プロトコル）に合意した。 ■ CRTC、MVNOの条件を設定、地域プレーヤーと既存プレーヤー間のルールが決まる 　ラジオテレビ通信委員会（CRTC）は、2022年10月19日、国内インフラを基盤とする携帯電話事業者ロジャース、ベル、テルス、およびサスカチュワン州の携帯電話事業者サスクテルのネットワークへのMVNOアクセスに関する条件について決定を下した。CRTCは、この措置により、地域の携帯電話事業者がネットワークを構築する一方で、新たな地域での競争が加速されるとしている。カナダでは、すでに2021年4月にCRTCがロジャース、ベル、テルス、サスクテルのネットワークへの条件付きMVNOアクセス義務化の施策を発表していた。しかし、ネットワークインフラや周波数に投資している地域の無線事業者に、自社の携帯電話ネットワークへのアクセスを提供することを求める内容であったため、ネットワークインフラと周波数帯域を持つ地域プロバイダーにのみ適用され、より広範なMVNOアクセスの義務化や卸売料金の直接規制には至らなかったとして広く批判を浴びた。今回、CRTCが下した様々な決定は以下のようなものである。 　まず、CRTCは、周波数帯域の最低保有量やその他の周波数帯域に関連する問題に基づき、MVNOの資格を制限する様々な規定を否定した。しかし、MVNOの資格を得ようとする地域無線通信事業者は、依然として同委員会に無線通信事業者として登録し、カナダ国内のどこかにホーム公衆移動体通信網を持ち、小売顧客に対して積極的に移動体無線通信サービスを提供しなければならない。さらに、CRTCは、地域電話周波数免許を保有する地域無線通信事業者にも資格を拡大した。 　CRTCはまた、MVNOアクセスサービスを地域キャリアのホームネットワークの延長とみなすべきと決定した。これにより、ホームネットワークとMVNOアクセスはすべてのエンドユーザーが利用できるようになり、ホームネットワークとMVNOアクセスのユーザーを区別する必要がなくなる。CRTCはまた、MVNOアクセスには、利用可能なすべてのGSMベースのネットワークが含まれると決定した。つまり、3G、4G/LTE、5G、そしてそれ以降も、地域の通信事業者は利用できることになる。また、MVNOアクセスは、ユーザーがネットワーク間を移行する際に、通話の切断やサービスの中断を避けるため、シームレスなハンドオフをサポートすべきであると決定した。 　このほか、MVNOアクセスサービスの再販を制限する条項や、不正確なトラフィック予測について地域通信事業者に補償を求める条項を否定することも決定した。また、MVNOのアクセス料金は、少なくとも2年ごとに再交渉が可能であると決定したが、当事者が選択すれば、異なる期間に合意することも可能である。 ■携帯電話事業者6社が600MHz、2,500MHz、3,500MHzの周波数オークションで落札 　2023年1月25日、カナダのフランソワ・フィリップ・シャンパーニュ革新・科学・産業大臣は、1月17日に終了した600MHz、2,500MHz、3,500MHzの周波数帯における残余周波数免許オークションの結果を発表した。合計27の免許が6社に交付され、その多くは地方や遠隔地をカバーするもので、そのうち13の免許は「小規模・地域」プロバイダーに交付された。オークションの総収益は2,997万カナダドル（2,240万米ドル）で、ライセンス展開の要件は、落札者が周波数帯を使用して「タイムリーに」エンドユーザーにサービスを提供できるようにすることを目的としている。今回のオークションでは、42の免許が利用可能となったが、これらは以前のオークションで落札されなかったか、カナダ革新・科学・経済開発省（ISED）に返却されていたものである。まだ15の免許が落札されずに残っている。 　最大の落札者はベルカナダ（Bell Canada）で、人口160万人をカバーする8つのライセンスを1,061万カナダドルで購入した。僅差でビデオトロン（Videotron）が7ライセンスを993万カナダドルで購入した（人口130万人）。この他、Tbaytel（2ライセンス、628万カナダドル、人口78万人）、Rogers Communications（6ライセンス、267万カナダドル、人口49万人）、Sogetel（2ライセンス、41万3,000カナダドル、人口1万6,000人）、Ecotel（2ライセンス、6万6,000カナダドル、人口3万6,000人）が落札した。 ■カナダ政府、政府支給端末でのTikTok利用禁止 　カナダ政府のモナ・フォルティエ予算庁長官は、2023年2月27日、中国系の動画共有アプリTikTokの政府発行のモバイル通信機器での使用を禁止したとの声明を発表した。禁止令は翌28日から施行され、連邦政府職員はTikTokアプリをダウンロードすることも禁止される。今回の決定は、TikTokに対するレビューを経て、カナダの最高情報責任者が、プライバシーとセキュリティーに許容できないレベルのリスクをもたらすと判断したため、としている。

<table>
<tr><td>カナダ</td><td>

■カナダ政府、ロジャースのショー買収を承認、ビデオトロンはフリーダム・モバイルの経営権を取得

ロジャースは、2023年3月31日、カナダ政府が、2年間にわたる交渉の末、同社が150億ドルでショー・コミュニケーションズを買収することを承認したと発表。これにより、BCEに次ぐ国内第2位の電気通信事業者が誕生することになる。また、この買収に伴い、ショーの移動通信事業フリーダム・モバイル（オンタリオ、アルバータ、ブリティッシュコロンビア各州で約170万人の加入者を持つ）は、ケベック州のビデオトロンに売却され、ビデオトロンの携帯電話加入者数はこのフリーダム・モバイルの加入者を加えることで約2倍となり、カナダ第4位の移動通信事業者になる。今回の取引承認の条件として、ビデオトロンには、フリーダム・モバイルのネットワークへの今後2年間の投資及び競合他社より20%以上安い移動通信プランの提供、ロジャースには、カナダ西部での3,000人の雇用創出、ブロードバンドと無線ネットワークへの投資、新しい低価格のサービスプランの提供を課している。

■ロジャースとスペースX社、衛星電話による全国的な通信を提供へ

ロジャーズ･コミュニケーションズとスペースX社は2023年4月26日、スペースX社のスターリンク低軌道（LEO）衛星とロジャース社の国営携帯電話周波数帯を利用し、従来の携帯電話ネットワークが届かない場所でも接続できるようにするため、カナダ全土で衛星と電話の相互接続を実現することで合意したと発表した。両社は、SMSテキストサービス用の衛星通信（「Direct to Cell」）でプロジェクトを開始し､最終的には､現在接続されていないカナダの最も人里離れた荒野、国立公園、田舎の高速道路に音声とデータを提供する予定である。商業的に利用可能になれば、衛星から電話へのカバレッジは、すべての5Gおよび4Gスマートフォンに対応する。このサービスは、SMSやMMSテキスト、911緊急サービスにも対応する。

■ストリーミングサービスに対し国産コンテンツ配信を義務付ける「オンラインストリーミング法」が成立

カナダ上院は、2023年4月27日、ネットフリックスやYouTubeなどにより多くの国産コンテンツの配信を義務付けるオンラインストリーミング法案を可決。同日に総督の裁可を得て、同法は成立した。同法は、SpotifyやDisney+なども含むオンラインストリーミング・プラットフォームを同国の放送規制当局であるカナダ・ラジオ・テレビ通信委員会（CRTC）の管理下に置き、これまでTVやラジオに適用されていた国内製作コンテンツ要件の対象とするもの。法案は政府が2022年に提出し、同年6月に野党の新民主党、ブロック・ケベコワの賛成も得て、下院で可決されていた。同法の成立により、CRTCは、従来の放送とオンラインサービスの両方について規則を策定・実施することになる。

■ISED、3,900MHzとmmWave周波数帯の非競争的ローカル・ライセンシングを開始

イノベーション・科学・経済開発省（ISED）は、2023年5月3日、3,900MHz～3,980MHz帯およびmmWaveの26GHz帯、28GHz帯、38GHz帯の一部について、非競争的ローカル（NCL）免許枠組みに関する決定を下した。ISEDは、「新規および非従来型ユーザー（NTU）へのアクセスを容易にすることに加え、NCL免許フレームワークを通じてこの周波数帯を解放することは、既存ユーザーによる5Gサービスの開発を支援し、地方や遠隔地を含む全国のさまざまな地域で、ワイヤレス・ブロードバンド・サービス（WBS）（免許取得者）やWISP（ワイヤレスISP）が接続性を強化することを可能にする」と宣言した。新規およびNTUの周波数帯利用者は幅広い業種に及ぶと予想され､大学､スタジアム､ショッピングセンターなどの企業キャンパス内のプライベートブロードバンドネットワークも含まれる可能性がある。

</td></tr>
<tr><td>ブラジル</td><td>

■携帯電話会社3社、5Gサービスを開始

2023年7月4日、政府の干渉問題解決策実施グループ（Grupo de Acompanhamento da Implantacao das Solucoes para os Problemas de Interferencia, GAISPI）は、ブラジリアで3.3GHz～3.7GHz（以下、3.5GHz）帯を5G用に使用することを承認し、携帯電話会社3社、クラロ（Claro）、TIM、ヴィボ（Vivo）がそれぞれのネットワークを開始する道を開いた。その2日後の2023年7月6日に、3社は首都ブラジリアでスタンドアロン（SA）5G技術の運用を開始した。ブラジリアでは、すでに100台が稼動し、人口の50%をカバーしている。Vivoは、サービス提供開始時に250万以上の契約者が対応端末を所有していると発表しており、合計47の端末が2.3GHz帯と3.5GHz帯の両方を利用できる。一方、クラロの5G対応契約数は約200万件に過ぎないが、同社が販売する端末の70%は新しいネットワークと組み合わせて使用されると見られている。

3.5GHzの周波数帯は当初、2021年11月にオークションで落札された。その時点では、2022年7月までにブラジルの全27州都で5Gを開始することが目標だった。しかし、世界的な半導体不足とクリアランスの遅れにより、この期限は9月末まで延長された。

</td></tr>
</table>

ブラジル	**■ANATEL、戦略計画2023-2027を承認、平均1Gbpsの速度が目標** ブラジル国家電気通信庁（Agencia Nacional de Telecomunicacoes、ANATEL）は、2022年11月21日、今後4年間の目標を定めた「戦略計画2023-2027」を承認した。この文書に含まれる7つの主要目標は以下の通り： • スタンドアロン（SA）5Gのカバレッジを、2021年の人口の0%から、2027年までにブラジル人口の57.67%まで拡大する。 • 光ファイバーによるバックホール接続を2027年までに市町村の83.97%から100%に拡大する。 • 人口600人以上の場所での光ファイバーバックホール接続を2027年までに13.63%から50%に拡大する。 • 2027年までに、固定ブロードバンド・サービスの平均契約ダウンロード速度を186.3Mbpsから1Gbpsに引き上げる。 • 2027年までに契約速度の達成率を78.28%から87%に引き上げる。 • 2027年までに、固定ブロードバンド利用者の全般的な満足度を6.9（10点満点）から7.5に引き上げる。 • 2027年までに、携帯電話利用者の全般的満足度を7.6から8.1に引き上げる。 **■財政難に陥っていた電話会社オイ、６年以上を経て司法再生手続きを終了** 財政難に陥り会社更生手続き中の通信会社オイ（Oi）は、2022年12月14日、約6年半ぶりに更生手続きを終了した。リオデジャネイロ司法裁判所第7企業裁判所のフェルナンド・ビアナ判事は、同社が引き受けた義務はすべて履行されたと宣言した。オイ社は合計で約65,000人の債権者からの請求に直面しており､現在までにすべての案件が解決されたわけではないが､裁判官は「債務者が計画で契約されたすべての義務を履行するかどうかを確認することは会社更生手続きの目的ではない」と指摘した。しかし、関係者は、12月の判決時点ではすべての案件が解決されたわけでは無く、同社の債務負担は依然として脅威であると警告している。 2016年6月、オイは債権者との合意に至らず、同国史上最大の破産申請を行った。オイと子会社6社を対象としたこの申請では、654億BRL（192億米ドル）の負債がリストアップされ、同社は保有株式の価値を維持し、顧客へのサービス提供を継続するために会社更生手続きを選択した。 **■オイ、２度目の司法更生法の適用を申請** 通信会社オイは、2023年3月2日、リオデジャネイロ州首都司法管区第7企業裁判所に緊急に会社更生法の適用を申請したと発表した。同請求は2023年3月1日に提出され、同グループの子会社であるPortugal Telecom International FinanceとOi Brasil Holdings Cooperatiefを対象としている。 **■廃止予定のブラジルとチリのローミング協定、７月まで延期** ブラジルとチリ間の国境を越えたローミング料金の廃止合意は、チリ当局の要請により2023年7月まで延期される決定が、実施期限である2023年1月25日にブラジル政府により下された。ブラジル国家電気通信庁（Agencia Nacional de Telecomunicacoes、ANATEL）は2023年1月初め、この取り決めに署名し、2023年1月25日に発効する予定だったが、チリ外務省（Ministerio de Relaciones Exteriores、MRE）は6ヶ月の延期を提案した。2022年1月26日に政令第10,949号がブラジルの連邦公式日記（Diario Oficial da Uniao、DOU）に掲載され、2018年11月21日にサンチアゴで両国間の自由貿易協定（Free Trade Agreement）に調印したことで始まったプロセスが終了した。この文書の条項に従い、ローミング料金は政令が署名されてから1年以内に取り消されることになっていた。

<table>
<tr>
<td>ブラジル</td>
<td>
■ CADE、ウィニティ・テレコムとビボのネットワーク共有契約を承認
ブラジルの経済防衛行政審議会（Conselho Administrativo de Defesa Economica, CADE）は、2023年5月9日、ウィニティ・テレコム（Winity Telecom）とテレフォニカ・ブラジル（Vivo）の間で結ばれた、1,120の市町村における700MHz帯の産業ネットワーク利用契約（contrato de exploreoracao industrial de rede, EIR）を無制限に承認した。CADEはその決定を公表するに際し、この提携により「密度が低く、経済的関心の低い地域でのカバレッジの拡大が可能になる」と述べている。
ウィニティ・テレコムは、オルタナティブ資産運用会社パトリア・インベスティメントス（Patria Investimentos）が出資する持株会社で、VivoとのRANシェアリング契約を確保し、独立した700MHz帯の展開をサポートされることを望んでおり、一方、Vivoは、前述の地域でウィニティが保有する2×10MHzの周波数帯のうち2×5MHzへのアクセスを約1,100の市町村で利用できる見込みで、両社はこれを「産業利用」と呼んでいる。マスターリース契約（MLA）は非独占的なもので、第三者も共有インフラにアクセスできることになる。
ウィニティ・テレコムはオルタナティブ資産運用会社パトリア・インベスティメントスの支援を受け、2021年11月にブラジルで開催された5G周波数オークションで2×10MHzの700MHz免許の入札に成功し、14億2,800万BRL（2億7,680万米ドル）を支払った。2023年12月までに、ウィニティは連邦高速道路の118区間をカバーするネットワークを構築し、現在サービスが不足している250カ所にモバイル接続を提供する義務がある。2029年までに5,000のセルタワーを建設し、ブラジル初のホールセール事業者として地位を確立する計画を持っている。
■ ANATEL、187の自治体に3.5GHz帯の使用を許可、人口の66.4%に5Gが認可される
ANATELは、干渉問題解決策実施グループ（Grupo de Acompanhamento da Implantacao das Solucoes para os Problemas de Interferencia, GAISPI）の勧告に従い、3.5GHz帯の免許取得者が2023年6月26日から、さらに187の市町村で5Gサービスを開始できることを確認した。この決定により、合計1,610の市町村が3.5GHz帯スタンドアロン（SA）5Gの利用を承認されたことになり、これはブラジル人口の66.4%にあたる1億4,100万人に相当する。2023年5月31日時点で1,082万件の5G契約がサービスインしており、ANATELのモイセス・モレイラ参事官は、5Gの普及率は「同時期の4G技術の約3倍」であり、政府の予想を上回っていると説明している。
■クラロ、ブラジルの家庭向け光ファイバーで100万加入達成
クラロ・ブラジル（Claro Brasil）が2023年5月に家庭向け光ファイバー（FTTH）契約数100万件を突破したことが、国家電気通信庁（Agencia Nacional de Telecomunicacoes、ANATEL）の公式データで明らかになった。同通信事業者の光ファイバーネットワークに接続した固定ブロードバンドユーザーは、5月末までに102万4,000人に達した。
America Movilの2023年第一四半期の決算報告書によると、クラロのFTTHネットワークは2023年3月31日時点で950万世帯に達し、2022年12月31日時点の780万世帯から増加した。同通信事業者は2023年12月末までに1,110万世帯の接続を目標としている。
</td>
</tr>
</table>

ブラジル	**■ ANATEL、2023年上半期の通信市場の現状を発表** ANATELが2023年8月1日に更新したデータによると、ブラジルの上半期の通信アクセス数は3億3,700万件で、前年同期より約850万件減少した。携帯電話は6月にわずかに伸びたが、固定ブロードバンドは再び減少した。有料テレビと固定電話は引き続き顧客を減らしているが、両セグメントにおけるファイバーベースの技術のシェアは上昇しており、これは、クロスサービスパッケージにファイバーをバンドルするという通信事業者の賭けが、一部の地域と特定の顧客プロファイルで成果を上げていることを示している。ブラジルの6月の固定ブロードバンドアクセス数は4,640万件 で、5月の4,650万件から減少した。小規模インターネット・サービス・プロバイダー（ISP）および全国規模のプロバイダー以外による6月の固定ブロードバンド接続は36.9%（37.3%から減少）、ファイバー・ブロードバンド接続は42.7%（43.2%から減少）であった。単独では、テレフォニカ・ブラジル（Vivo）が17.3%、Oiが13%を占め、ファイバー市場を独占した。テレフォニカは当月シェアを伸ばしたが、Oiは横ばいだった。すべての種類の技術を考慮すると、固定ブロードバンド市場では、クラロが21.2%のシェアでトップ、テレフォニカ（14.1%）、Oi（10.7%）と続く。3社とも6月のシェアは減少した。クラロはブラジルの同軸ケーブルの98.5%を占めている。全体として、光ファイバー接続は成長を再開し、ブロードバンド接続全体の72.5%を占め、5月の72.3%から上昇した。同軸ケーブルのシェアは19%（横ばい）、メタルケーブルは4.2%（4.4%から減少）、無線は3.5%（3.6%から減少）、衛星は0.7%（横ばい）だった。ブラジルのモバイル市場における5Gのシェアは現在4.5%で、同国の2億5,150万アクセスのうち1,140万アクセスを占める。5月の時点では、5Gは1,010万回線で市場の4%を占めていた。全5Gアクセス数の40%を占めたクラロは、同技術のアクセス数の38.1%を占めたテレフォニカを抜いてトップに返り咲いた。TIMが21.7%で続いた。5月の時点では、テレフォニカが39.2%のシェアで5G市場のリーダーであったのに対し、クラロは38.4%であった。ANATELによると、6月のモバイルアクセスの78.4%を4Gが占め、5月の78%から上昇した。2Gは8.6%（8.9%から減少）で、3G（8.5%、9.1%から減少）を上回った。テレフォニカ（Telefônica）が全携帯電話アクセス数の38.9%（39%から減少）で市場全体のリーダーを維持し、クラロ（Claro）が33.3%（33.1%から増加）、TIMが24.3%（24.4%から減少）、アルガー・テレコム（Algar Telecom）が1.8%（横ばい）、その他が1.7%（横ばい）と続く。6月のポストペイド回線は全体の56.7%で、前月の56.4%から増加した。 **固定ブロードバンド市場シェア** **2023年6月末** その他 4% TIM 24% VIVO 39% CLARO 33% 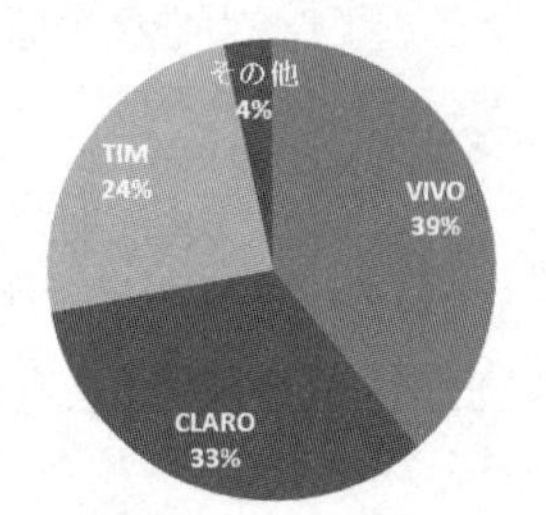 
その他の米州諸国	**【7ヶ国】ルーメン、ストーンピークへの27億米ドルのラテンアメリカ事業売却を完了** 米国のルイジアナ州に本社を置く通信事業者ルーメン・テクノロジーズ（旧センチュリーリンク）は、2022年8月1日、ラテンアメリカ事業をストーンピークに現金27億米ドルで売却することを正式に決定した。中南米事業は今後、シリオン（Cirion）と呼ばれ、ストーンピークの独立したポートフォリオ会社として運営される。将来に向け、ルーメンとシリオンは、同地域の顧客にサービスを提供するための戦略的関係を確立した。これには、互いの広範なファイバーフットプリント、データセンター、その他のネットワーク資産を活用した相互再販とネットワークの取り決めが含まれる。売却対象となった資産は、センチュリーリンクがレベル3の買収の一環として2017年に取得したものである。当時、センチュリーリンクはアルゼンチン、ブラジル、コロンビア、エクアドル、メキシコ、パナマ、ペルーにまたがる26,000kmのラトアムネットワークを所有していた。ストーンピークとの契約は2021年7月に合意されていた。

その他の米州諸国	**【南米・アフリカ９カ国】マイクロソフト、エアバンドイニシアチブの一環として、９カ国でパートナーシップを発表** 米国ソフトウェア大手マイクロソフトは、2023年5月16日、サービスが行き届いていない地域や未サービスの地域への接続性向上を目指すエアバンドイニシアチブの一環として、ラテンアメリカとアフリカで一連の新規および拡大パートナーシップを発表した。以下のプログラムを通じて、マイクロソフトは9カ国（ブラジル、チリ、コロンビア、グアテマラ、ケニア、タンザニア、ウガンダ、ナイジェリア、コートジボワール）で約4,000万人にインターネットアクセスを提供する手助けをするという。 ブラジル：マイクロソフトと複数のNGOがBrisanetと協力し、1,100万人にインターネットアクセスを拡大し、同国の低所得地域の経済発展を支援する。 チリ：地元の非営利団体Fundacion Pais Digitalの接続イニシアティブの一環として、ビオビオとアントファガスタの農村部でのアクセス向上を目指し、マイクロソフトは新しいネットワークを維持するために地元のコミュニティメンバーをトレーニングして雇用し、2025年末までにさらに100万人へのアクセス拡大を支援する。 コロンビア：5年間で60万人以上をカバーしたAnditelとの既存のパートナーシップに基づき、このプログラムでは2025年末までにさらに300万人をカバーすることを目指している。Anditelはまた、2026年までに人口の85%をカバーすることを目標とする全国接続プログラムでも政府と提携している。 グアテマラ：マイクロソフトは、Wayfreeによる町や村への無線アクセスゾーンの展開を支援している。Wayfreeは対象としている340の市町村のうち40%にシステムを拡張しており、マイクロソフトはこの関与によって残りの展開を加速させ、最終的には2025年末までに300万人のグアテマラ国民にインターネットアクセスを提供するとしている。 ケニア、タンザニア、ウガンダ：マイクロソフトは、2014年から提携しているケニアのサービス・プロバイダーMawinguとの既存のパートナーシップを基盤としている。この新しいプロジェクトでは、マイクロソフトとMawinguが2025年末までに3カ国で1,600万人をカバーし、その合計を2,000万人に増やすことを目標としている。 ナイジェリア、コートジボワール：マイクロソフトは、ナイジェリアのサービス・プロバイダーTizetiとの提携をコートジボワールにも拡大する。この新たなプロジェクトでは、500万人近くをカバーする見込みである。同社は、同地域のエネルギー供給が不安定であることから、今回の提携拡大にはインフラ支援と太陽光発電タワー8基の配備が含まれると述べている。 **【メキシコ】チャイナユニコム、IFTからメキシコのライセンスを取得** メキシコの通信監視機関メキシコ連邦電気通信委員会（Instituto Federal de Telecomunicaciones、IFT）は、2022年8月11日、国営通信会社チャイナユニコムに30年間の営業許可を与えた。チャイナ・ユニコム・メヒコは企業向けにデータ通信と接続ソリューションを提供するために許可された。チャイナ・ユニコム・メヒコは、データ通信、容量提供、専用リンク、他のコンセッション保有者が所有する容量とサービスの商業化、および「必要なインフラと伝送手段（自社または第三者による）を考慮し、技術的に実現可能なあらゆる電気通信および放送サービス」を提供することができる。 IFTの記録によるとチャイナ・ユニコム・メヒコは3月にライセンス申請を行い、7月に規制委員会が賛成票を投じた。同社は、コンセッションの対象となるデータおよび接続サービスを提供するために、「通信ネットワークを展開する目的で」商業許可を求めたことから、アレリオン、ザヨ、アレストラ、メガケーブル、アセンテイ、ニュートラルネットワークス、シリオンなどのキャリア・オブ・キャリアや、地元の通信事業者が展開しているものと同様の地上波ファイバーネットワークを構築する可能性がある。チャイナユニコムが最終的にモバイルと固定通信の小売サービスを提供するかどうかは現在のところ不明である。しかし、今回交付された免許の下では、一定の条件の下、公共通信ネットワークや放送局に関連するインフラを通じて、あらゆる種類の公共通信・放送サービスを営利目的で提供する“権利”が与えられている。IFTは、免許保有者は周波数帯域または軌道資源の使用を選択した場合、現行法の条件の下でそれを行うことができるとの見解を明らかにしている。

その他の米州諸国

【メキシコ】IFT、連邦電力委員会にホールセール・サービスの提供を許可

連邦電気通信委員会（IFT）は、2023年3月3日、国営電力会社である連邦電力委員会（Comision Federal de Electricidad、CFE）に対し、ホールセール事業者としてネットワーク容量、インフラ、通信サービスを認可企業にリースする許可を与えた。この許可は卸売りサービスに限るもので、CFEはエンドユーザーに直接サービスを提供することはできない。さらに、CFEが競争に対する中立性と無差別待遇の原則を遵守するための条件も設けられている。同局は、この措置により、事業者がインフラを活用し、メキシコ全土のサービスが行き届いていない場所へのサービス提供を拡大することを期待している。

【中南米】リバティ・ラテンアメリカがC&Wネットワークス、C&Wビジネス部門をリバティ・ネットワークスにリブランド

リバティ・ラテンアメリカ（LLA）は、2023年5月15日、C&WネットワークスとC&Wビジネスのブランドをリバティ・ネットワークスに統一する計画を発表した。拡大された会社は、ラテンアメリカとカリブ海地域の通信事業者、ハイパースケーラー、企業向けに重要なインフラストラクチャープラットフォームの継続的な開発に注力する。

リバティ・ネットワークスは、今後5年間で同地域に最低2億5,000万米ドルを投資し、地上と海底のネットワークを拡張・アップグレードし、クラウドとセキュリティサービスの容量を増やす計画である。同社のネットワークは約40カ国に及び、約50,000kmの光海底ケーブルと17,000kmの地上ネットワークで構成されている。

C&W NetworksとC&W Businessは、2015年11月に合意された74億米ドルの取引で、英国を拠点とするケーブル・アンド・ワイヤレス・コミュニケーションズ（CWC）がリバティ・グローバルに買収された際に買収された。買収は2016年5月に完了した。LLAは2017年12月に設立された。

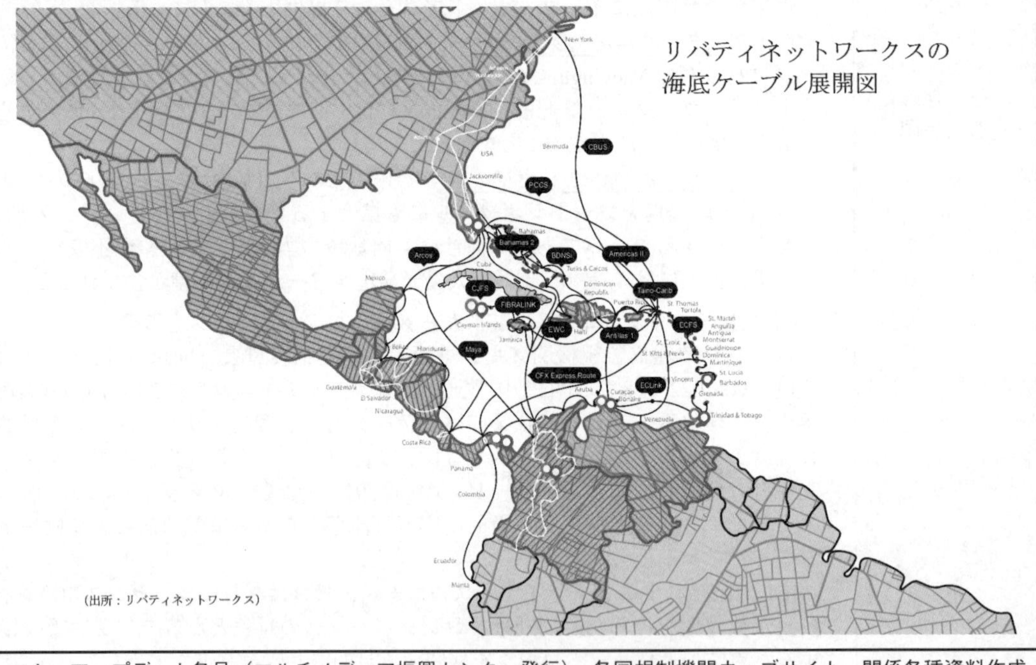

リバティネットワークスの海底ケーブル展開図
（出所：リバティネットワークス）

出所：ワールド・テレコム・アップデート各号（マルチメディア振興センター発行）、各国規制機関ウェブサイト、関係各種資料作成

4-4-2　欧州

4-4-2-1　欧州諸国における電気通信産業概要

（2023年6月30日現在）

			英　国	ドイツ
根拠法／規制法			2003年通信法、2006年無線電信法、 2011年電子通信及び無線電信規制、 2017年デジタル経済法、 2018年データ保護法、 2021年電気通信セキュリティ法	2004年電気通信法
主管庁			科学・イノベーション・テクノロジー省（DSIT） ビジネス・エネルギー・産業戦略省（BES） 競争・市場庁	連邦経済エネルギー省（BMWi） 連邦交通・デジタルインフラ省
規制・監督機関			通信庁（Ofcom）	連邦ネットワーク庁（BNetzA）
完全自由化時期			1984年	1998年1月
独占時代の事業者 政府株式保有率（%） 外資比率（%）			BT Group plc （旧称 British Telecommunications plc） 0.0%（00年12月） －	Deutsche Telekom（T-Home） 14.5%（16年12月） ドイツ復興金融公庫（KfW：国営） 17.5%（16年12月） －
主要キャリア	固　定		新規参入事業者（参入時期） ・VirginMediaO2（92年） ・Talk Talk Group（03年） （↑ Transfundが買収） ・Sky Broadband（05年） 他10社前後	新規参入事業者（参入時期） ・Vodafone（旧 Arcor）（09年） ・Unitymedia（Liberty Global傘下 CATV）（12年） ・O2 DS1（Telefonica: 旧 Alice）（12年） 他地域的事業規模で4社 この他光ファイバーを卸売りで提供する企業（M-Net、Fiber Co、Open German Fiberなど）が数社ある。
主要キャリア	移動体		事業者（参入時期）／通信方式 ・VirginMedia O2（21年6月）／①、②、③、④、⑤、⑦、⑧、⑨、⑩、⑫、⑬、⑭ ・EE（BTグループ系、Everything Everywher、旧 Orange, T-mobile））（10年5月）／①、②、③、④、⑤、⑦、⑧、⑨、⑩、⑬、⑭ ・Vodafone（85年1月）（↑↓ Vodafoneと3UKは合併を発表）／①、②、③、④、⑤、⑦、⑧、⑨、⑩、⑫、⑬、⑭ ・3UK（03年3月）／④、⑤、⑦、⑧、⑨、⑩、⑬、⑭	事業者（参入時期）／通信方式 ・Telekome（旧 T-Mobile（Deutsche Telekom）（85年9月）／①、⑨、⑩、⑬、⑭ ・O2 DSL（Telefonica）（98年10月）／①、②、③、⑨、⑩、⑬、⑭ ・Vodafone（92年6月）／①、②、③、⑨、⑩、⑬、⑭、⑮ ・1&1（旧1&1 ドリリッシュ）／－
通信市場規模	収入	電気通信サービス総収入 移動体収入比（%）	310億ポンド 39.5%	442億ユーロ 40.7%
通信市場規模	加入数	固定　加入者回線数（単位、千件） 人口普及率（%）	29,798 44.1%	38,580 46.3%
通信市場規模	加入数	固定　インターネットユーザ数（単位、千人）	65,047（21年）	76,392
通信市場規模	加入数	移動体　総加入数（000） 人口普及率（%）	81,564 120.8%	104,400 125.2%
通信市場規模	加入数	移動体　事業者別加入者数（単位、千件）	バージンメディア O2　23,800（2022.12） EE（BT Group）　21,700（2022.09） Vodafone　18,000（2022.09） 3 UK　10,300（2022.12）	Telekom（Deutsche Telekom）　56,067（2023.03） O2（Telefonica）　44,363（2023.03） Vodafone　30,704（2023.03）
通信市場規模	加入数	移動体　M2M用移動体網契約数（単位、千件）	12,215	45,600
通信市場規模	放送	CATV加入者数（単位、千件）	3,816（18年）	15,580（21年）

・主要キャリアの移動体欄の無線通信方式は、① GSM、② GPRS、③ EDGE、④ UMTS、⑤ HSDPA、⑥ HSUPA、⑦ HSPA＋、⑧ DC-HSPA+、⑨ LTE、⑩ LTE-A、⑪ CDMA、⑫ TD-LTE、⑬ VoLTE、⑭ 5GNR、⑮ 5GSAである
・通信市場規模の収入及びM2M契約数、CATV加入者数は2021年末現在の数値、それ以外は（　）内に言及がなければ2022年12月末の数値
・出所：ITU Statistics、各社ウェブサイト、関係各種資料より作成、各社ウェブサイト、関係各種資料より作成

(2023 年 6 月 30 日現在)

	フランス		イタリア	
根拠法／規制法	郵便・電子通信法典		電子通信法典（1997 年 7 月）	
主管庁	経済・財務省（企業総局）		経済発展省	
規制・監督機関	電気通信・郵便規制機関（ARCEP） 周波数庁（ANFR）		通信規制庁（Agcom）	
完全自由化時期	1998 年 1 月		1998 年 1 月	
独占時代の事業者 政府株式保有率（%） 外資比率（%）	Orange（旧 France Telecom） 26.9%（09 年 6 月） −		TIM（Telecom Italia） 0%（19 年 3 月） 43.8%（19 年 3 月）	
主要キャリア 固定	新規参入事業者 ・SFR（Alitice） ・Free（Iliad） ・Bouygues	（参入時期） （98 年 2 月） （2012 年 1 月） （−、ISP、IPTV）	新規参入事業者 ・BT Italia ・Tiscali ・Fastweb（Swisscom） ・Vodafone ・Infostrada（Wind） ・Open Fibre（卸売り） ・zefiro（地方向け 5G）	（参入時期） （98 年 4 月） （99 年 3 月） （99 年） （07 年） （98 年 2 月） （15 年 12 月） （2023 年 1 月）
主要キャリア 移動体	事業者　（参入時期）	通信方式	事業者　（参入時期）	通信方式
	・Orange France （92 年 7 月）	①、②、③、④、⑤、⑦、⑧、⑨、⑩、⑬、⑭	・Wind （99 年 3 月← 2016 年 12月から Wind Tre の子会社）、3 Italy のブランド名でも提供）	①、②、③、④、⑤、⑥、⑦、⑧、⑨、⑩、⑬、⑭
	・SFR （92 年 12 月）	①、②、③、④、⑤、⑦、⑧、⑨、⑩、⑬、⑭	・TIM　（90 年 4 月）	①、②、③、④、⑤、⑥、⑦、⑧、⑨、⑩、⑬、⑭
	・Bouygues （96 年 5 月） （← Orange に売却交渉中）	①、②、③、④、⑤、⑦、⑨、⑩、⑬、⑭	・Vodafone（旧オムニテル） （95 年 10 月）	②、③、⑨、⑩、⑬、⑭
	・Free Mobile （12 年 1 月）	①、②、④、⑤、⑦、⑨、⑩、⑭	・Iliad Italia （2018 年 5 月）	④、⑤、⑥、⑦、⑧、⑨、⑩、⑬、⑭、その他 Wind 3 にローミング
			・Fastweb （2019 年 7 月）	⑬、⑭、その他 TIM と Wind 3 にローミング
通信市場規模 収入 電気通信サービス総収入 移動体収入比（%）	— —		222 億ユーロ 47.0%	
通信市場規模 加入数 固定 加入者回線数（単位、千件） 人口普及率（%）	37,740 58.4%		19,982 33.8%	
通信市場規模 加入数 固定 インターネットユーザ数（単位、千人）	55,148		50,218	
通信市場規模 加入数 移動体 総加入数（000） 人口普及率（%）	76,807 118.8%		78,503 133.0%	
通信市場規模 加入数 移動体 事業者別加入者数（000）	Orange SFR Bouygues Free	24,775（2021.09） 20,769（2022.12） 14,941（2021.09） 13,486（2021.09）	Wind 3 Italy TIM Vodafone Italy Iliad Fastweb	18,817（2022.12） 18,438（2022.12） 17,674（2022.09） 9,567（2022.12） 3,087（2022.12）
通信市場規模 加入数 移動体 M2M 用移動体網契約数（単位、千件）	20,862（19 年）		28,082	
通信市場規模 加入数 放送 CATV 加入者数（単位、千件）	—		—	

・主要キャリアの移動体欄の無線通信方式は、① GSM、② GPRS、③ EDGE、④ UMTS、⑤ HSDPA、⑥ HSUPA、⑦ HSPA ＋、⑧ DC-HSPA+、⑨ LTE、⑩ LTE-A、⑪ CDMA、⑫ TD-LTE、⑬ VoLTE、⑭ 5GNR、⑮ 5GSA である
・通信市場規模の収入及び M2M 契約数、CATV 加入者数は 2021 年末現在の数値、それ以外は（　　）内に言及がなければ 2022 年 12 月末の数値
・出所：ITU Statistics、各社ウェブサイト、関係各種資料より作成、各社ウェブサイト、関係各種資料より作成

（2023 年 6 月 30 日現在）

			スペイン		スウェーデン	
根拠法／規制法			2013 年 6 月 4 日の法律第 3 号 2013 年 11 月 3 日法律第 32 号		2003 年電子通信法	
主管庁			エネルギー観光デジタルアジェンダ省		企業・イノベーション省（MEEC）	
規制・監督機関			国家市場競争委員会（CNMC）		郵便電気通信庁（PTS）	
完全自由化時期			1998 年 12 月		1993 年 1 月	
独占時代の事業者 政府株式保有率（%） 外資比率（%）			Telefónica de España（Movistar） 0.0%（04 年 5 月） –		Telia（TeliaSonera からの改称） スウェーデン政府：37.3% 15 年 6 月） フィンランド政府 3.20%（15 年 6 月）	
主要キャリア	固　定		新規参入事業者　（参入時期） ・Voadfone　（98 年） ・Euskaltel（バスク地方）　（97 年） ・Orange-Jazztel　（98 年） ・Yoigo（Grupo MASMOVIL） 他		新規参入事業者　（参入時期） ・Tele2　（98 年） ・Telenor　（98 年） ・Glocalnet　（98 年） 他 4 社	
主要キャリア	移 動 体		事業者　（参入時期）	通信方式	事業者　（参入時期）	通信方式
			・Movistar （Telefónica Moviles） （90 年 4 月）	①、②、③、④、⑤、⑥、⑦、⑧、⑨、⑩、⑬、⑭	・Telia（81 年 10 月）	①、②、③、④、⑤、⑨、⑩、⑭
			・Orange（99 年 1 月）	①、②、③、④、⑤、⑥、⑦、⑧、⑨、⑩、⑬、⑭	・Tele2 Mobil （92 年 9 月）	①、②、③、④、⑤、⑨、⑩、⑭
			・Vodafone Spain （95 年 10 月）	①、②、③、④、⑤、⑥、⑦、⑧、⑨、⑩、⑬、⑭	・Telenor Sverige （92 年 9 月） （旧 Vodafone Sweden）	①、②、③、④、⑤、⑨、⑩、⑭
			・Yoigo（Xfera） （06 年）	①、②、③、④、⑤、⑥、⑦、⑨、⑩、⑭	・3 Sweden （03 年 5 月） 他 1 社（net1 データ通信）	④、⑤、⑨、⑩、⑫、⑬、⑭
通信市場規模	収入	電気通信サービス総収入 移動体収入比（%）	175 億ユーロ 48.4%		492 億スウェーデンクローネ 62.7%	
通信市場規模	加入数・固定	加入者回線数（単位、千件） 人口普及率（%）	18,687 39.3%		1,261（21 年） 12.0%（21 年）	
通信市場規模	加入数・固定	インターネットユーザ数 （単位、千人）	44,936		10,023	
通信市場規模	加入数・移動体	総加入数（000） 人口普及率（%）	59,020 124.1%		13,194 125.1%	
通信市場規模	加入数・移動体	事業者別加入者数 （000）	Movistar Orange Vodafone Yoigo	16,205（2023.03） 12,876（2023.03） 12,605（2023.03） 12,104（2023.03）	Telia Telenor Sverige （旧 Vodafone） Tele2 Mobil 3 Sweden	8,374（2023.06） 2,932（2023.06） 2,871（2023.06） 2,378（2022.09）
通信市場規模	加入数・移動体	M2M 用移動体網契約数 （単位、千件）	8,867		19,900	
通信市場規模	放送	CATV 加入者数 （単位、千件）	1,215（21 年）		2,196（21 年）	

・主要キャリアの移動体欄の無線通信方式は、① GSM、② GPRS、③ EDGE、④ UMTS、⑤ HSDPA、⑥ HSUPA、⑦ HSPA +、⑧ DC-HSPA+、⑨ LTE、⑩ LTE-A、⑪ CDMA、⑫ TD-LTE、⑬ VoLTE、⑭ 5GNR、⑮ 5GSA である

・通信市場規模の収入及び M2M 契約数、CATV 加入者数は 2021 年末現在の数値、それ以外は（　　）内に言及がなければ 2022 年 12 月末の数値

・出所：ITU Statistics、各社ウェブサイト、関係各種資料より作成

（2023年6月30日現在）

			ロシア		トルコ	
根拠法／規制法			2003年通信法、2006年情報通信法		2008年電気通信法、1983年無線通信法	
主管庁			通信・マスコミュニケーション省		運輸海事通信省	
規制・監督機関			通信・情報技術・マスコミ監督庁、通信庁		情報通信技術庁（BTK）	
完全自由化時期			2006年1月		2004年1月	
独占時代の事業者 政府株式保有率（%） 外資比率（%）			Svyazinvest（1994年11月） （傘下に以下の7つの地域統合事業者、センターテレコム、ボルガテレコム、北西テレコム、ウラル通信情報、極東電気通信、南テレコム、シビリテレコム →2011年4月からはロステレコムの傘下へ）		TTNET（Turk Telecom） トルコ政府：30.0（05年11月）	
主要キャリア	固　定		新規参入事業者（参入時期） ・Rostelecom（93年） ・MTT（94年） ・Vimpelcom（94年） ・TTK（97年） ・ER-Telecom（01年） ・Comstar-UTS（MTS傘下）（04年） 他　地域電話会社が多数		新規参入事業者（参入時期） ・Turkcell superonline（11年5月） ・Turksa（90年12月） ・Vodafone Turkey（09年）	
主要キャリア	移動体		事業者（参入時期）	通信方式	事業者（参入時期）	通信方式
			・MTS（94年）	①、②、③、④、⑤、⑥、⑦、⑨、⑬、⑭	・Turkcell（94年2月）	①、②、③、④、⑤、⑥、⑦、⑧、⑨、⑩、⑬、⑭
			・MegaFon（94年）	①、②、③、④、⑤、⑥、⑦、⑨、⑩	・Vodafone（旧Teslim）（05年12月）	上記に同じ
			・Beeline Russia（Veon系、92年）	①、②、③、④、⑤、⑥、⑦、⑧、⑨、⑩	・Turk Telekom（旧Avea、Aria、Aycell）（04年2月）	上記に同じ
			・Tele2 Russia 他4社	①、②、③、④、⑤、⑥、⑦、⑨、⑪		
通信市場規模	収入	電気通信サービス総収入 移動体収入比（%）	1兆7,490億ルーブル 44.5%		924億トルコリラ 54.3%	
通信市場規模	加入数 固定	加入者回線数（単位、千件） 人口普及率（%）	23,864（21年） 16.4%（21年）		11,198 13.1%	
通信市場規模	加入数 固定	インターネットユーザ数（単位、千人）	—		71,206	
通信市場規模	加入数 移動体	総加入数（000） 人口普及率（%）	245,267 —		90,298 105.8%	
通信市場規模	加入数 移動体	事業者別加入者数（000）	MTS MegaFon Beeline Russia Tele2 Russia	80,000（2022.03） 74,200（2021.09） 50,600（2021.03） 46,600（2020.09）	Turkcell Vodafone Türk Telekom	35,630（2021.12） 24,760（2022.12） 24,030（2021.12）
通信市場規模	加入数 移動体	M2M用移動体網契約数（単位、千件）	—		7,445	
通信市場規模	加入数 放送	CATV加入者数（単位、千件）	20,785（21年）		1,415（21年）	

・主要キャリアの移動体欄の無線通信方式は、① GSM、② GPRS、③ EDGE、④ UMTS、⑤ HSDPA、⑥ HSUPA、⑦ HSPA＋、⑧ DC-HSPA+、⑨ LTE、⑩ LTE-A、⑪ CDMA、⑫ TD-LTE、⑬ VoLTE、⑭ 5GNR、⑮ 5GSA である

・通信市場規模の収入及びM2M契約数、CATV加入者数は2021年末現在の数値、それ以外は（　）内に言及がなければ2022年12月末の数値

・出所：ITU Statistics、各社ウェブサイト、関係各種資料より作成、各社ウェブサイト、関係各種資料より作成

4-4-2-2　欧州諸国における最近の電気通信政策・市場等の動向－ 2022 年 7 月～ 2023 年 6 月－

<table>
<tr><td>英　国</td><td>
■バージンメディア O2 を傘下に持つリバティ・グローバルとテレフォニカ、インフラビアと合弁で光ファイバ網会社設立
通信大手バージンメディア O2 を傘下に持つ、米メディア大手リバティ・グローバルとスペイン通信大手テレフォニカは、2022 年 7 月 29 日、フランスの投資会社インフラビア（InfraVia）・キャピタル・パートナーズと合弁で、光ファイバ網の新会社を設立すると発表した。
主な内容は以下のとおり。
• 計 45 億ポンド（約 7,312 億円）を投資。出資比率は、テレフォニカとリバティ・グローバルが合わせて 50％、インフラビアが 50％。パートナー 3 社は、4 ～ 5 年かけて段階的に合計 14 億ポンドを上限として、建設に必要な自己資金を比例配分。金融機関のコンソーシアムから、31 億ポンドの設備投資枠を含む 33 億ポンドの全額引受融資を受ける。取引は 2022 年内に完了する見通し。
• バージンメディア O2 の既存ネットワークと重複しない、最大 700 万世帯の FTTH の建設と運用を実施。うち 500 万戸は 2026 年までに構築。バージンメディア O2 のファイバーアップグレードプロジェクトと合わせて、2028 年までに最大 2,300 万世帯の FTTH フットプリントを構築、英国全土の約 80% に拡大。

■ DCMS、「2022 年電子通信（セキュリティ対策）規則」と「電気通信セキュリティ行動規範（草案）」を議会に提出
デジタル・文化・メディア・スポーツ省（DCMS）は、2022 年 9 月 5 日、「2022 年電子通信（セキュリティ対策）規則」と「電気通信セキュリティ行動規範（草案）」を議会に提出した。公衆通信ネットワークとサービスのセキュリティリスクへの対応を目的としており、国家サイバーセキュリティ・センター（NCSC）と通信庁（Ofcom）が共同で策定した。「2022 電子通信（セキュリティ対策）規則」は、2022 年 10 月 1 日に施行される。この規則は、公衆電子通信ネットワークまたは公衆電子通信サービスの供給者に 2024 年 3 月までに一定のセキュリティ要件を課すものである。
同規則は、2003 年通信法（2021 年電気通信（セキュリティ）法により修正）第 105A 条および第 105C 条に定められた広範な法的義務に加えて、公衆電気通信事業者が実施しなければならない特定のセキュリティ対策の概要を示している。これらの保護措置は、公共ネットワークおよびサービスが適切かつ合理的なセキュリティ対策を使用することを保証することを目的としている。Ofcom は、監督、監視、執行の権限を持ち、通信キャリアの施設とシステムの検査を実施し、履行状況を確認する。要件に従わない場合、最大で収益の 10%、違反が続く場合は 1 日あたり 10 万ポンドの罰金が科される可能性がある。提案されている行動規範には、プロバイダーがどのように規則を遵守するかについての勧告が含まれている。規則の根底にある重要な考え方と、プロバイダーが法的義務を遵守していることを示すために取るべき具体的な技術的助言の手順を概説することで、適切な電気通信セキュリティを定義している。本コード案は、2003 年通信法第 105F 条に従って国会に提出された。

■ Ofcom、宇宙周波数戦略に従い Ku バンドでの衛星利用を拡大
通信庁（Ofcom）は 2022 年 11 月 10 日、「宇宙周波数戦略（Space spectrum strategy）」を発表し、衛星通信技術の利用を促進し、非静止軌道（NGSO）衛星によるブロードバンド・サービスの普及を拡大する方針を示した。主な内容は以下のとおり。
• 衛星ブロードバンドの拡大:周波数の効率的利用、干渉のリスク管理、Ku バンド（14.25GHz-14.5GHz）での追加アクセス、国際 NGSO 規則の見直し等を検討。
• 地球観測衛星の干渉からの保護：気候変動対応、農業、救急、天気予報等への活用を重視。
• 宇宙への安全なアクセス：スペースデブリ問題の解決を視野に、レーダーシステムへの周波数を確保。
同時に Ofcom は、当該戦略に従って、静止軌道及び非静止軌道衛星サービスに接続する多数の端末の展開をサポートするため、14.25-14.5GHz 帯の地球局ネットワーク（Earth Station Network：ESN）の衛星免許（ESN 免許）に基づいた、衛星サービスの利用を拡大することを決定した。ただし、14.47-14.5GHz 帯を使用する既存の電波天文を保護するため、同帯域での航空端末の利用を禁止し、また、陸上・海上端末では二つの電波天文周辺での利用を制限する等の運用制限が設けられている。
</td></tr>
</table>

英　国

■政府、5G と 6G の研究開発促進に１億 1,000 万ポンドを投入

デジタル・文化・メディア・スポーツ省（DCMS）は、2022 年 12 月 13 日、1 億 1,000 万ポンド（約 184 億 8,000 万円）を投入して、5G と 6G の研究開発を促進する計画を発表した。

ヨーク大学、ブリストル大学、サリー大学の 3 大学に 2,800 万ポンドを付与、ノキア、エリクソン、サムスン等の大手通信企業と連携して 6G 等の未来のネットワークの設計・構築を行う。さらに 8,000 万ポンドを投入して、ウェストミッドランズに最新鋭の UK Telecoms Lab を設置し、5G と 6G ネットワーク機器のセキュリティやレジリエンスを試験する。

英国では、これより先にエリクソン、サムスンが最先端の 6G 研究センターを設立すると発表している。また、英韓協力によるオープン RAN と電力効率改善プロジェクトも開始した。さらに、豪州、カナダ、米国も英国のオープン RAN 原則に賛同したところである。

■ Ofcom、無人航空機システムのオペレーター無線免許を導入

通信庁（Ofcom）は 2022 年 12 月 16 日、ドローンに搭載する無線機器の使用を許可する「無人航空機システム（Unmanned Aircraft Systems：UAS）オペレーター無線免許」を新たに導入することを決定した。これによりドローンの目視外飛行が可能となる。当該免許は、オペレーターが選択する機器や民間航空局（CCA）が搭載を要求する機器を許可し、免許条件に従って周波数利用を許可するものである。ドローン運用者は、英国の航空規制当局である CAA が定める UAS の運用に関する航空安全要件及びその他規制を引き続き遵守する必要がある。UAS オペレーター無線免許の概要は以下のとおり。

- 企業又は個人が英国及び領海内で運用する全てのドローンを対象とするが、国際飛行には適用されない。
- 年間免許料は 75 ポンドとする。
- ビーコンや安全装置など、今後のドローン運用に必要と思われる様々な無線機器を許可する。機器のリストは常に見直され、協議の上、技術や包括的な航空安全の枠組みの変化を反映して更新される予定である。
- 衛星及びモバイル技術の使用を許可する一方、ネットワークオペレーターの合意を必要とする。2.6GHz 帯での送信は許可されない。

■ BT グループ、単一の B2B 部門となる BT ビジネス設立

BT グループは、企業部門とグローバル部門を統合し、単一の B2B 部門となる BT ビジネスを設立すると発表。すべての B2B 顧客に向けた価値創造、競争力強化、シナジー効果を生み出す。具体的な内容は以下のとおり。

- BT グループの規模と能力をフル活用、次世代コネクティビティ、ユニファイド･コミュニケーション、マルチクラウド・ネットワーキング、高度なセキュリティ・ソリューション等、市場をリードする製品とサービスを全 B2B 顧客向けに開発・提供
- 法人顧客や公共機関向けに BT グループへの単一窓口を設定、各分野の専門知識と能力を統合、現在の企業部門とグローバル部門の重複を解消
- 経営陣、サポート機能、製品ポートフォリオ、システムの統合と合理化により、2025 年度末までに少なくとも 1 億ポンド（約 168 億円）の大幅かつ迅速な年換算総コスト削減を推進

これにより、BT は、英国の消費者をサポートするコンシューマー部門、企業や公共部門の顧客をサポートする BT ビジネス部門、英国全土に固定アクセスインフラを提供するオープンリーチ部門の三つの顧客対応部門から構成され、よりシンプルな組織体制となる。

■科学・イノベーション・テクノロジー省（DSIT）を新設

リシ・スナク首相は 2023 年 2 月 7 日、省の再編を発表した。内閣改造と省庁再編が実施された。スナク首相の五つの公約（インフレ半減、経済成長、債務削減、NHS（国民保健サービス）待機削減､不法入国禁止）の実現に向けた体制固めとなる。ビジネス･エネルギー･産業戦略省（BEIS）、国際通商省、デジタル・文化・メディア・スポーツ省（DCMS）が再編の対象となり、新たに、エネルギー安全保障・ネットゼロ省、科学・イノベーション・技術省（DSIT）、ビジネス・通商省、文化・メディア・スポーツ省（DCMS）の 4 省に再編された。DSIT は、公共サービス改善、高賃金新規雇用創出、経済成長のためのイノベーション推進を実施するとともに、科学技術のイノベーションを課題解決型の実用的で応用可能なソリューションに転換することに焦点を当てる。新 DCMS は、クリエイティブ・アートにおける英国の世界的リーダーとしての地位の維持・確立を目指す。DSIT 大臣には、旧 DCMS 大臣のドネラン氏が就任した。

英　国

■ Ofcom、ミリ波帯（26GHz と 40GHz）を 5G に開放

通信庁（Ofcom）は、2023 年 3 月 13 日、5G を含むモバイル技術向けにミリ波帯の 26GHz（24.25-27.5GHz）と 40GHz（40.5GHz-43.5GHz）の 6GHz を開放すると発表した。大容量無線データ通信と高速通信の提供、英国全土でのモバイルサービスの改善と革新的な新サービスの実現につなげる。

ミリ波帯は特に、駅、サッカースタジアム、コンサート等のユーザが多く集まる場所や会場での速度低下の防止に有効と考えられている。また、バーチャルリアリティ、ファクトリーオートメーション、インテリジェント輸送システム等の新しい無線アプリケーションでの活用にも期待がかかる。

Ofcom は、ミリ波帯の利用は都市部などデータトラフィックが多い地域に集中すると予想している。オークションにより市街全域（citywide）免許を付与するとともに、先着順でよりローカル色の強い共有アクセス（Shared Access）免許を付与する考えである。

現在、市街全域免許のオークションの設計、市街全域向け及びローカル向けの免許条件、及びこの周波数の利用者調整についての提案について諮問中である。

■ DSIT、競争促進的な人工知能（AI）規制方針を発表

科学・イノベーション・技術省（DSIT）は、2023 年 3 月 29 日、競争促進的な人工知能（AI）規制方針を発表した。AI によるリスクを確実に特定し対処しつつ、イノベーションを促進する内容となっている。強引で硬直的なアプローチがイノベーションを阻害し AI の導入を遅らせる可能性があるため、バランスのとれたイノベーション促進規制枠組を導入する。特定の技術を対象とするのではなく、AI が導入される状況に焦点を当てる。これにより、メリットと潜在的なリスクを天秤にかけて、バランスの取れたアプローチを取る。

政府は、2030 年までに科学技術大国になるという戦略的ビジョンを掲げ、AI を重要技術の一つとして位置づけ、その上で規制の重要性を指摘している。競争促進的な AI 規制方針により、イノベーションと投資を促進し、AI に対する国民の信頼を築くことで、成長と繁栄を促進する。また、英国が AI 技術の開発と利用に最適な場所であることを保証し、AI におけるグローバルリーダーとしての英国の地位を強化する。

■政府、英国無線インフラ戦略発表

科学・イノベーション・技術省（DSIT）は、2023 年 4 月 11 日、英国無線インフラ戦略を発表した。英国を将来の通信技術の最前線に置き、成長、革新、潜在能力を引き出す。

骨子は以下のとおりである。

- 2030 年までにすべての人口密集地をスタンドアロン 5G でカバーする。
- 電車内のカバレッジを改善する。
- 英国全土の地方自治体に新たに 4,000 万ポンドの資金を投入。企業や公共サービスによる 5G への投資と活用を促進、地域レベルで価値・イノベーション・成長を促進する。
- 6G の初期段階の研究に 1 億ポンド投入。科学技術大国への布石とする。

■ワンウェブ、欧米の大半で LEO サービスを拡大

英国を拠点とする世界的な低軌道（LEO）衛星ブロードバンドネットワークオペレーターのワンウェブ（OneWeb）は、2023 年 6 月 28 日、欧州全域と米国の大半で商用ホールセール接続サービスを拡大することを発表した。オーストリア、イタリア、フランス、ポルトガルなど 37 カ国と、ワシントン州からカリフォルニア州までの米国西海岸全域、メイン州からバージニア州までの北東海岸、中西部全域がワンウェブのサービスエリアに追加された。また、今回の拡大により、カナダやその他の海域での接続もさらに強化された。ワンウェブの LEO ネットワークは現在、北緯 35 度以上の地域に到達し、北緯 50 度における既存の接続性を拡大している。これまでにも、販売パートナーとの協力により、コミュニティ・ブロードバンド・ソリューション、セルラー・バックホール、企業向けエンタープライズ・サービス、その他のサービスを北極圏全域に提供し、アラスカ、カナダ、英国、その他の地域を接続してきた。OneWeb のパートナーは現在、サービスを提供する地域を拡大しており、また、この拡大により、新たなワンウェブパートナーも LEO ネットワークのスイッチを入れ、自社のソリューションに統合することができる。

英　国	■ボーダフォン UK とスリー UK 合併、英国では最大の携帯電話会社に 　ボーダフォン・グループとスリー UK を所有する CK ハチソンは、2023 年 6 月 14 日、英国最大の携帯電話会社を設立するため、両社の英国通信ネットワークを統合することで合意したと発表した。統合後の事業はボーダフォンが 51%、CK ハチソンが 49%を保有予定である。両社はそれぞれ英国第 3 位と第 4 位の大手通信事業者である。合併が完了すれば、新たに統合される会社の加入者数は 2,700 万人を超え、BT が所有する EE と、スペインのテレフォニカと米上場企業リバティ・グローバルが所有するヴァージン・メディア O2 を追い抜き、市場第 1 位のキャリアが誕生することになる。現在、両社の 5G サービス加入者数を合計すると約 870 万となる。英国の通信規制当局である Ofcom は、2022 年に長年のスタンスを変更し、この分野での統合に寛容になったと述べた。それまでは、1 カ国に 3 つのネットワークしかないのは消費者に損害を与えかねないと主張していた。2016 年、CMA と欧州委員会は、スリーによる O2 の買収を阻止した。
ドイツ	■連邦ネットワーク庁、固定ネットワークアクセスに関する新たな規制の枠組みを決定 　連邦ネットワーク庁（BNetzA）は、2022 年 7 月 21 日、EC との調整手続きが 7 月 18 日に完了したことを受け、テレコム・ドイツ社のラストマイル固定ネットワークへのアクセスに関する規制の枠組みを最終決定した。この枠組みは、テレコムの銅線および新たに構築された光ファイバーインフラへの卸売レベルでのアクセスに関する新たな条件に関するものである。テレコムは、市場で優位性を持たない他のネットワーク事業者に対して、ダクト内の未使用容量を利用可能にし、アクセスできるようにする。現在の評価では、この新しい枠組み条件は、FNA による新たな決定で置き換えられるまで、少なくとも今後 3 年間は適用される。規制当局によると、すでに新たなデータ収集の準備を進めており、それに基づいて市場の状況を見直し、必要であれば規制の枠組みを調整するという。 ■ドイツテレコム、5G ワイヤレス・ワイヤライン・コンバージェンス（WWC）規格を試行 　ドイツテレコム（DT）は、2022 年 9 月 28 日、5G ワイヤレス・ワイヤライン・コンバージェンス（WWC）規格に基づくエンド・ツー・エンドのデータ通話をボンにある研究所の試験システムで実証したと発表した。5G WWC 規格は、共通の 5G コア上で固定通信とモバイル通信を統合する、完全に統合されたブロードバンド・アクセス・ネットワークへの道を提供する。DT は、業界初の概念実証でこれらの規格を使用し、固定ネットワークの制御プレーンを 5G コアに収束させ、5G レジデンシャル・ゲートウェイからのトラフィックを誘導する実現可能性をラボ試験で検証した。その後、トラフィックは固定回線アクセス・チェーン全体に沿ってコアネットワークにルーティングされた。 　通信事業者は従来、モバイル・ユーザー用と固定アクセス用の 2 つの独立したネットワーク・コアを使用していた。5G コアは、制御プレーンとユーザープレーンが固定ネットワークとモバイルネットワークにまたがることができる共通コアとして実装することができる。したがって、5G WWC 標準に基づく新しいコンバージド・ネットワークにより、事業者は認証、加入者データベース、課金、ネットワーク管理ツールなどの機能を重複させることなく、有線ネットワークと無線ネットワークの両方をサポートすることができる。また、コンバージド・サービスの新たな選択肢も生まれる。 ■ボーダフォンとアルティス、ドイツの最大 700 万世帯に FTTH を提供する JV 設立計画を発表 　ボーダフォン・グループとルクセンブルクを拠点とするアルティス（Altice）は、2022 年 10 月 17 日、市場拡大が見込まれる光ファイバーに取り組むために提携し、今後数年間で最大 70 億ユーロ（68 億 5,000 万ドル）を投資する「ファイバーコ（FibreCo）」と名づけられた新しいジョイントベンチャー（JV）の設立を発表した（2023 年 3 月 8 日に設立済み）。この JV を通じて、事業者各社は 6 年間でドイツ国内の最大 700 万カ所にファイバー・トゥ・ザ・ホームを展開する計画である。展開の大部分（80%）は、ボーダフォンの既存のケーブル敷設範囲内で、ファイバーに興味を示している大規模な住宅組合に焦点を当てる。残りは、ボーダフォンの既存エリア外の隣接地に集中する。展開期間は 6 年間で、アルティスの子会社 Geodesia が新しいインフラの建設とメンテナンスを請け負う予定。このネットワークへの卸売りアクセスはすべてのサービスプロバイダーに提供される。

ドイツ	**■年金基金と資産運用、投資の３社、光ファイバーの展開の新合弁会社オープン・ジャーマン・ファイバーを設立** ドイツの資産運用会社MEAG、年金基金Arzteversorgung Westfalen-Lippe（AVWL）、投資会社Primevest Capital Partners（Primevest CP）の3社は、2022年11月3日、ドイツにおける家庭向け光ファイバー（FTTH）ネットワーク展開のための合弁会社設立で合意したと発表した。MEAGとAVWLはそれぞれオープン・ジャーマン・ファイバー（Open German Fibre）の40%を保有し、残りの20%はPrimevest CPが保有する。合弁会社は卸売会社として運営され、アンカーISPとともに、ドイツ全土のサービスが行き届いていない地域にローカル光ファイバーネットワークを展開する予定である。最初の地域については、3社は共同で、少なくとも15万世帯が完全な光ファイバー接続を利用できる地域を選んだ。これらの地域はヘッセン州とノルトライン＝ヴェストファーレン州に位置し、ISPのnovanetzとYplaYが顧客への光ファイバーネットワークのマーケティングを担当する。2023年4月25日、オープン・ジャーマン・ファイバーは、通信サービスプロバイダーのnovanetzと協同で、ケルンの東に位置するRoesrathのKleineichen地区でネットワーク展開を開始した。オープン・ジャーマン・ファイバーとnovanetz社は、共同でファイバー・ツー・ザ・ホーム（FTTH）ネットワークを展開・運営し、Roesrath市のエンドユーザーに高速サービスを提供する。オープン・ジャーマン・ファイバーがパッシブ通信ネットワークに投資し、主契約者のジャーマン・ファイバー・ソリューション（GFS）がネットワークを手配する。その後、プロバイダーのnovanetzがアクティブ光ファイバーネットワークを運用する。 **■テレフォニカ、ドイツテレコムのFTTHネットワークで固定サービスの販売開始へ** テレフォニカ・ドイツは2022年11月30日から、テレコム・ドイツのファイバー・ツー・ザ・ホーム（FTTH）ネットワークを利用した「O2 my Home」固定回線製品の販売を開始する。両社は2020年10月に、長年にわたる固定ブロードバンドネットワーク（VDSLとベクタリング）の協業契約をさらに10年間延長したが、新たな卸売協業契約にはテレコムの光ファイバーネットワークへのアクセスも初めて含まれている。この提携により、テレフォニカはO2ブランドで450万世帯以上にギガビット対応の固定ブロードバンド・サービスを提供できるようになり、2024年末までには1,000万世帯に拡大する予定である。テレフォニカの固定回線事業では、ドイツでは強力で長期的なパートナーシップに依存している。 **■新規参入の1&1、家庭向けFWAサービスから5Gを商用化** 既存の設備やシステムを再利用せず、新たに設備やシステムを導入する、いわゆる“グリーンフィールド”のOpen RANベースの5Gネットワークの計画、建設、管理を楽天シンフォニーに委託している5Gの新参者1&1は、2022年12月28日、フランクフルト・アム・マインとカールスルーエの2都市の3カ所でFWA「5G at home」サービスが利用可能になったと発表した。同社は、クラウドと5Gおよび4G無線技術への直接アクセスをベースとするオープンRANシステムを導入することで、世界初であるとしている。2023年1月3日以降からは、ハンブルク、エッセン、デュッセルドルフ、ヴィースバーデン、マインツ、ミュンヘン、フライブルクといった都市の50のマストから、数週間以内に順次FWAサービスが利用可能になる。 このFWAサービスは、1&1の現在のMVNOパートナーであるテレフォニカ・ドイツとのローミング契約が有効化される2023年夏に開始される予定の事業者の5Gモバイルサービスをサポートするのと同じインフラとシステムによって提供される。1&1によると、現在のマルチベンダーネットワークは、DellとSupermicroのサーバー、Ciscoのルーター、Rakuten Symphony、Altiostar（楽天所有）、Mavenirのソフトウェア、NECとCommunications Components（CCI）のアンテナに基づいている。また、ドイツでファーウェイのアンテナを使用していない唯一のモバイルネットワーク事業者である。 **■ドイツテレコム、1,000万件の音声通話契約をクラウドプラットフォームに移行** ドイツテレコムは、2023年1月11日、IPベースの音声電話プラットフォームの中核を「クラウド化」および自動化する次世代IPマルチメディア・サブシステム（Next Generation IP Multimedia Subsystem：NIMS）プロジェクトで、さらに大きな展開のマイルストーンを達成したと発表した。1,000万件以上の音声契約が新しいクラウドプラットフォームへの移行に成功し、約100社の相互接続パートナーとの数十億分の相互接続音声がNIMSを介して完全に処理されるようになった。NIMSプロジェクトは、テレコムの最大1,800万人の固定音声通話顧客向けに高品質で効果的な次世代音声プラットフォームを構築し、優れたユーザー体験を実現することを目的としている。最も基本的な技術革新は、エンド・ツー・エンドでのプラットフォームの自動化であり、これによりテレコムは、数百万人のユーザーの利益のために、非常に迅速かつ俊敏に新サービスを作成、テスト、立ち上げることができる。

<table>
<tr>
<td>ドイツ</td>
<td>
■ドイツテレコム、オープンランの展開でノキアや富士通と提携
ドイツテレコムは、2023年２月27日、欧州全域でのオープンラン（Open RAN）の初期商用展開において、ノキア、富士通、マベニールなどと提携することを明らかにした。ノキアと富士通は、2023年以降のドイツにおける最初の商用Open RAN導入のパートナーに選ばれ、Neubrandenburg地域の顧客は、テレコム･ドイツランドのすでに手が付けられて顧客がついている状態、いわゆる、「ブラウンフィールド」ネットワーク環境での展開から、2G、4G、5Gサービスを受けることになる。また、マベニールは、2023年から始まるDTの欧州における最初のマルチベンダー展開のパートナーに選ばれている。
■ドイツテレコム、エリクソン、初のネットワーク・スライシング・ソリューションを発表
ドイツテレコムとエリクソンは、2023年６月２日、企業のクラウドベース・アプリケーション向けにエンド･ツー･エンドのネットワークスライスをカスタマイズ･管理する独自の統合ソリューションを世界で初めて実装したことを発表した。両社は概念実証（PoC）で、プライベート・クラウド・サービスに自動的に接続するセキュアなネットワークスライスのインスタンス化に成功した。このソリューションは、従業員がクラウドベースのワークプレイス･アプリケーションをスムーズかつ安全に運用するために必要なネットワーク・パフォーマンスを確保したいという企業のニーズに応えるものである。企業の使いやすさを考慮して設計されたこのソリューションは、エンタープライズ・スライシング・サービス・オーダーの自動設定、プロビジョニング、エンド・ツー・エンドのオーケストレーションを提供する。また、企業内のデバイスでユーザーが追加設定を行うことなく、このサービスを利用できる。
PoCは、DTラボの5Gスタンドアロン（SA）テストベッドで実施され、企業のスマートフォンが事前に定義されたプライベート・クラウド・アプリケーション・セットに接続した。エリクソンは、5Gコアネットワーク、無線アクセスネットワーク（RAN）、エンド・ツー・エンドのオーケストレーションを提供した。
■テレフォニカ、エリクソンとパートナー、鉄道路線沿線で5Gを開発へ
テレフォニカ・ドイツは、2023年６月13日、機器サプライヤーであるエリクソン、セルタワー事業者のヴァンテージ・タワーズ、ドイツ鉄道（DB）と協力し、ドイツ国内の鉄道線路沿いに広範な5Gモバイルインフラを構築するソリューションを開発すると発表した。この新しいインフラは、列車の乗客にギガビットのモバイル速度を可能にし、鉄道運行のさらなるデジタル化のための高性能伝送技術を提供する。連邦デジタル・運輸省（BMDV）は、ドイツ政府のギガビット戦略の一環として、「ギガビット・イノベーション・トラック（GINT）」と名付けられたプロジェクトを支援するために640万ユーロを提供する。パートナーは、2024年末までに、将来必要とされる高い伝送速度を達成する方法と、資源の使用を最小限に抑える方法で必要なインフラを構築する方法を見つけることを計画している。プロジェクトの一部では、メクレンブルク＝西ポメラニア州のおよそ10kmの線路区間にテストエリアを設け、技術的アプローチとオプションを実際にテストする。テストされる技術には、さまざまな設計のタワーが含まれ、パートナーはテレフォニカの3.5GHzの周波数を使用する。
</td>
</tr>
</table>

フランス	■衛星運用会社ユーテルサットと OneWeb が合併 MoU に調印 フランスの衛星通信会社ユーテルサット・コミュニケーションズ（Eutelsat Communications）は、2022 年 7 月 26 日、英国を拠点とするワンウェブ（OneWeb）の株主と、両社を株式交換で統合するための覚書（MoU）に調印した。この合併は、ユーテルサットが保有する 36 基の静止衛星（GEO）とワンウェブが保有する 648 基の低軌道（LEO）衛星（うち 428 基が現在軌道上にある）を統合するもので、急成長する世界的な接続市場に対応する強力な事業体を作ることを目的としている。発表されたプレスリリースによると、この取引は、ユーテルサットが 2021 年 4 月に取得した OneWeb の株式、2022 年 3 月に発表されたユーテルサットと OneWeb の世界販売契約、そして同じく同日署名された主に欧州と世界のクルーズ市場を対象とする新たな独占的商業パートナーシップによって始まった、ユーテルサットと OneWeb の協力関係の深化を基礎とするものである。この取引は、（ユーテルサットを除く）ワンウェブの株主がユーテルサットの発行する新株とワンウェブの株式を交換する形で行われ、取引完了時にはユーテルサットがワンウェブの株式を 100% 保有することになる（英国政府の「特別株式」を除く）。ワンウェブの株主は、拡大した株式資本の 50% に相当する 2 億 3,000 万株のユーテルサットの新株を受け取る。ユーテルサットは引き続きユーロネクスト・パリに上場し、ロンドン証券取引所への上場を申請する。MoU は OneWeb に 34 億米ドルの価値を与える。 ■ NEC と米マベニア、仏 通信事業者オレンジの 5G スタンドアロン検証ネットワークに Open RAN を構築 日本の NEC とエンド・ツー・エンドのクラウドネイティブなネットワークソフトウエアを提供する米国のマベニア（Mavenir）は、2022 年 9 月 7 日、フランスの通信事業者であるオレンジの 5G スタンドアロン検証ネットワークに Open RAN を構築した。パリ近郊シャティヨンのオレンジ・ガーデンズ・キャンパスにあるオレンジ・フランスの 5G スタンドアロン（SA）テスト・ネットワークにオープン RAN ベースのマッシブ MIMO（mMIMO）ソリューションを導入した。マベニアのクラウドネイティブなオープン仮想化 RAN（Open vRAN）ソフトウェアが、オレンジのクラウドインフラストラクチャ上に NEC の 32T32R mMIMO アクティブアンテナユニット（AAU）と共に展開され、大容量と拡張カバレッジを実現した。プレスリリースによると、O-RAN アライアンス・オープン・フロントホール・インターフェイスを介した無線機と仮想分散ユニット（vDU）間の相互運用性は、マルチベンダーネットワークの展開を簡素化し、ベンダー・ロックインを排除する Open RAN の能力の鍵となる。なお、オレンジ・フランスは、2022 年 3 月にフィンランドのノキアを主要な 5G SA コアネットワークベンダーとして選定し、年内に 5G SA サービスがビジネスユーザーに提供され、2023 年に一般向けサービスが開始される予定であると表明している。 ■ ANFR、2022 年 12 月 1 日時点で 37,412 カ所の 5G サイトを認可 フランスの独立系通信規制機関の一つである周波数庁（Agence Nationale des Frequences、ANFR）は、2022 年 12 月 8 日、国内の基地局（BTS）数に関する月次最新情報を発表し、12 月 1 日時点で合計 37,412 カ所の 5G サイトを認可し、このうち 28,326 カ所が稼働中であると報告した。同局によると、5G サイトのほぼすべてが、すでに 2G、3G、4G 技術に使用されている既存の携帯電話サイト上で認可されている。12 月 1 日現在、5G サイトの稼働数はフリー・モバイルが 16,346 で最も多く、ブイグ・テレコム（9,184）、SFR（7,881）、オレンジ（5,094）がこれに続く（注：サイトを共有しているため、事業者別のモバイルサイト数の合計はサイト数の合計と一致しない）。 ANFR によると、700MHz 帯では合計 20,714 サイトが認可されており、うち 16,340 サイトがすでに技術的に稼動している。オレンジは同帯域で 1 サイトが認可されており、フリーは 20,713 サイト（16,144 サイトが稼動中）である。2,100MHz 帯では合計 16,335 サイトが認可され、うち 10,289 サイトが稼働中である：そのうち、Orange（716）、SFR（8,758）、Bouygues（13,369）が稼働中である。一方、3.5GHz 帯では 22,607 サイトが認可され、そのうち 15,091 サイトが稼働中である：オレンジ（4,948）、SFR（4,825）、ブイグ（4,800）、フリー（4,180）である。 ■ SFR、5G SA ネットワークでネットワークスライシングを実証 アルティスフランス（SFR）は、2022 年 12 月 9 日、フランスの 5G スタンドアロン（SA）ネットワークにおいて、ネットワークスライシングの最初のユースケースとなる実装に成功したと発表した。このトライアルはパリの Altice Campus で実際の条件下で行われた。Altice によると、5G SA は完全に 5G コアネットワークに依存しており、「スライス」と呼ばれる複数のサブネットワークにリソースを割り当てる機能を備えている。アルティスフランスは現在、6,600 以上の自治体（フランス人口の 60%近く）を 5G でカバーしていると主張している。

フランス	■政府、5G および 6G プロジェクトに7億5,000万ユーロの募集をかける フランス政府は、2023年1月10日、先進的な5G、6G、および将来のネットワーク世代に関する研究開発（R&D）プロジェクトに対する新たな支援制度を開始した。政府は2024年2月29日まで、仮想化、アクセスネットワークのオープン・インターフェース、エッジ・コンピューティング、セキュリティ、AIと機械学習の統合に関連するソリューションの申請書を提出するよう、すべての関係者に求めている。この計画は、マクロン大統領が2021年に発表した経済の近代化を目的とする300億ユーロ（約324億米ドル）の計画「フランス2030」戦略の一環であり、政府は2025年までに7億5,000万ユーロを5G/6G研究開発支援計画に充てるとしている。 ■ SFR、2028年までに、ブイグは2029年までに2G/3Gを廃止 アルティス　フランス（SFR）は、2023年1月25日付プレスリリースの中で、2026年までに2Gネットワークを、2028年までに3Gネットワークを廃止する予定であることを表明した。また、ブイグ・テレコムのBtoBマーケット・ディレクター、ジャン・クリストフ・ラヴォー氏は、2023年1月31日のインタビューで、2026年末に2Gネットワークの閉鎖を目指し、3Gサービスは2029年までに廃止する予定であることを明らかにした。すでに、市場リーダーであるオレンジは2022年3月に、2Gネットワークの停止を2025年、3Gの停止を2028年とする同様のスケジュールを提示した。フリーモバイルは、2Gと3Gの停波については未発表のままである。 ■オレンジとボーダフォン、欧州の地方におけるオープンRANネットワーク共有で協力 オレンジ・グループ（Orange Group）とボーダフォン・グループ（Vodafone Group）は、2023年2月22日、両通信事業者がモバイルインフラを保有するヨーロッパ諸国の地方で、RANを共有するOpen RANを構築することで合意したと発表した。両社がヨーロッパでOpen RANネットワークを共有することに合意したのは今回が初めて。この合意により、ルーマニアのブカレスト近郊の農村部で、最初の商用サイトが今年開始される予定である。これらのサイトでは、「マルチベンダーのハードウェアとソフトウェアの統合に基づくこの新しい運用モデルの最初の実体験を提供し、より大規模な展開への道を開く」ことが示唆されている。オレンジとボーダフォンは現在、この初期構築段階に向けた戦略的ベンダーの選定を個別に進めている。ライブネットワークでのOpen RANソリューションのテストは2023年を通して継続され、レガシーネットワークとの比較や、Open RANと従来のRANソリューションとの機能・性能の同等性を確認した上で、Open RAN共有の青写真を他の市場にも拡大していく予定である。 ■ブイグとSFR、ファーウェイ機器撤去の補償を求める ブイグ・テレコム（Bouygues Telecom）とSFRは、パリの行政裁判所に対し、2019年に戦略的な場所にあるネットワークからファーウェイの機器を撤去するよう命じられたことに対する補償を求める法的手続きを開始したと、2023年4月4日に国内のニュースソースL'Informeが報じている。ファーウェイの2G/3G/4Gアンテナは、ノキアやエリクソンの最新世代アンテナとの相互運用性がないことによる。ブイグ・テレコムは要求の中で、そのコストを8,200万ユーロ（9,000万米ドル）と評価し、これは2028年までに交換しなければならない3,000本のアンテナのごく一部に過ぎないと述べている。SFRの主張は明らかにされていないが、同事業者は同じ期限までに8,000本以上のアンテナを交換しなければならず、その費用はブイグのそれを上回ると見られている。 以前、2021年2月、国務院（Conseil d'Etat）は、5G機器の使用を制限する「反Huawei」法を施行する政令に対するブイグ・テレコムとSFRの訴えを却下したが、同時に、同法が実際に両事業者の財産権に「制限」を生じさせたことを認め、補償を受ける権利が認められる可能性を開いた。

<table>
<tr><td>フランス</td><td>■ ARCEP、2022 年の通信市場の年次報告を発表
電気通信・郵便規制機関（ARCEP）は 2023 年 5 月 25 日、2022 年の通信市場の年次報告を行った。リテール市場のサービス加入状況は以下のとおりである。
• 固定ブロードバンド加入件数は約 3,190 万、うち 57％に当たる 1,810 万が FTTH で前年比 25.1％増。一方で DSL は前年比 21％減、約 980 万であった。
• 携帯電話サービスプラン加入件数は前年比 2.7％増の約 7,500 万、プリペイド利用は 0.8％減の 770 万。加入全体の 83％が 4G 接続を利用しているが、5G への加入も約 10％となった。事業者の活動については、2024 ～ 2028 年の市場支配的事業者規制に向けた市場分析が開始することから、特に固定・移動双方の超高速ブロードバンド網整備投資と事業者間のインフラ共有が注目点となった。
• 2022 年のインフラ投資総額は約 146 億 EUR で、前年比で固定では 3.7％減、移動（周波数取得を除く）では 1.8％減であるが、2010 年代よりは高い水準を保っている。
• 光ファイバー網の 75％は 4 社以上が接続可能になっている。移動電話網では、本土の基地局の 40％以上が複数の事業者で共有されており、ルーラル地域ではこの割合が 60％に達する。
• 通信事業者のリテール市場での売上高合計は前年比 2％増であった。固定市場では PSTN 電話の減少が続き 0.3％減であったが、移動体市場は特に端末販売が好調で、5％の成長を記録した。
• 移動電話サービス料金は端末とのバンドルや契約期間の縛りがない契約が主流（契約全体の 82％）になったことから、前年比 0.7％増とやや上昇した固定分野では、銅線撤廃計画の進展に伴い ADSL サービス料金が上がったものの、FTTH サービス料金は普及率の上昇につれて落ち着き、全体では前年比 1.2％増であった。</td></tr>
<tr><td>その他の欧州諸国・アフリカ諸国の動向</td><td>【スペイン】5G 向け 26GHz 帯オークションでモビスターがライバルの 2 倍以上の周波数帯を獲得
スペインの 26GHz 帯の 5G 対応周波数帯のオークションが 2022 年 12 月 21 日に終了し、政府財源に総額 3,620 万ユーロ（3,870 万米ドル）が支払われた。経済・デジタル変革省（Ministerio de Asuntos Economicos y Transformacion Digital）は、全国レベルで入札された 2,400MHz の周波数帯のうち、モビスター、ボーダフォン、オレンジが合計 1,800MHz を落札したと発表した。Movistar は、26GHz 帯の 200MHz × 5 ブロックを 2,000 万ユーロで落札した。一方、ボーダフォンとオレンジはそれぞれ 800 万ユーロを支払って 1 × 200MHz の周波数帯を 2 つ獲得した。すべての免許の有効期間は 20 年で、さらに 20 年の延長が可能である。

【スペイン】オレンジと MASMOVIL 社、スペイン事業統合に合意
オレンジと、ヨイゴ（Yoigo）を傘下に持つスペインの多国籍電気通信サービス会社マスモビル（MasMovil）は、2023 年 7 月 23 日、スペインにおける事業を統合するための拘束力のある合意に調印した。この合併により、モバイルとブロードバンドにまたがる市場への影響力が大きい企業が誕生することになり、トッププレーヤーのテレフォニカへの有力な対抗馬となる。アナリストによれば、イタリア、ポルトガル、イギリスなどの市場でも同様の提携への道が開かれる可能性がある。第 2 位と第 4 位の通信事業者が合併したことで、市場の統合が進み、通信事業者の収益性が高まると予想される。他方、これまでにも主要市場において事業者数を 4 社から 3 社に減らすような取引には反対してきた有力企業同士の合併には否定的な見解を持っている欧州委員会は、この合併に対してもすんなりと承認することは無いことが予想される。

【イタリア】電力会社、固定ブロードバンドを開始
イタリア最大の電力会社エネルの子会社であるエネル・エナジア（Enel Energia）が固定ブロードバンド・サービスを開始したと 2023 年 4 月 4 日付の通信業界ニュースサイト Commusupdate が報じた。同社の電力・ガスサービスも利用している顧客には割引を提供する。エネル社は 2022 年 12 月に ISP のメリタ・イタリア（Melita Italia）を買収し、オープンファイバー（Open Fiber）の卸売りネットワークを通じて光ファイバーベースのサービスを提供していた。ダウンロード速度が最大 1Gbps の家庭向け光ファイバー（FTTH）接続のみを売りにしていたメリタとは異なり、エネルはオープンファイバーの FTTH フットプリント外の世帯もターゲットにしており、場所によって 200Mbps または 100Mbps のピークダウンロード速度を提供している。顧客は、利用可能な最高ダウンロード速度でのアクセスを月額 24.90 ユーロで提供され、エネル・エネルギアの顧客には 2 ユーロの割引が適用される。</td></tr>
</table>

その他の 欧州諸国・ アフリカ諸国 の動向	**【イタリア】TIM、固定通信サービス事業の売却でKKRと独占交渉へ** テレコム・イタリア（TIM）の取締役会は2023年6月15日、TIMの固定回線ネットワーク事業の売却に関して、米投資ファンドKKRとの独占交渉を開始する方針を決定した。KKRは、TIMのラストマイル事業者ファイバーコップの株式を保有しており、9月30日までに拘束力のあるオファーを提出するよう求められている。KKRの230億ユーロの拘束力のない入札は、CDPとマッコーリーからのライバル入札内容よりも優先的に受け入れられた。長引く売却問題を完了に一歩近づけたように見えるが、取引が完了するためには規制当局と政府の承認が必要である。また、フィナンシャル・タイムズ紙に掲載された報道によると、TIMの株式23.75%を保有する株主のヴィヴェンディは、オファーが「資産を過小評価している」として、この動きを阻止する予定である。フランスのコングロマリットヴィヴェンディは以前、TIMの資産を310億ユーロと評価している。イタリアの報道ではこの額は260億ユーロまで下がる可能性があると見られているが、それでもKKRが提出した拘束力のない入札額よりはまだ高い。ヴィヴェンディの反対はこの取引にとって重要な障害になっているが、加えてTIMは、NetCoを含むいかなる取引も規制当局の承認が必要であり、また政府の「ゴールデン・パワー」権限も必要である。KKRによるTIMの固定通信網をめぐる買収話は、2021年11月に表面化した。2022年3月に、TIMはKKRと正式な交渉を開始する意向を発表した。並行して、それより前の2月には、イタリアの国営投資ファンドカッサ・デポジティ・エ・プレスティティ（Cassa Depositi e Prestiti：CDP）は、オーストラリアの投資グループマッコーリー（Macquarie）と共同で、TIMの固定ネットワーク事業への対抗入札を準備しているとの話が流れていた。CDPとマッコーリーはイタリアのホールセールネットワーク事業者オープンファイバーのオーナーであり、取引が成立すればオープンファイバーはTIMの固定回線事業と統合される可能性が出てきた。4月に入り、TIMは、KKRとカッサ・デポジティ・エ・プレスティティ（CDP）およびマッコーリーが参加するコンソーシアムからも、固定ネットワーク事業に関して拘束力のない2件の新たなオファーを受けたことを明らかにした。TIMは2社からの買収額が低すぎるとして、6月9日を期限に新たな提案を求めていた。 **【イタリア】地方向けの5Gサービスを提供する合弁会社ゼフィーロを創設** イタリアの固定・移動通信事業者であるWINDTREとIliadは、ゼフィーロ（Zefiro）という名称で地方における5Gネットワークの合弁事業（JV）を立ち上げた。両社は、イタリアの人口の26.8%が住む地域をカバーする共有インフラを展開することを目指している。 **【イタリア】オープンファイバー、「イタリア・ア・1ギガ」計画の一環として最初の顧客を接続** 2023年3月15日付の通信業界ニュースサイトCommusupdateは、卸売りISPのオープンファイバーが、「イタリア・ア・1ギガ」プロジェクトの一環として最初の顧客を接続したと報じた。テレコムニュースサイトのMondo Mobile Webによると、シチリア島北西部（パレルモ）に位置するIsola delle Femmineで、パートナーISPのDimensioneと共同でアクティベーションが行われた。2022年5月、オープンファイバーは「Italia a 1 Giga」計画の一環として、イタリアの9地域でファイバーインフラを展開する契約を獲得した。合計で3,881の自治体、いわゆる「グレー」地域をカバーすることになる。グレー地域とは、現在1つの固定電話会社のみがサービスを提供しており、政府の支援なしには競合ネットワークが展開される見込みのない市場を指す。イタリアの残りの地域の契約は、TIMの固定ネットワーク・ベンチャーであるファイバーコップに発注された。 **【イタリア】GPDPがChatGPT一時禁止措置** イタリアの個人情報保護機関（GPDP）は2023年3月31日、米オープンAIの対話型AI「ChatGPT」を一時的に禁止することを発表し、個人情報保護対策を強化するよう求めた。ChatGPTが禁止されるのは欧米ではイタリアが初めて。4月末までにGPDPが求める要件を満たせば事業を再開できる。今回の措置は、2023年3月20日に発覚したChatGPT利用者の個人情報流出に対応するもの。オープンAIは既にバグを修正しているが、GPDPはデータ収集に関する利用者への事前通知が不十分である点やユーザーの年齢確認に不備がある点を問題視しており、AIアルゴリズムのトレーニングを目的とする個人データの大量収集・処理を正当化する法的根拠はないと主張している。ChatGPTについてはフランス政府やスペイン政府も懸念を表明している。また、4月13日には、欧州データ保護委員会（EDPB）がChatGPTに関するワーキンググループの設立を発表した。

<table>
<tr>
<td>その他の
欧州諸国・
アフリカ諸国
の動向</td>
<td>
【スイス】連邦通信委員会、スイスコムに2024-2031年のユニバーサルサービス免許を付与
スイス連邦通信委員会（ComCom）は2023年5月16日、2024～2031年のユニバーサルサービス免許を通信大手スイスコムに付与することを決定。入札による事業者選定を予定していたが、関心を示したのが現行のユニバーサルサービス事業者であるスイスコム1社であったため、入札を行わずに同社への免許付与を決定した。
スイス連邦議会が2022年12月に行った電気通信サービス条例の改正により、2024年以降のユニバーサルサービスのインターネット速度の規定が変更されている。最低通信速度を従来の下り10Mbps／上り1Mbpsから下り80Mbps／上り8Mbpsに引き上げるというもの。新速度のサービス料金の上限を月額80スイスフランと規定し、ユーザーがインターネット速度を選択する。また、技術的中立性の原則に基づき、免許事業者はモバイルあるいは衛星ソリューションを採用することが可能である。
【アイルランド】個人情報保護機関、GDPR違反により、Meta社に過去最高額の制裁金
アイルランド個人情報保護機関（IDPC）は、2023年5月22日、EU一般データ保護規則（GDPR）違反としてメタ・アイルランド社（メタ社）に課徴金12億ユーロを課す決定を公表した。これはGDPR史上最高額の課徴金となる。本件は、メタ社が欧州におけるフェイスブックサービスの提供に関連してEU/EEA加盟国から米国へ個人データを移転する際の法的根拠について審査が行われていたもの。メタ社は、2020年の欧州連合司法裁判所（EUCJ）のシュレムスII判決でEU・米国間の個人データ移転枠組みプライバシー・シールドが無効とされて以降、2021年に欧州委員会が採択した標準契約条項（SCC）更新版等の措置をもって越境データ移転を行っていた。今回の決定で、IDPCは、SCC更新版等の措置がシュレムスII判決で特定されたデータ主体の基本的権利と自由へのリスクへの対処になっておらず、GDPR違反の状態となっているとの判断を下した。今回の決定で、IDPCはメタ社に対し、①IDPCのメタ社への本決定通知から5カ月以内に米国へのあらゆる個人データ移転を停止すること、②12億ユーロの課徴金を支払うこと並びに③IDPCのメタ社への本決定通知から6カ月以内に、GDPRに違反して米国へ移転されたEU/EEA加盟国の個人データの保管を含む違法処理を停止することによりデータ処理の運用をGDPRに遵守させること、の3点の対応を求めている。
【エストニア】26GHz帯の5G用周波数オークションで、主要通信事業3社が落札
消費者保護・技術規制機関（TTJA）は2023年5月10日、26GHz帯（24.7～27.1GHz）の5G周波数オークションを実施し、同日終了したことを発表した。落札事業者はエリサ、テレ2、テリアの国内主要通信事業3社。オークションは、400MHz幅を1周波数ブロックとし、計6周波数ブロックを対象に実施。1事業者当たり最大2周波数ブロックまで落札可能とされ、各事業者とも2周波数ブロックを落札した。入札開始価格は80万ユーロで、各事業者の落札総額は、エリサが162万6,000ユーロ、テリアが160万2,000ユーロ、テレ2が160万ユーロとなった。TTJAは今後、事業者からの手数料などを確認した後に事業免許を発行すると述べている。TTJAは、これまで2022年に3.6GHz帯と700MHz帯の5G周波数オークションを実施。上記3社が各周波数を獲得しており、国内での5G網の運用を開始している。今回の26GHz帯オークションにより、人口密集エリアにおける超高速データ通信サービスでの利用が見込まれている。
</td>
</tr>
</table>

その他の欧州諸国・アフリカ諸国の動向

【アフリカ 14 ヶ国】ワンウェブ、アフリカ 14 カ国の LEO 衛星接続でエアテルと提携

英国ロンドンに本社を構えるワンウェブ（OneWeb）は、エアテルアフリカ（Airtel Africa）とパートナーシップ契約を締結し、ワンウェブの高速・低遅延の低軌道（LEO）衛星接続サービスを、アフリカ大陸全域の政府機関や企業顧客に提供する。トライアルは南アフリカで実施され、その後 2023 年に東、中央、西アフリカの 14 カ国に及ぶエアテルのモバイルネットワークで商用サービスが展開される。このパートナーシップは、企業や民間政府の顧客に衛星通信サービスを提供することに重点を置き、農村部、農業、病院、ホテル、学校、エネルギー・鉱業分野での接続など、幅広いユースケースに対応する。ワンウェブとエアテル・アフリカはまた、サービスが行き届いていない地域で重要なバックホールを提供する予定である。今回の発表は、アンゴラ、南アフリカ、ガーナ、セネガル、モーリシャスにおける衛星ネットワークポータル（SNP）の設置など、ワンウェブのアフリカにおける既存の取り組みに基づいている。プレスリリースでは、「あと 4 回の打ち上げを残すのみとなったワンウェブは、2023 年にアフリカ、そして世界中の他の地域でカバレッジソリューションを開始する予定である」と付け加えている。

エアテル・アフリカはインドの通信グループバーティエアテル（Bharti Airtel）が過半数を所有し、ロンドン証券取引所（LSE）とナイジェリア証券取引所（NSE）に上場しており、次の 14 カ国で携帯電話部門を展開している。ナイジェリア、ウガンダ、ザンビア、タンザニア、ケニア、マラウイ、ルワンダ、コンゴ民主共和国（DRC）、ガボン、コンゴ共和国、マダガスカル、ニジェール、チャド、セーシェル。エアテル・アフリカの総契約数は 2021 年 9 月の 1 億 2,270 万から 2022 年 9 月末には 1 億 3,470 万に増加した。バーティグループ（Bharti Group）はバーティスペース（Bharti Space）社（以前はバーティグローバル（Bharti Global）を通じてワンウェブの大株主である。ワンウェブの他の大株主には、英国政府、ユーテルサット、ソフトバンク、エコースター／ヒューズ、ハンファ・システムズが含まれる。ワンウェブのエグゼクティブ・チェアマンは、バーティエンタプライズ（Bharti Enterprises）とバーティエアテル（Bharti Airtel）の創設者兼会長である Sunil Bharti Mittal 氏である。

【ロシア】ベオン（VEON）、ロシアの携帯電話事業ビーラインを売却

アムステルダムに本拠を置く多国籍通信グループ VEON は、2022 年 11 月 24 日、競争手続きを経て、ロシアの固定・モバイルネットワーク運営部門 PJSC VimpelCom（ビーライン）を、Aleksander Torbakhov CEO 率いる VimpelCom の経営陣のシニアメンバーに売却する契約を締結したと発表した。VEON は、グループ収益の約半分を占めるロシアにおいて、VimpelCom を通じてビーラインブランドを展開している。また、カザフスタンでは Beeline を、ウクライナでは Kyivstar を運営している。この契約により、VEON は総額 1,300 億ルーブル（21.5 億米ドル）の対価を受け取り、主に PJSC VimpelCom が VEON Holdings（オランダ）の一部の負債を引き受け、これを返済することで VEON のバランスシートを大幅に改善する見込みとなった。買収完了予定日は 2023 年 6 月 1 日となっている。

【欧州 4 ヶ国】ドイツ、フランス、スペイン、英国の欧州 4 ヶ国の通信事業者 4 社、モバイルユーザーのオプトイン広告ターゲティングのための合弁会社設立を申請

ドイツテレコム、オレンジ、テレフォニカ、ボーダフォンの欧州における大手通信会社 4 社は、2023 年 1 月 6 日、前 22 年ドイツで実施された試験に続き、地域のモバイル・ネットワーク・ユーザーを対象としたオプトインの「パーソナライズド」広告ターゲティング向けデジタル広告の技術プラットフォームを開発する共同事業の設立を欧州委員会に正式に申請した。欧州委員会は 2 月 10 日までに、このジョイントベンチャー（JV）を認可するかどうか、つまり通信事業者に商業打ち上げを許可するかどうかの決定を下さなければならない。同意ベースの広告ターゲティングのための提案について、現行の（法的に曇った）アドテクのターゲティングとの違いを主張しようとしている。それは第一に、ファーストパーティデータに基づいていることである。現在のアドテクが法的（そして風評的）な苦境に陥っているような、ユーザーの同意のないバックグラウンドでの「スーパープロファイリング」ではない。提案されているトラッキングは、ブランド／広告主ごとにサイロ化されており、それぞれがユーザーから前もって同意を得る必要があり、収集したデータポイントに対してのみターゲティングを行うことができる。

第二に、通信事業者は参加者に契約上の制限を設けることを提案している。例えば、広告主がユーザー・リンク・トークンにターゲティング可能なインタレストとして特別なカテゴリー・データ（例：健康データ、政治的所属）を添付できないようにすることなどである。

3 つ目は、モバイルユーザーが個々のブランド／出版社に提供した、ファーストパーティデータを広告に使用する同意を閲覧（および取り消し）できるポータルサイトである。

その他の欧州諸国・アフリカ諸国の動向	【欧州】ユーテルサット、欧州ブロードバンド小売市場から撤退し、ホールセールに専念 　ユーテルサット・コミュニケーションズは、2023年6月15日、欧州のブロードバンド小売事業を「経験豊富な民間事業者（発表時点では事業者名は明かされてない）」に売却することで合意に達した。売却される事業には、系列会社のBigblu Operationsをはじめ、イギリス、アイルランド、フランス、ドイツ、イタリア、スペイン、ポルトガル、ポーランド、ハンガリー、ギリシャにおけるヨーロッパの小売事業が含まれる。

出所：ワールド・テレコム・アップデート各号（マルチメディア振興センター発行）、各国規制機関ウェブサイト、関係各種資料より作成

4-4-2-3　EU の通信政策

1.　欧州委員会、決済サービスの近代化と金融セクターのデジタル化を図る二つの規則案を公表

欧州委員会は、2022 年 6 月 28 日、決済サービスの近代化と金融セクターのデジタル化を図る二つの提案を公表した。前者については「決済サービス指令」の改正案が、後者については新たに「金融データアクセス規則案」が提案された。電子決済の増加とデジタル技術を活用したフィンテック企業等の新たな市場参入を踏まえ、EU の金融セクターの市場変化への適合と、進行中の DX やリスク・機会への適応を目指す。

前者の決済サービス指令の改正案は、消費者保護の強化とより多くの決済サービス事業者の選択肢の提供を狙いとしている。主な内容は、決済サービス事業者間の情報共有、本人認証の強化、被害者の払い戻し権の拡大等による決済詐欺対策、金融サービスに係る透明性向上による消費者権利の向上、銀行とノンバンクの間の公正な競争環境の整備、オープンバンキングの機能向上、加盟国への直接適用による欧州域内の協調と執行の強化となっている。

後者の金融データアクセス指令案は、より革新的な金融製品及びサービスのユーザーへの提供と金融セクターにおける競争促進を狙いとしている。具体的には、金融セクターにおける顧客データ共有管理に係る権利義務が規定されており、主な内容として、消費者がデータ使用者（金融機関やフィンテック事業者）とデータを共有し、安価なデータ駆動型の金融関連商品·サービスを受けることを可能とする環境の整備、データ保有者（金融機関）がデータ使用者に対してデータアクセスを認める義務、顧客のデータコントロール権の確保、顧客データと技術インタフェースの標準化、データ侵害時の明確な責任所在と紛争解決メカニズム等が規定されている。

2.　欧州議会、オンラインプラットフォーム規制のデジタル市場法案とデジタルサービス法案を採択

欧州議会は 2022 年 7 月 5 日の本会議で、EU のオンラインプラットフォーム政策の中心となるデジタル市場法案（DMA）とデジタルサービス法案（DSA）を採択した。EU では、アマゾンやグーグル、メタ（旧フェイスブック）といった米国 IT 大手を念頭に、こうした企業の持つ支配的な地位は EU の中小企業を圧倒しており、競争が阻害されていることが問題視されてきた。

欧州委は 2020 年 12 月、こうした状況を是正すべく、米国 IT 大手を中心としたプラットフォームサービスを提供する事業者に対する規制強化を目的として、DMA と DSA を提案していた。EU 理事会（閣僚理事会）と欧州議会での審議を経て、両機関は既に 2022 年 4 月に暫定的な政治合意に達していた。今回の採択はこの合意に基づくものである。EU 理事会では、DMA は 7 月中、DSA は 9 月に採択を予定し、EU 理事会の採択後は、それぞれ EU 官報への掲載の 20 日後に施行される。DMA の主要部分は施行から 6 カ月後、DSA の主要部分は施行から 15 カ月後あるいは 2024 年 1 月 1 日のいずれか遅い日から適用を開始する。

DMA は、オンライン仲介サービス、検索エンジン、SNS、動画共有、オペレーティングシステム（OS）、ウェブブラウザ、バーチャルアシスタント、オンライン広告などの「中核プラットフォームサービス」を域内で提供する事業者のうち、特に大規模な事業者として「ゲートキーパー」の指定を受けた事業者を対象としており、ゲートキーパーとしての義務と禁止事項を規定している。なお、今回採択された両機関の合意案では、欧州委提案のゲートキーパーの基準を一部変更している。過去 3 年間の域内年間売上高と前年度の株式時価総額の基準を、それぞれ 75 億ユーロ以上と 750 億ユーロ以上に引き上げた。また、ゲートキーパーによる義務不履行の場合の制裁金の上限は、過去 8 年間に同様の不履行が繰り返されている場合に限定されるものの、前年度の全世界の総売上高の最大 20％に引き上げている。

DSA は、オフラインで違法なことはオンライン上でも違法でなければないという原則の下、オンライン上の違法コンテンツに対する規制やユーザーの基本的権利の保護を目的としている。DSA の対象となるのは域内で仲介サービスを提供する全ての事業者となる。しかし、規制は事業者の規模とリスクに応じて設定されるべきとして、規制を特に強化するのは、検索エンジンを含む月間平均 4,500 万人以上の域内利用者を有する「非常に大規模なオンラインプラットフォーム（VLOP）」事業者を対象としている。この定義に関して、両機関の合意は欧州委提案を維持している。

一方で、両機関の合意では、ロシアによるウクライナ侵攻とそれに伴うオンライン上の情報操作への対応策として、危機対応メカニズムを新たに導入することで一致した。危機が発生した場合、欧州委は VLOP 事業者に対して、基本的権利の保護のために危機の影響を防止や、排除あるいは制限するために、一定の措置を取ることを求めることができる。ただし、実施すべき措置の内容に関しては、VLOP 事業者が決めることができるとした。

3.　EU 理事会、米国大手 IT など規制のデジタル市場法案を採択、半年後の適用開始へ

EU 理事会（閣僚理事会）は、2022 年 7 月 18 日、EU のオンラインプラットフォーム規制の根幹となるデジタル市場法案（DMA）を正式に採択した。2020 年 12 月の欧州委員会による提案から、約 1 年半での成立となった。DMA は、EU 官報への掲載を経て、2023 年 5 月 2 日から適用が開始された。

DMA は、アマゾン、グーグル、メタ（旧フェイスブック）といった米国 IT 大手を念頭に、欧州委が指定する「ゲートキーパー」と呼ばれる大規模なプラットフォームサービスの提供事業者に対する義務と禁止事項を明確にすることで、EU 域内市場での IT 大手による支配的な地位の乱用を防止し、EU の中小企業がこうした IT 大手と公平に競争できる環境を確保することを目的としている。

欧州委がゲートキーパーに指定する基準は、過去 3 年間の域内の年間売上高が 75 億ユーロ以上あるいは前年度の株式時価総額の平均が 750 億ユーロ以上であることに加え、プラットフォームサービスの域内の月間利用者数が 4,500 万人

以上かつ年間のビジネスユーザーが1万社以上であることなどとなっている。
ゲートキーパーに指定された事業者は、主に以下を含む所定の措置の実施が義務付けられる。

- プラットフォームサービスの定額サービスなどの解約を、登録と同程度に容易にすること
- インスタントメッセージサービスの基本的な互換性を確保することで、異なるアプリ間のメッセージのやりとりや通話を可能にすること
- ビジネスユーザーに対して、同ユーザーのプラットフォームの利用により生み出されるマーケティングおよび広告データへのアクセスを認めること
- 他のデジタル企業を買収する場合は、既存の競争法の規定上、通知の対象であるかを問わず、欧州委に事前に通知すること

また、禁止される措置として主に以下が含まれる。

- ランキングサービスにおいて自社が提供する商品やサービスを優遇すること
- 出荷時にインストール済みのアプリやソフトウエアを簡単にアンインストールできないようにすることや、第三者企業（サードパーティー）製のアプリやソフトウエアをデフォルト仕様に設定できないようすること
- アプリの開発者に対して、ゲートキーパーが提供する決済システム以外の決済システムの利用を認めないこと
- ゲートキーパーが提供するサービスによって得られた個人情報を、同ゲートキーパーが提供する別のサービスに活用すること

ゲートキーパーがこれらの義務や禁止事項に違反した場合、欧州委は前年度の全世界総売上高の10%を上限に制裁金を科すことができる。また、違反・不履行が繰り返されていると認められる場合には、制裁金の上限は最大20%に引き上げられる。さらに、過去8年に3回以上の義務の不履行が認められる場合、特定の問題解消措置だけでなく、事業や資産の売却を含む措置を課すことができる。

4.　欧州委員会、域内メディアの多元性と独立性保護を目的とする欧州メディアフリーダム法案を採択

欧州委員会は、2022年9月16日、欧州メディアフリーダム法案を採択した。同法案は、EU域内のメディアの多元性と独立性の保護を目的とし、編集権への政治介入や監視に対するセーフガード措置等が規定されている。また、新たな独立機関として欧州メディアサービス委員会を設立するとされている。同法案の主な内容は次のとおり。

- 編集の独立性の保護として、加盟国にメディアの編集権の尊重と取材源の秘匿の強化を求める。
- メディアに対するスパイウェアの使用を禁止する。
- 公共メディア（public service media）の独立性の確保のため、公共メディアの財源が十分かつ安定していることを求める。また、公共メディアの運営者を透明性、公開性及び被差別性が確保された方法で任命すること並びに公共メディアが多様な情報や意見を公平に提供することを求める。
- メディア多元性のテスト（Media pluralism test）として、加盟国は、メディアの市場集中度（Media Market Concentration）がメディアの多元性と編集の独立性に与える影響について評価する。加盟国がメディアに対して採る立法、規制、行政措置が正当かつ比例的であることを求める。
- 国家の広報活動（state advertising）について、透明性が確保され、かつ被差別的であることを求める。
- オンラインにおけるメディアコンテンツの保護として、ディスインフォメーションのようなシステミック・リスクを伴わないコンテンツに関し、大規模オンラインプラットフォームが自社のポリシーに沿わない特定の法的メディアコンテンツを取り下げる場合には、事前にその理由をメディア提供者に対して通知しなければならない。
- メディアをカスタマイズする新たなユーザーの権利として、ユーザーが、各デバイスやインタフェースにおいて、自身の嗜好に基づき設定をカスタマイズできる新たな権利を付与する。
- 欧州メディアサービス委員会は、各国のメディア当局から構成され、ガイドライン策定等において欧州委員会を補助するほか、各国の措置や決定に対して意見を発出することができる。加えて、公共の安全へのリスクがある場合にEU以外のメディアに対して各国が採る規制措置の調整、規模の大きいオンラインプラットフォームとの間の構造的な対話の組織、欧州ディスインフォメーション規則のような自主規制へのメディアセクターの遵守状況のモニターを行う。

本法案は、今後、通常の行政手続に従い、欧州議会と加盟国において議論が行われる。採択された後は、EU域内において直接適用されることになる。

5.　EU理事会、仲介サービス事業者を規制するデジタルサービス法案を採択

EU理事会（閣僚理事会）は、2022年10月4日、オンライン仲介サービスを提供する事業者に対する規制枠組みであるデジタルサービス法案（DSA）を正式に採択した。欧州議会は7月にDSAを正式に可決していた。今後DSAは、形式的な署名を経て、EU官報に掲載から20日後に施行され、主要部分は施行から15カ月後から適用を開始する。

DSAは、ソーシャルメディアやオンライン・マーケットプレイス、検索エンジンなど、EU域内でオンライン上の仲介サービスの提供する全事業者が規制対象となる。仲介サービスの透明性や事業者の説明責任を強化し、利用者の基本的権利を保護することが目的である。事業者の規模や社会的影響に応じて規制内容を強める制度設計となっている。透

明性に関する報告といった基本的な義務は全ての事業者に適用される。また、違法なコンテンツの拡散や基本的権利への悪影響といったリスク評価と緩和措置の実施を含む最も厳しいルールは、EU域内の利用者が月間平均4,500万人以上の事業者が該当する「非常に大規模なオンラインプラットフォーム（VLOP）」および「非常に大規模なオンライン検索エンジン（VLOSE）」事業者のみに適用される。

欧州委員会の当初案との対比では、ロシアによるウクライナ侵攻を受けて、オンライン上の情報操作に対応する「危機対応メカニズム」を導入する点が特徴的である。同メカニズムでは、紛争のほかパンデミックやテロといった危機において利用者の基本的権利の侵害を防ぐべく、欧州委がVLOPおよびVLOSE事業者に対して、危機がもたらす脅威に応じた効果的な対処法を特定し、必要な措置を講じるよう求めることができる。

なお、DSAと並んで、EUのオンラインプラットフォーム政策の中核をなすデジタル市場法（DMA）は、7月に理事会および欧州議会の採択を経て、先行して正式な署名が9月15日に完了し、10月13日の官報に掲載された。
また、欧州デジタルサービス法（DSA）は、11月16日に施行された。

6. 欧州議会と欧州連合理事会、欧州標準化規則の改定案について政治的合意

欧州議会と欧州連合理事会は、2022年10月12日、欧州標準化規則の改定案について政治的合意をした。本改定案は、標準化戦略の一環として2月に欧州委員会が提案をしたもので、今後、欧州議会及び欧州連合理事会の正式合意を経て改定される。

欧州標準化規則は、欧州の標準化プロセスの枠組みを規定するもので、欧州委員会が、三つの欧州の標準化団体（ESOs）に対し、EU法令に即した欧州の標準策定を指示する権限を与えている。三つの標準化団体は、欧州標準化委員会（CEN）、欧州電気標準化委員会（CENELEC）及び欧州電気通信標準化機関（ETSI）となっている。

本改定案では、欧州委員会がESOsに対し標準策定を求める際に、標準策定プロセスにおけるEU加盟国及びEEA諸国の標準化機関の参加を義務付けており、それ以外の国の標準化機関の参加は排除されている。また、公開性・透明性を高め包括的な標準化プロセスを実現するため、ESOsに対し、新たに運営管理・ガバナンスの内規を設けることを義務付けている。特に、関連産業や中小企業、民間組織、学術分野などの関係者が標準策定プロセスに参加できる枠組みとすることが求められている。ESOsは、改定案の成立後、6か月以内に内規を改定しガバナンスの整備を行う必要がある。

7. 欧州委員会、域内における効率的な公共サービスの提供を目指す相互運用欧州法案を採択

欧州委員会は、2022年11月21日、行政機関間のデータ交換及びITソリューションに係る協力を向上させることでより効率的な公共サービスの提供を目指す新たな相互運用欧州法案（Interoperable Europe Act）を採択した。

本法案は、EU域内の行政機関間の越境相互運用性と協力を強化するもの。相互接続されたデジタル行政のネットワーク構築を支援し、欧州の公共セクターのデジタルトランスフォーメーションを促進する。公共サービスの向上のみならず、越境相互運用性により、市民に対しては550万から639万ユーロの、ビジネスに対しては570万から1,920万ユーロのコストカットに繋がるとしている。

本法案は、EU域内の行政機関間の安全な越境データ交換及び共有データソリューションへの合意を支援する協力枠組みを導入する。これにより各国間、セクター間、組織間の連携化の効率化を図り、公共セクターにおけるイノベーションと官民が連携するGovTechプロジェクトを促進する。本法案の主な内容は次のとおり。

- 構造化されたEU域内の協力
  加盟国や地方自治体と共同で所有（co-owned）されたプロジェクトの枠組みにおいて行政機関が連携をする構造化されたEU域内の協力枠組みの導入
- 評価
  EU域内の越境相互運用性に係るITシステムの変化による影響を評価する仕組みの導入
- ソリューションの共有と再利用
  相互運用ヨーロッパポータル（Interoperable Europe Portal）に搭載されているオープンソース等のソリューションの共有・再利用（ソリューションと共同体協力のワンストップショップ）
- イノベーション及び支援措置
  政策実証のための規制のサンドボックス、ソリューション再利用のために発展・拡大させるGovTechプロジェクト及び訓練支援の導入

相互運用協力の枠組みは、将来的に、EU加盟国や欧州委員会等から成る相互運用欧州委員会により運営される。同委員会は、共通の再利用可能なリソース、支援及びイノベーションに係る措置や、欧州相互運用枠組み（EIF）の改定に関する権限を持つ。

8. ネットワーク情報セキュリティ指令の改正案（NIS2）が成立

EU理事会は、2022年11月28日、EU全体のレジリエンス及びインシデント対応能力を強化することを目的とするネットワーク情報セキュリティ（NIS）指令の改正案（NIS2）を承認した。NIS2はこの承認により成立し、12月27日に官報掲載され、2023年1月16日に施行される。加盟国は施行から21か月以内に必要な国内法制度整備を行う必要がある。

NIS2は、指令の対象となる全ての分野（エネルギー、交通、医療及びデジタルインフラ等）におけるリスク管理措置及び報告義務の基準を定めるもので、異なる加盟国間のサイバーセキュリティ要件及び措置の調和を狙いとしている。

NIS2により、大規模なサイバセキュリティ・インシデント、危機発生時の協調管理を支援する「欧州サイバー危機連絡調整ネットワーク（EU-CyCLONe）」が正式に設置される。

現行のNISでは、規制を受けるエッセンシャル・サービス提供事業者への該当性の判断は加盟国に委ねられていたが、NIS2においてはサイズキャップルールが導入され、対象分野における全ての中・大規模事業者が規制の対象となる。なお、防衛、国家安全保障、公共安全及び法執行の分野で活動を行う事業者のほか、司法、国会及び中央銀行に対してNIS2は適用されないが、中央・地方政府には適用される。

9.　EU理事会、欧州2030政策プログラム「デジタルの10年への道」を承認

EU理事会は、2022年12月8日、欧州2030政策プログラム「デジタルの10年への道（Path to the Digital Decade）」を承認した。本プログラムはEU理事会の承認を持って成立し、この後、官報掲載から20日後に施行される。

本プログラムは、EUのデジタル分野におけるリーダーシップの強化を狙いとして、2030年までに実現を目指す具体的なデジタル分野の目標を定めるもの。具体的には、①デジタルスキル及び教育の強化、②安全で持続性のあるデジタルインフラストラクチャー、③ビジネスのデジタルトランスフォーメーション（DX）、④公共サービスのデジタル化の4分野におけるターゲットが策定されている。

また、本プログラムにより、加盟国と欧州委員会の協力に基づく新たなガバナンスの形態が導入される。欧州委員会は、加盟国とともにデジタルターゲットに関するEUレベルの軌道（進め方）を策定する。加盟国は、2026年までの国家の軌道及び戦略ロードマップを策定し、その進捗は、デジタル経済及び社会指数（DESI）によりモニターされ、年次報告書「デジタルの10年の現状（State of Digital Decade）」で評価される。

10.　欧州委員会、欧州の大手携帯電話会社4社（ドイツテレコム、オレンジ、テレフォニカ及びボーダフォン）によるジョイントベンチャーの設立を競争上の懸念はないとして認可

欧州委員会は、ドイツテレコム、オレンジ、テレフォニカ及びボーダフォンの大手テレコム4社によるジョイントベンチャー（JV）の設立を認可した。4社が2023年1月6日に行った申請に対し、欧州経済領域（EEA）において競争法上の懸念はないと判断をしたもの。

同JVは、ブランド･販売者のデジタルマーケティング及び広告をサポートするプラットフォームをフランス、ドイツ、イタリア、スペイン及び英国で提供する。JVは、ユーザーの同意に基づきユーザーのモバイル又は固定ネットワーク契約からユニークなデジタルコードを生成する。このコードにより、ブランド・販売者は自社が提供するウェブサイトやアプリケーションにおいて仮名によりユーザーを認識し、グループ化した上で、特定のユーザグループに応じたコンテンツの調整を可能とする。

欧州委員会は、本JVの設立に関し、①ターゲット広告及び／又はウェブサイトの最適化のためのデジタルIDサービス提供、②モバイル通信サービスの提供、③固定インターネットアクセスサービスの提供、④視聴覚（AV）サービスの提供及び⑤オンライン広告空間の提供のいずれにおいても競争を著しく減退させることはないという結論を出した。

11.　欧州委員会、委員会内の業務用端末におけるTikTok利用を禁止

欧州委員会は2023年2月23日、職員が委員会内で用いる公用端末において、中国系動画投稿アプリTikTokの利用を禁止することを発表した。

同委員会は、サイバー脅威やインシデントから職員を保護し、職場環境に対するセキュリティ強化を目的として、同アプリを業務用デバイスから削除することを決定した。また、個人用デバイスを業務で使用している場合もその対象になるとしている。

今回の措置について同委員会は、業務用通信端末使用に係る厳格な内部のサイバーセキュリティ・ポリシーに沿ったものであり、ソーシャルメディアを利用する際にはベストプラクティスを適用し、日常業務においてハイレベルなセキュリティ意識を保持するという、職員への勧告を補足するものであると指摘した。

12.　欧州委員会、超高速ブロードバンド展開のための三つの新イニシアチブを公表

欧州委員会は、2023年2月23日、2030年までにギガビット回線をEU全世帯へ提供する「欧州デジタル化10年」の目標実現に向けて、超高速ブロードバンド展開のため、以下三つの新たなイニシアチブを発表した。

1）ギガビット・インフラ法（Gigabit Infrastructure Act）案の採択
消費者の需要増に対応するため、欧州レベルでのギガビット網展開が急務であるとして、費用及び管理上の負担削減、手続きの簡素化を図る。同法は2014年ブロードバンドコスト削減指令の改正版である。

2）ギガビット勧告（Gigabit Recommendation）案の公表
従来のアクセス勧告を改正する内容で、市場支配力を有する事業者への通信網アクセス要件など、全ての事業者による既存インフラへの接続を保証するため、各国規制当局にガイドラインを提供する。同勧告案は現在、欧州電子通信規制者団体（BEREC）が2カ月間にわたるコンサルテーションを実施しており、そのフィードバックを考慮した上でEUが最終案を採択する。

3）欧州のコネクティビティ分野とインフラの将来について意見を募集
急速に変化する技術及び市場の環境と、それが電気通信分野へ及ぼす影響について、全ての関係者から幅広い意見

を５月19日まで募集している。欧州委員会は、通信ネットワーク投資コストにおける公平な負担などについて、複雑な問題であると指摘した上で、中立かつオープンなインターネット保護の姿勢を強調している。

13. 欧州議会、産業データ活用のためのデータ法案を採択

欧州議会は2023年3月14日、データ法案を修正の上、採択した。データ法案は、2022年2月に欧州委員会が提案したもので、消費者及びビジネスのデータアクセスに対する障壁を取り除き、イノベーションを促進することを狙いとしている。

データ法案は、公正なデータ共有契約を確保するため、インターネットに接続された製品や関連のサービス（例：IoT、産業機械）から生成されるデータの共有に係る共通ルールを確立するもの。欧州議会による主な法案の修正点は次のとおり。

- ユーザーによる自身が生成したデータへのアクセスの確保
- 不当な契約条件の禁止の強化
- 競合相手による製品やサービスのレトロエンジニアリングを防止するための営業秘密の保護強化
- 政府から企業に対するデータ要求（B2G）の条件厳格化
- クラウドサービスプロバイダーによる違法な越境データ移転に対するセーフガード導入

今後、EU理事会の採択をもって、データ法案はトリローグ（３者間交渉）プロセスに入る。

14. 欧州委員会、DSAに基づく超巨大オンラインプラットフォーム及び超巨大検索エンジンを初指定

欧州委員会は、2023年4月25日、「デジタルサービス法（DSA）」に基づき、17の超巨大オンラインプラットフォーム（VLOPs）と二つの超巨大検索エンジン（VLOSEs）を指定した。これはDSAに基づく初回の指定で、少なくとも月4,500万人のアクティブユーザを有するプラットフォームやエンジンが対象となっている。

VLOPsとして指定されたのは、Alibaba AliExpress、Amazon Store、Apple AppStore、Booking.com、Facebook、Google Play、GoogleMaps、Google Shopping、Instagram、LinkedIn、Pinterest、Snapchat、TikTok、Twitter、Wikipedia、YouTube及びZalando。

VLOSEsとして指定されたのはBing及びGoogle Search。

15. 欧州委員会、衛星通信大手のビアサットによるインマルサットの買収を承認

欧州委員会は、2023年5月23日、衛星通信大手のビアサット（Viasat）によるインマルサットの買収を競争上の懸念がないとして承認した。

両社は双方向の衛星通信サービスを提供しており、米国に本社を置くビアサットは４台の、英国に本社を置くインマルサットは15台の静止軌道（GEO）衛星を所有・運営している。両者ともにEEA域内及び国際的に商業航空機向けのインフライトコネクティビティ（IFC）を提供しているほか、サードパーティの衛星サービス事業者への衛星容量の提供や、海運、エネルギー、政府、商業航空など様々な産業分野の顧客へのサービス提供を行っている。

欧州委員会は、今回の買収により、①EEA域内及び国際市場において、IFCブロードバンドサービスの供給市場の競争が低減されるかどうかの観点並びに②IFC市場に参入済又は今後参入する非GEO衛星事業者が合併後企業に対して十分な競争圧力をかけることができるかの観点から審査を行った。審査の結果、①について合併後も合併後企業の市場での地位が過度に高まることはなく、②について多くの強力な競合他社が合併後企業に対して十分な競争圧力をかけることが見込まれるとの結論を出した。これをもって欧州委員会は、競争上の懸念がないとして買収を承認した。

16. 欧州委員会、デジタルユーロの枠組構築を図る規則案を公表

欧州委員会は、2023年6月28日、現金通貨の流通促進とデジタルユーロの枠組み構築を図る単一通貨パッケージを公表した。同パッケージは、前者と後者に係る二つの規則案から成る。

後者の「デジタルユーロ規則案」では、ユーロ札・コインを補完する位置付けで、デジタルユーロの法的枠組みを構築する。本規則案はあくまでも法整備に過ぎず、デジタルユーロの導入有無及びその時期については、欧州中央銀行に決定権がある。

同規則案では、オンライン・オフラインの両方で利用可能なデジタルユーロによる決済が提案されており、オンライン決済では、既存の電子決済と同等のデータプライバシーが提供され、オフライン決済では、ユーザーへの高度なプライバシー及びデータ保護が提供される。欧州域内の銀行や決済サービスには、市民・ビジネスに対してデジタルユーロを提供する義務が課せられる。基本的なデジタルユーロサービスは個人に対しては無料で提供され、欧州域内の商店は一部の小規模商店を除きデジタルユーロを受け入れる必要がある。銀行口座を有していない個人も郵便局や他の公共機関において口座を開設・維持することができる。

欧州委員会は、デジタルユーロが更なるイノベーションの強固な基盤となるほか、EUの通貨主権の観点からも重要だとしている。

4-4-2-4　その他国際組織の動向

1．18 か国がサプライチェーン強化に向け協力

米国を含む 18 カ国は 2022 年 7 月 20 日、国務省及び商務省が主催する 2022 年サプライチェーン閣僚フォーラムにおいて、サプライチェーン強化の協力に関する共同声明を発表した。日本、英国、韓国、オーストラリア、ブラジル、カナダ、フランス、イタリア、ドイツ、EU などを含む 18 カ国は、サプライチェーンにおける短期的な混乱を軽減・終結させ、長期的な回復力を構築するために協力していくとした。共同声明では、パンデミック、戦争、紛争、異常気象、自然災害をサプライチェーンへの脅威に挙げ、短期的な輸送、物流、サプライチェーンの混乱・ボトルネックを軽減するとともに、消費者や企業、労働者等に影響をもたらすようなサプライチェーンのレジリエンスに関する長期的な課題への危機対応について協力するとしている。

2．　BEREC、ウクライナ難民に対する欧州通信事業者の支援状況報告

欧州電子通信規制者団体（BEREC）は、2022 年 7 月 4 日、欧州通信事業者が実施しているウクライナ難民支援に関する報告書「Monitoring of measures in relation to the war in Ukraine」を発表した。加盟国の規制機関が移動体通信事業 114 社、固定通信事業 76 社から収集した情報を BEREC がまとめたもの。

ウクライナ難民への支援は、同年 4 月に、EU の 71 通信事業者（移動体通信 52 社、固定通信 19 社）とウクライナの 3 通信事業者が、国際通信の着信料金及び国際ローミング料金の値下げなどを盛り込んだ協力声明に署名しており、欧州事業者によるウクライナ難民支援が積極的に展開されている。BEREC 報告書の主な内容は以下の通り。

- 移動体通信：欧州 80 事業者が、ウクライナへの国際無料通話を提供、44 事業者が低料金及び無料の通話サービスを提供。
- 固定通信：欧州 37 事業者がウクライナへの無料通話サービスを提供、27 事業者が低料金及び無料の通話サービスを提供。
- 国際ローミング料金：欧州 55 事業者がウクライナ国内を移動する自社ユーザの国際ローミング料金を無料化。
- 無料 Wi-Fi：欧州の 25 移動体事業者及び 13 固定事業者がウクライナ人の難民キャンプや難民が到着する交通拠点において約 2,000 カ所の無料の Wi-Fi スポットを設置。
- SIM 配布：欧州 70 事業者がウクライナ難民に対し 250 万枚の SIM カードを配布。

そのほか、ウクライナの通信事業者による支援として、3 社が EU への無料又は低料金の国際通話サービスを提供し、EU 域内にいるウクライナ人のユーザに対し国際ローミング料金を無料化していることが報告されている。

3．グローバル企業の 57％が今後 2 年間で ICT 投資を増加するとの調査結果

多国籍通信事業者テレフォニカは 2022 年 8 月 12 日、グローバル企業の 57％が今後 2 年間で ICT 投資を増加し、35％が現状維持とする調査報告を公表した。

同調査は、スペイン、ブラジル、ドイツ、英国、アイルランドの計 5 カ国を対象とし、グローバル企業がコロナ禍においてデジタル変革（DX）およびレジリエンス強化を大幅に加速した中で得た教訓や課題についてまとめている。

同報告書の主な以下のとおり。

- 調査対象企業の 60％が新型コロナにより、ICT 戦略が加速したとする一方で、28％が差し迫ったニーズに対する応急処置にとどまったと回答。
- コロナ禍に対応した ICT 戦略を打ち出した企業は 48％。31％の企業は事業及び ICT 戦略の見直し、変更を迅速に実施。17％は既存の技術を分析し、より効率的に活用。対策を全く行わなかった企業は 2％のみ。
- 半数以上の企業が、コロナ禍において作業効率の向上が見られたと回答。その傾向が顕著であった業界は、バイオテクノロジー（80％）、小売（76％）、金融（72％）、食品及び飲料（70％）行政（68％）であった。
- 企業が ICT 戦略実現のために直面している制約として、予算不足（41％）、社内スキル（32％）、パートナーに対する制限（30％）、実証されていない技術、戦略の選択（共に 24％）を挙げている。

4．ITU 事務総局長に米国出身の初の女性を選出

世界のインターネットの発展を主導する国連機関、国際電気通信連合（ITU）は 2022 年 9 月 29 日、ルーマニアのブカレストで開催されている国際電気通信連合（ITU）の全権委員会議において米国が後押しするドリーン・ボグダンマーティン氏を次期事務総局長に選出した。ボグダンマーティン氏は米ニュージャージー州の出身で、ITU で 30 年近い実績をもつ。ITU のトップに女性が就任するのは初めてである。

ボグダンマーティン氏は加盟国による投票で、ロシアが推していたラシド・イスマイロフ氏に圧勝した。米国とロシアの緊張が高まる中、今回の投票は地政学的な象徴であり、国家によるネット検閲への不安に対する答えと受け止められている。

専門家によると、もしロシア側が勝利していた場合、携帯電話から人工衛星、インターネットまで幅広い分野に及ぶ通信規格の策定に関し、各国政府の権限が強化される可能性があった。ロシアや中国などの国家が市民のデジタルの自由を締め付ける中で、自由で開かれたインターネットの原則は脅かされつつあった。米国は投票を前に、ボグダンマーティン氏を推すキャンペーンに力を入れ、米国のバイデン大統領は、国連加盟国に対してボグダンマーティン

氏支持を呼びかけ、同氏がITU事務総局長になれば、特に開発途上国で、インターネットを包括的で誰でもアクセスできるものにする一助になると訴えていた。

また、2022年9月30日には電気通信標準化局長選挙が実施され、NTTの尾上誠蔵氏が当選した。同局長に日本人が選ばれるのは初めて。尾上氏は、2023年1月から電気通信標準化局長に就任する。

５．欧州電気通信事業者協会、テレコム業界に対し欧州データ法案が与える影響に関する調査結果を公表

欧州電気通信事業者協会（ETNO）は、2022年10月25日、欧州データ法案がテレコム業界に与える影響について調査結果を公表した。

同分析では、欧州データ法案が、2028年までにEU27加盟国において220万の雇用を生みGDPを1.98%上昇させるなどの社会経済利益をもたらすとしている欧州委員会の見立てについて、欧州データ法案がテレコム業界に与える好機、リスク及び影響と照らし合わせ、B2C、B2B、B2G及びクラウド・エッジコンピューティングエコシステムの各項目について分析している。主な調査結果は次のとおり。

- クラウド市場について、欧州データ法案により事業者間の乗り換えが容易となり、競争的でダイナミックな市場が形成されることにより、テレコム事業者が利益を享受することが可能。
- B2Gによる公共部門との協働について、データによる社会課題解決は、ヨーロッパのデータ経済の成長を促す発展市場であるが、テレコム事業者が政府へデータを提供するのは、真に例外的な場合に限定されるべき。
- B2C及びB2Bについて、テレコム事業者は、IoT機器が収集したデータ（例：センサーデータ）そのものは保有しないが、IoT機器がネットワークに接続される際に生成される電子通信サービス（ECS）データを保有することを踏まえ、テレコム事業者に比例的でない規制を避けるため、データ法案上のECSデータの定義をより明確にすべき。

６．米・加・英・豪、電気通信サプライヤの多様性に関する共同声明

米国、カナダ、英国、オーストラリアの4カ国の政府は、2022年12月8日、電気通信サプライヤの多様性に関する共同声明を発表した。4カ国は相互運用可能なアーキテクチャがよりオープンかつ多様で創造的な市場を作り出す手段になるとの認識の下、2021年12月に発表された「電気通信サプライヤの多様性に関するプラハ提案」へのコミットメントを再確認するとともに、2022年4月に英国が発表した「オープンRAN原則」への支持を表明した。

共同声明では、電気通信サプライチェーンの多様化に関する共通の取組指針として次の六つが掲げられた：1）電気通信サプライヤの多様性を促進する政策等に関する情報共有、2）研究開発における連携、3）強固なセキュリティの確保、4）標準の透明性支援、5）市場断片化の回避、6）有志国等との協力

７．ITU、ウクライナの通信インフラ被害に関する中間評価報告書を発表

ITUは2022年12月23日、「ウクライナにおける通信インフラの被害とICTエコシステムの回復力に関する中間評価」報告書を公表した。報告書は2022年3月に採択された「ITU理事会決議1408」を受けて作成されたもので、同年2月～8月までのウクライナにおける電気通信セクタの状況をまとめている。報告書はウクライナの電気通信セクタには「回復力がある」と結論付けたものの、通信インフラは甚大な被害を受けており、被害規模が今後拡大する可能性を指摘している。報告書の主な内容は以下の通りである。

- 通信事業者のICTネットワークは部分的又は完全に破壊又は占有された。
- 1,123件のサイバー攻撃が報告された。
- 2022年7月時点で通信インフラの20%が損傷又は破壊され、移動体通信基地局の11%がサービス提供を停止した。12.2%の世帯が移動通信サービスへのアクセスを失った。
- 通信事業者の提供サービスは22%減少した。
- 電気通信セクタの経済的損失は1億USD（約129億円）以上と推定される。電気通信設備、ネットワーク、システム、機器が被った直接的損害額は7億1,000万USDと推定される。
- 電気通信セクタの復旧には17億9,000万USDが必要と推定される。

８．WHO、COVID-19デジタル証明システムで欧州委員会とパートナーシップ締結

世界保健機関（WHO）は2023年6月5日、欧州委員会との新たなデジタルヘルスパートナーシップの締結を発表した。COVID-19のワクチン接種状況と診断結果に関するデジタル証明システム「グローバルデジタルヘルス証明ネットワーク（GDHCN）」の開発を共同で推進する。

WHOは、COVID-19発生後、世界共通で利用できるオープンプラットフォームとしてGDHCNの開発とグローバル展開に取り組んでおり、EUが開発した「EUデジタルCOVID証明書（EU DCC）」をGDHCNのベースモデルに採用することを決定。今回のパートナーシップによりGDHCNの技術開発・運用・管理についてEU DCCの専門家の協力を受ける。2023年6月からGDHCNの運用を開始し、WHO加盟国での相互認証制度の整備を図りつつ、世界80カ国・地域に順次拡大する予定である。将来的には、COVID以外の感染病のワクチン接種・治療に関する国際デジタル証明システムも開発する予定であり、新たなパンデミックのリスクにもグローバルな対応を図るとしている。

9．GSMA、低・中所得国におけるデジタル男女格差解消に厳しい予想

移動体業界団体 GSMA は、2023 年 5 月 31 日、「モバイルに関する男女格差に関する報告書 2023（The Mobile Gender Gap Report 2023）」を公表し、低・中所得国における 2030 年までのデジタル男女格差解消には、8 億人以上の女性がモバイルインターネットを利用する必要があるとした。主な調査結果は以下のとおり。

一般的には、女性によるモバイルインターネットの認知度や利用度は、スマートフォンを所有する場合に男性と同等になるが、低・中所得国の女性はモバイルインターネットの利用率が男性より 19% 低く、利用者数も約 3 億 1,000 万人少ない。同時に、これらの国々の女性はスマートフォン所有率が男性より 17% 低く、所有者も約 2 億 5,000 万人少ない。

また、低・中所得国では、女性の 61% がモバイルインターネットを利用しているが、利用率は 2 年連続で鈍化し、2021 年に 7,500 万人だった女性新規利用者数も 2022 年は 6,000 万人に留まっている。この格差の改善は今後も進まず、10 年後までにモバイルブロードバンドの利用を開始する女性は 3 億 6,000 万人程度に留まると予想されている。

4-4-3　アジア・オセアニア

4-4-3-1　アジア・オセアニア諸国における電気通信産業概要

（2023 年 6 月 30 日現在）

国・地域名	中国	香港	台湾
1 人あたり GNI （米ドル）（注 1）	12,804	54,370	—
対 1 米ドルレート	6.6975 元	7.8477HK$	29.746NT$
規制機関（注 2）	工業情報化部	通信事務管理局（CA） 通信監理局事務室（OFCA） （商務経済発展局）	交通部郵電局 通信放送委員会（NCC） デジタル発展部（省）
主回線数	1 億 7,941 万回線	367 万回線	1,231 万回線
普及率（%）	12.6	49.1	51.5
携帯電話加入数	17 億 8,061 万加入	2,186 万加入	3,026 万加入
普及率	124.9	291.9	126.6
固定系 主要電気通信事業者	・中国電信（China Telecom） ・中国聯通（China Unicom） ・中国鉄通 （China Tietong/China Mobile）	・PCCW 香港テレコム ・HGC Global（旧ハチソン HGC → Asia Cube Global へ売却済） ・WTT HK（Wharf T&T の改称） ・香港ブロードバンド・ネットワーク（HKBN） なお、2018 年 8 月末現在、香港では 27 の通信事業者が固定市内通信サービスの提供を認可されている。	・中華電信 ・アジア・パシフィック・ブロードバンド（旧称イースタン・ブロードバンド・テレコム） ・スパーク（ニューセンチュリインフォコム） ・台湾フィックストネットワーク（TFN）
移動電話系 主要電気通信事業者	・中国移動（China Mobile） ・中国聯通（China Unicom） ・中国電信（China Telecom） ・中国広電（China BroadcastingNetwork） ・多数の MVNO が運用（例↓） 携帯販売業者系 蘇寧（Suning）、国美（Gome） 携帯メーカー系 小米（Xiaomi）、 聯想（Lenovo） 電子商取引業者系 京東（JD）、 阿里巴巴（Alibaba） 金融業者系 平安保険（Pingan）、 民生銀行（Minsheng）	・CMHK（中国移動香港） ・HKT（（香港移動通訊：旧 PCCW、CSL と 1010 、Club Sim のブランド名で展開） ・3（ハチソン・テレコム） ・スマートーン その他 MVNO が多数	・中華電信 ・台湾大哥大（台湾モバイル） ・遠傳電信（ファー・イーストーン）
インターネット 利用者数（注 3）	10 億 7,813 万	716 万	2,061 万
パソコン世帯普及率 （注 3）	55.0%（17 年）	75.1%	80.1%

出所：ITU、各国規制機関、主要電気通信事業者の WWW ページ、各種関係資料より作成

注１：1 人あたり GNI は、世界銀行の Atlas 方式により算出した 2022 年の数値、単位は US$,
　　　日本の 2022 年の 1 人あたり GNI は 42,440（出所：世界銀行）
注２：独立規制委員会等を設立し、規制機関と政策策定機関が分離されている場合には、（　）の中に政策策定機関名を記入した。
注３：インターネット利用者数とパソコン世帯普及率は 2022 年の統計数値

（2023年6月30日現在）

国・地域名	韓国	インド	タイ
1人あたりGNI（米ドル）（注1）	35,990	2,380	7,230
対1米ドルレート	1,293.8ウォン	79.007NR	35.278バーツ
規制機関（注2）	放送通信委員会（KCC）（科学技術情報通信部）	デジタル通信庁（TRAI）、（通信情報技術省内の電気通信局（DOT）と電子工学・情報技術局（DEIT）、電子情報技術省）	国家放送通信委員会（NBTC）MDES（デジタル経済社会省）
主回線数	2,281万回線	2,745万回線	437万回線
普及率	44.0	1.9	6.1
携帯電話加入数	7,699万加入	11億4,293万加入	1億2,641万加入
普及率（%）	148.6	80.6	176.3
固定系主要電気通信事業者	・KT ・SKブロードバンド ・LG U+（旧LGテレコム） ・世宗テレコム（国際通信のみ、旧オンセ・テレコム、MVNO） ・SK Telink（国際電話のみ、MVNO）	・BSNL ・バルティ・エアテル（タタを吸収合併） ・MTNL ・リライアンス ジオ（→リライアンスを買収） ・アトリア コンバージェンス（ブロードバンド系） ・ハスウェイ ケーブル＆データコム（ブロードバンド系） ・アダニデータネットァークス ・ジオ衛星（衛星通信差サービス）	・ナショナル・テレコム（CATとTOTが21年に合併、国営） ・トゥルー ・TT&T
移動電話系主要電気通信事業者	・SKテレコム ・KT（商標olleh） ・LG U+（旧LGテレコム）	・リライアンス ジオ（→リライアンスを買収） ・バルティ・エアテル（タタとテレノールを吸収合併 ・ボーダフォンアイデア（新ブランド名はVi（ウィー）） ・BSNL（国営、MTNLを吸収合併し子会社化） ・MTNL ・アダニデータネットァークス	・AIS（Intouch傘下） ・dtac（トータル・アクセス） ・トゥルームーブ（datacとトゥルーは22年中に合併することで合意済み） ・ナショナル・テレコム（CATとTOTが21年に合併、国営ブランドはCAT系がmy by NT、TOT系がNT Mobile）） ・シン・サテライト（衛星通信：通称タイコム）
インターネット利用者数（注3）	5,035万	6億5,184万（21年）	6,308万
パソコン世帯普及率（注3）	81.0%	10.7%（18年）	24.5%

出所：ITU、各国規制機関、主要電気通信事業者のWWWページ、各種関係資料より作成

注1：1人あたりGNIは、世界銀行のAtlas方式により算出した2022年の数値、単位はUS$,
日本の2022年の1人あたりGNIはは42,440（出所：世界銀行）

注2：独立規制委員会等を設立し、規制機関と政策策定機関が分離されている場合には、（　）の中に政策策定機関名を記入した。

注3：インターネット利用者数とパソコン世帯普及率は2022年の統計数値

（2023年６月30日現在）

国・地域名	シンガポール	マレーシア	ベトナム
１人あたりGNI（米ドル）（注１）	67,200	11,780	4,010
対１米ドルレート	1.3910SG$	4.3943リンギット	23,265ドン
規制機関（注２）	情報通信メディア開発庁（IMDA）（情報通信省） 政府技術庁（GovTech）	通信・マルチメディア委員会（MCMC）（通信マルチメディア省）	ベトナム電気通信庁（VNTA） ベトナムインターネット網情報センター（VNNIC） （情報通信省） 国家資本管理委員会（CMSC、通称：スーパー委員会）
主回線数	191万回線	845万回線	239万回線
普及率（%）	31.9	24.9	2.4
携帯電話加入数	935万加入	4,795万加入	1億3,741加入
普及率	156.5	141.3	139.9
固定系主要電気通信事業者（注３）	・シンガポールテレコム ・スターハブ ・M1（国際通信のみ） ・コンバージ（FBO、施設ベース免許）	・テレコムマレーシア（Unifi） ・マクシス ・タイム.コム（DI） ・TSGN（衛星通信サービス ← Telkom Indonesiaが買収） ・デジタル・ナショナル（DNB）→ 5G専用網卸売り）	・ベトテル（Viettel） ・ベトナム郵電グループ（VNPT） ・FPTテレコム ・SCTV　（CATV） ・SPT ・CMCテレコム　（MVNO） 他２社
移動電話系主要電気通信事業者	・シングテル　モバイル ・M1（旧モバイルワン） ・スターハブ（星和移動） ・シンバテレコム（旧TPG、→ 2016年免許取得、2020年６月オーストラリアの親会社から完全に分離独立） ・アンティナ（2020年９月設立、スターハブとM1の合弁会社、両社向けに5G卸専用） この他にMVNO５社	・セルコムディジィ（2023年２月にセルコムとディジとの合併により、ディジィから変更） ・マクシス ・Uモバイル（旧MiTV） ・Yes ４G ・Unifi Mobile（親会社であるwebe digitalの株式をテレコムマレーシア傘下のMobikomが所有しているためテレコムマレーシア系） ・ALTEL ・Redtone ・Tune Talk（MVNO） ・Digital Nasional Berhad（DNB：国営の独占5G通信網卸売り）	・ベトテル（Viettle Mobile） ・VMSモビフォン（VNPT系） ・ヴィナフォン（VNPT系） ・ベトナモバイル（旧HT Mobile） ・Gtel（商標はGモバイル、旧ビーライン） この他にIindochina Mobile（IT Telecom）とMobicastのMVNO２社
インターネット利用者数（注3）	573万	3,305万	7,717万
パソコン世帯普及率（注3）	91.8%	91.3%	28.3%

出所：ITU、各国規制機関、主要電気通信事業者のWWWページ、各種関係資料より作成

注１：１人あたりGNIは、世界銀行のAtlas方式により算出した2022年の数値、単位はUS$,
日本の2022年の１人あたりGNIは42,440（出所：世界銀行）

注２：独立規制委員会等を設立し、規制機関と政策策定機関が分離されている場合には、（　）の中に政策策定機関名を記入した。

注３：インターネット利用者数とパソコン世帯普及率は2022年の統計数値

（2023 年 6 月 30 日現在）

国・地域名	インドネシア	フィリピン	オーストラリア	ニュージーランド
1 人あたり GNI（米ドル）（注 1）	4,580	3,950	60,430	48,460
対 1 米ドルレート	14,984 ルピア	54.855 ペソ	1.4492A$	1.6029NZ$
規制機関（注 2）	電気通信規制庁（BRTI） 電気通信規制員会（通信情報技術省；KOMINFO）	情報通信技術省（DICT） 電気通信委員会（NTC）	通信メディア庁（ACMA） 競争消費者委員会（インフラ・交通・地域開発・通信省）	商務委員会（ComCom） ビジネス・イノベーション・雇用省（MBIE）
主回線数	842 万回線	489 万回線	354 万回線	76 万回線
普及率	3.1	4.2	24.5	14.6
携帯電話加入数	3 億 1,655 万加入	1 億 6,645 万加入	2,802 万加入	595 万加入
普及率	114.9	144.0	107.0	114.7
固定系 主要電気通信事業者	・テルコム ・インドサット　ウーレドゥ ・バクリーテレコム（FWA（注 4）） ・モバイル　8（FWA） ・サンポエルナ　テレコム（FWA） ・インドネシア・コムネッツ・プラス（Icon+） ・マイリパブリック（光ファイバー回線提供の地域会社）	・PLDT ・ETPI（イースタンコミュニケーション：PLDT 系とグローブテレコム系） ・グローブテレコム ・ベガテレコム（PLDT 系とグローブテレコム系） ・ディジテル（PLDT 系） ・イノーブ（グローブテレコム） ・バヤンテル（グローブテレコム系） ・PT & T ・フィルコム ・コンバージ ICT（ブロードバンド）	・テルストラ ・オプタス（シングテル） ・TPG テレコム（ボーダフォン　ハチソンオーストラリアを合併して改称） ・ボーカス ・マッコーリーテレコム ・NBN	・スパーク（旧テレコムニュージーランド） ・ワンニュージーランド（旧ボーダフォン） ・ボーカス　NZ ・2 デグリーズ ・トラストパワー（電力会社） ・コーラス（旧テレコムニュージーランド、法によってキャリアー向け卸売りに特化）
移動電話系 主要電気通信事業者	・テルコムセル ・インドサット ウーレドゥ ハッチソン（2021 年 1 月に合併） ・XL アシアタ（旧エクセルコミンド） ・スマートフレン ・バクリーテレコム（BTEL） ・サンポエルナ　テレコム（STI/Net1）	・グローブテレコム ・スマート・コミュニケーションズ（PLDT 系） ・ディト（旧ミステラル、中国電信系） ・ナウテレコム MVNO ・サンセルラー（ディジテル ← PLDT 系） ・TM（←グローブ系） ・TNT（← PLDT 系） ・Cherry Prepaid（←グローブ系）	・テルストラ ・オプタス（シングテル系） ・ボーダフォンオーストラリア（TPG 系） MVNO TPG、バージンモバイル、クレイジージョーンズ他多数	・ワンニュージーランド（旧ボーダフォン） ・スパークニュージーランド（旧テレコムニュージーランド） ・2 デグリーズ（旧：NZ コミュニケーションズ） MVNO　6 社
インターネット利用者数（注 3）	1 億 8,317 万	5,999 万	2,495 万（21 年）	492 万（21 年）
パソコン世帯普及率（注 3）	18.0%	23.8%（19 年）	82.4%（17 年）	90.9%（17 年）

出所：ITU、世界銀行、各国規制機関、主要電気通信事業者の WWW ページ、各種関係資料より作成

注 1：1 人あたり GNI は、世界銀行の Atlas 方式により算出した 2022 年の数値、単位は US$,
　　日本の 2022 年の 1 人あたり GNI は 42,440（出所：世界銀行）

注 2：独立規制委員会等を設立し、規制機関と政策策定機関が分離されている場合には、（　）の中に政策策定機関名を記入した。

注 3：インターネット利用者数とパソコン世帯普及率は 2022 年の統計数値

注 4：インドネシアでは移動を制限した無線アクセス（最大同一市内通話エリア内）が固定電話サービスとして認められ、テレコムの Flexi、バクリーテレコムの Esia、インドサットの Star One、モバイル 8 の Fren、Sampoerna Telecom の Ceria といったサービス がある。

4-4-3-2　アジア・オセアニア諸国における最近の電気通信政策・市場等の動向 －2022年7月～2023年6月－

<table>
<tr><td rowspan="1">中　国</td><td>

■中国移動、10大業界1,900社以上に対し5Gメッセージ・サービスを提供

中国移動は2022年6月24日、5Gメッセージ（5G-RCS（Rich Communication Services））サービスを提供して1年で、行政事務や金融、メディア、気象など10大業界1,900社以上をカバーしていると明らかにした。5G-RCSは従来のSMSサービスをリッチメディアにしたもので、テキストのほか、画像、音声、動画、位置情報などを送ることができ、各種予約、運送荷物の追跡、フードデリバリーの注文など、アプリを必要としたサービスがRCS規格のSMSで完結可能になっている。ユーザーは、ダウンロードやフォローの必要はなく、軽量でワンストップのクラウドサービス体験を享受でき、その範囲は、オフィス、日常生活、外出先など多数のシーンに及ぶ。
新型コロナウイルス感染症の拡大防止期間中、中国移動は防疫・警告用の5G-RCSを開始し、濃厚接触者である黄色コードの人員に的を絞ったリスク警告を送信し、ユーザーは豊富な画像とテキストによる防疫関連の通知を受け取ることができるようになった。このほか、5G-RCSを使えば、PCR検査場所の詳細な位置や行列の状況をクリックで表示して確認し、密集・密接を回避することもできた。

■人民網研究院、「中国モバイルインターネット発展報告書（2022）」を公表

人民網研究院は2022年6月29日、「中国モバイルインターネット発展報告書（2022）」を公表した。それによると、
・2021年における国内スマートフォン出荷台数は前年比15.9％増の3億4,300万、ウェアラブルの出荷台数は同比25.4％増の1億4,000万、Bluetoothイヤホンの出荷台数は同比21.1％増の1億2,000万であった。
・2021年末現在、登録されたドローンの台数は同比44.9％増の83万、産業用ロボットの出荷台数は同比49.5％増の25万6,000、VRヘッドセットの出荷台数は同比13.5％増の365万に達した。
・2021年のモバイル・エコノミー規模は約4兆4,000億元（約89兆円）で、このうち、5G投資総額は1,849億元、通信分野設備投資の45.6％を占める。推計では、2021年の5Gによる経済波及効果は同比33％増の1兆3,000億元に達した。

■中国4社目の「5G事業者」が商用試験サービス開始

中国第4の通信事業者である中国広電（正式社名は中国広播電視網絡集団）は、2022年6月27日、5Gモバイルサービスの試験サービスの開始を発表した。この商用試験サービスは事前に行われた電話番号の予約キャンペーンに申し込んだユーザーだけを対象にしている。近い将来に一般向け正式サービスの提供を始める。国営のこの事業者は、地元のケーブル放送事業者とテレビ事業者が合併したもので、2019年6月に5Gライセンスを取得した。中国広電は、既存のプロバイダー3社と直接競合するのではなく、5Gベースの統合メディア通信ネットワークとしての地位を確立することを目指しており、このシステムを利用して、モバイル通信と並行して、拡張現実（AR）や仮想現実（VR）などの没入型でインタラクティブな放送・テレビメディアサービスを開発する。同社は同月初め、電話番号の事前登録を開始すると同時に、中国放送網公司（CBN）や中国ラジオ・テレビの名称を使用していたが、中国広電（チャイナブロードネット）としてブランド名を変更した。中国広電の5Gネットワークは中国移動通信（China Mobile）との提携を通じて展開されている。

</td></tr>
</table>

<table>
<tr><td rowspan="1">中　国</td><td>

■AIコア産業規模、4,000億元（約8兆円）超え

工業･情報化部（MIIT）は2022年7月26日、2021年における中国のAIコア産業の規模は4,000億元（約8兆円）を超え、企業数は3,000社を超えたと明らかにした。スマートチップ、オープンソースフレームワークなどの重要コア技術がブレークスルーを達成し、スマートチップ、端末、ロボットなどの象徴的な製品のイノベーション能力が持続的に向上している。MIITはAI産業の革新・発展を重視し、AIと実体経済の深い融合を促進することを主眼とし、重点的に三つの取組みを展開してきた。第一に、技術革新のボトルネック攻略を推進し、AIイノベーションを主とし、優秀な企業を発掘・育成し、競争環境下で優秀な製品を量産し、研究開発、産業、応用の構造を構築する。スマートセンサ、スマートカーなどの国家製造業イノベーションセンターを設立し、大学や企業が連合体を構成して協同イノベーションを展開することを奨励する。第二に、産業育成のインキュベーションを促進し、8か所のAI革新応用先導区の建設を承認し、省と省が協力してAIイノベーションの成果を作り出す。産業技術基盤の公共サービスプラットフォームの建設を強化し、産業サービス能力を絶えず向上させる。第三に、産業サプライチェーンを構築し、5G基地局、工業インターネットプラットフォーム、コンピューティングセンターなどの情報インフラを多数建設し、業界データセットの建設と開放を支援し、産業発展の基盤を固めていく。国内開発の枠組みをオープンソースにするよう奨励し、産業生態系の確立を推進する。

■電気通信ネットワーク詐欺禁止法を可決、2022年12月1日より施行

「中華人民共和国電気通信ネットワーク詐欺禁止法」（主席令第119号）は2022年9月2日、全国人民代表大会常務委員会によって可決された。7章50条から成る同法には、総則、電気通信ガバナンス、金融ガバナンス、インターネット・ガバナンス、総合対策、法的責任、付則などが含まれており、2022年12月1日より施行される。

同法は各部門、企業、及び地方政府による電気通信ネットワーク詐欺禁止の職責を規定し、関連部門間の連携による業界・地域を超えた取組みの実現、専門チームの構築を通じた取締りの強化を明確化。電気通信事業者によるユーザーの実名登録制度の徹底を求め、電話カードの購入枚数は国の関連規定の制限を超えてはならないと規定し、異常なカード申請状況が認識された場合、電気通信事業者は照合を強化したり、カードの発行を拒否したりする権利があると明示している。法的責任について、電気通信事業者やネットサービス事業者らの違法行為による行政責任のほか、被害者の損失に対して相応の民事責任を負わなければならないとも規定している。

■中国広電が全省級行政区で5G整備・サービス開始、中国移動が管理

中国国有で有線テレビ事業などを手掛け、中国広電（China Broadnet：CBN）のブランド名で携帯通信事業を行う中国広播電視網絡集団は、第5世代移動通信システム（5G）のエリアをすべての省級の一級行政区で整備したと発表した。2022年9月27日に青海省およびチベット自治区（西蔵自治区）で5Gを整備・サービスを開始しており、2022年6月27日の商用化から3カ月で31の一級行政区に5Gを拡大することになった。

中国広電は、中国移動と協定を結び、周波数の700MHz帯と2.6GHz帯で5Gネットワークを共同で構築している。この他、中国電信や中国聯通とも共同で5Gネットワークを展開している。実務上の運用および管理は中国移動が引き受け、実際は携帯通信事業で実績が豊富な中国移動の子会社である各地域の31の行政区にある移動体通信事業者が運用および管理を担うことになる。

■中国聯通、900MHz帯5G網を構築へ

中国聯通（China Unicom）は、2022年11月3日、工業・情報化部（MIIT）が2022年11月、同社のこれまで2Gで利用していた900MHz帯（904-915/949-960MHz）の5Gへの転用を承認したことを明らかにした。MIITが今回中国聯通に対し、5Gサービスにおける900MHz帯の使用を承認したことは、中国における低周波数帯域5G産業空間をさらに開拓し、低周波数帯域5Gネットワークのカバレッジを拡大することで、農村および辺境地域の人々がさらに質の高い5Gサービスを享受することに資するものである。

一方の中国聯通は、900MHz帯の新規利用が認可されたことを受け、2022年内に約200億元を投資し、17万基地局を新設し、農村及び僻地のネットワークカバレッジを向上させる計画を公表した。計画では、人口密度の低い郷・鎮、農村地域における900MHz帯を利用した5G網による広範囲のカバー目標を実現するのに対して、都市部では、900MHz帯の利用によるカバー水準の拡張を図り、ユーザー体験の改善につなげていくとしている。

</td></tr>
</table>

中　国	■2022年の5G基地局、88万7,000か所に新規整備 工業・情報化部（MIIT）は、2023年1月18日、2022年における工業と情報化発展状況について紹介した。主な内容は下記のとおりである。 ・影響力のある工業インターネットプラットフォームを240以上構築。 ・2022年に新規整備した5G基地局数は88万7,000、基地局数は累計231万2,000になり、世界5G基地局総数の60%超を占める。5G携帯電話利用者は2022年末時点で5億6,100万人、中国携帯電話利用者全体の1/3を占め、世界5G平均普及率の2.75倍になっている。 ・5Gはすでに工業、医療など多くの業界分野で効果を発揮し、その応用件数は5万件以上。2022年の工業インターネット産業規模は1兆2,000億元（約23兆円）に達する見込みである。「5G＋工業インターネット」512プロジェクトは自動車、採鉱など10以上の重点産業で4,000余りのプロジェクトが進められている。 ・2022年の電気通信事業の収入は前年同期比8%増の1兆5,800億元、インターネット・データセンター、クラウドコンピューティング、IoTなどの新興事業の収入は前年同期より32.4%増加。プライベート5Gは1万件を突破している。 ■中国のセルラーIoTエンドユーザーは世界全体の70%を占め、初めて携帯電話件数を上回る 中国中央電視台が所有、運営する多言語テレビチャンネルのテレビネットワークCGTN（China Global Television Network）は、2023年1月31日、中国工業情報化部（MIIT）が発表した統計数値を基に、2022年12月現在、中国における携帯電話のモノのインターネット（IoT）サービスの接続数は18億に達し、世界全体の70%を占めていると報じた。MIITの数字は、中国の大手通信会社3社のデータに基づくもので、モバイルネットワークの端末接続総数は35億2,800万に達し、そのうち18億4,500万がセルラーIoTのエンドユーザーであることを示している。中国のセルラーIoTエンドユーザーは、初めて携帯電話ユーザーを1億6,100万人上回り、全体の52.3%を占めた。 セルラーIoTは、多種多様な機械やデバイスを接続し、よく使われるセルラーネットワークにおんぶに抱っこで相互通信を可能にする。簡単に言えば、物理的なインフラを追加することなく、センサーやアクチュエーターなどの間で大規模なデータストリームを促進する。IoTサービスは、製造、物流、農業、運輸など、無数の産業で幅広く適用されているが、セルラーIoTモジュールは、5G、4G、LTE、つまり「Long Term Evolution」を通じたデータ転送のゲートウェイとして、IoTシステムや製品の一部として重要な役割を果たしている。サービスエリアがない地域では、スマート農業用の土壌センサーなど、接続性を実現するためにナローバンドIoT（NB-IoT）が導入される。5Gのカバレッジ拡大により、中国はチップ、モジュール、端末、ソフトウェア、プラットフォーム、サービスを網羅するIoT産業を拡大する予定だ。一方、NB-IoTはスマートメーター、センシング、トラッキング、スマート農業に応用されている。 ■深圳市、世界をリードする超高速パイオニア都市を構築する行動計画を発表 深圳市工業・情報化局は2023年2月10日、「深圳市極速先鋒城市（超高速パイオニア都市）建設行動計画」を発表した。2023年末までに高速･大容量･低遅延の超広帯域ネットワークを構築し、「ダブルギガビット、オールオプティカルネットワーク、1ミリ秒、IoE」のネットワーク構築目標を達成し、国内トップで世界をリードする超高速パイオニア都市を建設することを目指す。 主な取組みは、ギガビット光ネットワークへのアップグレードを加速し、ギガビットブロードバンドのユーザー規模を拡大することなどである。2023年末には10G PONポートの比率は100%を達成し、オールオプティカルネットワーク工業団地（産業パーク）は100を超えることを見込んでいる。市街地のIoTプラットフォームのネットワークとデータの相互接続を推進し、水道、電気、ガスのIoTセンシング端末900万台超、多機能スマートポール応用実証プロジェクト20件創出を目指す。

中　国	■ MIIT、メタバース、ロボット、量子技術など新興分野を強化する方針 工業・情報化部（MIIT）は2023年3月1日に記者会見を開き、現状及び今後の取組む方向性を示した。 現在、すべての市でのギガバイト級ブロードバンドの開通、すべての村でのブロードバンドの開通、すべての県での5Gサービスの提供が実現されている。ギガビット級光ファイバー網の世帯カバー数は5億を超え、世界トップクラスとなる。「東数西算」プロジェクトが全面的にスタートし、「計算、ストレージ、伝送」一体型の計算力を有する基盤インフラが形成されつつある。国内で使用されているデータセンターラックの総規模は650万ラックを超え、サーバーは2,000万台を超え、計算力の総規模では世界第2位に占める。今後、業界横断、企業横断、地域横断の強化を図り、伝統産業のデジタル化、ネットワーク化、インテリジェント化への転換をサポートする。また、メタバース、ロボット、量子技術など新興分野を含む未来産業の発展行動計画を策定し、6G技術の研究開発を全面的に推進する。 また、第14期全国人民代表大会（全人代）第1回会議後の定例「部長インタビュー」に登壇したMIIT金壮龍部長は、5Gの構築目標について、2023年に新たに60万の5G基地局を新設し、年内に290万の突破を目指すと明らかにした。 ■ 中国、米に対抗して5億ドルで海底インターネットケーブルを計画 国際ニュース通信社ロイターは、2023年4月6日、ウェブサイトで中国の国有通信会社である中国電信（China Telecom）、中国移動（China Mobile）、中国聯通（China Unicom）は、アジア、中東、ヨーロッパを結ぶ5億米ドルの海底光ファイバーケーブルを開発していると、関係者4名が語ったと伝えた。ヨーロッパ・中東・アジア（EMA）と呼ばれるこのケーブルは、香港と中国の海南省を結び、シンガポールやパキスタン、サウジアラビア、エジプト、フランスに接続する。このシステムは、中国のHMNテクノロジーズが製造・配備する予定である。HMNテクノロジーズは、亨通集団（Hengtong）が2020年に株式の過半数を取得する前は、華為技術（Huawei Technology）が過半数の株式を所有していた。中国政府はケーブル敷設のために亨通集団に補助金を提供し、ケーブルはSea-Me-We 6プロジェクトとほぼ同じ2025年末までにオンライン化される予定である。 2023年2月10日付のフィナンシャルタイムズ紙は、中国の2大通信事業者である中国電信と中国移動が、前年、Sea-Me-We 6海底ケーブルプロジェクトからの合計約20%の投資を取りやめたと報じている。マイクロソフトやオレンジ、テレコム・エジプトで構成されるSea-Me-We 6コンソーシアムは、亨通集団ではなく、米国企業のSubComにシステム構築を依頼したため、中国の国営グループ2社は撤退したと、無名の関係者が同経済紙に語った。しかし、国営の中国聯通は、このプロジェクトに不特定多数の投資をして、引き続き関与している。19,200kmのSea-Me-We 6海底ケーブルシステムは、シンガポールからフランスまで複数の国を結ぶことを目的としており、2025年第1四半期までに完成する予定である。 ■ 通信4社、世界初となる5G国内ネットワーク・ローミング試験サービスを開始 通信事業者大手4社（中国電信、中国移動、中国聯通、中国広電）は、2023年5月17日、新疆ウイグル自治区で世界初の5G国内ネットワーク・ローミング試験サービスを開始したと共同で発表した。5G国内ネットワーク・ローミングとは、ユーザーの所属する通信事業者による5G網のカバーができていないエリアにおいて、他の通信事業者の5G網にアクセスして5Gサービスを継続利用できることを意味する。新疆ウイグル自治区の5Gローミング試験サービスの開始は、産業の高品質な発展を促進する堅実な取組みであり、人々により良いデジタルライフを提供するための具体的実践でもある。 ■ 北京を始め30以上の地方自治体がWeb3.0支援政策を発表 北京市科学技術委員会と中関村行政委員会は、2023年5月27日、「北京市Web3.0イノベーション発展白書（2023年）」を発表した。Web3.0のシステムアーキテクチャ、国内外の発展の現状、北京の発展状況、今後の見通しなどをまとめた。同白書は、Web3.0のアーキテクチャについて、インフラ・レイヤー、インタラクティブ端末レイヤー、プラットフォーム・ツール・レイヤー、アプリケーション・レイヤーの4層に分け、このうち、インフラ・レイヤーはWeb3.0の運用に必須なインフラの提供を保障するものであると指摘した。白書によると、中国の地方政府が積極的に取り組んでおり、30以上の省・市で既に支援政策を発表し、北京市と上海市がWeb3.0産業の発展をリードしている。北京市は、Web3.0の技術革新と産業発展の基礎において、リーダー的な存在であり、現在、コア技術、共通技術プラットフォーム、アプリケーション・シナリオ、イノベーション・エコロジー、規制に関する一連の取り組みを計画的に実施している。

香　港	■スマートーン、アジア初のGSM（2Gサービス）を2022年10月に終了 香港のスマートーンは、2022年8月11日、第2世代移動通信システム（2G）サービスを2022年10月14日に終了すると発表した。この動きは、「近年のモバイルデータ利用の大幅な伸びと、2Gサービスに対する市場の需要の減少に対応するため」である。同社によると、2022年4月現在、2Gの携帯端末やデバイスを使用している顧客数は、同社のモバイル契約総数の0.1%未満に過ぎない。一方、同事業者は、2Gインフラ用に現在配備されている900MHzと1,800MHzの周波数資源を4Gと5Gネットワーク用に再配分する予定である。スマートーンは、英領香港時代の1993年3月に900MHz帯の周波数を使用してGSM方式を商用化し、アジアで最初にGSM方式を商用化した移動体通信事業者となった。2022年10月14日をもって29年以上にわたったGSM方式の運用を終了する。香港ではすでに3（ハチソンテレコム）が2Gを停波している。 ■実名登録が完了していない既存のプリペイドSIMカードは2023年2月24日から使用停止 政府（商務経済発展局）は、2023年2月23日、既存のプリペイドSIMカード（PPSカード）は、同日が登録最終期日であり、実名登録が完了していないPPSカードは、期限後に無効化されると発表した。香港では、蔓延する組織犯罪と欺瞞に取り組むため商務経済発展局が2021年1月に提案した「電気通信（SIMカードの登録）規則」が同年9月に施行され、2022年3月に登録が開始された。電気通信サービスプロバイダーは、政府の要請を受け、未登録のPPSカードの利用者に対し、すでにSMSによる最終通知リマインダーを送付してきた。利用者は、SMSに記載されたハイパーリンクを経由するか、各通信サービスプロバイダーのウェブサイトまたはモバイル・アプリケーションを通じて、当日中に登録を完了することができる。利用者は指示に従って、香港の身分証明書に関する情報（中国語および英語の氏名、生年月日、香港の身分証明書番号、身分証明書のコピーを含む）を提供し、登録を完了する必要がある。 ■ OFCAと電気通信業界が手を組み、海外からの不正電話撲滅のための新たな対策を開始 香港通信監督局（OFCA）は、2023年4月11日、香港外から発信された不審な電話に対する市民の意識を高めるため、同月から香港の携帯電話ネットワーク事業者は、発信者番号の前に「+852」が付いた着信に対して、音声アラートまたはテキストアラートを送信し、携帯電話サービス利用者に香港外からの電話であることを警告するようになったと発表した。このアラートサービスは5月1日以降、すべてのモバイル・サービス・プロバイダーで実施される予定である。「香港外からの電話です。詐欺にご注意ください。」という標準的なアラートメッセージが、“+852”コールの着信を受けた携帯ユーザーに送信される。音声アラートは広東語、普通話、英語で、テキストアラートは英語と中国語で表示される。アラートサービスは携帯電話サービスプロバイダーによって無料で提供される。モバイルサービス利用者は、事前登録やモバイルアプリのインストール、携帯電話の設定変更は必要ない。 ■ 4G・5G周波数帯の再配分、来年入札を実施 通訊事務管理局（OFCA）は、2023年5月2日、第4世代（4G）・第5世代（5G）移動通信システム向け周波数帯の入札を来年に実施すると発表した。対象となる周波数帯は850MHz/900MHzの20MHz幅および2.3GHz帯の90MHz幅。既存のライセンスは2026年5月31日（850MHz/900MHz）と2027年3月29日（2.3GHz）に失効する予定である。新しいライセンスは15年間有効である。最低落札価格を設定し、支払い方法は一括または1年ごとの分割を選べるようにする。
台　湾	■デジタル発展部（省）が発足、トップにオードリー・タン氏が就任 台湾の蔡英文総統は2022年8月27日、デジタル経済の発展や情報セキュリティ強化を担う「デジタル発展部（省）」を発足させた。初代トップには、政務委員（無任所閣僚）として蔡政権のデジタル政策を推進してきた唐鳳（オードリー・タン）氏が就任した。デジタル発展省は今後、政府の関連部門と協力し、情報、電気通信、インターネットなど主要分野を統合して官民のデジタル技術活用を推進。デジタル環境インフラを整備・強化し、企業のDX促進を支援する。唐デジタル発展部長（デジタル発展相）は「全市民のためのデジタル強靱（きょうじん）性」が同省の核心的役割だと強調。社会のデジタル化に伴う情報流出やサイバー攻撃、偽情報といったリスクからの保護を重視する考えを示した。台湾では軍事威嚇を強める中国からのサイバー攻撃や情報戦を仕掛けるフェイクニュースが大幅に増加しており、同省は安全保障面でも大きな役割を担う。唐氏は年内をめどに、省の傘下に情報セキュリティ機関を設置する方針である。

台　湾	■台湾版 CHIPS 法案を閣議決定 半導体や 5G 産業を支援 行政院院会（閣議）は、2022 年 11 月 17 日、「台湾版 CHIPS 法」と呼ばれる先端産業を支援する関連法の改正案を決定した。主な改正内容としては、半導体、5G、電気自動車など分野を優先しつつも特に分野を特定せず、国際サプライチェーンで核心地位にある台湾企業であれば、研究開発費の 25%、先端製造工程を備えた設備購入費の 5%を法人税から控除する（10 条の 2・新設)。期限は 2023 年 1 月 1 日から 2029 年 12 月 31 日まで。ただ、両方の控除額の総額は、当年度法人税の 50%を超えてはならない。ここでいう国際サプライチェーンで核心地位にある台湾企業は、当初 R&D 費用が 100 億台湾元を超える企業と限定したが、その場合、TSMC、MEDIATEK、NOVATEK など一部の大企業しか該当せず、50 億台湾元に調整する予定である。台湾のハイテク産業の地位を維持し、世界のサプライチェーン（供給網）再構築における新たな競争に対応する狙いがある。 ■デジタル発展部、国家安全保障上の懸念で公的機関での TikTok 使用を禁止 中国の動画投稿アプリ「TikTok」に対して国家安全保障上の懸念が指摘される中、数位発展部（デジタル発展省）は 2022 年 12 月 5 日、台湾では公的機関の情報通信設備や管轄区域での TikTok や中国の写真投稿アプリ「小紅書」のダウンロード・使用を禁止していると明らかにした。 ■遠傳電信、エリクソンと共同で 5G スマートパトカーのユースケースを開発 通信大手事業者の遠傳電信は 2023 年 1 月 10 日、エリクソンと共同で 5G SA ネットワーク上でネットワークスライシング技術を活用した、5G スマートパトカーのユースケースを開発したと発表した。高雄市警察の協力の下に実施された同プロジェクトでは、AI とエリクソンのエンドツーエンド 5G ネットワーク・スラインシングを導入し、盗難車のナンバープレートの認識サポートを実施する。アプリケーション及び高解像度撮影デバイスを装備したパトカーが、AI 画像解析ソリューションを活用して盗難被害届け出のあった車両を特定する。 その他、コンサートやサッカーの試合など混雑した公共エリアにおける犯罪の検挙への利用も見込まれている。ネットワークスライシングにより移動中のパトカーから高解像度のリアルタイム画像を指令センターへ送信し、タイムリーな状況認識及び緊急対応が可能となるという。 エリクソンは、同プロジェクトについて、公共分野におけるミッション・クリティカルなアプリケーションにより、アドバンスト 5G を実証した先駆的なユースケースであると強調している。 ■インターネットの自由度、台湾は世界 5 位 アジアではトップ 米国の人権団体「フリーダムハウス」(Freedom House）は 2023 年 1 月 16 日、「2008 年世界自由度報告書」(Freedom in the World 2008）を発表し、2022 年のインターネットの自由度に関する報告書の世界ランキングで、台湾は 5 位だった。アジア太平洋地域では首位。易栄宗・新聞局副局長は、「1997 年より、『フリーダムハウス』は毎年各国の自由度報告を発表し台湾は 5 位だった。アジア太平洋地域では首位。その他のアジア各国と比較して、台湾は上位にランクされ、8 位にランクされている日本と同レベルに相当し、同団体が台湾の民主を高く評価している。同報告書は、世界 70 カ国・地域を対象に、インターネットの自由度を調査した結果をまとめたもので、17 カ国が「自由」、32 カ国が「部分的に自由」、21 カ国が「不自由」と格付けされた。報告書によると世界のインターネットの自由度は 12 年連続で低下しており、特にロシア、ミャンマー、スーダン、リビアの自由度が急激に低下しているという。なお、ランキング最下位は、8 年連続で中国大陸だった。台湾は、英国と並んで 79 点（100 点満点）で、5 位にランクインし、アジアで最もインターネットの自由度が高いとされた。台湾より上位になった 4 カ国は、アイスランド、エストニア、コスタリカ、カナダだった。一方、最下位 5 カ国は、中国、ミャンマー、イラン、キューバ、ベトナムだった。台湾について、同報告書では、産学官民が連携して、サイバー脅威に対する革新的な設計が進められていると評価した。台湾は、発信元が中国大陸にまでさかのぼることができる偽情報が拡散され、混乱をもたらすという問題に直面している。これに対してインスタントメッセージングアプリの「ライン」は、民間団体と提携して、偽情報がプラットフォームに表示されたときに、ユーザーへ通知するためのツールを開発した。ロシアによるウクライナの侵攻開始以来、中華民国（台湾）政府は、中国大陸発の関連する偽情報を確認している。

<table>
<tr>
<td>台　湾</td>
<td>
■通信放送委員会、台湾大哥大と台湾之星、遠傳電信と亞太電信の２件の合併を条件付き承認
台湾の政府機関で電気通信分野などの規制を司る通信放送委員会（NCC）は、2023年1月18日、台湾大哥大（台湾モバイル）と台湾之星（スターテレコム）の合併と、遠傳電信（ファー・イーストーン・テレコム： FET）と亞太電信（APT）の合併という、注目度の高い2つの合併を条件付きで承認することを発表した。通信委員会の承認は、2つの合併後に存続会社となる台湾モバイルとFETの両社が、それぞれの地域の周波数帯域の上限を超えて保有する帯域幅を処分することを条件としている。スターテレコムとの合併により、台湾モバイルは60MHzの1GHz以下の周波数帯を利用することになるが、これは当局が利用可能としている同帯域の総量（150MHz）の3分の1を超える数字である。そのため、10MHzの周波数帯を売却する必要がある。一方、FETはAPTとの合併に伴い、3GHz以下の周波数帯（13MHzの余剰周波数）、3GHz～6GHzの周波数帯（3MHz）、24GHz以上の周波数帯（160MHz）の余剰周波数を手放す必要がある。台湾モバイルとFETは、この余剰周波数を自主的に政府に返還するか、子会社、関連会社、ビジネス・パートナーではない他の事業者に譲渡するか、または他の事業者と交換することができる。両社は2024年6月までに余剰周波数帯を売却しなければならず、そうでなければ最高500万台湾ドル（165,000米ドル）の罰金を科される可能性がある。関係者が合意したその他の条件として、台湾モバイルとFETの両社は2027年までに4Gのカバー率を99％に、5Gのカバー率を98％に引き上げることが求められる。また、両社は今後4年間で総額600億台湾ドルを支出し、拡大後の帯域幅を利用したネットワークインフラを構築することを約束している。一方、両社の合併にはまだ台湾の公正取引委員会（FTC）の承認が必要で、台湾モバイルとFETはそれぞれの提携を最終決定する前に、デジタル部、証券先物局、経済部での行政手続きを完了する必要があることが確認されている。NCCの統計によると、2022年11月現在、契約者数は中華テレコム（中華電信）が約1,100万件で首位。台湾大哥大が約718万件、遠伝が約713万件、台湾之星が約268万件、亜太が約208万件と続いている。

合併後の加入者別3社シェア
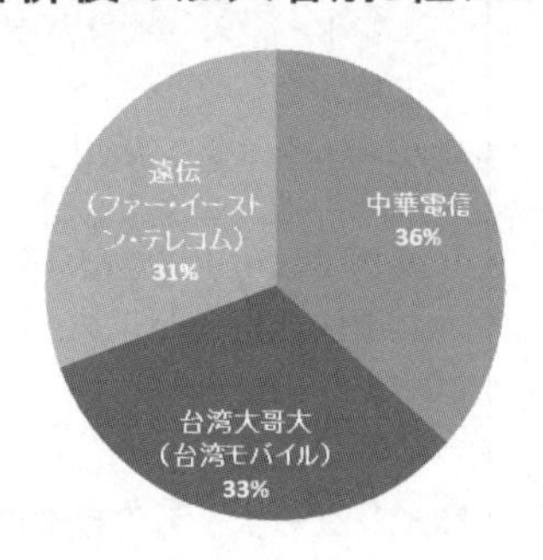

■政府、災害・有事時の通信確保、事業者間ローミングなど推進
2023年4月17日付の日刊紙「聯合報」はデジタル発展部（デジタル発展部、moda）が自然災害やいわゆる台湾有事の際に通信手段を確保するため、通信事業者間の「災害ローミング計画」、低軌道衛星を使った通信確保に向けた概念実証計画を推進する予定であると報じた。2024年から27年までの4年間に60億台湾元（約260億円）を投入する見通しである。災害ローミング計画は自然災害や台湾有事に際し、ユーザーが利用している通信事業者に障害が生じた場合、他の通信事業者の基地局で通信を可能にする。具体的には通信事業者各社とは独立した契約者支援データバンクの構築、移動通信キャリアによる設備拡充などが必要となる。また、離島との海底通信ケーブルが寸断されると、安全保障上大きな影響が生じるほか、離島住民に不安をもたらすことから、低軌道衛星など非静止軌道通信衛星を使い、通信を確保するための概念実証計画に5億3,800万元の補助を行う。同計画では少なくとも台湾各地に700カ所、域外に3カ所の衛星通信施設を設け、離島や遠隔地に基地局70カ所を整備する内容となっている。
</td>
</tr>
<tr>
<td>韓　国</td>
<td>
■自動車運転免許証スマホ搭載、2022年7月末から本格サービス開始
2022年7月28日から全国の運転免許試験場（27か所）と警察署（258か所）で自動車運転免許スマホ搭載（通称モバイル運転免許）の本格サービスが開始された。モバイル運転免許証はプラスチックカードと同一の効力を持ち、オンライン・オフラインを問わずカード免許が利用されるシーンのすべてで利用が可能となる。本格サービスに先駆けて、同年1月からの6か月間にソウル西部と大田市の運転免許試験場限定で先行的にモバイル運転免許を発行する試験サービス期間を設けた。この間に8万7,000人にモバイル運転免許が発行されている。
セキュリティ確保のため、モバイル運転免許の発行は本人名義の端末1台に限定。また、モバイル運転免許の発行は免許試験場か警察を訪問し、本人確認を経るプロセスが必要となる。韓国では国家DX戦略の一環として身分証のスマホ搭載が進められている。行政安全部は国家有功者証に引き続き、全国民対象に住民登録証等もモバイル身分証にしていく計画を明らかにしている。
</td>
</tr>
</table>

韓　国

■政府、最新デジタル技術を活用し職場・生活・災害の３分野の安全を強化する方針を発表

科学技術情報通信部、行政安全部、雇用労働部、産業通商資源部の関係省庁は共同で、2022年8月18日、「デジタル基盤国民安全強化方案」を発表した。政府が職場・生活・災害の国民安全三大分野で5GやAI等の最新デジタル技術の積極活用に乗り出す意向である。発表された方針案によると、職場安全の製造･物流分野では､挟まれ事故防止のため即時電源を遮断する5G特化網(ローカル5Gに相当）活用安全サービス（安山市半月公団)、積載作業無人化や遠隔化の実証を進める。サービス業分野でコールセンター相談員等心的ストレスが多い現場では精神衛生管理のため、メタバース基盤デジタル治療を開発する。

都市・生活安全分野では屋内外緊急事態救助時間短縮システムを構築する。GPSが届かない屋内緊急事態では正確な救助位置を迅速に把握するために基地局、Wi-Fi、Bluetooth等の多様な信号を活用する屋内精密測位構築、高度化を進める。安全死角地帯解消に向けて、高齢者や患者見守り用に70GHz帯周波数を供給する。

基盤技術については中長期技術開発ロードマップを今後作成し、標準化や規制改善等を議論する官民協議体も運営する計画。一部の事業は今年から実証事業に着手し、総額2,000億～2,500億ウォン（約200億～約250億円）規模の予算を投入する計画である。

■KTと現代自動車、資本提携を含む戦略提携締結

総合通信最大手KTと現代自動車グループが、6G自律走行技術・衛星通信基盤未来航空モビリティ通信網共同研究を含む次世代通信インフラとICT分野での包括的な業務提携と資本提携を2022年9月7日に発表した。両社は未来技術の共同研究のほか、5G活用コネクティッドカー、セキュリティ通信モジュール技術における協業でも事業提携領域を多角化する。デジタルプラットフォーム企業を目指すKTはこれまでに、新韓金融、CJとの戦略提携を通じて金融・メディア分野での協力範囲を拡大してきた。KTと現代自動車グループは、空飛ぶタクシーや自律走行分野で予てから協力関係にあり、今回の提携でモビリティ分野でも拡大基盤をさらに固めることになる。資本提携については､現代自動車（1%)･現代モービス（1.5%）とKT（7.7%）で株式交換をする。米国、日本、中国、ドイツなど世界的にもグローバル自動車企業と通信キャリアの提携が活発化する趨勢にあり、韓国での今回の動きもこの流れに沿ったものである。両社は特に、自律走行車両に最適化された6G通信規格を共同開発し、先行者利益追求を模索する方針である。

■尹錫悦政権、国家デジタル戦略発表

尹錫悦政権の国家デジタル戦略として、科学技術情報通信部は2022年9月28日、2027年に名実ともにデジタル強国としての地位を固める「大韓民国デジタル戦略」を発表。戦略は五つの推進戦略と19の細部課題で構成し、世界ランキングでAI三大強国、デジタル競争力3位、デジタル基盤1位を目指す。重点強化分野として2023年からAI、AI半導体、5G/6G、量子、拡張仮想世界､サイバーセキュリティの6分野の研究開発に集中投資する。5G/6Gについては､5G全国ネットワークを2024年に完成し、2026年から6G標準特許で先行、2026年に世界初の6Gプレサービスのデモンストレーション推進を掲げる。デジタルプラットフォーム産業育成策では、国産OTTコンテンツ基金の拡大、2022年から進めている10種の拡張仮想世界発掘事業推進と同時に倫理原則策定等を盛り込む。

デジタル戦略を支える法整備も進められ、仮称デジタル社会基本法、AI基本法、メタバース特別法等の制定を進める方針。李明博政権ではグリーン経済、朴槿恵政権では創造経済、文在寅政権では韓国版ニューディールのキャッチフレーズを掲げてきた。尹錫悦政権では経済の中心にデジタルを据えた。

■KT、国内初の空飛ぶタクシー専用5G航空ネットワーク構築

最大手通信事業者KTは、2022年10月8日、国内キャリアとして初めて空飛ぶタクシー（韓国型都心航空モビリティ：UAM）専用の5G航空ネットワーク構築を完了し、性能検証を終えたと発表した。今回構築したネットワークは2023年に実施する政府（国土交通部）実証事業の第一段階で活用する。ネットワークにはKTが開発した3次元カバレッジ最適設計技術とネットワークスライス技術を導入した。これによりUAM運行高度の300 － 600mで安定的な5Gサービスを提供する。5G航空ネットワークはKTのコンソーシアムメンバーをはじめ、UAM開発にかかわる中小機体メーカー運行事業者にも提供する方針。韓国では2025年のUAM商用化を計画しており、主要通信キャリア3社がそれぞれコンソーシアムに所属して準備を進めている。

<table>
<tr>
<td>韓　国</td>
<td>
■政府、「5G 投資の約束を破った」として携帯3社の28ギガ帯の5G周波数の割当取り消し
韓国の科学技術情報通信部（省）（MSIT）は2022年11月18日、5世代（5G）通信の28ギガヘルツ（GHz）基地局を構築するための条件が守れなかったとして、通信社の「KT」と「LGユープラス」に対して周波数の割当を取り消すことにした。5G周波数割当条件の履行可否を点検した結果、28ギガヘルツ帯域基地局の設置条件を履行しなかった通信3社に対して、ペナルティーをくだした。SKテレコムは利用期間の10%（6カ月）短縮、KTとLGユープラスには割当取り消し処分をそれぞれ通知した。韓国政府が通信社の周波数割当を取り消すことは初めてのこと。2018年に行われたオークションで、3.5GHz帯の周波数割り当てと並んで28GHz帯の周波数を3社が確保したことで、すべてのコンセッションには、3年以内に後者帯を使用する基地局を少なくとも22,500台、前者帯を使用する基地局を15,000台建設することが条件とされていた。しかし、MSITは今回、3社のネットワークを検査した結果、3.5GHz帯の建設目標は達成されたものの、28GHz帯の要件には大きく及ばないと判断した。また、利用期間が6カ月短縮の処分とされ2023年5月末に使用期間終了を迎えることになったSKテレコムも、2023年5月中旬に、科学技術情報通信部から5月末に割当取り消し処分となる旨の事前通知をを受領した。これにより、韓国のモバイルキャリア3社はすべてミリ波帯を手放すことになった。

■政府、次世代ネットワーク発展戦略発表、6G・OpenRAN・衛星技術力を強化へ
科学技術情報通信部は、2023年2月20日に「大韓民国デジタル戦略」を受けた次世代ネットワーク発展戦略として「K-Network2030戦略」を発表した。政府は①世界最高の6G技術力確保、②ソフトウェア基盤ネットワーク革新、③ネットワーク供給網強化の三つの目標達成に向けた政策課題を進める次世代ネットワーク革新関連戦略では6Gの国際特許シェア30%以上の確保を目指す。2026年には主要国の業界関係者や大臣級政府関係者を招いて6Gの研究成果のデモンストレーションイベント「Pre-6G fest」を開催する。低軌道衛星通信の競争力強化に向けて試験網構築等を進め、2027年には低軌道通信衛星試験打ち上げを予定する。強靭で安全なネットワーク基盤強化対策では、新築建築物への光ケーブル構築全面化（2023年6月～）、Wi-Fi6E拡大と2024年中のWi-Fi7高度化を進める。トラフィック増に備えバックボーン網伝送速度を2030年までに4倍に増やし、海底ケーブル容量増設等を進める。ネットワーク低電力化に向けて、携帯基地局にAI半導体及びAI基盤電力最適化システムを導入する。産業エコシステムの競争力強化対策として、OpenRAN機器産業の成長エコシステム整備を計画する。OpenRAN中核機器と部品開発支援にも乗り出す。OpenRAN国際標準化と商業化促進に向けた官民連合体も年内に立ち上げ、国内企業支援のためのOpenRAN国際認証体系（K-OTIC）も構築予定である。

■政府、メタバースエコシステム活性化に向けた政府規制革新方策発表
科学技術情報通信部は、2023年3月2日に開催された第3次規制革新戦略会議で、「メタバースエコシステム活性化に向けた先制的規制革新方案」をまとめた。韓国では次世代プラットフォームとして生活や産業等多様な分野へのメタバース導入を進め、政策で関連産業の積極支援を図る。
メタバースには新産業の特性を考慮して民間中心の自主規制、最小規制、先制的規制革新の三つの基本原則を適用した。分野別の規制改善課題を発掘し、①既存規制緩和、②規律空白解消、③解釈柔軟化、④支援根拠整備の4類型の規制改善方向を示した。このような考えに基づき、分野横断で共通に適用する15課題と、エンタメ・文化・教育・交通等分野別に適用する15課題の計30の規制改善課題を確定した。規制革新の具体策として、関連産業振興目的のメタバース法制定、メタバース活用生涯教育施設基準緩和、仮想商品取引秩序確立に向けた関連制度改善、体感型融合コンテンツ創作・共有に向けた著作物利用活性化、警察業務でのAR使用可能条件整備、アバターへのセクハラ関連制度整備、メタバース内の個人情報保護原則及び処理基準明確化、車両内でメタバース環境構築に向けた技術基準新設等を進める。
韓国では同年初めにソウル市が世界初の自治体本格的メタバースを開設している。分野別メタバースプラットフォーム整備と並行し、前年からメタバースをめぐる倫理・法規制整備に向けた動きが本格化している。
</td>
</tr>
</table>

<table>
<tr>
<td>韓　国</td>
<td>
■政府、デジタル時代に合わせて「個人情報保護法」全面改正
個別情報主体の意志でデータ活用を決定する「マイデータ」サービスを全分野に拡大する「個人情報保護法」全面改正案が2023年3月7日に国務会議で議決された。マイデータはこれまで金融・公共の一部分野のみで制限的に運用されてきた。まず、今回の法改正で、自分の個人情報を保有する機関や企業に、情報を他機関に移すことを要請できる「個人情報伝送要求権」の一般法的根拠を新設。移動型の映像情報処理機器が搭載された自律走行車やドローン、出前ロボット等が安全に運行されるように合理的な基準も設けた。オンラインとオフラインで二元化されてきた規制体験を改変し、同一行為には同一規制が適用されるようにした。また、デジタル時代に対応する国民の積極的権利強化を図るため、これまで情報主体の「同意」に過度に依存してきた個人情報処理慣行を、相互契約等合理的に予想できる範囲内では同意なしで個人情報収集と利用ができるように整備した。AI活用で自動化された決定が採用面接や福祉受給者選定のような重大な影響を及ぼす場合は、これについて拒否や説明を求められる権利を新設した。さらに、グローバルスタンダードに合わせるため、個人情報の国外移転、課徴金制度等も整備した。これまで国外移転に際しては同意を必要としたが、この他に契約・認証・適正性決定等で要件を多様化した。ただし、移転先国家が個人情報を適切に保護していないとみなされる場合は国外移転中止を命じる根拠も整備した。
改正個人情報保護法は2023年3月14日に公布され、9月15日に施行される。
■政府、デジタル分野海外進出及び輸出活性化戦略発表
科学技術情報通信部は、2023年6月5日、「デジタル分野海外進出及び輸出活性化戦略」を関係省庁共同で発表した。戦略は次の三部分で構成される。
①ソフトウェア/ICTサービス等の輸出品目多弁化
②新興ターゲット国対象の輸出市場開拓
③デジタル革新企業の輸出競争力強化
一つ目の戦略では、成長性の高いAIサービス、OTT、メタバース、ブロックチェーン等の戦略品目に特化した支援を進める。OTTプラットフォーム企業海外進出促進のため、次年はコンテンツ制作支援金拡大、プラットフォーム・コンテンツ・スマートTV連携型同時進出拡大、グローバルファンド設立等を進める。移動通信ネットワーク装備、部品、AI半導体等のICTサービス・部品輸出競争力強化策としてOpenRAN等の国際共同研究等を支援する。二つ目の戦略では、UAE、サウジアラビア、ASEAN、中南米市場をターゲット市場に設定し、第1弾として6月前半に、インドネシア、シンガポール、ベトナムに官民合同デジタル輸出開拓団を派遣した。インドネシアではヘルスケア、コンテンツ分野で13件の輸出契約とMoUを締結するなどさっそく成果をあげている。三つ目の戦略では、革新的企業の海外進出を全ライフサイクルで支援する体系を整備する。そのため、コンサルやマッチング、合弁設立等を支援する独立専門機関が近日中に立ち上げられる。
■政府・IPTV・企業銀行、デジタルメディア・コンテンツ活性化などに向けて5,000億ウォン投資
科学技術情報通信部は、2023年6月15日、「デジタルメディア・コンテンツ投資活性化及び金融支援拡大方案（以下、活性化方案）」を発表した。同時にIBK企業銀行、IPTV事業者3社、政府系機関とのMoU締結も発表した。今回の動きは2022年11月に政府が発表した「デジタルメディア・コンテンツ産業革新及びグローバル戦略」を受けたものである。活性化方案ではコンテンツ制作費急増対策・IP確保・海外展開に向けた資金ニーズに対応し競争力強化を図る。そのために、政府は投資を持続的に拡大する一方、政策金融機関と産業界、さらには海外まで投資と金融支援の外縁を拡大する。支援金額規模は約5,000億ウォン（約500億円）で、内訳は次のとおり。
<ul>
<li>政府：約1,000億ウォンの新規ファンド設定</li>
<li>政策金融機関：約800億ウォンの投資及び貸付</li>
<li>産業界：約3,400億ウォンの投資誘導</li>
<li>海外：グローバル投資資本誘致努力</li>
</ul>
</td>
</tr>
</table>

<table>
<tr>
<td>インド</td>
<td>

■ DoT、インド初の周波数リースのガイドライン発表

インド電気通信省（DoT）は、2022年6月27日、通信事業者が企業に周波数をリースする際のガイドラインを発表した。周波数リースに関するガイドラインとしてはインド初となる。

リースされた帯域は、「キャプティブ非公共ネットワーク（Captive Non-Public Network：CNPN）」として、専用の通信網の構築に使われる。DoTは、これにより、人工知能（AI）、ロボティクス、IoT、M2M、モバイルエッジコンピューティング等のインダストリー4.0に向けた技術の導入を促したい考え。

ガイドラインのその他の主な内容は以下のとおり。

- 企業は、1社以上の通信事業者から、相互に合意した条件で周波数を取得可能。
- 通信事業者と企業の双方が、公共ネットワークや他の周波数帯ユーザーに干渉を与えないことを保証する。
- 通信事業者は、契約締結後15日以内に、周波数帯の詳細、各帯域の周波数量、期間、地理的範囲、地理座標等の情報をDoTに提出する。
- 企業は、周波数割当に関する常設諮問委員会（Standing Advisory Committee on Frequency Allocation：SACFA）からオンラインで認可と輸入証明書を取得する。
- 通信事業者が周波数帯のリースを通じて得た収入は、その総収入の一部を構成する。

■ DoT、5G向け周波数帯のオークションを実施、既存３社に加え新規にアダニ社が落札

電気通信省（DoT）は、2022年7月26日、5G向け周波数の入札を開始し、8月1日に終了した。DoTは、8月2日に5G向け周波数の割当に係る落札結果を発表した。インドでは22のテレコムサークルを単位として周波数の免許を付与する。行政区画は8の連邦直轄領と28の州で構成し、合計で36の行政区画となるが、テレコムサークルと行政区画は異なっている。インドでは5G周波数帯のオークションが終了し、リライアンス・ジオ（Reliance Jio Infocomm）、バルティ・エアテル、ボーダフォンアイデア、アダニデータネットワークス（Adani Data Networks）の4社が700MHz、800MHz、1,800MHz、2,100MHz、3.5GHz、26GHz帯の周波数を対象に合計1兆5千億ルピー（1,897億米ドル）で入札を実施した。モバイル市場のリーダーであるジオとエアテルは、保有する4G周波数帯を強化し、それぞれの5Gサービス開始に備えるために多額の資金を投じた。資金難のViは一部の市場でより控えめに5G電波を応札し、新規参入のAdaniは一部の市場で5G周波数を取得した。注目すべきは、電気通信省（DoT）が700MHz帯の周波数帯を売却したことである。過去2回、同帯域の周波数帯を売却しようと試みたが、政府が設定した高い準備価格のために失敗した。しかし、サブGHz帯の価格は、ほとんどの入札参加者にとってまだ高い設定となっており、最終的にJioだけが周波数を落札し、全国で2 × 10MHzを確保した。ジオのオークションでの支出総額は8,808億インドルピーで、その半分近く（3,640億インドルピー）は汎インド的な700MHzの購入によるものであった。ジオは700MHz帯のほか、3.5GHz帯と26GHz帯の汎インドの周波数帯、さらに4つのサークルで800MHz、6つのサークルで1,800MHzの電波を取得した。インド全土で利用できる周波数を中心に5Gを整備する見込みである。5Gの無線方式としてNR方式を導入する。ジオは、2022年7月時点で加入件数は4億1,600万件に達しており、インドでは唯一の4億件超で、シェアは36.23%まで上昇した。加入件数を基準にReliance Jio Infocommがインドで最大の移動体通信事業者となっている。一方、エアテルは、900MHz（3サークル）、1,800MHz（6サークル）、2,100MHz（6サークル）ブロックに加え、汎インドの3.5GHzおよび26GHz周波数に総額4,308億インドルピーを費やした。2022年7月時点でエアテルの加入件数は約3億6,000万件で、インドではシェアが31.66%である。加入件数を基準としてインドで2番目の規模の移動体通信事業者となっている。ボーダフォンアイデア（Vi）は、17サークルで3.5GHz帯、16サークルで26GHz帯の5G周波数帯を購入し、総額は1,878億インドルピーに上った。また、Viは3つのサークルで4G周波数を追加取得した。インド全土で共通して利用できる周波数は取得していないため、地域によって5Gの整備で活用する主力の周波数が異なることになる。5Gの無線方式はNR方式を導入する。2022年7月時点でVodafone Ideaの加入件数は約2億5,500万件で、シェアは22.22%である。加入件数を基準としてインドで3番目の規模の移動体通信事業者となっている。最後に、アダニは、アンドラ・プラデシュ、グジャラート、カルナータカ、ムンバイ、ラジャスタン、タミル・ナードゥの6つのサークルで26GHzのライセンスを取得し、合計21億インドルピーを支払った。アダニは、移動体通信事業者ではない事業体としては唯一の5G向け周波数を取得した事業体となった。5G向け周波数は22のテレコムサークルのうち6のテレコムサークルに限定して取得したため、5Gの整備も限定的となる。ローカル5Gと類似した用途で5Gを活用することになる。

</td>
</tr>
</table>

<table>
<tr>
<td>インド</td>
<td>

■政府、BSNL と BBNL の合併を承認

インド政府は、2022 年 7 月 27 日、閣議において、BBNL（Bharat Broadband Network Limited）を国営通信事業者 BSNL（バーラト・サンチャル・ニガム、Bharat Sanchar Nigam Limited）に合併することを承認した。BBNL は、政府の全国ファイバーネットワーク（通称 BharatNet）を管理・運営するために設立された特別目的会社で、現在 580,491km に及び 18 万 5 千以上のグラムパンチャ（GP、村レベルの行政区画）を接続している BBNL のネットワークの利用率を向上させ、両社のコストを削減する相乗効果が期待できるとして、2022 年初めに両社の合併が提案された。今般、両者の合併が承認されたことにより、BSNL は、現在有している 6.83 万キロメートルの光ファイバーケーブルネットワークにユニバーサルサービス義務基金（USOF）を利用して全国の 185 万村のパンチャヤットに敷設された光ファイバー 5.67 キロメートルが追加されることになる。さらに、BSNL に対する①サービスおよびその質の向上、② BSNL のバランスシートの改善③ BSNL 光ファイバー網の拡充のために、1,64,156 クローネのリバイバルパッケージ資金の投入も発表された。合併後の BSNL は政府の執行機関として機能し、資産の所有権は政府に帰属することになる。200 人以下の BBNL の従業員数は BSNL に転籍される。

■ DoT、5G 展開を加速させるために RoW 規則を改正

電気通信省（DoT）は、5G ネットワークの構築を加速させる目的で、2022 年 8 月 25 日、Right of Way（RoW）に関する規則を改正した。この改正では、ストリートファニチャー（電柱・道路標識・ごみ箱など街路に設置される公共物）の使用、スモールセルや電話回線の設置に関する条件や料金を定めた新しい規則を導入した。免許所有者が、ストリートファニチャーにスモールセルを配備する場合、農村部では年間 150 ルピー、都市部では年間 300 ルピーを支払うだけで済むことになった。また、より高速な光ファイバー化のために、道路インフラを利用して地上に光ファイバーを敷設する場合、政府は年間 100 ルピーを徴収する。さらに、今回の改正で、「電柱」と「移動式電波塔」の区別を明確にした。私有地に通信インフラを設置する場合、事前に書面で通知し、モバイルタワーやポールが設置される建物の構造上の安全性を証明する構造エンジニアの証明書があれば、当局の許可を必要としないことを定めた。今回の改正では、すべての RoW 申請を DoT のポータルサイト経由で行うことを義務付けるとともに、RoW に関連する事務手数料を調整するなど、現行規則の要素を明確化した。RoW の中央ポータルの導入により、ルールが完全に実施された地域での申請に対する承認時間が、2019 年の 435 日から 2022 年 7 月には 16 日へと大幅に短縮されたことを指摘した。

■ DoT、「2022 年電気通信法」草案を発表

電気通信省（DoT）は、2022 年 9 月 21 日、2022 年インド電気通信法案の草案を発表した。新法が成立すれば、電気通信業界の主要な法律である 1885 年インド電信法（Indian Telegraph Act, 1885）と 1933 年インド無線電信法（Indian Wireless Telegraphy Act, 1933）が廃止され、新法は電気通信業界の包括的な規制構造となる。草案には以下の規定が含まれている。

- 電気通信サービスの定義の拡大。OTT、衛星通信、インターネットおよびブロードバンド、機内および海上接続サービス等を含む
- M&A 枠組みの簡素化。DoT への通知のみとする
- 公共の利益のためのオークションと行政手続きによる周波数割当
- 企業が倒産した場合、周波数は政府の管理下に戻る
- 消費者利益と公正競争の確保のため、企業の手数料、料金、罰金の一部または全額を免除
- 戦争または国家安全保障上、政府はあらゆる電気通信サービスの一部または全部の管理・運営を引き継ぎ、またはその運営を停止し、または政府のいかなる機関にもその運営を委託することが可能
- 政府はあらゆる通信の停止が可能

■ DoT、携帯電話機の識別番号の登録を義務付け

電気通信省（DoT）は、2022 年 9 月 26 日付けの通達で、2023 年 1 月 1 日より、インド国内での販売前にすべての携帯電話の IMEI 番号の登録を偽造・紛失防止ポータルで義務付けることにした。2022 年の「モバイル機器識別番号の改ざん防止（改正）規則」に基づいて発出されたこの通達によると、国産・輸入を問わず、すべての携帯電話は DoT が運営するインド模倣品対策ポータルから IMEI（（International mobile equipment identity number：）国際携帯機器識別番号）の登録と証明書の取得が必要になる。すべての携帯電話には、端末の固有 ID として 15 桁の IMEI 番号が付与される。製造者は、インドで製造されたすべての携帯電話の国際携帯機器識別番号を、携帯電話の最初の販売前に、インド政府電気通信省のインド模倣品規制ウェブサイトに登録しなければならなくなった。

</td>
</tr>
</table>

<table>
<tr>
<td>インド</td>
<td>

■バルティ・エアテルが8都市でインド初の5Gサービスを開始、ジオも控えめに5Gベータ版を4都市で開始

モディ首相は、2022年10月1日、第6回インドモバイルコングレス（IMC2022）で5Gサービスの開始を発表した。IMC2022は電気通信省（DoT）とインド携帯電話事業者協会（COAI）の共同で開催した。教育、健康、労働者の安全、スマート農業等の5Gユースケースの他、政府傘下のテレマティクス開発センター（C-DoT）が開発したインド独自の5G NSAコアネットワークも発表された。5G NSAコアはチャンディーガルのBSNLネットワークに設置されており、C-DoTのパートナーであるVVDN社とWiSig社が5G無線装置を開発、エンドツーエンドのソリューションを提供する。インドの5Gで期待される分野は、医療、教育、農業、公共ネットワーク等。首相は、中央省庁、州政府、民間企業に対し、市民サービスの向上、雇用機会の促進、生産性と効率性の向上のために、さまざまな5Gのユースケースを活用するよう促した。首相が提唱する「自立したインド」「研究開発促進」「全国民の支援と信頼」ビジョンに沿ったものである。インドで初の5Gサービス提供事業者となったのはバルティ・エアテルで、同日にデリー、ムンバイ、バラナシ、バンガロール、チェンナイ、ハイデラバード、ナグプール、シリグリの8都市で5Gサービスを開始した。5Gの無線方式としてNR方式を導入している。2023年3月までに主要都市に5Gを拡大し、2024年3月までに全国で利用できるようにする計画である。一方、リライアンス・ジオは10月5日にデリー、ムンバイ、コルカタ、バラナシの4都市で「トゥルー5G」サービスのベータ版テストを開始した。Airtelのネットワークとは対照的に、ジオのシステムはスタンドアロン（SA）アーキテクチャを採用している。10月末に5Gの商用サービスを開始し、2023年末までに全国展開を終える予定である。一方、Viは、さまざまな資金調達やベンダーやインフラ事業者との交渉が完了するのを待っているとみられる。ボーダフォンアイデア（Vi）は、5Gの開始時期については明らかにしなかった。国営事業者BSNL（Bharat Sanchar Nigam Limited）が今後6ヶ月以内に200都市で5Gを展開し、早ければ2023年8月にサービスを開始することを目指している。BSNLは2年以内に80%から90%のカバレッジを目標としている。また、インド政府は全国に100の5Gラボを設立する予定である。

■アダニデータネットワークス社が統一電気通信免許を取得

アダニデータネットァークス（Adani Data Network）は、2022年10月10日、アンドラ・プラデシュ、グジャラート、カルナータカ、ラジャスタン、タミル・ナードゥ、ムンバイの6サークルにおいて、電気通信省（DoT）から統一ライセンスを取得した。このライセンス取得により、ネットワーク上で長距離通話を行い、インターネットサービスを提供することができるようになった。しかし、同社は小売通信サービスを提供するつもりはなく、プライベートな5Gネットワークを構築するために5G周波数を購入したことを明らかにした。アダニは、先の5G周波数オークションで、26GHzミリ波帯の周波数400MHzを20年間使用する権利の落札に成功していた。

■ジオグループ、衛星通信サービスの免許を取得

リライアンス・ジオの傘下であるジオ衛星通信（Jio Satellite Communications）は、2022年10月11日、国内で衛星通信サービスを提供するためのGMPCS（ Global Mobile Personal Communication by Satellite）ライセンスを電気通信省（DoT）から取得した。ジオ衛星通信は、バルティグループが支援するワンウェブ（OneWeb）に次いで、政府からGMPCSライセンスを取得した2社目となった。GMPCSライセンスは政府から20年間発行され、企業はライセンスされたサービスエリアで衛星通信サービスを提供することができる。

■固定電話契約数、民間のジオが初の首位に

TRAIが2022年10月18日に公表した統計によると、民間の通信事業者リライアンス・ジオ（Reliance Jio）が8月に国営のBSNLを抜いて、契約者数で国内最大の固定回線サービス事業者となった。民間事業者が有線部門でNo.1の地位を獲得したのは、同国の通信サービス開始以来のことである。BSNLは過去22年間、有線サービスを提供してきたのに対し、ジオは3年前に有線サービスの提供を開始した。国内の有線加入者数は、7月の2.56億人から8月には2.59億人へと増加した。新規契約者の増加は民間部門が独占しており、ジオが26万2千件、バルティ・エアテルが11万9千件、ボーダフォンアイデア（Vi）4,202件、タタテレサービス3,769件と新規顧客が増加した。国営通信会社BSNLとMTNLは8月にそれぞれ15,734人と13,395人の有線顧客を喪失した。

</td>
</tr>
</table>

インド	■ DoT、国家周波数割当計画 2022 を他の手続き改革とともに発表 電気通信省（DoT）は、2022 年 10 月 26 日、「国家周波数割当計画（National Frequency Allocation Plan:　NFAP）-2022」を発表した。NFAP-2022 は、DoT、宇宙局（DoS）、国防省、情報･放送（I&B）省など、国内のあらゆる機関による将来の周波数利用を定義する中央政策ロードマップである。この文書では、1GHz 未満、1 ～ 6GHz 間、6GHz 以上の 3 つの電波セグメントすべてにおいて、5G を実現するために約 17GHz の新たな追加周波数が解放されている。衛星通信（satcom）サービスに関する一連の新しい政策改革は、手続きの緩和と認可の合理化により、全国、特に遠隔地における衛星通信サービスの展開を促進することを目的としている。 ■バルティ・エアテル、1 ヶ月で 100 万の 5G 利用者数を達成 バルティ・エアテルは、2022 年 11 月 2 日、5G のユニークユーザー数が 100 万人を突破したと発表した。商用開始から 30 日足らずでこのマイルストーンを達成した。エアテルは、2024 年 3 月までに 5G サービスを全国展開する予定である。インド通信規制庁によると、2022 年 8 月時点で、エアテルの携帯電話ユーザー数は 3 億 6,380 万人と、インド全体では 2 番目の規模となっている。 ■スターリンク、衛星免許を申請 インドの経済紙エコノミックタイムズ紙は、2022 年 10 月 12 日、関係者の話として、低地球軌道（LEO）衛星ブロードバンドプロバイダーのスターリンクは、電気通信省（DoT）に衛星サービスによるグローバル移動通信（GMPCS）ライセンスを申請したと伝えた。この認可はインドで商業衛星ブロードバンドサービスを開始するための第一歩となる。DoT の関係者は、スターリンクがサービス提供を開始する前に宇宙局からの認可と周波数権も必要であることを付け加えている。今回の申請により、スターリンクは DoT に衛星ブロードバンドの許可を申請した 3 社目となる。すでに、エアテル系のワンウェブ（OneWeb）とジオ・サテライト・コミュニケーションズ（Jio Satellite Communications）が認可手続きを開始している。 ■ TRAI、鉄道用途として NCRTC に 700MHz の割り当てを推奨 インド電気通信規制庁（TRAI）は、2022 年 12 月 28 日、700MHz 帯の周波数帯のうち 5MHz を、信号および列車制御操作に関連するミッションクリティカルな安全アプリケーションの運用のために、首都圏地域交通公社（NCRTC）に割り当てるよう勧告した。この電波は、同社が建設中の地域高速輸送システム（RRTS）コリドー（地域ノードを結ぶ一連の準高速・大容量鉄道路線）をカバーするために使用される予定である。TRAI の勧告により、インド政府とハリヤナ、ラジャスタン、ウッタルプラデシュ、デリーの各州の合弁会社である NCRTC は、2022 年 8 月の入札に基づくオークション決定価格の 50%に基づく価格で、行政ルートによる電波の 10 年ライセンスを発行されることになる。 ■エアテル、5G の加入者が 1 千万を超える バルティ・エアテルは、2023 年 2 月 27 日、自社のネットワーク上に 1,000 万人以上のユニークな 5G ユーザーが存在すると公表した。エアテルは 2022 年 10 月に 5G サービスのシステムを起動し、次月、商用開始後 30 日間でネットワーク上のユニークユーザーが 100 万人を超えた。カバレッジの面では、エアテルの 5G ネットワークは現在すべての州に存在しており、プロバイダーは、2024 年 3 月末までにすべての町と主要な農村地域をカバーする予定である。 ■ DoT、50 万世帯の農村部で FTTH 接続を提供する BSNL のパイロットプロジェクトを拡大へ 電気通信省（DoT）は、利用者からの強い要望を受け、BSNL による農村部での FTTH（Fiber To The Home）ブロードバンド接続提供のパイロットプロジェクトを 50 万世帯に拡大する予定であると 2023 年 3 月 16 日付のインドの経済紙 Economic Times 紙が報じた。この計画は、2022 年 10 月に農村部の 10 万世帯に有線ブロードバンド接続を提供するために開始されたが、需要が高いため、すでに 20 万世帯近くの接続がこの制度の下で提供されている。DoT はこのプロジェクトを 50 万接続に拡大する意向である。BSNL の FTTH 接続は、BharatNet ファイバーが展開されている地域で提供される予定である。これまでに、198,408 の村が BharatNet プロジェクトを通じて接続され、613,868km の光ファイバーケーブルが敷設されている。

インド	■米国コンサルティンググループ、インドでデジタル決済が急成長し世界の最先端へ成長するという報告書を発表 米国のボストン コンサルティング グループはインドの大手デジタル決済企業であるフォーンペ（PhonePe）と共同で、2023年3月11日、「インドにおけるデジタル決済」と題するレポートを発表した。報告書によると、インドのデジタル決済は、過去5年間で驚異的な成長を遂げた。インドのデジタル決済市場は変曲点にあり、現在の3兆米ドルから2026年までに3倍以上の10兆米ドルに増加すると予想される。この前例のない成長の結果、2026年までにデジタル決済（非現金）が決済取引の3件中2件を占めるようになる。多様なサービスを提供する複数の新規事業者の参入により、デジタル決済のエコシステム（特定業界の利益構造）が発展的に組み替えられ、デジタル決済の導入が大規模に進んでいる。世界およびインドの金融大手IT企業は、QRコードベースの大規模な加盟店ネットワークの構築や、ユーザーフレンドリーなインターフェース、革新的な製品、オープンなAPIエコシステムに支えられ、エンドユーザーの間でインドにおけるUPI普及の主要な推進役となっている。即時決済システムの普及に欠かせないのが個人に固有の識別番号である。 このIDを持つことによってインドでは銀行口座を簡単に開くことができるようになった。そして、即時決済のプラットフォームとして基礎的な役割を果たしているのが、インドの中央銀行が主導し、非営利団体が運営するUPI（Unified Payments Interface）である。数百の銀行と数十のモバイル決済アプリのサービスを、取引手数料なしで提供している。2023年1月には、UPIで約2,000億米ドル（約27兆円）相当の約80億件の取引が行われた。 2023年3月1日付のニューヨークタイムズ紙も、インドの広大な国内に広がった小さなQRコードを使った即時決済システムがインドの商業に革命をもたらしていると報じている。同紙によると、2022年にインドで行われた即時デジタル取引の金額は、米国、英国、ドイツ、フランスの合計の4倍以上に上った。 ■TRAI、「ビジネスのしやすさ（EoDB）」に関する一連の勧告を発表 インド電気通信規制庁（TRAI）は、2023年5月2日、「電気通信・放送分野におけるビジネスのしやすさ（EoDB）」に関する一連の勧告を発表した。この勧告は、事業者に明確な情報を提供し、業務の重複を最小限に抑え、管理プロセスを簡素化することに重点を置いている。勧告には、部門間のプロセスをオンラインで完結させるためのデジタル単一窓口システムベースのポータルの設立が盛り込まれた。その他、規制当局は、ローカルケーブル事業者（LCO）に対して多くの変更を提案し、このようなライセンシーをRoW（Right of Way）ポータルなどの既存のシステムに統合することを提案した。一方、電気通信製品の試験は、電子情報技術省（MeitY）、電気通信省（DoT）の無線計画調整（WPC）部門、電気通信技術センター（TEC）、インド規格局といった関連政府機関の職員が決定する単一の方式で行う必要がある。 ■政府、国営BSNLへ4G／5G周波数を割当 内閣は、2023年6月7日、総額8,904億7,000万INR（約1兆5,049億円）の国営BSNLの第三次再生案を承認した。株式注入を通じて4G／5G用周波数を割り当て、経営不振のBSNLに対して商用4G／5Gサービスの展開資金を提供する。また、BSNLを遠隔地向けに安定した通信サービスを提供する事業者として位置付ける。 対象周波数は、700MHz帯の22のライセンスサービスエリア（LSA）向けの10MHz、3300MHz帯の22のLSA向けの70MHz帯、26GHz帯の21のLSA向けの800MHzと一つのLSA向けの650MHz、2500MHz帯の六つのLSA向けの20MHzと二つのLSA向けの10MHz。 これにより、インドの700MHz帯の保有キャリアはジオとBSNLの2社となる。現状BSNLは、商用4G LTEサービスの展開が実現できておらず、ジオ、バルティ・エアテル、ボーダフォンアイデアとの競争に参加できていない状況となっていた。 なお、BSNLとMTNLの合併計画も進んでおり、MTNLの提供エリアであるデリーとムンバイではBSNLが4G／5Gサービスを提供することになる。

インドネシア	■グローバルなテック企業を含む民間電子サービス事業者が規制に従い次々と事業者登録 通信情報省は、民間電子サービス事業者に対し「2020年省規制第5号（Ministerial Regulation No.5 of 2020）」によって定められた事業者登録を2022年7月20日までに完了するよう強く勧告していた。これを受け、同年7月20日時点で約7,700国内事業者、152外国事業者が登録したことを明らかにした。登録されない場合には、インドネシアにおいての当該サービスへの接続が禁じられる可能性が高い。民間電子サービス事業者には、インドネシア国内で接続可能なSNS、サーチエンジン、フィンテック関連、データ加工サービスが含まれる。登録について、特にビッグテックと呼ばれる外国事業者は、ぎりぎりまで考慮していたようで、ツイッター社は7月20日に登録を行った。メタはフェイスブック、インスタグラム、WhatsAppの登録を完了し、ネットフリックス、スポティファイ、ズーム、バイトダンスも登録を済ませている。20日時点では未登録のアルファベットのグーグルとユーチューブも登録予定とされる。登録事業者は、政府から指定された有害コンテンツの削除を求められた場合に24時間以内に対応する義務を負う。削除されない場合、政府はISPに当該事業者へのアクセスを切断するよう命令できる。この動きは「2008年法第11号情報及び電子商取引法（Information and Electronic Transaction Law No.11 of 2008）」の着実な執行に向けた動きのひとつで、この法は、成立時からサイバー空間の規制強化の手段としても機能し、表現の自由との関係をめぐって大きな議論が続いている。一方、未登録の事業者への接続を29日から停止した。接続が停止された主要事業者は、ペイパル、ヤフー、オンラインゲームのSteamやCS Goを傘下に持つValve Corp等である。このうち、特にペイパルについては、インドネシア国内でも一定数の利用者があり、利用者の資金が凍結され、利用者からの不満の声が大きくなった。そのため、通信情報省は社会・経済的な影響の大きくないくつかの事業者については一時的に接続可能とすることを認め、たとえばペイパルについては7月31日から8月5日までの期間とし、利用者に資金を移動するよう促した。一連の処分に加え、通信情報省が米国大使館に働きかける等の動きも行い、ペイパルは8月3日までに登録を行い接続を回復し（暫定期間も接続可能だった）、ヤフーとValve Corpについても登録を行ったために8月2日に接続を回復した。なお、賭博性のあるゲームを提供している事業者については、登録制度の運用以前から実施していた接続停止をより厳しく行っている。 ■アリババ、スマートの株式6%を取得 電気通信関連専門のウェブニュースCommusUpdateは、2022年8月9日、中国のアリババ・グループが、インドネシアの通信事業者スマートフレン（PT Smart Telecom：Smartfren）の株式196億株（出資比率6%）を、1兆5,000億ルピア（約1億800万米ドル）の現金対価で取得したと報じた。この取引はスマートフレンの株主であるSinar Masグループ傘下のPT Dian Swastika Sentosa（DSSA）が株式を放出したことにより実現したものである。この取引完了後、DSSAは引き続きスマートフレンの株式529.8億株（所有率17%）を保有することになる。DSSAは、売却の目的は「事業提携」のためであると説明している。2021年12月、アリババとスマートフレンは、子会社のSF Digital CommerceとFonixtree Digital Singapore（FDSL）（アリババのクラウドソフトウェアサービスのエコシステムの一部であるWhale Cloud Technologyの関連会社）との合弁会社を設立した。シンガポールを拠点とする金融ニュースウェブサイト「Deal Street Asia」は、この投資は「インドネシア最大のコングロマリットと、通信とテクノロジーにまたがる広大なエコシステムを活用することで、インドネシア市場での露出を深める」ことを意味すると指摘している。Eコマース大手は、インドネシアでデータセンター事業を展開することに意欲的であると見られている。 ■個人情報保護法が成立 国会は、2022年9月20日、個人情報保護法を可決した。個人情報保護法は、16章76条から成り、「デジタル世界で国民の基本的な権利を保障するもの」（通信情報大臣）とされている。 個人情報保護法については、2014年に最初の法案が提出されてから、早期の成立の必要性は認識されていたが、様々な面についての議論がこれまで継続されてきた。ここ数年は情報流出が大規模になり、大統領もデータ保護については、積極的に関与する姿勢を見せていた。法では、情報の統制者と加工者を定め、それらが何のためにどのようにデータを利用するかを明らかにし、データの収集とシェアの許可を得る必要がある。当然、両者は、データの安全性を確保せねばならない。また、個人情報保護政策を策定し、この法の執行を監督するための機関が設けられることになっているが、機関の設立や法運用の詳細は、政令等で今後定められる。法には、罰則も定められており、データの取り扱いに不備があった場合に、行政的に業務の停止や反則金の支払いが命じられるものと、犯罪として裁判所で取り扱われる非合法な個人データの取り扱いに分けられる。反則金は、年間売り上げの2%とされており、犯罪となった場合には、最大で60億ルピアの罰金と6年の禁錮が課せられる。

インドネシア

■テルコムセル、2.1GHz帯域幅周波数を落札

通信情報技術省が2022年11月4日に発表したプレスリリース「2022年の携帯電話事業用2.1GHz帯域幅周波数のユーザー選定」によると、インドネシア共和国通信情報省が実施した「2022年携帯電話ネットワーク用2.1GHz帯電波利用者選定」において、テルコムセル（Telkomsel）が落札したことが正式に決定した。テルコムセルは、インドネシアの大手デジタル通信会社として、インドネシア全土で等しく最大容量と信頼性の高いブロードバンドネットワーク品質を使用した主要な4G/LTEブロードバンドネットワークと高度な5G技術の強化および開発により、社会のデジタルライフスタイル体験を強化し、産業分野におけるデジタル変革を加速させるために、政府の要求に応じて追加周波数消費の最適化を図ることになる。

■ XLとファーウェイ、5GスマートシティプロジェクトでMoUを締結

2022年10月25日と26日にバンコクで開催された中国の華為技術が主催する第13回グローバル・モバイル・ブロードバンド・フォーラムが開催される中、インドネシアのXLアシアタ（XL Axiata）と中国の華為技術（Huawei）は、5Gネットワークによるスマートシティの実現、テクノロジーの進化の予測、ネットワークのインテリジェントな運用、ユーザー体験の向上を目指し、「5Gシティ」と呼ばれるスマートシティを構築する覚書（MoU）に調印した。MoUの範囲は、簡素化されたサイトソリューションによるグリーン5G、マルチアンテナ技術の無線モジュール、島々の人口をカバーする費用対効果の高い農村ネットワークソリューションなどを包含している。

■ 2023年のデジタルインフラ整備三大目標は、サトリア衛星、データセンター、機器試験センター

ジョニーG.プレート通信情報技術大臣は、2023年1月4日、2023年末までのインフラ整備に関する三大目標を掲げた。それらは、新衛星サトリア1（Satria-1）による国内通信網の整備加速、国家データセンターの運用開始、電気通信機器試験センターの設立である。サトリア1は、Thales Alenia Space（TAS）製の衛星で、2023年7月に打ち上げが予定されており、国が保有して、Pasifik Satelit Nusantara（PSN）社が運用を行う。衛星によって遠隔リモート地域のアクセスを向上させることが期待されており、15万カ所の公共施設のインターネット・アクセス拠点を接続する。国家データセンター（PDN）は、ジャカルタ首都圏で2022年11月よりプロジェクトが開始されている。データセンターでは、国が利用しているアプリを管理し、現在利用している2,700か所のデータセンターを統合して行政の効率化を図り、電子政府化を推進する。年内の構築と本格的な運用の開始を行い、「ワン・データ・インドネシア」を目指すことになる。国家データセンターは、他に3カ所、リアウ州バタム島、東ヌサ・トゥンガラ州フローレス島、カリマンタン島の新首都予定地にも設立する計画になっている。電気通信機器試験センターについては、ASEAN域内の最大消費国としてふさわしいものを立ち上げる。年央までに建物を完成させ、機器の搬入を開始する予定になっている。

■スマートフォン市場が縮小、出荷台数が13年ぶりに減少

米国の調査会社IDC（International Data Corporation）が2023年2月15日に発表した調査結果によると、インドネシアのスマートフォン市場は2022年に前年比14.3%減の3,500万台となり、13年間の成長から初めて減少した。この減少は、市場規模が2018年～2019年の水準まで下がったため、過去3年間の成長を完全に帳消しにした。2022年は需給両面で大きな圧力がかかり、22年上半期はサプライチェーンの支障がより顕著で、22年下半期は消費者の購買力の低下が引き継がれた。インフレなどの経済的要因が消費者の消費力に大きな影響を及ぼし、特に低所得者層では、まず必需品を優先していた。その上、人々はパンデミック前の活動に戻るため、旅行など他の分野への支出にシフトしている。価格帯別では、2022年においても200米ドル未満のカテゴリーのデバイスが市場を支配しており、インドネシアのスマートフォン市場全体の約74%を占めている。また、このセグメントは2022年に最も影響を受け、主に前述の要因によって前年比19.8%縮小した。一方、ミッドレンジ（200米ドル＜400米ドル）およびミッドハイエンド（400米ドル＜600米ドル）セグメントは、オッポ（OPPO）が牽引し、合わせて3.6%の成長を遂げた。600米ドル超の高価格帯の端末は、アップルとサムソン（Samsung）が牽引し、前年比36.9%増となり、2022年はさらに好調な結果となった。

スマートフォン市場シェア　(2022年)

その他 12%
1. OPPO 22%
5. realme 12%
2. Samsung 22%
4. Xiaomi 14%
3. vivo 18%

(出所：IDC)

インドネシア	■テレコム インドネシア、固定ブロードバンド部門を分離しテレコムセルと統合へ テレコム インドネシア（Telkom Indonesia）は、2023年4月6日、主に家庭用インターネットサービスとして利用されている固定ブロードバンドの事業を展開する部門であるインディホーム（IndiHome）を分社化し、モバイル部門であるテレコムセル（Telkomsel）に統合すると発表した。このスピンオフと統合は、テレコムの固定通信と移動通信を統合する「Fixed Mobile Convergence：(FMC)」戦略に沿ったものである。インドネシアの通信業界はデータプランの価格が低下する一方で利用数は増加しており、業者にとってより厳しい状況が続いている。今回1契約あたりの売上高（ARPU）が相対的に高い固定ブロードバンドと携帯電話サービスを統合することで、テレコムセルのARPUの向上が期待される。インディホームのスピンオフは、テレコムセルの新株発行により行われ、テレコムセルの株式は70.4%に増加し、シングテル（Singtel）の株式は29.6%に減少することになる。しかし今後、シングテルは、統合後のテレコムセルの新株を引き受けることにより、2.7兆ルピアを現金で支払うことで、拡大後の事業体の株式をさらに0.5%購入する先買権を行使することに合意している。これにより、テレコムセルの実質的な持分は30.1%となり、テレコムの持分は69.9%に調整される。CSAは、テレコム社の独立株主からの承認取得など一定の条件の充足を条件として、2023年第3四半期の早い時期に完了する予定である。 ■サトリア-1通信衛星の打ち上げに成功 2023年6月19日、米国ケープ・カナベラルより、インドネシアは、新規衛星のサトリア-1（SATRIA-1）の東経146度への打ち上げに成功した。打ち上げはスペースX（Space X）社が実施した。SATRIA-1衛星は、インドネシア政府初の多機能衛星で、現時点でアジア最大の能力を備えているとされる。中でも期待されているのは、3Tと呼ばれる、遠隔、国境、利用人口の薄い地域へのインターネット・アクセスの提供で、そうした地域で公共施設を利用して4Mbpsでの接続を実現し、教育、保健、公共サービス関連の情報の流通を促進し、デジタル化を促進しようとしている。多目的の中には、軍や警察による利用も含まれている。衛星の運用会社はSatelit Nusantara Tiga社で、衛星は国有、電気通信・情報アクセス向上機関（Badan Aksesibilitas Telekomunikasi dan Informasi：BAKTI）が中心となって3T地域へのサービス提供を統制する。今後、アンテナや太陽光発電板の地上からの管制試験を経て、11月に15年間を計画している運用を開始することになっている。 ■インテルサット、IOHおよびLintasartaと提携し、インドネシアにおけるモバイルインターネットのカバレッジを改善 ルクセンブルクを拠点とする衛星・地上ネットワークプロバイダーのインテルサットは、2023年6月27日、インドネシアのICT企業リンタサルタ（Indosat Ooredoo Hutchinson（IOH）の72.36%出資子会社）と提携し、インドネシアの遠隔地におけるモバイルカバレッジを改善するネットワークを展開すると発表した。この計画では、スマトラ島、カリマンタン島、スラウェシ島、ヌサ・トゥンガラ島を含むインドネシア中西部に約400のサイトが展開される。インテルサットは、ブロードバンド接続を改善するためにセルラー・バックホールを提供する予定であり、パートナー各社は、このプロジェクトによって初めて様々な地域をモバイルサービスでカバーできるようになると主張している。インドネシアのユニークな地形は、衛星がサービスに最適な選択肢であることを示している。
マレーシア	■政府、デジタル経済進展のためにマレーシア・デジタル政策を開始 デジタル経済の加速化を図るために、イスマイル・サブリ・ヤーコブ首相は、2022年7月4日、国家戦略的なイニシアティブとして、マレーシア・デジタル政策を開始すると発表した。この政策は、マレーシア・デジタル・エコノミー・コーポレーション（Malaysia Digital Economy Cooperation: MDEC）を通じて、通信マルチメディア省が実施する。また、マレーシア・デジタル調整委員会（Malaysia Digital Coordination Committee: MD-CC）がこの政策を統括する。この政策では、グローバルなデジタル経済においてマレーシアが主導的な役割を果たせるよう、企業や人材、投資を呼び込み促進することを主眼としている。そのための3つの柱が、意欲的な若い起業家、企業、国民のデジタル包摂を進めること、国内テック企業のサポート、高付加価値なデジタル投資を誘引することとしている。さしあたり、マレーシアをデジタル・ノマドのハブとするために観光や専門家の可動性を高進させるようDE Rantauと、標準化と規制を調和させて国内外の交易を盛んにするためのデジタル貿易に取り組むことが発表されている。マレーシア・デジタルは、1996年に開始されたマルチメディア・スーパー・コリドー（MSC）政策を継承する。そのため、規制面等での優遇を与えられるMSCステイタスを保有している企業は、マレーシア・デジタル・ステイタスを保有することとなる。

<table>
<tr>
<td>マレーシア</td>
<td>
■携帯電話会社では４社がDNBの株式を引受け
国営デジタル・ナショナル社（Digital Nasional Bhd：DNB）は、2022年10月7日、携帯電話会社4社（Celcom Axiata Bhd、Digi Telecommunications Sdn Bhd、YTL Communications Sdn Bhd、Telekom Malaysia Bhd（TM））との間で株式引受契約（SSA）を締結し、4社は合計で特別目的会社（SPV）の65％の株式を取得することになると発表した。Celcom AxiataとDigi Telecommunicationsはそれぞれ12.5%、YTL CommunicationsとTMはそれぞれ20%の株式を取得することになる。残りの35%は財務省が保有する。DNBは、CelcomとDigiの12.5%の株式保有は、両社の合併が間近に迫っていることを認識したものであると述べている。DNBの当初の計画では、携帯電話会社6社に70%の株式を提供する予定で、SSAの下で各11.67%の株式取得が許可されていた。しかし、MaxisとU Mobileは、DNBの少数株主となることにメリットを見出せないとして、この2社は、今回DNBへの出資は見送っている。

■携帯電話会社６社がDNBへのアクセスに合意
マレーシアとシンガポールでビジネスと金融の出版物を発行しているエッジメディアグループは、2022年10月8日、マレーシアのモバイルネットワーク事業者（MNO）6社は、国営デジタル・ナショナル社（DNB）の5Gネットワークのリースについて、それぞれのアクセス契約（AA）の条件について合意に達したと報じた。今回のAA締結により、携帯通信キャリア6社による5Gサービスが間もなくマレーシア国民に提供されることになり、大きな節目となる。

■ディジ、5Gサービス開始
通信キャリア大手ディジが2022年11月10日から5G商用サービスを開始した。5Gはまず、ポストペイドプランの既存及び新規加入者対象に追加コストなしで提供する。プリペイド契約向け5Gサービスも順次開始予定。マレーシアでは政府系事業者DNBが5Gインフラを構築し、ディジを含めたモバイルキャリア各社がDNBと卸売契約を結んでから5Gを提供する方式である。10月末までにキャリア6社がDNBとの卸売契約で合意しており、最大手キャリアのセルコムは11月初めに5Gサービスを開始している。

■セルコムとディジが合併し、加入者数で最大のセルコムディジが誕生
アシアタグループ（Axiata Group）、テレノールアジア（Telenor Asia）、ディジ（Digi.com Berhad）は、2022年11月30日、マレーシアの通信事業者であるセルコムアシアタ（Celcom Axiata）とディジの合併が完了したと発表した。ディジはアシアタグループからセルコムアシアタの全株式を177億5,600万マレーシアリンギット（約5,462億5,677万円）で取得した。セルコムアシアタはマレーシアのアシアタグループの完全子会社であったことから、アシアタグループに対しては157億6,600万マレーシアリンギット（約4,850億3,516万円）に相当するディジの株式の33.1%と16億9,300万マレーシアリンギット（約520億8,452万円）を譲渡した。ディジ通信（Digi Telecommunications）とセルコムアシアタは同業の事業会社であるが、当面はディジ通信とセルコムアシアタともにディジから社名を変更するセルコムディジ（2023年2月24日付で変更）の完全子会社として存在する。親会社にあたるアシアタとノルウェーの国有通信会社であるテレノールはそれぞれ33.1%の株式を保有する。加入件数ではマレーシアでは最大規模の通信事業者グループが誕生したことになる。

■新内閣の発足により通信マルチメディア省は通信デジタル省と改称
2022年12月、総選挙の結果を受けて組閣が行われ、アンワル新首相は通信デジタル大臣にFahmi Fadzil氏を指名した。同時に通信マルチメディア省（Ministry of Communications and Multimedia）は、12月7日、通信デジタル省（Ministry of Communications and Digital）に改称された。通信デジタル省では、以前の所管のうち芸術と文化に関する事項については、担当しない方針が示されている。
</td>
</tr>
</table>

<table>
<tr>
<td>マレーシア</td>
<td>
■テレコムマレーシア、業務効率化のための社内組織を再編し、国内の事業会社をTMテックに統一へ
マレーシアの通信大手テレコム・マレーシア（TM）は、2022年12月14日、グループ子会社の事業を単一子会社のTMテクノロジー・サービシズ（TMテック：公式な略称はTM Techと表記）に集約する計画を発表した。Telekom Malaysiaは内部再編成の一環で事業会社を統一する。マレーシア国内のunifi、TM ONE、TM WHOLESALEの事業会社が内部再編成の対象となっている。unifi、TM ONE、TM WHOLESALEの事業はそれぞれマレーシア国内外で複数の事業会社を通じて展開しているが、マレーシア国内の事業はTelekom Malaysiaが子会社として新設したTM Technology Servicesに移管することでマレーシア国内の事業会社を1社に統一する。TMテックは、既存の経営陣が指揮を執る一方、テレコムマレーシアは、この事業会社の投資持株会社として機能し、グループ内の他のすべての子会社は「現状維持」される。内部再編成は2023年12月31日までに完了する予定である。Telekom Malaysiaは完全子会社でマレーシアのMobikomを通じてWebe Digitalを保有し、そのWebe社がunifi Mobileを所有しunifiのブランド名で携帯通信事業を展開している。国内の事業会社を統一することで事業の運用効率の改善および合理化を図る方針のもと、これらの携帯通信事業の事業会社も内部再編成の対象となっている。

■DNB、2022年の5G展開の目標を突破
マレーシアの国営5Gネットワーク事業者Digital Nasional Berhad（DNB）は、2023年1月2日、2022年末に人口密集地のカバー率がほぼ50％を達成し、目標の40％を軽々と上回ったと発表した。現在、2024年末までに人口密集地の80％をカバーすることを目標としている。その頃には3,000万人以上の個人および企業がこのネットワークを利用できるようになる。2022年末までに3,900の拠点に機器を配備した。クアラルンプールとプトラジャヤではすでに97％を超え、セランゴール州ではほぼ90％のカバー率となっている。

■マレーシア政府、DNBが人口カバー率80％に達したら２番目の5Gネットワークの展開を許可へ
ファーミ・ファジル通信デジタル相は2023年5月3日、第5世代移動通信（5G）ネットワーク計画について、現在の国営デジタル･ナショナル（DNB）による1社独占体制を見直すと発表した。ファーミ大臣は、DNBが掲げている「人口集中地区の5Gカバー率80％」という目標の達成後、第2期には別通信企業を公開入札により選定し、最終的には2社のネットワークにより5Gを提供すると述べた。2社体制にすることで、ひとつの障害で全ネットワークが停止してしまう「単一障害点」を回避し、回線容量も増加させられるという。現時点での5G普及率は約57.78％で、DNBは年内に80％達成を目指しているめ、第2期開始は2024年初頭になると見込まれている。前年、セルコム（Celcom Axiata）とディジ（Digi Telecommunications）が合併して設立されたセルコムディジ（CelcomDigi）は、「国の5G実装においてより積極的かつ直接的な役割を果たす機会を提供する」とし、今回の決定を歓迎するプレスリリースを発表した。前年、ムヒディン・ヤシン前首相は、国有企業がすべての5G周波数を所有し、さまざまなキャリアがネットワークインフラを利用して、卸売またはMVNO契約によりマレーシア全土で5Gサービスを提供するという構想を発表していた。しかし、DNBによるマレーシアの5G展開では、価格設定や透明性についての懸念や、国営の5Gネットワークを一本化することで国有化独占になるのではないかという懸念が浮上した。こうした懸念から、アンワール・イブラヒム新首相は、透明性の欠如を理由に、国営5Gネットワークの展開を見直すと発表していた。5GネットワークのDNB1社独占については通信会社からも不満の声が上がっていたが、前政権が2022年3月、導入迅速化を理由に1社独占を最終決定した。同6月にはDNBの株式70％を通信会社6社に提供し、10月には5社がDNBとの間で卸売契約を締結していた既存携帯電話会社の中で唯一、DNBのネットワークを通じて5Gサービスの提供を開始できていないのがマクシス（Maxis）であったが、同社も同様の声明を発表し、「政府のデジタルへの野心に沿って、国のために5Gを加速させるために業界と緊密に協力することを約束する」と述べ、自社技術やインフラを活用し独自の5G関連製品・サービスを直接顧客に届けたいとし、第2期の入札に参加する意向を表明した。また、ユーモバイル（U Mobile）は、「5Gネットワークモデルの今後の移行は、効率を高め、消費者と企業の両方にとってより大きな導入を促進するという信念を共有している」と述べた。DNBは人口密集地のカバー率57.8％を達成しており、年内に80％を達成する予定であるという。マレーシアの大手通信事業者のセルコムディジ、YTLコミュニケーション（YTL Communications）、テレコムマレーシア（Telekom Malaysia）は現在DNBの70％を保有しており、MVNOスキームを通じて5Gを提供している。マクシスとユーモバイルは、DNBへの出資を断念していた。U Mobileはその後、DNBの5Gネットワークにアクセスする契約を締結しましたが、マクシスはDNBに対する政府の審査が完全に終了するまで、決断を下すのを待つ姿勢である。
</td>
</tr>
</table>

マレーシア	■マレーシア政府、DNBがネットワーク展開の目標を達成した後に、DNBの株式を売却する意向を表明 マレーシアの規制機関であるマレーシア通信マルチメディア委員会（MCMC）のCOOであるDatuk Mohd Ali Hanafiah Mohd Yunus氏は、2023年5月8日、Bernama TVのインタビューで現在マレーシアで5Gインフラの展開を任されている国営企業Digital Nasional Berhad（DNB）は、明記された人口カバー率の目標を達成した時点で、民間企業に買収される予定である計画を確認した。DNBが人口カバー率80％に達した時点で民間企業が会社を買収し、政府は持ち株を放出する意向である。DNBの株式保有に関する国の計画に関する発表は、DNBが展開目標を達成することを条件に、政府が来年から第2の5Gネットワークの展開を許可することを確認した数日後に公になった。 ■MCMC、デジタル計画の第1フェーズは目標を上回ったが、5Gの普及は依然低水準との見解 マレーシア通信・マルチメディア委員会（MCMC）は、2023年6月1日、2020年8月に発表した「国家デジタルネットワーク計画（JENDELA）」プログラムの第一段階の行動計画で定められた当初の目標が上回って遂行されていることを明らかにした。MCMCによると、第1フェーズでは、ギガビットスピードのブロードバンド接続を750万世帯の目標に対して774万世帯に提供したこと、4Gのカバー率を96.92％まで拡大し、目標の96.90％にほぼ一致したこと、モバイルブロードバンドの平均速度を目標の35Mbpsに対して116Mbpsまで向上させたこと、衛星接続による固定ワイヤレスブロードバンドを839カ所に提供したことなどが達成された。今後、JENDELAプログラムの第2段階が今年後半に開始される予定で、現在カバーされていない人口の残り3％に対するブロードバンドサービスへのアクセス拡大に焦点が当てられる。さらに、次の段階では、固定ブロードバンドのギガビットアクセスを全国で合計900万世帯に拡大する予定である。一方、MCMCは、デジタル・ナシオナル・ベルハド（DNB）が展開するネットワークのカバレッジが59.5％に達したにもかかわらず、5Gの利用率は比較的低いままであることを明らかにした。同幹部の発言によると、マレーシアの5G契約数は現在約120万件で、普及率は約3.1％である。
フィリピン	■DITO、1千万件の加入者数獲得を達成 フィリピンの3つのモバイルネットワーク事業者（MNO）の中で最も新しいDITOテレコミュニティ（DITO Telecommunity）は、2021年3月のサービス開始から16カ月で1,000万契約のマイルストーンに到達したと、2022年7月15日付のフィリピンの英字紙フィリピンスター紙が報じた。同社は年内に1,200万契約を達成することを目標としている。報道によると、DITOはネットワークカバレッジを決定するための独立監査に同意しており、最高技術責任者のRodolfo Santiagoは、通信事業者はライセンスで定められた人口カバー率70％の目標を達成したと確信していると述べた。DITOは、全国600以上の地域の5,500以上のモバイルタワーサイトに4Gおよび5G機器を設置している。 ■PLDT、衛星経由の5Gサービス展開に向け米国のオムニスペース社と提携 フィリピンの通信事業者PLDTの無線子会社であるスマート（Smart Communications, Inc.）は、2022年8月17日、米国で5Gをベースにしたグローバル通信サービス事業を手掛けるオムニスペース社とパートナーシップを締結した。両社は地球低軌道（LEO）衛星を使用した宇宙ベースの5Gの機能を実証することになる。オムニスペース社は、2023年4月と5月にSpark-1とSpark-2の2つの衛星を打ち上げ、同社の5G対応衛星ネットワーク開発の初期段階であるオムニスペーススパーク（Omnispace Spark）プログラムを展開した。同社は、地上波のモバイルネットワークと組み合わせた5Gの非地上波ネットワーク（NTN）を計画している。PLDTは、遠隔地での5G接続、気象のIoTモニタリング、災害救援通信、船舶や機器の海事・テレマティクスなどへの事業展開を想定している。

フィリピン	■ SIM登録法が成立、半年以内に登録しないと使用不可に フィリピンのマルコス大統領は、2022年10月10日、通信に使うSIMカードを利用する際に個人情報の登録を義務化する法案に署名した。6月末の政権発足後、初めての新法制定となる。これまで、SIM登録義務化の導入は2022年2月に下院と上院で批准されたが、4月に当時のロドリゴ・ドゥテルテ大統領によって拒否権が発動された。新法は、すべての公共通信事業体（PTE）に対し、SIMカードの販売およびアクティベーションの前提条件として、すべてのSIMカードを有効な写真付きIDで登録するよう求める。また、SIMカード登録に含まれる情報を裁判所から求められた場合、それを開示するよう通信事業者に指示している。新法の成立によってサイバー犯罪対策の一環で、オンライン詐欺や見覚えのない送り主から届く迷惑メッセージの被害削減につながることが期待されている。フィリピンではこれまでSIMカードを店頭やネット通販で容易に入手できた。今後は通信事業者や販売店に対し、購入者の本人確認と個人情報の登録が求められる。既に利用中のSIMカードも同様で、一定期間内に登録しなければ通信会社が無効化する。架空の個人情報などを使った場合には罰則がある。短期滞在の旅行者が使用するSIMカードは有効期間が30日間に制限される。 ■ DITO、PLDTとの未払い疑惑に友好的解決策を協議する意向を表明 DITOテレコミュニティは、2022年10月17日、未払い疑惑を解決するためにPLDT Inc.との友好的な和解に前向きな姿勢であることを表明した。これは、以前、PLDTがDITOに提供した契約サービス、DITOが加入者への電気通信サービス提供のために必要とし、使用した伝送施設の建設と提供に関わるものに対する4億2,972万6,000ペソ（約11億円）の支払いに関するもので、DITOが支払いを拒否してきたとされ、PLDTは重大な違反の通知と支払い要求を行ってきている。PLDTはまた、DITOが4億3,000万ペソの未払金を清算しない場合、DITOとの相互接続契約を解除すると脅した。またGlobe Telecom Inc.も、DITOは同社に対しても相互接続規則違反の疑いがあり、6億2,200万ペソ（約16億円）を支払う義務があると主張している。DITOは先にフィリピン競争委員会に大手通信会社2社を支配の濫用で提訴している。 ■ナウテレコム、5G整備へ米国政府支援 フィリピンの通信企業ナウテレコムは、2023年1月13日、独自の全国規模の第5世代（5G）移動通信システム整備と固定無線ネットワークの整備で米国貿易開発局（USTDA）から資金提供を受けると発表した。東京で開催された第5回インド太平洋ビジネスフォーラム（IPBF）の席上、双方の代表が基本合意書に調印した。米国貿易開発局はナウテレコムに5G整備の技術支援を実施する。対象は全国5G通信網の設計、全国的なブロードバンド通信網の設計、マニラ首都圏でのパイロット5Gネットワークの設計と構築となる。ナウテレコムは、基地局100カ所の増設とデジタルインフラの整備に向け、向こう10年で設備投資に78億ペソ（約182億9,500万円）を充てる計画を示している。 ■スターリンク、フィリピンでサービス開始 SpaceXはVASプロバイダーとして活動するために必要な政府の承認を得てからおよそ1年後の2023年2月22日、フィリピンでStarlinkサービスが稼動したことを確認した。米国を拠点とするSpaceXの現地法人であるStarlink Internet Services Philippinesは、接続環境が整っていない地方に住むフィリピン人のインターネットニーズに応えたいと考えている。2月初め、国家電気通信委員会（NTC）は、この現地法人の商業展開の要求を急ぎ、端末をCPE（顧客構内設備）として使用することを承認し、ラジオ局の免許と同じ手続きの対象外とした。ユーザーは、ダウンロード速度が100Mbpsから200Mbpsの高速・低遅延の衛星インターネットを契約することができ、その対価として、ハードウェアの購入費用29,320ペソ（532米ドル）と月額利用料2,700ペソを支払う。 ■マカティ市、市税滞納でスマート本社を閉鎖 マカティ市は、2023年2月27日、市税32億ペソ（約78億円）を滞納し、過去4年間にわたり同市から営業許可を得ずに操業したとして、携帯通信最大手スマート・テレコミュニケーションズのマカティ本社事務所を閉鎖させた。スマートは同日、声明を発表し、「市税については適切な法的措置を求め係争中だが、市当局と調整して問題解決に努める」と説明した。契約者に対するサービスは継続する。マカティ市は2016年、同社が2012～15年のフランチャイズ税を滞納しているとして督促状を送達した。これに対しスマートは2018年にマカティ地裁に滞納額評価の無効を求めて提訴。同地裁で敗訴し控訴したが、2022年に控訴裁判所は訴えを却下した。 ■コンバージICT、シンガポールで免許取得 ブロードバンドサービス業者のコンバージICTソリューションズは、2023年1月4日、シンガポール政府からビジネス向けブロードバンドサービス事業の免許取得の承認が得られたことを明らかにした。同社のシンガポール子会社、コンバージICTシンガポールが同国での通信事業に参入する。

フィリピン	**■コンバージICT、韓国のKTと戦略的パートナーシップで覚書を締結、グローバル分野への進出を視野** 2023年2月28日付のフィリピン証券取引所への提出資料により、フィリピンを拠点とする光ファイバーブロードバンドプロバイダーのコンバージICTソリューションズは、韓国のKT Corpと、フィリピンの企業部門のデジタル変革を支援するための戦略的パートナーシップの可能性を探る覚書を締結したことが明らかになった。両者は「革新的なエンタープライズ・テクノロジーを提供することで、地元企業のデジタル変革を支援するビジネス協力とパートナーシップの可能性を追求すること」、また「フィリピンの企業にデジタルツールとイノベーションを広げ、ICT（情報通信技術）顧客の進化するニーズに対する新しいデジタル変革ソリューションの探求」に合意した。デジタルトランスフォーメーションソリューションの注目分野としては、VSaaS（Video Surveillance as a Service）というクラウドベースのビデオ監視ソリューションや、MaaS（Mobility as a Service）という交通管理技術などが挙げられている。また、2023年4月26日には、KT傘下のグローバル相互接続プロバイダーであるイプシロンテレコム（Epsilon Telecommunications）と提携し、コンバージICTのネットワークインフラとサービスの開発、およびグローバル展開に取り組んでいる。イプシロンテレコムは、コンバージにグローバルなインターネットエクスチェンジのネットワークへのアクセスを提供し、通信事業者の接続性を向上させ、合理化することに貢献する。今回の提携により、イプシロンのサービスプラットフォームであるInfinyを利用して、ドイツのフランクフルトにあるDE-CIXやオランダのアムステルダムにあるAMS-IXといったインターネット取引所へのアクセスが可能になった。2022年12月31日現在、コンバージICTはルソン、ビサヤ、ミンダナオですでに200万以上のファイバーポートを展開している。61万8千kmの光ケーブル網を構築しフィリピンでは最大のFTTHネットワークとしての地位をより強固なものにしている。フィリピンのComclark Network and Technology Corpが66.0%を出資している。 **■改正公共サービス法の細則発表、４月から外国企業による出資比率に課されていた40%の上限を撤廃** フィリピン国家経済開発庁（NEDA）は、2023年3月20日、2022年3月に成立した改正公共サービス法（PSA）の施行細則を発表した。4月4日に発効となる。空港、鉄道、高速道路、通信の各産業について、外国企業による出資比率に課されていた40%の上限を撤廃して100%の出資を認めた。改正により主要公共サービスの自由化が可能になる。一方、送配電網、上下水道網、石油・石油製品パイプライン輸送、港湾、公共交通車両（PUV）の各産業では、40～60%の上限を維持した。公共サービス分野での合併・買収（M&A）や投資が国家安全保障上の脅威とならないよう、保護規定も設けた。「公益事業」の定義が明確でなかったため、これまで幅広い分野が「公益事業」と見なされ、外資系企業がフィリピンでビジネスを行う上で参入障壁となっていた。2022年3月の改正法によって「公益事業」の定義を明確化するとともに、フィリピンにとって外資参入を期待する分野について外資の出資比率上限を撤廃し、経済活性化につなげることを政府の狙いとしている。 **■サイバー攻撃の被害、フィリピンは世界でワースト４位** 情報通信技術省（DICT）が2023年4月12日に発表したところによると、フィリピンはサイバー攻撃の発生件数が多い国の中で4位にランクされている。「24 Oras」のMaki Pulidoのレポートによると、DICTは、2020年から2022年までだけでも、国内で約3,000件のサイバー攻撃が測定されている。そのほぼ半数が、政府のシステムやネットワークを標的にしている。また、2023年1月以降、同様に5つの政府機関がハッカーからの攻撃を受けている。

フィリピン

■ PLDT、スカイケーブルを買収

国営通信グループPLDT Inc.は、2023年4月16日、フィリピンのロペス財閥系メディア・エンターテイメントグループABS-CBN Corp.傘下の小規模ライバルスカイケーブル（Sky Cable Corporation）を買収すると発表した。ファイバーブロードバンド事業と関連資産の100%買収を提案した。PLDTは、2023年3月16日、対象会社の共同過半数所有者であるSky Vision、ABS-CBNおよびLopezと、「Skyによる有料放送およびケーブル事業の終了または停止」を含む一定の条件および規制当局の承認を条件として、Sky Cableの発行済資本金の100%を67億5,000万ポンド（1億2,300万米ドル）で買い取る契約を締結した。この取引が完了した場合、PLDTは新子会社のファイバーブロードバンド（「SKY Fiber」）ネットワーク事業の開発に専念することになる。証券取引所に提出された資料では、この取引により、PLDTとSkyの専門知識、リソース、能力を組み合わせることで、特に遠隔地におけるPLDT/Skyブロードバンドのカバー率を強化・拡大し、「顧客体験全体を向上」させる。Skyのファイバーブロードバンドサービスは、メトロマニラ、ブラカン、リサール、カビテ、ラグナ、バタンガス、バギオ、セブ、デュマゲテ、バコロド、イロイロ、ダバオ、ゼネラルサントスとサンボアンガで200万世帯に提供している。100%合併契約に先立ち、2022年8月、PLDTはSky Cableの少数株主（38.88%）の株式を28億ペソで購入した。

■ SIMカードの登録が進まず、期限を延長

フィリピン法務長官は、2023年4月25日、共和国法（RA）11934（SIM登録法）に基づくモバイルSIMカードの登録手続きを90日延長し、2023年7月25日までとすることを確認した。これは、当初の期限より3日早い4月23日に、全国で49.31%（828万5,000枚）のSIMカードしか登録されていないという最新データを受けての措置である。内訳は、PLDTのSmart Communicationsが3,950万枚（60.25%）、Globe Telecomが3,709万枚（42.77%）、DITO Telecommunityが5,796万枚（38.73%）のSIMカードの登録を済ませた。期限延長の発表に際して、未登録の加入者が登録手続きを完了するまで、限られたサービスしか受けられないことが明らかになった。「ほとんどのサービスが通信事業者との間で遮断されることになる。つまり、今後90日以内に登録しない人は、ソーシャルメディアが使えなくなる」と、法務長官は説明した。フィリピンの全国SIMカード登録制度は、4月26日で終了する予定である。しかし、国家電気通信委員会（NTC）が明らかにした最新の情報によると、2023年3月27日の時点で登録済みとなったSIMは、国内の全アクティブSIMの30%に当たる5,034万枚のみであった。

■ナウコーポレーション、低軌道衛星通信会社ワンウェブと高速ブロードバンドアクセスで覚書を締結

"Now Fibre Air"のブランドで、マニラ首都圏の上流階級の住宅および商業地域にブロードバンドおよび光ファイバー通信サービスを提供していしているナウテレコム（Now Telecom）の親会社であるナウコーポレーション（NOW Corporation）は2023年5月3日、地球低軌道（LEO）衛星通信会社ワンウェブ（OneWeb）と高速・低遅延のブロードバンドアクセスを提供するための覚書（MoU）を結んだ。ワンウェブの最先端の衛星技術とナウ社の現在のインターネットサービス、特にエンタープライズ市場における強力なローカルプレゼンスが組み合わされることになる。ナウはLEO衛星のシームレスな接続により、政府、航空、海事、軍事、エネルギー、ヘルスケア、金融などの分野に幅広い拡張インターネットサービスを提供することができるようになる。ナウは、ワンウェブと緊密に連携し、信頼性と高速・低遅延のブロードバンド接続を提供するとともに、コミットメントされた情報料を提供する。ワンウェブは、LEO衛星コンステレーションの完成により、2023年中に全世界をカバーする展開が完了する予定である。この国際的なネットワークの強みを生かし、ナウは遠隔地へのサービスの拡大や、現在提供しているサービスの速度、遅延、耐障害性を向上させることを目標としている。フィリピンは何千もの島々からなる群島であることから、この国の到達困難な地域に対するLEO衛星接続の取り組みが脚光を浴びている。

■ SIM登録者数が1億人を突破

情報通信技術省（DICT）は、2023年6月22日現在、登録SIMの総数が1億枚を突破し全国で1億2,600万件に上っていることを明らかにした。国家電気通信委員会（NTC）は、2022年末時点で流通している1億6,802万枚のSIMのうち約59.7%が登録されたと推定しており、PLDTのスマート・コミュニケーションズが4,737万枚、次いでグローブテレコム（4,596万枚）、DITOテレコミュニティ（694万枚）となっている。

シンガポール	■シンガテル、5G SA 通信網は予定より3年早く屋外の95% をカバー シンガポール·テレコム（シングテル）は、2022年7月22日、同社の5Gスタンドアロン（SA）モバイルネットワークが、2025年末の目標より約3年早く、国内の屋外エリアの95%をカバーしていることを明らかにした。5GのSAネットワークは現在、1,300カ所以上の屋外エリアをカバーし、400カ所以上のビルや地下街もカバーしている。シングテルは、2020年6月にIMDA（Infocomm Media Development Authority）から取得した免許の一部として、3.5GHzとmmWaveの周波数帯を獲得し、2021年11月には2.1GHzの周波数帯の追加ブロックを確保した。 ■シングテル、米国電子広告会社を売却 シングテルは、2022年7月26日、米国のネット広告子会社の米アモビー（本社カリフォルニア州）を同業でイスラエルのトレマー・インターナショナルに2億3,900万米ドル（約326億円）で売却すると発表した。シングテルは通信以外のデジタル事業の拡大を目指し、2012年にアモビーを買収した。シングテルにとって非通信分野で初めての買収案件だった。ただ競争激化に加え、なじみの薄い米国市場で苦戦し、業績が低迷していた。シングテルは不採算だった子会社の整理で業績立て直しを急いでいる。 ■ M1、南部沿岸で世界初となる5G SA オフショアカバレッジを提供へ シンガポールの通信事業者M1は、2022年8月30日、南の島々の周辺海域を含むシンガポール南岸に広範囲な5Gスタンドアロン（SA）オフショアカバレッジを提供する複数年プロジェクトを発表した。このプロジェクトは、シンガポール海事港湾庁（MPA）および情報通信メディア開発庁（IMDA）との提携により実施され、IMDAイノベーション・エコシステム・テストベッドプログラムおよびMPAイノベーション・ラボのもと、事業者は5G SAネットワークを提供し、新しい海上5Gユースケースの試験、開発、展開を行う。想定される5Gコネクティビティの利用としては、海上での乗組員の福利厚生を可能にする遠隔医療、宅配ドローン、海上監視、自律型船舶のほか、船舶検査や自律型消火ロボットなどの遠隔操作タスクベースのロボットが挙げられる。5Gスタンドアロン通信範囲を海上まで拡大した通信事業者はM1が世界初である。 ■シングテル、インドのバルティ・エアテルの株式3.3% を16億ドルで売却 シングテルは2022年8月25日、インド携帯電話大手バーティ・エアテルの3.3%株式を約22億5,000万シンガポールドル（16億1,000万米ドル）でバーティ・テレコムに売却することを明らかにした。シングテルは東南アジア最大の通信会社。傘下のパステルとビリディアンも合わせて1億9,800万株のバーティ・エアテル株を売却する。シングテルは現在、中核事業への集中を図るためポートフォリオを縮小している。2022年7月には赤字のデジタルマーケティング部門アモビーの売却を発表。2022年3月にはエアテル・アフリカの1.6%株式、2021年にはオーストラリアン・タワー・ネットワークの70%株式を売却した。今回の株式売却により、シングテルのバーティ・エアテルに対する実質的な持ち株比率は29.7%に低下する。売却で得られる資金は、グループの負債縮小や5Gの設備投資などに充てられると見られている。シングテルは、この取引を2022年9月27日に完了した。 ■フィリピンのコンバージ ICT、シンガポールで免許取得 情報通信メディア開発庁（IMDA）は、2023年1月3日、フィリピンのファイバー·インターネット・プロバイダーであるコンバージICTソリューションズの完全子会社であるコンバージICTシンガポール（コンバージSG）に、シンガポールで施設ベース（Facilities-Based Operations = FBO）ライセンスを付与した。同ライセンスにより、コンバージはシンガポールにおいて、電気通信インフラの配備を開始し、ホールセールおよび企業顧客に接続サービスと光ファイバーケーブル容量を提供することができる。コンバージ・グループ最高経営責任者（CEO）兼コンバージSG取締役のデニス・アンソニー・H・ウイは、「コンバージ・グループのシンガポール法人にFBOライセンスが付与されたことで、コンバージ・グループの国際ホールセール接続および容量サービスの販売能力が大幅に強化される。」とコメントしている。

<table>
<tr>
<td>シンガポール</td>
<td>
■シングテルがクアルコムやエリクソンと共同で、5G ミリ波で上り速度 1.6G ビット／秒を達成
シングテルは、2023 年 3 月 1 日、エリクソンおよびクアルコム社との提携により、5G ミリ波（mmWave）ネットワークで速度最大 1.6G ビット／秒のアップロード速度を達成したことを明らかにした。同通信事業者は、クアルコムの Snapdragon X65 5G Modem-RF System を搭載したテストデバイスを使用して、4 つのコンポーネントキャリア（4CC）を集約してピーク速度を達成したと述べている。今後、より大容量のアップリンクが導入されることで、製造、輸送、医療、エンターテイメント、ニュース制作など、より大容量のアップリンクが必要とされることが多い分野での「インダストリー 4.0 アプリケーション」が大幅に強化されることが期待される。3 社は共同声明で、「強化された 5G アップロード速度と、業界初のオールインワン 5G およびマルチアクセス・エッジ・コンピュート・ビジネス・オーケストレーション・プラットフォームであるシングテル・パラゴンにより、企業は自社のデバイスとネットワークのパフォーマンスを分析し、リアルタイムのパフォーマンス監視とフィードバックの能力を向上させることができる」と、述べている。
■シングテルとノキアが 5G IP トランスポートのエンドツーエンド・ネットワークスライシングを実験
シングテルは、2023 年 3 月 6 日、ノキアと協力してエンドツーエンドの 5G ネットワークで IP トランスポート・スライシングの実装に成功したと発表した。ノキアはプレスリリースの中で、5G 無線、5G コア、ノキアの IP トランスポート・ネットワーク・スライシング・ソリューションを含む、両社の概念実証（PoC）トライアルがシングテルの「5G ガレージ」と呼ばれるライブ・テスト施設で行われたと述べている。この試験では、「異なるネットワークスライスに対してエンドツーエンドのサービス・パフォーマンスを提供し、オンデマンドでネットワーク・リソースを最適化するソリューションの能力」が評価された。このソリューションにより、「IP トランスポート・ネットワーク全体のネットワークスライシングの自動化が可能になり、消費者市場とビジネス市場の両分野で顧客体験の向上が実現する」と理解されている。ノキアの IP トランスポート・ネットワーク・スライシングのソリューションは、トラフィック・エンジニアリングによるセグメントルーティングを活用した、非常にスケーラブルで回復力のあるネットワーク・インフラストラクチャを組み込んでいる。これにより、きめ細かなサービスの差別化が可能になり、厳しいクリティカルサービスの SLA を満たすことができる。さらに、Nokia Network Services Platform（NSP）は、トランスポートスライスの完全なライフサイクルを管理するためのツールセットと、IP、セグメントルーティング、マルチプロトコルラベルスイッチング（MPLS）など、複数のテクノロジーにまたがるトランスポートネットワークスライスの実現をサポートする自動化機能を提供する。試験の実施には、Nokia 7750 サービス・ルーター（SR）と NSP が使用された。
■シングテル、コンシューマー事業とエンタープライズ事業を統合、また、新たにインフラ部門を設立
シングテルは、2023 年 4 月 27 日、シンガポールの消費者向け事業と企業向け事業を 1 つの事業会社に統合する企業改革を発表した。また、「国レベルでの成長、相乗効果、生産性を促進する」ことを目的としたこの計画の中で、独立したインフラ部門であるデジタル・インフラコ（Digital InfraCo）の設立も発表した。グループの地域データセンター事業、海底ケーブル事業、衛星通信事業、シングテルの「5G MEC とクラウド・オーケストレーションのためのオールインワン・プラットフォーム」であるパラゴン（Paragon）をデジタル・インフラコに含める。
シングテルは拡大に向けて会社の位置づけを変えるため、戦略的リセットを実施している。それ以前の 2021 年には、ICT 部門である NCS を切り離し、独立した事業部門としてアジア太平洋地域への進出を加速させた。一方、2022 年 7 月には、オプタス・エンタープライズの経営をオーストラリアに移管することで、組織構造の分散化を進め、オプタスは事実上、運営上の自律性と直接的な説明責任を強化した。シンガポールにおける消費者部門と企業部門の統合は、当社の中核事業がシナジーと能力を最適化して成長を推進できるようにするためのもの。
</td>
</tr>
</table>

タイ	■ AIS、ISP の Triple T Broadband を買収 タイ最大の携帯電話会社 AIS（Advanced Info Service Plc)）は、2022 年 7 月 4 日、ジャスミンインターナショナル社（Jasmine International Plc）から 324 億バーツで 2 つのブロードバンド事業者を買収すると発表した。AIS は、子会社の Advanced Wireless Network を通じて Triple T Broadband（3BB）に 195 億バーツを支払う予定である。もう一つの取引では、129 億バーツで Jasmine Broadband Internet Infrastructure Fund（JASIF）の 19.9％の株式を購入する予定である。7 月 3 日に引受契約を締結し、国家放送通信委員会（NBTC）の許可を得た後、2023 年内に買収を完了する予定である。AIS は、トルゥーと DTAC が合併の準備を進める中、ブロードバンド事業を拡大する方法を模索していた。現在は、トルゥーがブロードバンドインターネットのマーケットリーダーで、470 万人の加入者を持つ。Triple T から 240 万人のブロードバンド加入者を獲得した AIS は、合計 430 万人の加入者を持つことになり、タイでは第 2 位のブロードバンド事業者になる。 ■ NBTC、SIM カード登録は 5 枚までの制限を違反した携帯事業者に厳罰措置 国家放送通信委員会（NBTC）は、2022 年 7 月 6 日、販売店を通じて個人が 5 枚以上の SIM カードを登録できるようにしている携帯電話会社（MNO）に対し、より厳しい措置を講じ、制限に違反した通信事業者には 1 日あたり 100 万バーツ（約 400 万円）の罰金を課すことを決議した。タイでは 2018 年より、個人が登録できる SIM カードの数は最大 5 枚に制限された。より多くの SIM カードの登録を希望する場合は、各キャリアのサービスセンターを通じて、NBTC の承認を得なければならない。NBTC が 2022 年 6 月に行った調査では、多くの小規模販売店が、個人が 5 枚以上の SIM カードを登録できるようにしていることが判明した。このことを受け、今回、NBTC の承認を得ることなく販売店を通じて個人で 5 枚以上の SIM カード登録を許可した携帯事業者に対し、厳しい措置を取ることにした。この動きは、モバイルバンキングアプリを通じて違法な取引を行うために「ミュール」銀行口座（不正資金のおとなしい運び屋のための口座）を使用する犯罪者を妨害することを目的としている。 ■ NBTC 新理事、残りの 2 つの空席に国王警察顧問と大学副学長を選出 空席となっている国家放送通信委員会（NBTC）の理事 2 名分について、上院は、2022 年 8 月 16 日、提出された候補者の一人であるタイ王国警察の元特別顧問であるナタソーン・プルーソントーン（ Pol Gen Nathathorn Prousoontorn）大将を新理事に任命することを承認した。しかし、電気通信分野からの候補者となっていたもう一人の候補者であるコンケン大学の工学部講師は否決された。その後、上院選考委員会は、あらたにマハナコン工科大学の副学長であるソンポップ・プリヴィグライポン（Sompop Purivigraipong ）教授を国家放送通信委員会（NBTC）の 7 番目の委員の候補者として提出した。これを受け、上院は、2023 年 2 月 14 日、投票を行い過半数の賛成票を得た同氏は新理事となることが承認された。NBTC はデジタル資源の割り当て、特にインターネット経済のデジタルバックボーンとなる周波数帯を担当している。また、通信・放送業界に対する規制も行う。NBTC 法では、NBTC の理事に 7 分野から 7 名の委員が任務に就くこと、機能するためには最低 5 名の理事が在籍することを義務付けている。新理事は王室からの承認を受け、後に官報で告示されて正式に就任する。すでに 2022 年 1 月に新理事による会合が開催され、議長にはサラナ・ブーンバイチャヤプラック理事が選出されている。このほか、理事会は 2023 年初頭に NBTC 事務局長の募集を開始する必要がある。2020 年 7 月 1 日にタコーン・タンタシット（Takorn Tantasith）氏が退任して以来、同職は空席となっている。理事会が恒久的な後任を任命するまで、NBTC の副事務局長トレイラット・ヴィリヤシリクル（Trairat Viriyasirikul）氏が事務局長代理を務めている。 NBTC 理事会の 7 名の員は次の通り。 • 放送分野では、NBTC の事務次長であるタナパン・ライチャリーン空将 • テレビ分野では、チュラロンコン大学コミュニケーションアート学部の講師であるピロングロン・ラマソータ氏 • 消費者保護分野では、元国家議会議員で医学専門家のサラナ・ブーンバイチャヤプラック博士 • 人民の自由と権利の推進分野では、トルポン・セラノン氏（タイ盲人協会会長） • 経済分野では、タマサート大学地域研究所所長のスパット・スーパチャラサイ氏 • 法律分野では、ナタソーン・プルーソントーン元国王警察特別顧 • 電気通信分野では、ソンポップ・プリヴィグライポンマハナコン工科大学副学長

タイ	■ NBTC、衛星軌道枠の国内初のオークションを実施 国家放送通信委員会（NBTC）は、2023年1月15日、タイコム公社（Thaicom Public Company Limited：旧シン・サテライト）の子会社であるスペース・イノベーション・テク（Space Innovation Tech Company Limited）が2件、ナショナル・テレコム（National Telecom Company Limited）が衛星軌道スロットライセンス1件を落札したと発表した。このオークションの入札には、スペース・イノベーション・テク、ナショナル・テレコム、プロンプト技術サービス（Prompt Technical Services Company Limited）の3社が参加していた。衛星軌道枠の国内初のライセンスオークションでは5パッケージとしての入札が行われたが、入札者は第2パッケージ（380,017,850バーツ）、第3パッケージ（417,408,600）、第4パッケージ（9,076,200バーツ）にのみ参加した。第1パッケージと第5パッケージは入札がなかった。第2パッケージと第3パッケージはスペース・イノベーション・テクが落札し、第4パッケージはNTが落札した。落札者は、NBTCからの落札通知を受け取ってから90日以内に取得価額の10%、4年目に40%、6年目に50%の3回に分けてライセンス料を支払う必要がある。さらに、ライセンスを落札した企業は、3年以内に衛星を軌道上に打ち上げることが義務付けられている。ライセンスのコンセッション期間は20年である。今回第4パッケージの落札に成功した国営ナショナルテレコム（NT）は、東経126度の軌道枠を利用して、主に地方州単位の需要に応えるブロードバンド衛星容量を提供し、国家放送通信委員会のユニバーサルサービス義務（USO）に基づく遠隔地での通信サービスを展開していく予定である。 ■トゥルーとDTACの合併完了、国内シェアは5割超に タイ携帯通信2位のトゥルー・コーポレーションと同3位のトータル・アクセス・コミュニケーション（dtac）は、2023年3月1日、True Corporation Public Company Limitedという名称で商務省の事業開発局から商業ライセンスを取得し合併手続きが完了したと発表した。合併により、両社の法人格は消滅し、新たに設立された会社が2社のすべての資産、負債、権利、義務を引き継いだ。タイの携帯電話契約者数は約9,700万人。AIS（Advanced Info Service）とDTAC、トゥルー（True Corp）の3つの民間携帯電話会社の他にCAT TelecomとTOTが2021年1月に合併して設立された国営携帯電話会社ナショナル・テレコム（National Telecom：NT）で構成されている。AISは、シンガポールを拠点とするシングテル（Singtel Group）をバックに持ち、2021年9月時点で全契約数の44.5%を占め、市場を支配していた。これまでは、ライバルであるトゥルー（CPグループが経営し、China Mobileが共同所有）とテレノール（Telenor）が経営するDTACは、それぞれ32.6%と19.6%で、AISには遠く及ばなかったが、新会社の国内シェアは5割強となり、これまで首位だったAISを逆転する。
ベトナム	■情報通信庁、インダストリー4.0の国家戦略を実施へ ベトナム共産党およびベトナム共和国のガイドライン、政策、法律を情報伝達する任務を帯びているベトナム通信社の公式電子新聞ベトナムプラスは、2022年7月10日、安全な国家デジタルインフラとデジタル経済成長のための新たな空間を創出し、電子行政を強化する計画を明らかにしたと報じた。これらの目標は、2030年までに第4次産業革命に向けた国家戦略を実施するための同省の行動計画の一部である。この計画の下、情報通信省は2025年までに、ベトナムの電子政府指数を国連のランキングによると東南アジアの主要4カ国の中に入れることを目指している。ベトナムはまた、国際電気通信連合（ITU）のグローバル・サイバーセキュリティ指数で上位40カ国に入ることも目標としている。この目的のため、同省は制度の質と政策立案能力の向上、データベースと接続インフラの整備に注力する。また、人的資源を改善し、優先技術の研究開発に投資し、科学における国際協力と統合を拡大する。また、サイバーセキュリティに対する意識と責任を強化する。2025年までに、GDPに占めるデジタル経済の割合を20%に、各産業・分野に占めるデジタル経済の割合を10%以上にすることを目指す。その年までに、国民の50%以上が少なくとも1つの電子決済口座を持たなければならず、ベトナムは北部、中部、南部の主要経済地域にある少なくとも3つのスマートシティに5Gサービスを展開する。ベトナムは2030年までにデジタル政府の構築を完了させたいとしている。ITUのグローバル・サイバーセキュリティ指数で世界の上位30カ国に入り、デジタル経済がGDPに占める割合は30%に達する計画である。

ベトナム	■政府、サイバーセキュリティ新戦略を発表 ベトナム政府は、サイバー空間における課題や犯罪に対応するため、2022 年 8 月 11 日、国家サイバーセキュリティ戦略を発表した。この戦略では、2025 年の目標を設定し、2030 年のビジョンも掲げている。情報通信省（MIC）は報道発表の中で、サイバーセキュリティに関する国家の全体的な管理の強化、法的枠組みの完成、サイバー空間における国家主権の保護など、戦略の主な課題と解決策を示した。国家機関の情報システムだけでなく、情報セキュリティを確保するために優先すべき重要な部門も保護する。この戦略を通じて、国家はデジタルの信頼を醸成し、誠実で文明的かつ健全なネットワーク環境を構築する。サイバースペースにおける法律違反を防止し、これに対抗するとともに、サイバースペースの課題に積極的に対処するために、技術的な習熟と自律性を強化する。政府は、サイバーセキュリティの人材を育成・開発し、サイバーセキュリティのスキルに関する意識を高め、サイバーセキュリティの取り組みを実施するための資金確保に努める。 一方、ネットワーク情報セキュリティの重点 11 分野のインシデント対応チームが結成される。重点分野には、交通、エネルギー、天然資源・環境、情報、衛生、金融、銀行、防衛、治安、社会秩序・安全、都市部、政府の指導・管理などが含まれる。 この戦略の下で、主な目標のひとつは、グローバル・サイバーセキュリティ指数（GCI）におけるベトナムの順位を維持または向上させることである。ITU が 2021 年 6 月に発表した報告書によると、ベトナムは 2 年間で 25 ランクアップし、2020 年の GCI で世界 194 カ国・地域中 25 位にランクされた。ベトナムはアジア太平洋地域で 7 位、ASEAN 諸国では 4 位にランクされた。 ■政府、ハイテク企業にユーザーデータの陸上保管を命令 ベトナム政府はテクノロジー企業に対し、ユーザーのデータをローカルに保存し、ローカルオフィスを設置するよう命じた。2022 年 8 月 17 日に発令された新しい規則は、アルファベット社のグーグル（GOOGL.O）やメタ社のフェイスブック（META.O）のようなソーシャルメディア企業や電気通信事業者に適用され、同年 10 月 1 日から施行される。「財務記録や生体認証データから、民族や政治的見解に関する情報、あるいはユーザーがネットサーフィン中に作成したデータに至るまで、すべてのインターネットユーザーのデータは国内で保存されなければならない」と政令に規定されている。 ベトナムで電気通信ネットワーク、インターネット、サイバースペースでの追加サービスを提供する国内外の企業は、国内に物理的に所在するセンターで以下のようなデータを保管しなければならない。 • ベトナム国内のサービス利用者の個人情報に関するデータ • ベトナム国内のサービス利用者が作成したデータ：アカウント名、クレジットカード情報、電子メールアドレス、IP アドレス、サービス利用時間、直近のログイン、登録電話番号 • ベトナムのサービス利用者の関係データには、利用者がオンラインで交流している友人やグループが含まれる。 当局は、調査のためにデータ収集の要求を出す権利と、政府のガイドラインに反すると判断された場合、サービスプロバイダーにコンテンツの削除を求める権利を持つ。外国企業は公安大臣の指示を受けた後、12 カ月以内に現地にデータ保管所と駐在員事務所を設置し、最低 24 ヶ月間データを陸上で保管しなければならない。 ベトナムは共産党によって運営されており、厳しいメディア検閲を維持し、反対意見をほとんど容認していない。過去数年にわたりインターネット規制を強化しており、2019 年に施行されたサイバーセキュリティ法や、2022 年 6 月に導入されたソーシャルメディア行動に関する国家ガイドラインがその頂点にある。

<table>
<tr><td>ベトナム</td><td>

■情報通信省、2022 年のベトナムの通信市場の数値を発表

情報通信省（MIC）は、2022 年 12 月 29 日、2022 年の通信サービス市場が 2021 年比 1.6％増の約 138 兆ベトナム・ドン（約 8,400 億円）を生み出したと発表した。データによると、2022 年、通信産業は国家予算におよそ 48 兆ベトナム・ドン（約 2,900 億円）を支払い、国家予算の支払い額は 2021 年比で 9.8％増加した。電気通信業界の税引き後利益は、2021 年比 3.8％増の 44 兆 5,000 億 VN（約 2,700 億円）と推定される。2022 年 12 月現在、ベトナムの携帯電話加入者とスマートフォン利用者の割合は 75.8％に達した。また、ベトナムのインターネット利用者数は現在 7,210 万人で、そのうち光ファイバーケーブルを利用している世帯の割合は 74.5％と推定され、同期比で 11％増加している。

2022 年 12 月時点の固定ブロードバンド加入者数は、人口 100 人当たり 21.5 人（同 9.7％増）と推計され、2022 年計画の目標である人口 100 人当たり 22 人にほぼ達する。ベトナムは現在、新世代のインターネットアドレス Internet Protocol version 6（IPv6）を導入しているアプリケーションの割合で世界第 10 位であり、ベトナムのインターネットにおける IPv6 利用率は 53% で、2022 年の目標に対して 1% を超えている。さらに、85 の電子ポータルのうち 52、省庁・部門・自治体の公共サービスが IPv4 を IPv6 に変換しており、2021 年の 2.5 倍となっている。

また、2022 年、ベトナムの電子商取引収入は前年比 15% 増となった。2021 年の売上は前年比 16％増で 1 兆 9,700 億円に達した。ベトナム経済は 2020 年の COVID-19 パンデミックによって大きな影響を受けたが、それでも電子商取引収入は 2019 年と比較して約 15％増の 1 兆 8,400 円に達した。ベトナム e コマース白書によると、2021 年のベトナムの経済成長率は過去 30 年間で最低の 2.58% にとどまった。その中で、同国の e コマース収入は依然として 6％の成長率を維持している。ベトナムのインターネット経済の総収入は、2025 年までに 7 兆 9,800 円に達すると予測されている。ベトナムの消費者がオンラインで買い物をする割合は、シンガポールに次いでこの地域で 2 番目に高い。同国の今年の B2C 小売 e コマース収益は 164 億米ドルと推定されている。ベトナムにおけるオンライン・ショッピングの習慣の急激かつ大幅な変化に伴い、e コマース活動だけでなく、オンライン環境における貿易促進活動も急速かつ持続的な発展を続けている。ベトナムは現在、2025 年の目標より 3 年早く、70,000 社のデジタル技術企業を擁している。ベトナムのデジタル企業数は 2019 年の 45,600 社から 2022 年 9 月には 68,800 社に増加した。

■携帯電話加入者情報の国家人口データベースへの登録開始、登録不備の百万件以上の携帯電話番号は契約解除へ

ベトナム政府は、2022 年 4 月 8 日付の決議 50/NQ-CP を発表し、この中で、特に、ベトナムの情報通信省に、管理を改善するために、加入者情報を国家人口データベースに接続するよう、携帯電話ネットワーク事業者に指示することを求めた。ネットワーク事業者に対してジャンク SIM の使用状況を解決し、実施結果をベトナム首相に報告するため、加入者情報（機密情報を除く）を国家人口データベースと接続し、ユーザーデータを認証するよう指示した。情報通信省は、すべての携帯電話契約者に、氏名、識別番号、プロフィール写真など、所有者の正確な個人情報を提供することを求めている。不正確な情報を持つ電話番号は、2023 年 3 月 15 日から携帯電話会社から通知を受けることになる。通知を受けた契約番号に関して、個人情報が更新されない場合には、携帯電話事業者は、最初の通知が送信されてから 15 日後に着信をブロックし、次の 15 日後に双方向ブロックが有効になる。最初の通知から 60 日後、非協力的な加入者は契約が解除される。モビフォン、ビナフォン、ベテルの大手携帯電話会社の報告によると、国家人口データベースと一致しない情報を持つ携帯電話加入者は約 350 万人いる。2023 年 4 月 15 日から送受信の停止措置が取られた加入件数は、120 万件に上った。情報通信省は、5 月 15 日に、最終的に契約解除となる加入者は百万件を超えると予測している。

</td></tr>
</table>

ベトナム	■モバイルマネー利用者数 390 万人に、遠隔地の居住者が 7 割 2023 年 6 月 2 日付のベトナムニュースサイト、ベトナムグローバルは、情報通信省の統計によると、ベトナムでは 390 万人以上がモバイルマネーサービスを利用していると報じた。同ニュースサイトによると、ベトナムのモバイルマネー利用者数は、2022 年 4 月の数字と比較して 3 倍に増加している。農村部、山岳部、遠隔地の利用者数は 270 万人以上に達し、サービス利用者全体の 69%を占めている。現在、全国に 9,953 のモバイルマネー・サービス・ポイントがあり、2023 年 3 月と比較して 12%増加している。モバイルマネーによる支払いに対応するサービスポイントは 15,326 カ所で、0.2%増加した。モバイルマネーによる総取引件数は 2,610 万件以上、総取引金額は 1 兆 6,830 億 VND 以上であった。モバイルマネーは、2021 年 11 月 18 日から 2023 年 11 月 18 日までの 2 年間、全国で試験的に実施されることが国家銀行から認可された。モバイル·マネーは、特にオンライン・バンキング・サービスを利用できない農村部、山岳部、島嶼部において、現金以外の支払いを促進するための電気通信庁の主要政策である。近い将来、モバイルマネーは島嶼部でも普及する予定である。 ■情報通信省、2.3GHz 帯のオークション計画を発表、携帯電話会社 4 社が参加を申請 ベトナムの情報通信省(MIC)は、2023 年 2 月 24 日、4G および 5G サービス展開のため、2,300MHz ～ 2,400MHz 帯の地上移動通信システム用無線周波数使用権のオークションを実施する計画を承認する決定第 219/QD-BTTTT 号を発表した。落札者はそれぞれ 30MHz の周波数に制限され、以下のように分割される：2,300MHz ～ 2,330MHz、2,330MHz ～ 2,360MHz、2,360MHz ～ 2,390MHz。ライセンスは 15 年間有効で、入札開始価格は 3,864 億ドン（1,650 万米ドル）。入札希望者は 4 月 19 日までに無線周波数管理局（RFD）に申請書を提出し、その後適格企業のリストが情報通信省に提出され、情報通信省がオークションを手配する。これを受けて、ベトテル（Viettel)、VNPT-Vinaphone、モビフォン（MobiFone)、ベトナムモバイル（Vietnamobile）の携帯通信事業者 4 社が、情報通信省（MIC）の次期周波数オークションへの参加を申請したと 2023 年 5 月 19 日付のベトナムネットが報じた。いずれもベトナムの既存の移動体通信事業者である。ベトナムでは規定により、オークションに参加できるのは、情報通信省が認定した企業のみである。入札では 3 つのライセンスを割り当てる予定であることから、入札が行われれば 1 社が脱落することになる。なお、ベトナムの既存の移動体通信事業者は 5 社であるが、Gmobile として事業を行う Global Telecommunications Corporation は取得を希望していない。 ■ 2.3GHz 帯オークションは不成立 ベトナム情報通信省（MIC）は、2023 年 5 月 15 日と 25 日、そして 6 月 2 日に予定されていた 2,300MHz ～ 2,400MHz 帯のモバイル周波数割り当てが不成立に終わったことを 6 月 5 日に明らかにした。VietNamNet によると、オークションに参加するために登録料を支払う事業者が現れなかった。事前に 4 社が参加申請していたが、ともに応札しなかった。理由は明らかにされていない。
オーストラリア	■規制機関 ACMA、放送／配信に関わらないコンテンツ規制の一元化が必要という内容のポジションペーパーを発表 オーストラリア通信メディア庁（ACMA）は、2022 年 6 月 29 日、「視聴者の求めるもの－コンテンツ・セーフガードに対する視聴者の期待（What audiences want − Audience expectations for content safeguards)」と題するポジションペーパーを公表した。 ACMA は同ペーパーにおいて、現在、放送事業者に課されている実施規則（code of practice）は放送コンテンツのみを対象とするものであり、オンラインコンテンツは、例え放送事業者が制作したものであっても規則の対象外となることを指摘。今後は、放送やオンラインプラットフォームといった配信方法に関わらず、コンテンツ規制を一元化し、視聴者を保護するべきと主張した。

<table>
<tr>
<td rowspan="3">オーストラリア</td>
<td>■テルストラ、デジタルパシフィックの買収を完了、日米政府が支援
テルストラ（Telstra）は2022年7月14日に16億米ドル（約2,149億400万円）でデジタルセル（Digicel Pacific）の株式の100%を英領バミューダ諸島のDigicel Group Holdingsから取得し、デジタルパシフィック（Digicel Pacific）の買収を完了したと発表した。この買収の大部分は連邦政府によって賄われ（連邦政府は約20億ドル相当の資金を提供した）、中国の電話会社によるデジセル・パシフィックの買収を阻止するための動きとして広く見られている。
デジタルパシフィックは南太平洋地域における最大の携帯通信会社で、加入件数は250万件を超えている。パプアニューギニアではDigicel（PNG）、フィジーではDigicel（Fiji）、バヌアツではDigicel（Vanuatu）、サモアではDigicel（Samoa）、トンガではDigicel（Tonga）、ナウルではDigicel（Nauru）の6市場で通信サービスを提供している。買収により、テルストラの携帯通信事業の子会社として携帯通信事業を行う。
デジセル・パシフィックはジャマイカに本社を置くデジセル・グループ・ホールディングス・リミテッドの完全子会社であった。2021年10月、デジセル・グループ・ホールディングス・リミテッドはデジセル・パシフィックをテルストラの子会社に売却すると発表した。
テルストラによるデジタルパシフィックの買収には、オーストラリア政府によるテルストラの太平洋地域最大の通信事業者買収へ日本と米国から、この取引に約1億5,000万ドルの信用保証を提供するという前代未聞の発表があった。日本の国際協力銀行（JBIC）と米国の国際開発金融公社（DFC）とが、それぞれ約7,500万ドルの信用保証を提供し、この取引を支援する。
クイーンズランド大学のシャハール・ハメイリ教授は、通信業界は通常安定したリターンを享受しており、“一般的に比較的安全なセクターと見なされている”ため、今回の発表には“基本的な商業的センス”があると述べている。一方で、同教授は、その投資金額は非常に小さく、日米の支援がなくてもオーストラリアが容易に資金を提供できたことは間違いなく、米国と日本がテルストラの買収資金を提供することを決定した主な理由は、これらの国がオーストラリアと協力して、融資提供国の安全保障上の利益に反すると思われる地域での中国の経済活動を抑制することを中国に示すためであろうと分析している。</td>
</tr>
<tr>
<td>■テルストラ、特定の公衆電話から無料Wi-Fiアクセスを可能に
テルストラは、2022年8月25日、Wi-Fi対応の公衆電話約3,000台で無料Wi-F接続を開始したと発表した。同事業者によると、この開発は「すべてのオーストラリア国民が接続を維持できるようにするための次のステップ」であり、2021年8月に決定した、15,000台の公衆電話から市内および国内の固定電話番号と「標準的な」オーストラリアの携帯電話番号への通話をすべて無料にするという決定に続くものだという。後者の決定に関して、テルストラは、過去1年間に同社の公衆電話から約1,900万件の無料通話が行われたことを明らかにした。残り120,000台の公衆電話についても、数年以内に無料Wi-Fiが利用できるように準備が進められている。</td>
</tr>
<tr>
<td>■テルストラ、エリクソンのクラウドRANで商用ネットワーク初の5Gデータ通話を実現
テルストラとエリクソンは、2022年12月12日、テルストラの商用ネットワーク上で初のエリクソン・クラウドRAN 5Gデータ通話を実施したと発表した。オーストラリアのクイーンズランド州ゴールドコーストで行われているこの画期的な技術トライアルは、エリクソンのクラウドRAN無線アクセスネットワーク（RAN）仮想化技術が南半球の商用ネットワークでトライアルされた初めての例である。エリクソンのCloud RANソリューションは､RANベースバンドをCU（集中型ユニット）およびDU（分散型ユニット）向けのクラウドネイティブなネットワーク機能として仮想化する。RANベースバンドの仮想化により、テルストラは柔軟性の向上、サービス提供の迅速化、ネットワーク運用の効率化を実現する。テルストラがエリクソンのクラウドRAN技術を導入する際には、CUとDUのベースバンド機能の両方を集中化するアーキテクチャを採用している。CUとDUの両方の機能をTelstraの地方交換局やデータセンターなどの中央サイトに配置することで、テルストラは、コストと容量の改善につながる計算リソースの効率的な利用を実現しようとしている。</td>
</tr>
</table>

オーストラリア	■ACCC、Telstra と TPG の地域ネットワーク取引に認可を与えず オーストラリア競争・消費者委員会（ACCC）は、2022年12月21日、テルストラとTPGテレコム（ボーダフォン・オーストラリア）の間で提案されている地域モバイルネットワーク協定を認可しないと発表した。プレスリリースの中で、ACCCは、提案された取り決めが競争を実質的に低下させる可能性がないこと、または、取り決めから予想される公共の利益が予想される公共の不利益を上回ると納得しない限り、認可を与えることはできないと説明した。ACCCは、提案された取り決めは、TPGのネットワークカバレッジの改善、両事業者のコスト削減と効率化など、短期的な利益をもたらしたかもしれないが、その永続的な影響は、「インフラに基づく競争を弱め、地方を含む消費者を長期的に不利にする」ものであったと指摘している。 この協定の認可申請は、2010年競争・消費者法に基づき、2022年5月23日に行われた。テルストラが（スペクトラム認可契約に基づき）TPGの周波数帯免許の下で無線通信機器を運用するための契約上の認可に対する合併認可を求めていた。このような契約上の認可は、1992年無線通信法（Cth）第68A条により、同法第50条における買収とみなされる。この契約に基づき、TPGはTelstraに対し、TPGが保有する周波数帯を使用する権限を与え、TelstraはTPGに対し、地域カバレッジゾーンでアクティブなモバイルネットワークサービスを提供する。リージョナル・カバレッジ・ゾーンは、オーストラリア人口の約17%が居住する特定の地域および都市周辺部で構成され、人口カバー率81.4%から98.8%に相当する。TPGは現在、人口の96%をカバーするサービスを顧客に提供しているため、そのカバレッジは約2.8%増加し、98.8%となる。TPGは、Telstraに引き継がれる169の既存モバイルサイトを除き、リージョナル・カバレッジ・ゾーン内のネットワークを廃止する。当初の契約期間は10年間で、TPGは5年間の延長オプションと3年間の移行オプションの2つを持つ。2010年競争・消費者法は、ACCCに行為を許可する裁量権を与えている。委員会は、以下の場合を除き、行為に関して認可を与える決定を下してはならないと規定されている。 (a) 委員会は、すべての状況において、当該行為が競争を実質的に減殺する効果をもたらさない、またはもたらすおそれがないと納得する場合。 (b) 委員会があらゆる状況において以下のように納得すること： (i) その行為が公共の利益をもたらすか、またはもたらす可能性が高いこと。 (ii) その利益が、その行為によって生じる、または生じる可能性のある公衆への不利益を上回ること。 ACCCの決定を受けて、テルストラは速やかに裁定を不服とする意向を示した。 ■ACMA、テルストラが、優先支援に不備、脆弱な消費者を救済しなかったと認定 オーストラリア通信メディア庁（Australian Communications and Media Authority：ACMA）は、2023年2月8日、テルストラの「優先的支援」義務不履行に関連し、テルストラは裁判所から強制力のある引き受けを受諾したことを明らかにした。ACMAはTelstraが約束の条件に従わない場合、連邦裁判所に訴えることができる。テルストラ社は、免許の条件として、生命を脅かす病状を持つ顧客に優先的な援助を提供することを義務付けられている。いったん特定されると、その顧客に追加レベルのサービスを提供するシステムを用意しなければならない。しかし、ACMAの調査によると、テルストラは、優先アシスタンスについて問い合わせをした顧客に対し、260回以上、優先アシスタンス申込書の送付、および／または必要な追加情報の提供、5回、「緊急医療要請」手続きの開始、1回、「サービスの信頼性向上」のためのプロセスを怠っていたことが判明した。ACMAの調査結果に加え、Telstraは、優先アシスタンス書類が送付されたかどうかの記録を見つけることができなかった事例が他に740件あったことも報告した。現在、テルストラは、優先アシスタンスを必要とする顧客が必要な情報を提供され、簡単にサービスに登録できるよう、既存の手続きの不備に対処するための新しいシステムを導入する意向を示している。さらに、優先アシスタンス・コミュニケーションを担当するスタッフの監視を強化し、正しい手順が踏まれていることを確認すると報じられている。一方、Telstraが強制執行の条件に従わない場合、ACMAは連邦裁判所の手続き開始を検討する可能性がある。

オーストラリア	■全国ブロードバンド網（NBN）、全国100万以上の世帯でFTTP網にアップグレード オーストラリア政府と全国ブロードバンド網（NBN）を推進する政府系運用事業者NBN Coは2023年2月13日、NBNの既存FTTN（fibre-to-the-node）網をFTTP（fibre-to-the-premises）にアップグレードし、100万以上の世帯がフルファイバ化する計画を発表した。この計画は、全体の58％が地方、残り42％が都市圏で実施され、2024年からサービス利用が可能になるという。NBN Coによると、現在国内300万世帯でFTTNへのアクセスが可能であり、2025年末までに全世帯でのフルファイバ化を目指すとしている。なお、政府は、NBNのアップグレード計画を推進するため、4年間で24億AUD規模の追加投資を、2022－2023年度の連邦予算として組み込んでいる。 ■スターリンク、オーストラリアで10万件の契約 2023年2月27日付のシドニー・モーニング・ヘラルド紙によると、衛星ブロードバンドプロバイダーのスターリンクは、オーストラリアでわずか2年ほどで約10万件（正確には9万5千件）の契約を獲得し、この数字はナショナル・ブロードバンド・ネットワーク（NBN）が地方における高速インターネット製品と競争する能力について懸念を抱かせる可能性があると報じた。スターリンクは2021年4月にオーストラリアでサービスを開始し、現在では低軌道（LEO）衛星のネットワークを通じてサービスを提供し、家庭用ユーザー向けに下り最大200Mbpsの速度を宣伝している。オーストラリアでは、NBNが2015年と16年にわたり2基の静止通信衛星スカイマスターを打ち上げている。2021年にはサービス地域内の4分の1にあたる約11万2,600件の利用者にサービスを提供していた。しかし、過去1年間で1万件の利用者が減少していた。 ■ NBN加入者総数が初めて減少に転じる、主要プレーヤーはシェアを失う オーストラリア競争・消費者委員会（ACCC）は、2023年3月3日に発表した「NBN卸売市場指標報告書」の中で、2022年12月31日までの3カ月間に、家庭向けNBNサービス数が初めて減少したことを明らかにした。同委員会の調査結果によると、2022年末時点の総契約数は0.1％、約9,000件減少し、873万件となった。テルストラ、TPG、オプタスの3大プロバイダーは、合計で約95,000サービス減少し、680万サービスとなった。これにより、NBN市場シェアはそれぞれ42.4％、22.4％、13.1％とわずかに減少した。一方、ボーカスやその他の小規模プロバイダーは約86,000サービス増の190万サービスとなり、残りの22.1％を占めた。2022年の年率換算では、テルストラ、TPG、オプタス、ボーカスの4大プロバイダーが獲得したNBNサービスは22.7万件以上減少し、中小プロバイダーは36.3万件近く獲得した。現在、全121の相互接続ポイント（POI）でNBNサービスに直接アクセスしている固定ブロードバンドプロバイダーは19社であるが、2021年12月31日時点では13社である（注：POIとはプロバイダーがNBNに接続できる物理的な場所のこと）。 ■ ACTもテルストラとTPG地域ネットワークの認可を却下 オーストラリア競争裁判所（ACT）は、2023年6月21日、テルストラ社とTPGテレコム社（ボーダフォン・オーストラリア傘下）の地域ネットワーク契約の認可を却下したオーストラリア競争・消費者委員会（ACCC）の決定を支持した。ACCCが2022年12月に、テルストラが地方におけるTPG所有の周波数を利用し、一方TPGはテルストラの移動体インフラを利用するという両社の共用取引を認めない意向を表明しており、テルストラとTPGは速やかにACTにこの決定の見直しを申請した。しかし、ACTも「提案された取り決めが競争を実質的に弱める効果をもたらす可能性がないこと、または結果として生じる可能性のある公共の利益が不利益を上回ることに納得していない」として、地域ネットワーク取引の認可も拒否した。ACCCによると、ACTは、提案された取り決めがテルストラに実質的な利益を与え、小売・卸売両方の携帯電話市場における市場力を高めると同時に、ライバルのオプタスの5G技術への投資意欲を損なうことを示唆した。そのため、このような状況は時間とともにTelstraに対する競争上の制約を弱め、価格とマージンの上昇につながると指摘している。 ■通信メディア庁、迷惑通信対策で5カ国と国際協力を強化すると発表 オーストラリア通信メディア庁（ACMA）は2023年6月6日、迷惑通信対策について5カ国と国際協力を強化すると発表した。 ACMAは、韓国、カナダ、オランダ、英国及びニュージーランドの規制当局と共に、迷惑通信対策に取り組む規制当局の国際ネットワークであるUCENet（Unsolicited Communications Enforcement Network）に対する覚書（MoU）を更新した。 同協定により、加盟機関間の情報共有や、国境を越えるオンライン詐欺や迷惑通信の調査などにおいて相互協力が可能となる。

ニュージーランド

■ボーダフォンニュージーランド、2024年8月末までに4Gと5Gに置換し、3Gを停止

ボーダフォンニュージーランドは、2022年8月24日、現在3Gでサービスを提供している地域に2024年8月末までに4Gと5Gを展開し、その時点で従来の3Gネットワークの停止を開始する意向であることを発表した。ボーダフォンは、同社の新しいネットワーク技術を利用する顧客がすでに増えており、3Gデータ利用がネットワークデータトラフィック全体に占める割合は5%未満で、この数字は年々急速に減少していると指摘している。

■政府、新たな国家デジタル戦略を公表

ニュージーランド政府は2022年9月15日、新たな国家デジタル戦略「The Digital Strategy for Aotearoa」を公表した。同戦略は、今後のニュージーランドのデジタル社会をどのように形成していくかについて包括的な枠組みを提示しており、「信頼」、「インクルージョン」、「成長」を三つの柱として構成されている。

政府は、2015年から2020年までに、デジタル分野が国内経済成長に大きく貢献しており、国内経済全体よりも77%成長率が高かったとする。また、経済水準の同等な諸外国よりもサイバーインシデント件数を削減する、国民へ高速インターネットを提供する、デジタル／ICT産業を有力な輸出分野にすることなどを目標に設定しており、今後も新技術、新たな課題及び機会に対応して同戦略を発展させていく方針である。

■ボーダフォンNZ、2023年初頭に社名を「ワンニュージーランド」へ変更

ボーダフォンニュージーランドは、2022年9月28日、2023年早々に社名をワンニュージーランドに変更する意向を表明した。今回のブランド変更は、ボーダフォンというグローバル・グループの一員から国内通信事業者へのステップである。ボーダフォンNZは、ボーダフォン・グループとの個別のパートナーシップを維持すると報じられている。このパートナーシップのもとで、ボーダフォンのネットワーク用の携帯端末の認証など、さまざまな裏方の技術サービスをボーダフォンNZに提供し続けることになる。ボーダフォンの顧客が海外でボーダフォン・グループのネットワークをローミングしたり、逆にボーダフォンNZの顧客が海外でボーダフォン・グループのネットワークをローミングしたりする能力にも影響はない。2023年4月3日、ボーダフォンニュージーランドは、正式にワンニュージーランドに社名を変更したと発表した。

携帯電話会社の加入者別市場シェア
（2021年末時点）

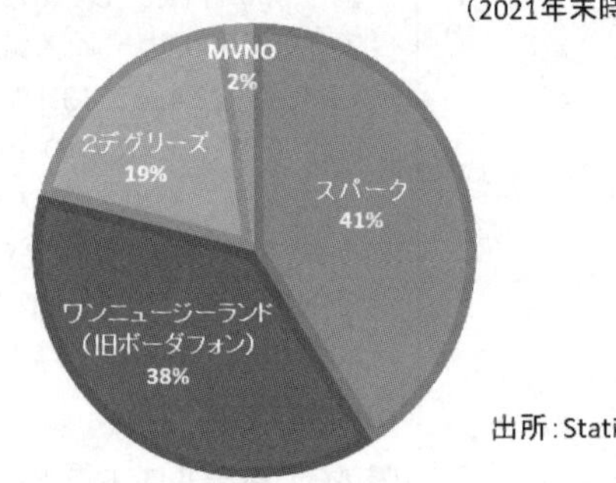

出所：Statistia

■政府、遠隔地居住世帯を対象としたブロードバンド接続向上スキームを始動

ニュージーランド政府は2022年11月17日、現状でブロードバンドが利用できない遠隔地居住世帯を対象とした、接続性向上イニシアティブ「リモート・ユーザ・スキーム（Remote Users Scheme：RUS）」を開始した。

政府は2022年初頭に発表した、6,000万NZD規模のルーラル地域に対する接続性向上政策パッケージから、RUSに対して1,500万NZDを拠出する。なお、RUSによるブロードバンド網の構築は2023年半ばから開始される見込みである。

ニュージーランド政府は過去5年間にわたって、ルーラル地域の接続性向上政策に取り組んでおり、RUSはこの取り組みを補完するものである。政府はこれまでに7万5,000世帯へブロードバンドサービスや364のモバイル基地局を提供してきた他、観光地95か所やルーラル地域の幹線道路1,059kmへモバイルカバレッジを提供した。

■コーラス、光ファイバーエリアでの新規銅線サービスの「販売停止」を発表

コーラスは、2023年3月7日、コーラスと地元のファイバー会社がファイバーブロードバンドアクセスを提供している地域において、新規銅線サービスの「販売停止」を実施することを確認した。この販売停止は、2023年3月6日以降、従来の銅線ブロードバンド、ADSL、VDSLへの新規接続を対象とし、2023年6月1日以降、ベースバンド音声サービスへの新規接続を対象とする。この動きは、コーラスの段階的銅線撤退計画の一部ではなく、現在、同社のファイバーネットワークがカバーする地域でのみ実施されている。コーラスのエド・ハイド最高顧客責任者（CCO）はプレスリリースの中で、「今回の販売停止は、銅線撤退プロセスを進め、光ファイバーに集中することで、最終的にはより良い、信頼性の高い体験を顧客に提供することにつながる」と説明している。

<table>
<tr><td>ニュージーランド</td><td>

■スパーク、2025年後半に3Gネットワークを閉鎖し、地方の5G用スペースを確保へ

ニュージーランドの携帯電話会社最大手のスパークは、2023年3月29日、2025年末に3Gネットワークを停止し、地方での5G展開を可能にするために限られた無線周波数を解放すると発表した。同社は、スパークのネットワークデータトラフィックのうち3Gを利用しているのは全体のわずか4%に過ぎず、音声通話は2019年以降70%減少している一方、4Gネットワークは現在国内人口の98%をカバーしていると強調した。同社は、現在3Gのみが利用可能な数少ない地域で4Gのカバレッジを強化することを顧客に保証した。

■携帯電話3社、カバレッジの向上を目指し相次いで衛星電話会社と提携

ニュージーランドのモバイル・ネットワーク・オペレーター（MNO）3社が、国内全域のモバイルカバレッジを向上させ、遠隔地のいわゆるブラックスポットを解消するため、相次いで、衛星プロバイダーとの契約を発表した。

まず､ボーダフォン（4月3日にワンニュージーランドに社名変更）が､2023年4月3日､スペースX社のスターリンク衛星と2024年後半から連携する契約をスペースX社と締結したと発表した。2024年後半からニュージーランドの全土をカバーする携帯電話サービスを提供する契約を結んだと発表した。この技術は当初テキストとマルチメディア・メッセージング・サービスのためのものであるが、後にニュージーランドの現在接続されていない地域での音声とデータサービスに拡張される予定である。

また、2デグリーズ（degrees）も同じく、23年4月3日に、米国リンクグローバル（Lynk Global）と商業契約を結び、全国の顧客に衛星電話接続を提供すると発表した。最初のトライアルが4月から開始され、そのうちに同社の顧客がニュージーランドのどこからでもテキストメッセージ、音声通話、基本的なデータサービスを送信できるようになる予定である。リンク社は、地球低軌道（LEO）での衛星間モバイルサービスを開発しており、MNOは、顧客が現在のモバイル通信圏外にいる場合、またはモバイルネットワークが計画外に停止した場合に、「宇宙のセルタワー」を介して顧客を接続することができる。

一方、スパーク（Spark）は、2023年6月6日、衛星プロバイダーのリンク・グローバル社との提携により同社の衛星を通じてスパークの携帯電話顧客向けに携帯電話へのサービスを提供すると発表した。リンク・グローバル社はすでに2デグリーズとも提携している。スパークから提供されるこのサービスは、まずスパーク社の一部の携帯電話契約者が無料トライアルに参加することで、定期的にテキストメッセージの送受信が可能になる。同社はまた、将来的に音声およびデータ通信サービスも提供する予定である。

■携帯電話3社、Cバンド周波数を確保

ニュージーランド政府は､2023年5月12日､同国の3大移動体通信事業者（MNO）であるスパーク（Spark）、2デグリーズ（degrees）、ワンニュージーランド（One New Zealand）との間で、Cバンド帯の移動体通信周波数を直接割り当て、その収入を地方や農村部の移動体通信ネットワークのアップグレード促進に直接投資するという新しいモデルで合意した。3つのMNOはそれぞれ3.5GHz帯の80MHzの周波数帯を受け取る。長期管理権は2022年10月に延長された短期間の権利が終了する2023年7月1日から発効する。割り当てられた周波数帯の対価として、スパーク、2degrees、One New Zealandの3社はそれぞれ政府に2,400万ニュージーランド・ドル（1,520万米ドル）を支払う。この資金は、ニュージーランドの地方におけるモバイルカバレッジのさらなる拡大を支援し、州道におけるモバイル・ブラックスポットに対処するためのRural Connectivity Group（RCG）に割り当てられる。この資金は、5Gを町に提供するために必要な工事の金額に追加される。

■スパーク、ビジネスグレードの衛星ブロードバンドサービスをテスト

スパーク（Spark）社は、2023年5月30日、異常気象や混乱時に信頼性の高い接続を提供するため、ネットワーク・アズ・ア・サービス・テクノロジー企業のオーストラリアを拠点とするNetlinkz社との提携を発表した。この提携は、ニュージーランドの厳選された企業グループとの継続的なトライアルを経て、今年後半にStarlinkビジネスグレードの衛星ブロードバンドを顧客に供給することを目的としている。この契約は、Netlinkzが前年11月にスペースXと締結したグローバル再販契約に由来するもので、これにより、バーチャルセキュアネットワーク（VSN）と呼ばれるNetlinkz独自のネットワークが直接市場に投入されることになった。

</td></tr>
</table>

<table>
<tr><td>ニュージーランド</td><td>■インフラティル、ワンニュージーランドを買収
ニュージーランドを拠点とするインフラ投資会社インフラティル（Infratil）は、2023年6月7日、ブルックフィールド・アセット・マネジメント（Brookfield Asset Management）との間で、ブルックフィールドが保有するワンニュージーランド（One New Zealand：旧 Vodafone New Zealand）の株式49.95%を18億ニュージーランド・ドル（11億米ドル）で取得することで合意したと発表し、6月15日手続きを完了した。インフラティル社は、8億5,000万ニュージーランド・ドルの増資、手元資金、借入金により買収資金を調達する。この買収により、国内第2位の電話会社であるワンNZの企業価値は59億NZドルとなる。両社は2019年に提携し、同社をボーダフォンから34億NZドルで買収した。</td></tr>
<tr><td>そのほかのアジア諸国の動向</td><td>【アジア大洋州】世界銀行、アジア大洋州をはじめとする世界で電子決済の利用が急増したとする報告書を発表
世界銀行は、2022年6月29日、新型コロナ禍によって、アジア大洋州含む世界において、電子決済の利用が急増したとする報告書「グローバル　フィンデックス　データベース　2021」を発表した。結果として新たな経済機会が生まれ、口座保有の男女間格差が縮小し、家計レベルで強靭性が高まり金融ショックへの対応力が向上していると、指摘している。2021年現在、世界の成人の76%が銀行、その他の金融機関、またはモバイルマネープロバイダーの口座を持っており、2017年の68%、2011年の51%から上昇している。重要なのは、口座保有率の伸びが、より多くの国で均等になったことである。過去10年間は、成長の多くがインドと中国に集中していた。しかし、今年の調査では、2017年以降、34カ国で口座所有の割合が2桁増加したことが判明した。パンデミックは、デジタル決済の利用拡大にもつながった。中低所得国（中国を除く）では、カード、電話、インターネットを使って加盟店の店頭やオンライン決済を行った成人のうち40%以上がパンデミック開始後に初めて利用した。インドでは、8,000万人以上の成人がパンデミック開始後に初めてデジタル商取引で支払いを行い、中国では1億人以上の成人が支払いを行った。ASEAN、オセアニアからなるアジア大洋州地域をみると、銀行などの金融機関の口座またはモバイル口座保有人数が成人人口に占める比率は、前回の2017年調査から2021年にかけて、カンボジア、ミャンマー、フィリピン、タイにおいて大きく伸びた。カンボジアは22%から33%へ、ミャンマーは26%から48%へ、フィリピンは34%から51%へ、タイは82%から96%へ拡大した。オーストラリアやニュージーランドはほぼ100%に近い。支払いや受け取りへの電子決済利用者が成人人口に占める比率は、ASEAN全てで上昇している。例えば、タイは2017年の62%から2021年は92%に急上昇した。

【北朝鮮】北朝鮮の総人口の19%のみが携帯電話を使用…「高位幹部が独占」
韓国系ニュースを配信するWOW!Korea（ワウコリア）は、2022年8月14日、北朝鮮では携帯電話を使用しているのは総人口の19%のみで、高位幹部と外交官が独占していることが13日明らかになったと以下のように報じた。
米国中央情報局（CIA）が発表した「CIAワールドファクトブック」によると、2021年時点での北朝鮮国内の移動通信の使用者数は北朝鮮の総人口の約19%にしか満たない。北朝鮮の人口が約2,595万人であることを考慮すると、約490万人が携帯電話を使用していることになる。北朝鮮の携帯電話使用者の大半は、高位幹部や外交官と推定されている。北朝鮮当局の検閲が厳しい上、携帯電話を保有するための費用が高額なためである。北朝鮮の「通信サービス指数」はアフガニスタンやトルクメニスタンとともに世界最下位圏に属している。中国の国境地域に住む北朝鮮住民の一部は、中国の携帯電話機器とSIMカードを入手し、中国の基地局を活用して携帯電話を利用しているものと予想されている。中国の通信キャリアを利用して携帯電話を使用すると、北朝鮮当局が運営する携帯電話サービスを利用するより費用面で安く、摘発されると高額な罰金を科されたり、懲役刑に処される可能性もある。CIAは「北朝鮮は自らの理念を追求するために国際社会で孤立する道を選んだため、通信部門により強力な制裁を加えざるを得ない」と説明している。</td></tr>
</table>

そのほかのアジア諸国の動向	【ミャンマー】　通信大手ウーレドゥー、ミャンマーの通信市場から撤退へ カタールの通信大手ウーレドゥー（Ooredoo）グループは、2022年9月8日、ミャンマーの通信市場から完全撤退することを発表した。ウーレドゥーグループの子会社で、ミャンマーで通信事業を展開するウーレドゥーミャンマーを保有するOoredoo Asian Investmentsの株式100％を5億7,600万USDで売却することでシンガポールの投資会社Nine Communicationsと合意しており、ミャンマーの通信規制当局の承認を取得次第、市場撤退を完了する予定である。ウーレドゥーミャンマーは、同国政府の電気通信市場開放政策により、2014年に設立された。しかし、現在の軍政下においてインターネットや言論への管理が強化され、外資系通信プロバイダに対する圧力が強まる中、戦略方針を全面的に見直し、事業売却を決定した。ウーレドゥーと同時期にミャンマー通信市場に参入したノルウェーのテレノールが2022年3月に同国市場の撤退を完了しており、今回の取引が実現すれば、同国最後の外資系通信プロバイダがミャンマーから撤退することになる。 【アジア4ヶ国】テレノール、「テレノールアジア」の事業再編でアジア地域のビジネス強化 ノルウェーの通信大手テレノールは、2022年10月11日、通信事業の国際展開戦略の一環として、シンガポールに拠点を置くテレノールアジアの事業を再編し、アジア地域におけるビジネス強化を図ることを発表した。これまでアジア地域のビジネス戦略の策定、調達業務、IoTソリューションTelenor Connexionの提供などの事業を進めてきたが、今後、テレノールが資本参加している通信事業4社（タイDTAC、マレーシアDigi、バングラデシュGrameenphone、パキスタンテレノール）の経営責任を負う事業運営会社に再編される。 これにより、テレノールアジアは加入者総数2億、売上総額100億ドル規模の事業運営を担うことになる。これら4カ国においては、通信アクセス機会やカスタマのデジタルスキルの地域格差が大きく、将来的に市場の拡大が見込まれるとしており、各国の通信事業者の運営を統合・効率化することで、アジア地域におけるビジネス機会を拡大し、2025年までに12億ドルのキャッシュフローの実現を目指すとしている。 【アジア5ヶ国】アジア域内の大容量化と国際トラヒック安定化を目指しAsai Link Cableの導入計画に5社が協力 シングテル、チャイナテレコムグローバルリミテッド（CTG）、チャイナテレコムコーポレーション（CTC）、グローブテレコム（Globe）、DITOテレコミュニティコーポレーション（DITO）、ブルネイのユニファイナショナルネットワークス（UNN）からなるコンソーシアムは、2022年11月11日、東南アジアの多くの国を結ぶアジアリンクケーブルシステム（ALC）という3億USドル規模の海底ケーブルを導入する計画を明らかにした。この新システムは、香港特別行政区、シンガポール、フィリピン、ブルネイ、中国海南省に陸揚げされ、8本のファイバーペアで構成され、ファイバーペアあたり最大18Tbpsを伝送することができる。この海底システムは中国のHMN Techが構築し、2025年第3四半期までの完成を目標としている。

参考資料：ワールド・テレコム・アップデート各号（マルチメディア振興センター発行）、各国規制機関ウェブサイト、関係各種資料より作成

4-5 主要通信事業者の状況

4-5-1 世界の主要電気通信事業者（売上高上位 10 社）

順位	事業者名	売上高	営業利益	純利益	従業員数
1	Verizon Communications（米）	136,835	30,467	21,748	117,100
2	China Mobile Ltd（香港）	135,846 (注1)	18,712	18,386	450,698
3	Deutsche Telekom Group（独）	122,674	16,454	10,122	206,759
—	Comcast（米） （米国の CATV 会社）	121,427	14,041	4,295	186,000
4	AT&T（米）	120,741	-4,587	-6,874	160,700
5	NTT（日）	98,816	13,758	9,125	338,650
6	China Telecom（中国）	69,781 (注1)	4,845	4,011	280,683
—	T-mobile USA（米）(注2) （Deutsche Telekom の米国子会社）	79,571	6,543	3,024	71,000
—	Charter Communications（米） （米国の CATV 会社）	54,022	11,962	5,055	101,700
7	ソフトバンクグループ（日）	49,425	-6,282 (注3)	-7,297	63,339
8	Vodafone Group（英）	48,791	15,261	13,168	98,103
9	Orange（仏）	46,405	5,125	2,794	136,430
10	America Movil（墨）	43,499	8,802	4,198	176,014
参考	NTT ドコモ（日） （2020 年から NTT の完全子会社）	45,578	8,229	5,806	46,506
参考	KDDI（日）	42,666	8,092	5,096	49,659
参考	ソフトバンクモバイル（日） （ソフトバンクグループの日本子会社）	44,472	7,975	3,997	54,986
以下 11.Telefonica（西）、12.China Unicom（中国）、13.KDDI、14.BT（英）、15. ルーメン（米）					

・売上高、営業利益、及び純利益の単位は 100 万 US ドル。

・決算年度は 2022 年度で、米・独・仏・イタリア・スペインは 2022 年 1 月 1 日～ 2022 年 12 月 31 日、英・日本は 2022 年 4 月 1 日～ 2023 年 3 月 31 日の決算である。

・通貨は Pacific Exchange Rate Service（http://fx.sauder.ubc.ca/data.html）による為替レートのデータベースに基づき、独・仏・イタリア・スペイン、中国、は 2022 年 12 月 30 日、英・日本は 2023 年 3 月 31 日のドル換算（1 ユーロ = 1.0675US ドル、1 ポンド =1.2359、1 RMB=0.14494、100 円＝ 0.75224US ドル）で換算した。

・Comcast と CharterCommunications は米国の大手 CATV 会社、ブロードバンド契約数が CATV 契約数を上回っているため参考までに掲載した。

・NTT はグループの連結決算。

・出所：各社ウェブサイト、年次報告書、有価証券報告書を基に作成。

注 1：China Mobile（中国移動）と China Telecom（中華電信）の売上げの中には、製品などの販売によるものも含まれる。売上げに占めるその割合は、China Mobile が 11.4%、China Telecom が 5.3% である。

注 2：T-mobile USA：ドイツテレコムの子会社であるが参考までに掲載した。2020 年 4 月 1 日にスプリントを吸収合併している。

注 3：ソフトバンクグループの損失は、同社が投資会社としての色彩が強いためであり、いわゆる「含み損」が大きな割合を占めている。

4-5-2 世界の主要携帯電話会社（加入者別）

順位	事業者名	国	主な市場	伝送方式	加入者数（単位：百万）
1	中国移動（China Mobile）	中国	中国、香港、パキスタン、タイ、英国	GSM、GPRS、EDGE、TD-SCDMA、TD-HSDPA、TD-LTE、FD-LTE（香港のみ）	974.04 (2022.09)
2	シングテル（SingTel）注1	シンガポール	シンガポール、オーストラリア、タイ、インド、フィリピン、バングラデッシュ、インドネシア、パキスタン、スリランカなど全世界では21ヶ国	GSM、GPRS、UMTS、HSPA、HSPA+、LTE)	770.0 (2022.03)
3	エアテル（Airtel）	インド	インド、バングラデッシュ、スリランカの他、ケニヤ、コンゴ、ガーナ、タンザニア、マダガスカル、ウガンダなど主にアフリカ諸国を市場として、全世界では19ヶ国に展開	GSM、GPRS、EDGE、HSPA、UMTS、HSPA+、LTE、TD-LTE、FD-LTE、LTE-A、5G	496.91 (2022.06)
4	リライアンス ジオ（Reliance Jio）	インド	インド、バングラデッシュ	LTE、TD-LTE、FD-LTE、LTE-A、5G	430.23 (2023.04)
5	中国電信（China Telecom）	中国	中国、マカオ	CDMA、EV-DO、TD-LTE、LTE、LTE-A	390.48 (2022.10)
6	中国聯通（China Unicom）	中国	中国、香港、米国、英国	GSM、GPRS、EDGE、HSPA、HSPA+、LTE、LTE-A	320 (2022.06)
7	アメリカ・モビル（America Movil）	メキシコ	メキシコ、ラテンアメリカ諸国、米国など25ヶ国	D-AMPS,cdmaOne、CDMA20001x, EV-DO,GSM, GPRS, EDGE, UMTS、HSPA +、LTE	307.85 (2022.09)
8	MTN グループ	南アフリカ	南アフリカ、ナイジェリア、などのアフリカ諸国、シリア、イラン、アフガニスタンなど21ヶ国	GSM, GPRS, EDGE, UMTS, HSDPA、HSPA + ,LTE	289.11 (2022.12)
9	テレフォニカ / モビスター /O2	スペイン	スペイン、主なラテンアメリカ諸国、ブラジル、英国、ドイツ、スーダンなど13ヶ国	GSM、GPRS、EDGE、UMTS、HSDPA,cdmaOne、CDMA2000、D-AMPS、LTE	277.52 (2023.05)
10	ボーダフォン（Vodafone）	英国	英国、ドイツ、オランダ、スペインなどの欧州の主な国々、ハンガリー、トルコ、フィジー、米国、オーストラリア、ニュージーランド、南アフリカ、エジプト、ガーナ、など28ヶ国	GSM, GPRS,,EDGE,HSPA,HSPA+、LTE、LTE-A、5G	274.975 (2023.05)
11	ボーダフォン アイデア	インド	インド	GSM, GPRS,,EDGE、UMTS、HSPA, HSPA +、LTE、TD-LTE,FD-LTE,LTE-A、5G	236.75 (2023.03)
12	オレンジ（Orange）	フランス	フランス、、ポーランド、スペイン、ルーマニア、モルドバ、セネガル、マリ、象牙海岸・マダガスカル、などのアフリカ・カリブ諸国、ドミニカなど26ヶ国	GSM, GPRS, EDGE, UMTS, HSDPA、HSPA+、LTE	235.75 (2022.06)
13	ベオン（Veon：旧称 Vimpelcom）	オランダ	ロシアを始め、カザフスタン、キルギスタン、ウズベキスタン、ウクライナなどの主なCIS連邦諸国、バングラデッシュ、ジョージア、パキスタン、アルジェリアの9ヶ国	GSM, GPRS, EDGE、HSDPA、HSPA+、UMTS、LTE-A	214.4 (2021.12)
14	ドイツテレコム（T－モバイル）	ドイツ	ドイツ、米国、ポーランド、オランダ、オーストリア、チェコなどの東欧諸国、プエルトリコ、バージン諸島など15ヶ国	GSM, GPRS, EDGE, UMTS, HSPA、HSPA+,DC-HSPA+,LTE、LTE-A、LTE-A Pro、NR、5G NA	212.04 (2022.09)
15	AT&T	米国	米国、メキシコ	UMTS、HSDPA、HSPA+、LTE	210.68 (2022.09)
16	テルコムセル	インドネシア	インドネシア、東チモール	GSM、GPRS、EDGE、UMTS、HSDPA、HSPA+、LTE	176 (2021.12)
17	テルノア（Telnor）	ノルウェー	ノルウェー、スウェーデン、フィンランド、デンマーク、タイ、バングラデッシュ、パキスタン、マレーシア、トンガ	GSM、GPRS、EDGE、HSDPA、UMTS、LTE	172 (2021.12)
18	アクシアタ（Axiata Group Berhad）	マレーシア	マレーシア、ネパール、インドネシア、スリランカ、バングラデッシュ、カンボジア	GSM、GPRS、EDGE、UMTS、HSDPA、HSPA+、LTE、LTE-A	163 (2021.12)
19	エティサラート	アラブ首長国連邦	中近東・アフリカ諸国など16ヶ国	GSM、GPRS、EDGE、UMTS、HSDPA、LTE	159 (2021.12)
20	ボーダコム	南アフリカ	南アフリカ、レソト、モザンビーク、DRC、タンザニア、ケニヤ、エチオピア	GSM	132.78 (2022.09)

順位	事業者名	国	主な市場	伝送方式	加入者数（単位：百万）
21	ウーレドゥ	カタール	アルジェリア、インドネシア、イラク、クウェート、モルディブ、ミャンマー、オマーン、カタール、チュニジア	CDMA,EV-DO,GSM,GPRS,EDGE、UMTS,HSDPA,HSPA+、LTE	121(2021.12)
参考	NTT ドコモ		日本、中国、台湾、フィリピン、グァム、英国、ブラジル	UMTS、HSPA、LTE、LTE-A	87.495　(2023.03)
	KDDI（au）		日本、米国、英国、中国、韓国、シンガポール、モンゴル、ミャンマー	CDMA2000、1xRTT、EV-DO、LTE、TD-LTE、LTE-A	64.234　(2023.03)
	ソフトバンク		日本、米国	UMTS、HSPA+、DC-HSPA+、LTE、TD-LTE、LTE-A	51.295　(2023.03)

・加入者数の単位は 100 万人。

・出所：各社ウェブサイト、年次報告書、ニュース記事を基に作成。

注１：シングテルの加入者数には、33% の株式を保有しているインドのバーティ　エアテル（表では３位、持ち株比率はは、22 年８月に 3.3% を売却したため 29.7% に下がっている）や 35% の株式を所有しているインドネシアのテルコムセル（表では 17 位）が含まれている。シングテルは、シンガポール国内での携帯事業では 2022 年３月末で約 410 万件（シェア 51%）の加入者がある。

注２：日本の３通信事業者については、参考までに日本国内の加入者数のみを掲げている。

4-6　世界の電気通信の動向 － 2022 年～ 2023 年 6 月－

2023 年 4 月、携帯電話は誕生から 50 周年を迎えた。50 年前の 1973 年 4 月 3 日、モトローラのエンジニアであるマーティン・クーパー氏は、ニューヨークの路上で、自分の会社が開発したプロトタイプの携帯電話ダイナタック（DynaTAC）を使い、ライバルのベル研究所の研究責任者であるジョエル・エンゲルに電話をかけた。これが世界で最初の携帯電話による通話とされている。

最初の携帯電話は重さが約 2.5 ポンド（約 1.1kg）あった。通話可能な時間は約 20 分。クーパー氏は、その通話分数で充分であったと感想を述べている。現在から見たらまるでレンガのような代物をそんなに長く持ち続けるのが大変だった。開発途上の携帯電話機には、まだバッテリーの持ちやその価格などに課題が残った。商用サービスとして本格的に登場するまで少し時間がかかった。米国で本格的な商用サービスとして始まったのは 1983 年 11 月のことである。

携帯電話が誕生する以前に、すでに移動体電話サービスとして自動車電話サービスが提供されていた。最初の自動車電話は 1946 年に米国ミズーリ州・セントルイスにおいて、サウスウエスタン・ベル電話会社により開始された。これが世界初の移動体電話である。

世界で最初にセルラー方式による電話サービスを商用化したのは日本である。1979 年に日本電信電話公社（現在の NTT）が、民間用として始めた。自動車電話として車に固定されていた。携帯性のある携帯電話サービスが最初に開始されたのはスウェーデンで 1981 年に開始した。

1990 年代には、前半はまだポケットベルや PHS などの小型で安価な通信機器が普及していた。後半になるとカラー液晶やカメラ、インターネット接続などの機能を装備した携帯電話が登場した。この頃の日本は写メールや着信メロディやメーラーなどのサービス機能などの携帯電話サービスでは他国をリードしていた。また、1999 年に NTT ドコモが i-mode サービスを開始し、世界で初めて携帯電話からインターネットに接続できるようになった。

2000 年代に入ると先進諸国では「フィーチャーフォン」と呼ばれる高性能な携帯電話が全盛期を迎えた。メールや音楽、ゲームなどのサービスが充実さを増した。また、2007 年 1 月に iPhone が登場し、スマートフォンの時代が始まった。2010 年代にはスマートフォンが急速に普及し、アプリや SNS などのサービスが広がった。また、MVNO という格安 SIM サービスも登場し、携帯電話料金の選択肢が増えた。2020 年代に入ると 5G という高速で大容量な通信規格が導入された。

現在も、世界中の通信事業者が積極的に 5G の導入・展開に取り組んでいる。移動体通信事業者や関連企業からなる業界団体 GSMA によると、2023 年 6 月末までに、162 の国と地域で 535 の事業者が 5G に向けて事業計画を進めている（試験、ライセンス取得、計画、ネットワーク展開、サービス提供を含む）。このうち、102 の国と地域で合計 259 の事業者が 3GPP 準拠の 5G サービスを 1 つ以上開始した。62 の国と地域で 113 の事業者が 3GPP 準拠の 5G 固定無線アクセスサービスを開始した（5G サービスを開始した事業者の 43% 強）。さらに 13 の事業者が 5G ネットワークの限定的試験的なサービス開始（ソフト･ローンチ）を発表している。5G スタンドアロン（SA）を展開または開始した事業者として 41 社あり、115 の通信事業者がスタンドアロン 5G の構築に取り組んでいる。

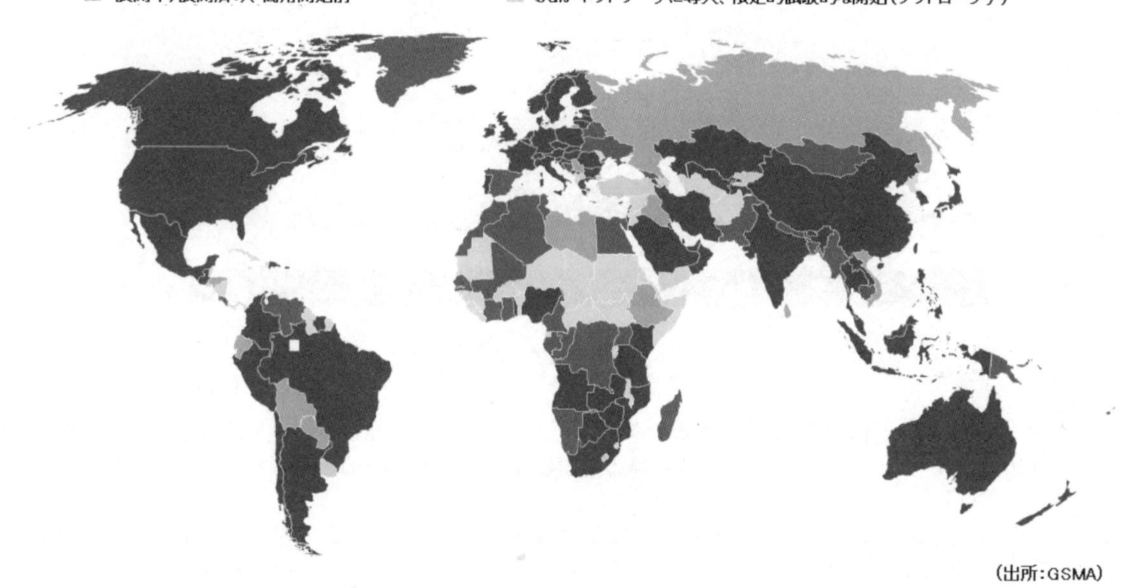

GSMA によると 5G 機器は発売予定を含めると 2,039 台を数え、2022 年初頭の 1,257 から 62% 以上増加している。5G 携帯電話機については、1,083 台に上り、2022 年初頭の 613 台から 76% 以上増加している。

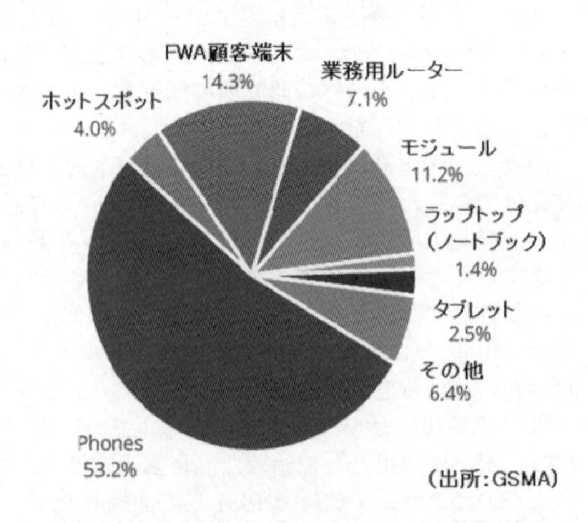

2023 年 6 月及び 8 月に発表されたエリクソンモビリティレポートによると、世界の携帯電話契約数は、2023 年第 2 四半期に 4,000 万契約の純増があり、合計で 83 億件に上った。世界の携帯電話契約普及率は 105% であった。個別の（ユニーク）モバイル加入者数は 61 億である。契約数と加入者数の差は、非アクティブ契約や複数デバイスの所有などさまざまな種類の通話に対応した加入形態によるものである。モバイルブロードバンド契約数は約 1 億増の 74 億件となった。前年同期比 5% の増加である。モバイルブロードバンドは現在全モバイル契約数の 88%を占めている。モバイル・データ・トラフィックは 2022 年第 2 四半期から 2023 年第 2 四半期にかけて 33% 増加した。

5G の総加入契約数は当四半期の期間中に 1 億 7,500 万件増加し、2023 年 6 月末までに 13 億件に達した。2023 年末までに世界の 5G 契約件数は 15 億に達すると予想されている。北米における 5G の加入契約が好調で、2022 年末には同地域の 5G 加入者普及率は 41% と世界中で最も高かった。北東アジアでは 30%、湾岸諸国では 18%、西欧では 13% の普及率となっている。4G の加入契約件数は依然として増え続け、2023 年第 2 四半期に 1,100 万件増加し、約 52 億件となった。これは、世界中の携帯電話の加入件数の 62% にあたる。4G の加入件数は 5G への移行に伴い、今年がピークとなって減少に転じると予測している。

国別にみると 2023 年の第 2 四半期での純増数が最も多いのがインドである（700 万件増）。世界で最も急速に成長が進む 5G 市場となっている。次いで中国（500 万件増）、米国（300 万件増）が続いた。5G に限ると、主に米国、中国、韓国などが牽引している。2022 年 10 月に 5G サービスを開始したインドでは大規模なネットワーク展開が進んだこともあり 5G 契約件数が急増している。開始 2 ヶ月後の 2022 年末には約 1,000 万件に到達した。世界で最も急速に成長が進む 5G 市場となっている。

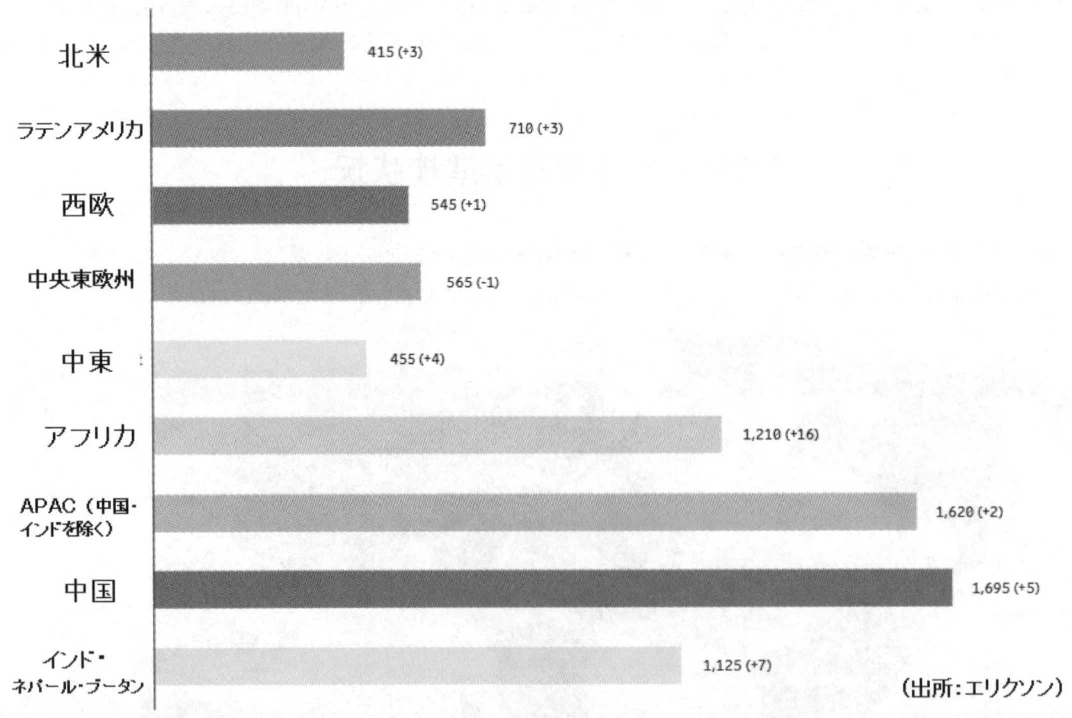

5G は、4G LTE に比べて最大 100 倍の速度を実現できるため、高精細な動画配信サービスに適している。動画投稿サイトのアプリの利用拡大を後押しした。ことに、中国発の動画投稿アプリ TikTok は、世界中に広く浸透し利用されている。

しかし、2022 年から 2023 年にかけて欧米を中心として TikTok の利用を制限する動きが活発になった。TikTok は中国 IT 大手バイトダンス（ByteDance）社が所有していることから、ユーザーの個人情報を中国政府と共有しているとの懸念と安全保障の観点からである。米国では、2022 年 12 月に政府関係のデバイスでの TikTok 使用が禁止される法律が成立した。カナダ政府は2023年2月28日から、政府が支給するモバイル機器からTikTokのアプリを削除し利用できなくした。欧州委員会でも、2023年2月に職員用の端末でのTikTok利用を禁止し、一カ月後の3月には英国が同様の措置を講じた。アプリを通じた中国への情報流出懸念がくすぶっている。

プラットフォームアプリ上位10位

順位	アプリ名	開始年	アクティブユーザー（単位：100万人）
1	Facebook（米国）	2004	3,030
2	Youtube（米国）	2005	2,562
3	WhatsApp（米国）	2009	2,000
4	Instagram（米国）	2010	2,000
5	WeChat（中国）	2011	1,313
6	**TikTok（中国）**	**2017**	**1,090**
7	Messenger（米国）	2011	1,030
8	LinkedIn（米国）	2003	930
9	Telegram（UAE）	2013	800
10	Snapchat（米国）	2011	750

（Wikipediaからの情報をもとに作成）

2022年のダウンロード数ランキング

順位	アプリ名	ダウンロード総数（単位：百万件）
1	**TikTok（中国）**	**672**
2	Instagram（米国）	548
3	WhatsApp（米国）	424
4	CapCut（中国）	357
5	Snapchat（米国）	330
6	Telegram（UAE）	310
7	Subway Surfers（デンマーク）	340
8	Facebook（米国）	298
9	Stumble Guys（トルコ）	254
10	Spotify（スウェーデン）	238

（米国経済誌Forbesの記事をもとに作成）

TikTokの利用に制限をかけている国々（2023年6月末現在）

国名	日付	内容
インド	2020年6月29日	TikTokを含む中国企業が提供するアプリを主体として59のスマホアプリを「インドの防衛、国家の安全保障、治安を害する活動に従事している」として禁止。
パキスタン	2021/11月2日	2020年10月と2021年3月、7月にも禁止措置が取られたが、撤回された経緯がある。イスラム教の価値観に反する「不道徳でわいせつな」コンテンツをフィルタリングできなかった。
アフガニスタン	2022年4月頃	タリバン政府は、このアプリが「若い世代を惑わす」「イスラム法に合致していない」との理由により禁止
台湾	2022年12月8日	政府関係者、公務員の業務用のデバイスへのインストールと利用を禁止。
米国	2022年12月27日	公用デバイスでのTikTok利用禁止を通達。
EU委員会	2023年2月23日	従業員3万2000人に対して公用デバイスでのTikTok利用を禁止。また個人のデバイスで政府のアプリやメールをインストールしている場合は、個人デバイスでも利用禁止。
カナダ	2023年2月27日	政府発行のモバイル通信機器でのTikTok利用禁止を発
ラトビア	2023年3月1日	外務省内でのアプリの利用禁止
デンマーク	2023年3月6日	国防省と公共放送が職員のデバイスでのアプリ利用禁止を通達。
ベルギー	2023年3月10日	TikTokは中国の諜報機関への協力が義務付けられていることから公用デバイスでのTikTok利用を禁止。
英国	2023年3月16日	安全保障上の脅威から、政府関連端末でのTikTok利用禁止を発表5
ニュージーランド	2023年3月17日	公用デバイスのTikTok利用を3月末で禁止
フランス	2023年3月24日	娯楽用アプリはサイバーセキュリティーやデータ保護の水準が公的利用には不十分であるとの認識の下、国家公務員に対し、TikTokを含む娯楽用アプリ全般を仕事で支給された携帯電話での使用を禁止
ノルウェー	2023年3月1日	国家安全の関連から公用携帯装置での利用を禁止
オランダ	2023年3月21日	データ保護と国家安全の関連から公用携帯装置での利用を禁止
オーストラリア	2023年4月4日	連邦政府が所有する全ての端末から中国系短編動画投稿アプリ「ＴｉｋＴｏｋ（ティックトック）」を削除することを発表

（各種資料を基に作成）

5G普及への環境整備が進む中で、その促進要因になると思われる固定無線アクセスサービス（FWA）への需要が急速に高まっている。固定ブロードバンドの代替手段としての利用である。FWAは、光ファイバー回線やケーブルテレビに比べて、導入コストが安い。設置も容易である。そのため、FWAは、光ファイバー回線やケーブルテレビが敷設されていない地域や、敷設が難しい地域でも、インターネット接続を提供する手段として採用され始めた。米国では2022年下半期から2023年上半期にかけての1年間の新規ブロードバンド加入者の90%がFWAという異変が起こっている。FWAの普及により、インターネットの利用が拡大し、新しいビジネスやサービスが創出されることが期待されている。

しかし、FWAだけではなく、5Gの運用網を構築するためには、他の技術的な課題も解決しなければならない。5Gの運用網を構築する数年前は、オープンRANの議論が高まっていた。5Gサービスが普及し始めた2022年には、5Gの真価を発揮するための重要な技術として、オープンRANに加えてネットワークスライシングやエッジコンピューティングにも関心が高まっている。これらの技術を組み合わせることで、5Gの特徴を有効に提供・運用することができる。

ネットワークスライシングは、単一のネットワークをその構成やリソースをサービスが求める要件ごとに仮想的に分割（スライシング）し、論理ネットワークとして異なる機能を割り当てる。サービスごとにネットワークを仮想的に分割することで、5Gネットワークを利用する様々なサービスの品質要求に合わせて、高速・低遅延・高信頼性などの特性を提供できる。例えば、自動運転や遠隔医療などの低遅延・高信頼性が求められるサービスには、専用のネットワークスライスを割り当てることで、品質を保証できる。

エッジコンピューティングは、端末に近いエリアにサーバーを分散配置し、従来のようにクラウドコンピューティングセンターにデータを送信するのではなく、データ処理を端末や基地局などの近くで行う技術である。これにより、通信のレスポンスを高めたり、帯域幅や消費電力を節約したりできる。両者の違いは、ネットスライシングがネットワークの仮想化に関する技術であるのに対し、エッジコンピューティングがコンピューティングの分散化に関する技術であるという点である。5Gの特徴である高速・大容量・低遅延・多数接続を実現するために、5Gの普及にはどちらの技術も欠かせない。

4Gでも使用可能な技術であるがこれらの技術を組み合わせることで、5Gの特徴である高速大容量・多数同時接続・低遅延という特徴を有効に提供・運用する。高速大容量のスライスは、高精細な映像配信やクラウドゲームなどの用途に適している。多接続のスライスは、IoTデバイスや自動運転車などの用途に適している。低遅延のスライスは、遠隔医療や自動運転などの用途に適している。

ネットワークスライシングやエッジコンピューティングの技術を活用して、さまざまな用途やニーズに応える柔軟で効率的なネットワークを実現するためローカル5Gやプライベート5Gと呼ばれる特定の場所や組織で限定的に利用する5Gネットワークの構築が進んでいる。プライベート・ワイヤレス・ネットワークへの参入障壁は、大規模なパブリック・モバイル・ネットワーキング分野を守る障壁よりも低い。この特定の企業・領域を対象としたモバイル通信サービス市場に新たな事業者が参入している。アマゾンやグーグル、マイクロソフトなどの大手クラウド・コンピューティング企業がこの分野をターゲットにし始めている。エリクソンやノキア、モトローラといったモバイル・ネットワーク機器サプライヤーが、戦略を見直し、従来のモバイル・ネットワーク・オペレーターの顧客を経由するのではなく、企業に直接製品を販売し始めている。ネットワークのサービスを提供するには、単独の企業ではなく、複数の企業の連携が必要である。競合する企業とも協力することで、より高品質なサービスや製品を提供できる。しかし、市場の勢力図は不安定であり、敵も味方も変わりやすい。敵が誰なのか、味方が誰なのか、誰もわからない。プライベートワイヤレス（5G）市場に、バトルロイヤルが生まれ、まだ初期段階ではあるが“群雄割拠”の状態になろうとしている。物がインターネットを通じて接続され情報交換しあうIoT（つながるモノ）市場が成熟に向かって変態している過程で起こっている現象である。

第5章
TCA 会員事業者の状況

5-1　TCA 会員の状況

5-1-1　会員一覧

【提供する電気通信役務の記号表示について】
1…加入電話　2…総合デジタル通信サービス（中継電話または公衆電話であるもの及び国際総合デジタル通信サービスを除く）　3…中継電話（国際電話であるものを除く）　4－①…国際電話　4－②…国際総合デジタル通信サービス　5…公衆電話　6－①…携帯電話（三・九―四世代移動通信システムを使用するもの）　6－②…携帯電話（第五世代移動通信システムを使用するもの）　6－③…携帯電話（三・九―四世代移動通信システム又は第五世代移動通信システムを使用するもの以外のもの）　7…PHS　8－①…IP 電話（050・0AB～J 番号を使用するもの）　8－②…IP 電話（050・0AB～J 番号を使用するものを除く）　9…ワイヤレス固定電話　10…衛星移動通信サービス　11…FMC サービス　12…インターネット接続サービス　13－①…FTTH アクセスサービス　13－②…FTTH アクセスサービス（VDSL 等の設備を使用するもの）　14…DSL アクセスサービス　15…FWA アクセスサービス　16…CATV アクセスサービス　17…携帯電話・PHS アクセスサービス　18…三・九―四世代移動通信アクセスサービス　19…第五世代移動通信アクセスサービス　20…ローカル 5G サービス　21…フレームリレーサービス　22…ATM 交換サービス　23…公衆無線 LAN アクセスサービス　24－①…BWA アクセスサービス（全国 BWA アクセスサービス）　24－②…BWA アクセスサービス（地域 BWA アクセスサービス）　24－③…BWA アクセスサービス（自営等 BWA アクセスサービス）　25…IP－VPN サービス　26…広域イーサネットサービス　27…衛星アクセスサービス　28－①…専用役務（国内）　28－②…専用役務（国際）　29…アンライセンス LPWA サービス　30…上記 1～29 までに掲げる電気通信役務を利用した付加価値サービス　31…インターネット関連サービス（IP 電話を除く）　32－①…仮想移動電気通信サービス（携帯電話に係るもの）　32－②…仮想移動電気通信サービス（PHS に係るもの）　32－③…仮想移動電気通信サービス（ローカル 5G サービスに係るもの）　32－④…仮想移動電気通信サービス（BWA アクセスサービスに係るもの）　33－①…ドメイン名電気通信役務（第 59 条の 2 第 1 項第 1 号イに掲げるもの）　33－②…ドメイン名電気通信役務（第 59 条の 2 第 1 項第 1 号ロに掲げるもの）　33－③…ドメイン名電気通信役務（第 59 条の 2 第 1 項第 2 号に掲げるもの）　34－①…電報（受付配達業務を行うもの）　34－②…電報（受付配達業務を行わないもの）　35…1～34 までに掲げる以外の電気通信役務

※業務区域の表記について
北海道
東北地方・・・青森、岩手、宮城、秋田、山形、福島
関東地方・・・茨城、栃木、群馬、山梨、埼玉、東京、千葉、神奈川
信越地方・・・長野、新潟
北陸地方・・・富山、石川、福井
東海地方・・・静岡、愛知、岐阜、三重
近畿地方・・・滋賀、京都、大阪、兵庫、奈良、和歌山
中国地方・・・鳥取、島根、岡山、広島、山口
四国地方・・・徳島、香川、愛媛、高知
九州地方・・・福岡、佐賀、長崎、熊本、大分、宮崎、鹿児島
沖縄

※総務省資料「登録事業者一覧」をもとに会員へのアンケート調査により作成。

（2023 年 7 月 1 日現在）

事業者名	提供区域	提供役務																																																	掲載頁
		1	2	3	4①	4②	5	6①	6②	6③	7	8①	8②	9	10	11	12	13①	13②	14	15	16	17	18	19	20	21	22	23	24①	24②	24③	25	26	27	28①	28②	29	30	31	32①	32②	32③	32④	33①	33②	33③	34①	34②	35	
日本電信電話㈱																																																			256
東日本電信電話㈱	北海道 東北地方 関東地方 信越地方	○	○				○					○	○					○	○	○		○				○		○						○		○			○	○								○		○	257
西日本電信電話㈱	北陸地方 東海地方 近畿地方 中国地方 四国地方 九州地方 沖縄県	○	○				○					○	○					○	○	○	○	○						○	○					○		○			○	○								○		○	258
KDDI ㈱	全国			○	○	○		○	○			○			○		○	○	○				○	○	○				○				○	○	○	○	○		○	○	○			○				○		○	259
ソフトバンク㈱	全国	○	○	○	○	○		○	○	○		○	○		○		○	○	○	○			○	○	○				○				○	○	○	○	○		○	○	○			○					○	○	260
アルテリア・ネットワークス㈱	全国			○								○	○				○	○	○														○	○		○	○		○	○	○	○		○							261
エヌ・ティ・ティ・コミュニケーションズ㈱	全国			○	○	○						○	○		○		○	○	○										○				○	○		○	○再販		○	○	○								○	○	261
東日本旅客鉄道㈱	全国																												○				○	○										○						○	262
スカパー JSAT ㈱	全国											○再販			○		○																	○再販	○	○	○		○											○（転送電話、映像配信）	262
ピーシーシーダブリュー・グローバル・ジャパン㈱	全国																○																				○														263
ソニーネットワークコミュニケーションズ㈱	全国											○	○				○	○	○														○	○		○		○	○	○	○			○							263
北海道総合通信網㈱	北海道																○																	○		○				○											264
	東京都																																							○											

事業者名	提供区域	提供役務																																																	掲載頁
		1	2	3	4①	4②	5	6①	6②	6③	7	8①	8②	9	10	11	12	13①	13②	14	15	16	17	18	19	20	21	22	23	24①	24②	24③	25	26	27	28①	28②	29	30	31	32①	32②	32③	32④	33①	33②	33③	34①	34②	35	
㈱トークネット	東北地方 新潟県				○							○					○												○				○	○		○			○	○	○		○	○							264
北陸通信ネットワーク㈱	北陸地方											○再販					○																○再販	○		○	○再販		○	○											265
中部テレコミュニケーション㈱	東海地方 長野県											○	○		○再販		○	○	○														○	○	○再販	○				○	○	○		○						○	265
㈱オプテージ	全国				○再販							○					○	○	○														○	○	○再販	○			○	○	○			○						○	266
㈱エネコム	中国地方											○	○				○	○	○															○		○			○	○	○										266
㈱ STNet	全国											○					○	○	○														○	○		○			○		○			○						○	267
㈱ QTnet	全国											○					○	○	○							○			○再販				○	○		○	○	○		○	○			○							267
OTNet ㈱	沖縄県											○再販					○	○卸	○卸														○	○		○		○再販													268
日本デジタル配信㈱	関東地方																																			○															268
J-POWER テレコミュニケーションサービス㈱	全国											○再販	○		○再販	○再販	○再販																○再販	○再販	○再販	○				○	○										269
エルシーブイ㈱	信越地方											○再販					○	○再販	○再販			○							○		○					○再販					○再販										269
近鉄ケーブルネットワーク㈱	奈良 大阪 京都 三重 愛知											○再販					○	○	○			○									○		○			○				○											270
	全国																																								○			○							
イッツ・コミュニケーションズ㈱	関東地方 （東京都・ 神奈川県）											○再販					○	○	○	○再販		○							○		○					○				○	○										270
㈱ケーブルテレビ品川	東京都											○再販					○	○	○			○											○							○	○										271
㈱ニューメディア	山形県 米沢市 南陽市 高畠町 川西町 北海道 函館市 北斗市 七飯市 新潟県 新潟市 福島県 福島市																○	○	○			○							○		○					○					○										271
㈱シー・ティー・ワイ	三重県											○再販					○	○											○		○					○				○	○										272

事業者名	提供区域	提供役務																																																	掲載頁
		1	2	3	4①	4②	5	6①	6②	6③	7	8①	8②	9	10	11	12	13①	13②	14	15	16	17	18	19	20	21	22	23	24①	24②	24③	25	26	27	28①	28②	29	30	31	32①	32②	32③	32④	33①	33②	33③	34①	34②	35	
東京ケーブルネットワーク㈱	北海道、岩手県、宮城県、山形県、栃木県、山梨県、東京都、神奈川県、長野県、新潟県、富山県、石川県、福井県、静岡県、岐阜県、三重県、奈良県、和歌山県、京都府、兵庫県、鳥取県、島根県、岡山県、広島県、山口県、徳島県、香川県、愛媛県、福岡県、長崎県、熊本県、大分県、宮崎県、鹿児島県、沖縄県											○					○	○	○		○	○							○		○			○		○			○	○				○							272
JCOM ㈱	全国																○																			○			○	○	○			○						○	273
ミクスネットワーク㈱	愛知県	○																○	○			○							○		○	○	○																		274
㈱アドバンスコープ	東海地方							○									○	○				○							○		○																				274
㈱ TOKAI コミュニケーションズ	全国											○再販					○	○再販	○再販	○								○					○再販	○		○	○再販		○	○	○			○						○	275
㈱秋田ケーブルテレビ	東北地方											○					○	○				○				○			○		○		○			○				○	○			○							276
松阪ケーブルテレビ・ステーション㈱	三重県																○	○				○									○					○					○										277
㈱コミュニティネットワークセンター	東海地方																												○		○			○					○		○									○	278
伊賀上野ケーブルテレビ㈱	三重県											○					○	○	○			○							○		○			○		○															278
㈱いちはらケーブルテレビ	市原市 千葉市緑区											○再販					○	○	○		○	○									○					○			○	○	○										279
㈱中海テレビ放送	鳥取県 西部											○					○	○				○									○					○卸				○	○										280
入間ケーブルテレビ㈱	関東地方											○						○				○									○					○卸			○	○	○										280
㈱ NTT ドコモ	全国			○	○			○	○	○		○			○		○	○	○				○	○	○				○				○	○	○	○			○	○	○			○							281
沖縄セルラー電話㈱	沖縄県				○			○	○			○			○		○	○	○				○	○	○				○						○	○			○	○	○			○							282
楽天モバイル㈱	全国		○	○				○	○			○	○				○	○	○	○			○	○	○															○	○			○						○	283
東京テレメッセージ㈱	全国																																																	○	283
アビコム・ジャパン㈱	全国																																			○															284
関西エアポートテクニカルサービス㈱	大阪府																○																							○											285
UQ コミュニケーションズ㈱	全国																○													○				○					○		○									○	285

5-1-2　会員各社の概要

（2023年7月1日現在）

会　社　名	日本電信電話株式会社	会社名（英文）	NIPPON TELEGRAPH AND TELEPHONE CORPORATION		
本社所在地	〒100-8116 東京都千代田区大手町一丁目5番1号 TEL: 03 - 6838 - 5111 ／ ホームページ：https://group.ntt/jp/				
代　表　者	代表取締役社長　島田（しまだ）　明（あきら）	資　本　金	937,500百万円 （2023年3月31日現在）	従業員数	2,454人 （2023年3月31日現在）
設立年月日	1985年4月1日	事業開始年月日			
主たる出資者	財務大臣（34.25%）、日本マスタートラスト信託銀行㈱（信託口）（11.47%）、㈱日本カストディ銀行（信託口）（5.05%）、トヨタ自動車㈱（2.37%）、ジェーピー　モルガン　チェース　バンク　385632（1.64%）、モックスレイ・アンド・カンパニー・エルエルシー（1.16%）、日本生命保険相互会社（0.76%）、ステート　ストリート　バンク　ウェスト　クライアント　トリーティー　505234（0.75%）、NTT社員持株会（0.73%）、ジェーピー　モルガン　チェース　バンク　380072（0.64%）　※2023年3月31日現在				
設備投資額及び主な計画	設備投資額：2022年度（実績）：23,900百万円 2023年度（計画）：28,000百万円				
関係会社一覧	㈱NTTドコモ、東日本電信電話㈱、西日本電信電話㈱、エヌ・ティ・ティ・コミュニケーションズ㈱、NTT Ltd、NTTセキュリティ㈱、㈱NTTデータグループ、㈱NTTデータ、㈱NTT DATA,Inc、NTTアーバンソリューションズ㈱、エヌ・ティ・ティ都市開発㈱、㈱NTTファシリティーズ、NTTファイナンス㈱、NTTアノードエナジー㈱、エヌ・ティ・ティ・コムウェア㈱、エヌ・ティ・ティ・アドバンステクノロジ㈱　他				

［決算状況］

（貸借対照表）　（単位：百万円）

資産の部	
科　目	金　額
固定資産	11,530,145
流動資産	275,753
繰延資産	
資産合計	11,805,898
負債及び資本の部	
科　目	金　額
固定負債	4,403,842
流動負債	2,207,930
資本金	937,950
資本剰余金	2,672,832
利益剰余金	2,244,305
その他有価証券評価差額金	76,328
自己株式	▲737,290
負債及び資本合計	11,805,898

（2023年3月末現在）

（損益計算書）　（単位：百万円）

区　分		2018年度	2019年度	2020年度	2021年度	2022年度
収入	電気通信事業収入					
	電気通信事業以外の事業の収入	750,740	649,740	794,074	650,116	1,324,225
	合　計	750,740	649,740	794,074	650,116	1,324,225
営業利益		613,833	510,317	644,427	479,806	1,149,363
経常利益		612,862	508,877	639,759	474,497	1,131,632
当期利益		1,192,784	480,768	639,237	470,502	1,152,905

（2023年7月1日現在）

会社名	東日本電信電話株式会社	会社名（英文）	NIPPON TELEGRAPH AND TELEPHONE EAST CORPORATION		
本社所在地	〒163-8019 東京都新宿区西新宿三丁目19番2号 TEL: 03 - 5359 - 5111 ／ FAX: 03 - 5359 - 1221 ／ ホームページ：http://www.ntt-east.co.jp/				
代表者	代表取締役社長　澁谷（しぶたに）　直樹（なおき）	資本金	335,000百万円（3,350億円）	従業員数	4,950人
設立年月日	1999年7月1日	事業開始年月日	1999年7月1日		
主たる出資者	日本電信電話㈱（100%）				
設備投資額及び主な計画	設備投資額：2022年度（実績）：248,900百万円 2023年度（計画）：245,000百万円 主な計画：サービスの改善・拡充、研究施設、共通施設等				
関係会社一覧	〈地域子会社（4社）〉㈱NTT東日本－南関東、㈱NTT東日本－東北、㈱NTT東日本－関信越、㈱NTT東日本－北海道 〈情報通信エンジニアリング分野（3社）〉㈱エヌ・ティ・ティ エムイー、エヌ・ティ・ティ・レンタル・エンジニアリング㈱、エヌ・ティ・ティ・ブロードバンドプラットフォーム㈱ 〈SI・情報通信分野（2社）〉エヌ・ティ・ティテレコン㈱、日本テレマティーク㈱ 〈電話帳ビジネス・印刷分野（2社）〉NTTタウンページ㈱、NTT印刷㈱ 〈テレマーケティング分野（2社）〉㈱NTT東日本サービス、㈱NTTネクシア 〈不動産分野（2社）〉㈱NTT東日本プロパティーズ、㈱エヌ・ティ・ティ・ル・パルク 〈金融・カード分野（1社）〉㈱エヌ・ティ・ティ・カードソリューション 〈ファシリティマネジメント・福利厚生分野（3社）〉テルウェル東日本㈱、テルウェル東日本アイピーエス㈱、㈱アイ・エス・エス 〈移動体通信分野（1社）〉日本空港無線サービス㈱ 〈クラウド分野（1社）〉ネクストモード㈱ 〈国際分野（1社）〉NTTイーアジア㈱ 〈食農分野（1社）〉㈱NTTアグリテクノロジー 〈畜産・酪農分野（1社）〉㈱ビオストック 〈ドローン分野（1社）〉㈱NTT e-Drone Technology 〈文化芸術分野（1社）〉㈱NTT ArtTechnology 〈eスポーツ分野（1社）〉㈱NTTe-Sports 〈コンサルティング分野（1社）〉㈱NTT DXパートナー 〈リスクマネジメント分野（1社）〉㈱NTT Risk Manager 〈その他の分野（1社）〉エヌ・ティ・ティ・スポーツコミュニティ㈱				

［決算状況］

（貸借対照表）　（単位：百万円）

資産の部	
科目	金額
固定資産	2,850,864
流動資産	593,493
繰延資産	
資産合計	3,444,357
負債及び資本の部	
科目	金額
固定負債	676,986
流動負債	588,275
資本金	335,000
資本剰余金	1,499,727
利益剰余金	340,911
その他有価証券評価差額金	3,457
自己株式	
負債及び資本合計	3,444,357

（2023年3月末現在）

（損益計算書）　（単位：百万円）

区分		2018年度	2019年度	2020年度	2021年度	2022年度
収入	電気通信事業収入	1,487,742	1,452,728	1,435,276	1,423,849	1,397,754
	電気通信事業以外の事業の収入	124,625	147,777	187,102	154,484	147,173
	合計	1,612,367	1,600,506	1,622,378	1,578,333	1,544,927
営業利益		251,430	221,102	243,906	263,432	237,259
経常利益		262,910	233,645	258,047	278,424	255,633
当期利益		162,516	168,868	182,689	200,954	185,329

（2023年7月1日現在）

会　社　名	西日本電信電話株式会社	会社名（英文）	NIPPON TELEGRAPH AND TELEPHONE WEST CORPORATION		
本社所在地	〒534-0024 大阪府大阪市都島区東野田町四丁目15番82号 TEL: 06 - 6490 - 9111 ／ ホームページ：https://www.ntt-west.co.jp/				
代　表　者	代表取締役社長　森林（もりばやし）　正彰（まさあき）	資　本　金	312,000百万円	従業員数	1,500人
設立年月日	1999年7月1日	事業開始年月日	1999年7月1日		
主たる出資者	日本電信電話㈱（100％）				
設備投資額 及び主な計画	設備投資額：2022年度（実績）：214,200百万円 2023年度（計画）：210,000百万円				
関係会社一覧	NTTビジネスソリューションズ㈱、㈱NTTフィールドテクノ、エヌ・ティ・ティ・メディアサプライ㈱、エヌ・ティ・ティ・スマートコネクト㈱、エヌ・ティ・ティ・ソルマーレ㈱、㈱NTT西日本ルセント、㈱NTTマーケティングアクトProCX、㈱地域創生Coデザイン研究所、テルウェル西日本㈱、㈱ジャパン・インフラ・ウェイマーク、㈱NTTSportict、㈱Actibaseふくい、㈱エヌ・ティ・ティ・ビジネスアソシエ西日本、㈱NTT西日本アセット・プランニング、NTT PARAVITA㈱、㈱NTT EDX、エヌ・ティ・ティテレコン㈱、エヌ・ティ・ティ・ブロードバンドプラットフォーム㈱				

［決算状況］

（貸借対照表）　（単位：百万円）

科　目	金　額
資産の部	
固定資産	2,810,821
流動資産	387,144
繰延資産	0
資産合計	3,197,964
負債及び資本の部	
固定負債	1,156,869
流動負債	463,397
資本金	312,000
資本剰余金	1,170,054
利益剰余金	95,278
その他有価証券評価差額金	367
自己株式	0
負債及び資本合計	3,197,964

（2023年3月末現在）

（損益計算書）　（単位：百万円）

区　分		2018年度	2019年度	2020年度	2021年度	2022年度
収入	電気通信事業収入	1,238,666	1,187,452	1,171,734	1,160,338	1,146,313
	電気通信事業以外の事業の収入	155,876	167,038	204,668	164,582	159,083
	合　計	1,394,542	1,354,490	1,376,402	1,324,920	1,305,396
営業利益		139,035	113,053	118,803	128,150	111,282
経常利益		134,998	113,450	128,349	145,138	124,386
当期利益		77,025	86,709	92,083	108,175	95,273

（2023 年 7 月 1 日現在）

会社名	KDDI 株式会社	会社名(英文)	KDDI CORPORATION		
本社所在地	〒102-8460 東京都千代田区飯田橋 3 丁目 10 番 10 号ガーデンエアタワー TEL: 03 - 3347 - 0077 ／ FAX: 03 - 3347 - 7000 ／ ホームページ：http://www.kddi.com				
代表者	代表取締役社長 CEO　髙橋（たかはし）　誠（まこと）	資本金	141,852 百万円 （2023 年 3 月 31 日時点）	従業員数	49,659 人 （2023 年 3 月 31 日時点）
設立年月日	1984 年 6 月 1 日	事業開始年月日	1986 年 10 月 24 日		
主たる出資者	日本マスタートラスト信託銀行㈱（信託口）（16.06%）、京セラ㈱（15.52 %）、トヨタ自動車㈱（14.67%）、㈱日本カストディ銀行（信託口）（6.80%）（2023 年 3 月 31 日時点）				
設備投資額及び主な計画	設備投資額：2022 年度（実績）：627,544 百万円 2023 年度（計画）：620,000 百万円 主な計画：通信品質の向上とサービスエリアの拡充を目的とした無線基地局及び交換局設備の新設・増設等 FTTH 及びケーブルテレビに係る設備の新設・増設等 伝送路の新設・増設等				
関係会社一覧	沖縄セルラー電話㈱、JCOM ㈱、㈱ジェイコムウエスト、UQ コミュニケーションズ㈱、ビッグローブ㈱、㈱イーオンホールディングス、中部テレコミュニケーション㈱、㈱ワイヤ・アンド・ワイヤレス、au フィナンシャルホールディングス㈱、Supership. ホールディングス㈱、ジュピターショップチャンネル㈱、ジュピターエンタテインメント㈱、au エネルギーホールディングス㈱、㈱エナリス、KDDI まとめてオフィス㈱、㈱ KDDI エボルバ、KDDI Digital Divergence Holdings ㈱、KDDI エンジニアリング㈱、㈱ KDDI 総合研究所、国際ケーブル・シップ㈱、日本通信エンジニアリングサービス㈱、KDDI America, Inc.、KDDI Europe Limited、北京凱迪迪愛通信技術有限公司、KDDI Asia Pacific Pre Ltd、TELEHOUSE International Corporation of America、TELEHOUSE Holdings Limited、TELEHOUSE International Corporation of Europe Ltd、KDDI SUMMIT GLOBAL SINGAPORE PTE.LTD.、KDDI Summit Global Myanmar Co.,Ltd 、MobiCom Corporation LLC　その他 138 社（2023 年 3 月 31 日時点）				

［決算状況］

（貸借対照表）　（単位：百万円）

資産の部	
科目	金額
固定資産	3,792,222
流動資産	2,206,262
繰延資産	
資産合計	5,998,484
負債及び資本の部	
科目	金額
固定負債	637,846
流動負債	1,322,954
資本金	141,852
資本剰余金	305,676
利益剰余金	4,105,464
その他有価証券評価差額金	31,874
自己株式	▲ 547,182
負債及び資本合計	5,998,484

（2023 年 3 月末現在）

（損益計算書）　（単位：百万円）

区分		2018 年度	2019 年度	2020 年度	2021 年度	2022 年度
収入	電気通信事業収入	2,604,826	2,640,235	2,664,575	2,596,243	2,461,576
	電気通信事業以外の事業の収入	1,456,887	1,430,638	1,398,175	1,440,779	1,319,202
	合計	4,061,713	4,070,873	4,062,750	4,037,022	3,780,778
営業利益		675,688	750,355	757,146	721,146	622,824
経常利益		723,323	800,209	814,445	790,544	761,018
当期利益		505,146	567,962	578,634	561,015	547,454

（2023年7月1日現在）

会社名	ソフトバンク株式会社	会社名（英文）	SoftBank Corp.		
本社所在地	〒105-7529 東京都港区海岸一丁目7番1号 TEL: 03 - 6889 - 2000 ／ ホームページ：https://www.softbank.jp/				
代表者	代表取締役 社長執行役員 兼 CEO　宮川(みやかわ) 潤一(じゅんいち) 代表取締役 副社長執行役員 兼 COO　榛葉(しんば) 淳(じゅん) 代表取締役 副社長執行役員 兼 COO　今井(いまい) 康之(やすゆき)	資本金	204,309百万円（2023年3月31日現在）	従業員数	19,045人（2023年3月31日現在）
		設立年月日	1986年12月9日		
		事業開始年月日	1994年4月1日		
主たる出資者	ソフトバンクグループ㈱（40.5％）				
設備投資額及び主な計画	設備投資額：2022年度（実績）：788,609百万円 主な計画：コンシューマ事業および法人事業に係る通信サービスの拡充並びに品質の向上等				
関係会社一覧	・親会社：ソフトバンクグループ㈱、ソフトバンクグループジャパン㈱ ・子会社：Wireless City Planning㈱、SBパワー㈱、SBモバイルサービス㈱、㈱イーエムネットジャパン、SBエンジニアリング㈱、㈱IDCフロンティア、SB C&S㈱、Aホールディングス㈱、Zホールディングス㈱、ヤフー㈱、アスクル㈱、バリューコマース㈱、㈱ZOZO、㈱一休、PayPay銀行㈱、LINE㈱、LINE SOUTHEAST ASIA CORP.PTE.LTD、LINE Financial Plus Corporation、LINE Pay㈱、LINE Plus Corporation、LINE Financial㈱、PayPay㈱、PayPay証券㈱、PayPayカード㈱、SBペイメントサービス㈱、HAPSモバイル㈱、アイティメディア㈱、SBテクノロジー㈱、サイバートラスト㈱ほか ・関連会社：C Channel㈱、㈱ジーニー、㈱出前館、LINE Bank Taiwan Limited、Webtoon Entertainment Inc.、DiDiモビリティジャパン㈱、WeWork Japan合同会社、MONET Technologies㈱ほか				

［決算状況］

（貸借対照表）　（単位：百万円）

資産の部	
科目	金額
固定資産	3,824,034
流動資産	1,357,092
繰延資産	
資産合計	5,181,126
負債及び純資産の部	
科目	金額
固定負債	2,328,066
流動負債	2,013,403
資本金	204,309
資本剰余金	71,371
利益剰余金	624,492
評価・換算差額等	2,994
自己株式	▲74,131
新株予約権	10,622
負債及び純資産合計	5,181,126

（2023年3月末現在）

（損益計算書）　（単位：百万円）

区分		2018年度	2019年度	2020年度	2021年度	2022年度
収入	電気通信事業収入	2,430,864	2,551,083	2,679,908	2,524,874	2,413,635
	電気通信事業以外の事業の収入	814,404	706,706	727,634	814,902	812,684
	合計	3,245,268	3,257,789	3,407,542	3,339,776	3,226,319
営業利益		570,445	630,512	680,124	556,839	493,900
経常利益		490,089	615,504	671,342	526,760	518,944
当期利益		324,786	406,871	419,021	364,219	355,094

（2023 年 7 月 1 日現在）

会　社　名	アルテリア・ネットワークス株式会社	会社名（英文）	ARTERIA Networks Corporation		
本社所在地	〒105-0004 東京都港区新橋六丁目 9 番 8 号　住友不動産新橋ビル TEL: 03 - 6821 - 1881（代表）／　ホームページ：https://www.arteria-net.com/				
代　表　者	代表取締役社長　株本（かぶもと）　幸二（こうじ）	資　本　金	5,150 百万円	従業員数	887 名 (2023 年 3 月 31 日現在)
設立年月日	1997 年 11 月 4 日	事業開始年月日	2000 年 1 月 11 日		
主たる出資者	丸紅㈱（50.1%）				
設備投資額及び主な計画					
関係会社一覧	㈱つなぐネットコミュニケーションズ、アルテリア・エンジニアリング㈱、GameWith ARTERIA ㈱、㈱ GameWith、Far North Fiber Inc.				

［決算状況］

（貸借対照表）　（単位：百万円）

資産の部	
科　目	金　額
固定資産	76,878
流動資産	16,289
繰延資産	
資産合計	93,167
負債及び資本の部	
科　目	金　額
固定負債	52,093
流動負債	17,760
資本金	5,150
資本剰余金	3,506
利益剰余金	14,764
その他有価証券評価差額金	
自己株式	▲ 107
負債及び資本合計	93,167

（2023 年 3 月末現在）

（損益計算書）　（単位：百万円）

区　分		2018 年度	2019 年度	2020 年度	2021 年度	2022 年度
収入	電気通信事業収入					
	電気通信事業以外の事業の収入					
	合　計	41,973	43,697	45,498	45,303	47,898
営業利益		4,721	5,292	4,799	3,851	4,461
経常利益		4,566	6,554	6,136	5,215	5,671
当期利益		3,427	4,869	5,226	7,100	4,890

（2023 年 7 月 1 日現在）

会　社　名	エヌ・ティ・ティ・コミュニケーションズ株式会社	会社名（英文）	NTT Communications Corporation		
本社所在地	〒100-8019 東京都千代田区大手町二丁目 3 番 1 号 TEL: 03 - 6700 - 3000 ／ホームページ：https://www.ntt.com/index.html				
代　表　者	代表取締役社長　丸岡（まるおか）　亨（とおる）	資　本　金	230,900 百万円	従業員数	9,300 人
設立年月日	1999 年 5 月 28 日	事業開始年月日	1999 年 7 月 1 日		
主たる出資者	㈱ NTT ドコモ（100%）				
設備投資額及び主な計画					
関係会社一覧	NTT コムエンジニアリング㈱、NTT コム オンライン・マーケティング・ソリューション㈱、エヌ・ティ・ティ・コム　チェオ㈱、NTT Com DD ㈱、NTT スマートトレード㈱、㈱エヌ・ティ・ティ ピー・シー コミュニケーションズ、エヌ・ティ・ティ・ワールドエンジニアリングマリン㈱、コムウエア・ファイナンシャル・システムズ㈱、㈱ドコモビジネスソリューションズ、㈱エヌ・エフ・ラボラトリーズ、エヌ・ティ・ティ・ビズリンク㈱、㈱コードタクト、㈱ドコモ gacco、㈱ Phone Appli、NTT Com Asia Limited、恩梯梯通信系統（中国）有限公司、Mobile Innovation Co.,Ltd、上海恩梯梯通信工程有限公司				

［決算状況］

（貸借対照表）　（単位：百万円）

資産の部	
科　目	金　額
固定資産	757,583
流動資産	379,962
繰延資産	
資産合計	1,137,544
負債及び資本の部	
科　目	金　額
固定負債	178,373
流動負債	370,334
資本金	230,979
資本剰余金	57,745
利益剰余金	257,357
その他有価証券評価差額金	42,757
自己株式	
負債及び資本合計	1,137,544

（2023 年 3 月末現在）

（損益計算書）　（単位：百万円）

区　分		2018 年度	2019 年度	2020 年度	2021 年度	2022 年度
収入	電気通信事業収入	701,710	677,719	672,419	649,128	634,386
	電気通信事業以外の事業の収入	256,684	268,684	306,078	296,583	462,680
	合　計	958,394	946,403	978,497	945,711	1,097,066
営業利益		94,102	115,554	121,740	111,517	119,153
経常利益		106,584	145,782	142,046	135,151	137,453
当期利益		78,081	137,658	116,038	104,245	97,718

（2023年7月1日現在）

会社名	東日本旅客鉄道株式会社	会社名（英文）	East Japan Railway Company		
本社所在地	〒151-8578 東京都渋谷区代々木二丁目2番2号 TEL: 03 - 5334 - 1258 ／ FAX: 03 - 5334 - 1253 ／ ホームページ：https://www.jreast.co.jp/				
代表者	代表取締役社長　深澤（ふかさわ）　祐二（ゆうじ）	資本金	200,000百万円	従業員数	46,051人（2023年4月1日）
設立年月日	1987年4月1日	事業開始年月日	1987年4月1日		
主たる出資者	日本マスタートラスト信託銀行㈱（信託口）（13.32%）、㈱日本カストディ銀行（信託口）（4.06%）、JR東日本社員持株会（3.51%）、㈱みずほ銀行（3.44%）、㈱三菱UFJ銀行（2.16%）（2023年3月31日現在）				
設備投資額及び主な計画	設備投資額：2022年度（実績）：4,388億円 2023年度（計画）：6,090億円				
関係会社一覧	https://www.jreast.co.jp/group/				

［決算状況］

（貸借対照表）　（単位：百万円）

資産の部	
科目	金額
固定資産	7,749,677
流動資産	777,703
繰延資産	
資産合計	8,527,381
負債及び資本の部	
科目	金額
固定負債	5,165,688
流動負債	1,481,289
資本金	200,000
資本剰余金	96,600
利益剰余金	1,549,544
評価・換算差額等合計	37,695
自己株式	▲3,436
負債及び資本合計	8,527,381

（2023年3月末現在）

（損益計算書）　（単位：百万円）

区分		2018年度	2019年度	2020年度	2021年度	2022年度
収入	電気通信事業収入	非公開	非公開	非公開	非公開	非公開
	電気通信事業以外の事業の収入	非公開	非公開	非公開	非公開	非公開
	合計	2,113,362	2,061,077	1,184,145	1,424,150	1,765,512
営業利益		391,877	294,077	▲478,535	▲149,583	90,932
経常利益		354,852	260,136	▲517,715	▲177,718	46,001
当期利益		251,165	159,053	▲506,631	▲99,159	52,423

（2023年7月1日現在）

会社名	スカパーJSAT株式会社	会社名（英文）	SKY Perfect JSAT Corporation		
本社所在地	〒107-0052 東京都港区赤坂1-8-1 赤坂インターシティ AIR TEL: 03 - 5571 - 7800（代表）／ FAX: 03 - 5571 - 1701 ／ ホームページ：http://www.sptvjsat.com/				
代表者	代表取締役 執行役員社長　米倉（よねくら）　英一（えいいち）	資本金	50,083百万円	従業員数	1,143人
設立年月日	1994年11月10日	事業開始年月日	1989年4月16日		
主たる出資者	㈱スカパーJSATホールディングス（100%）				
設備投資額及び主な計画					
関係会社一覧	㈱スカパー・ブロードキャスティング、㈱スカパー・エンターテイメント、㈱スカパー・カスタマーリレーションズ、㈱ディー・エス・エヌ、JSAT IOM Limited、JSAT International Inc.、JSAT MOBILE Communications ㈱				

［決算状況］

（貸借対照表）　（単位：百万円）

資産の部	
科目	金額
固定資産	166,396
流動資産	164,636
繰延資産	
資産合計	331,032
負債及び資本の部	
科目	金額
固定負債	34,187
流動負債	70,873
資本金	50,083
資本剰余金	65,140
利益剰余金	110,689
その他有価証券評価差額金	▲160
繰越ヘッジ損益	218
負債及び資本合計	331,030

（2023年3月末現在）

（損益計算書）　（単位：百万円）

区分		2018年度	2019年度	2020年度	2021年度	2022年度
収入	電気通信事業収入	52,326	24,634	22,603	24,093	26,222
	電気通信事業以外の事業の収入	82,768	87,172	91,295	88,569	88,230
	合計	135,094	111,806	113,897	112,662	114,452
営業利益		14,587	16,357	19,341	17,944	19,817
経常利益		15,736	16,968	20,005	22,569	21,096
当期利益		8,373	12,499	13,202	18,592	14,699

（2023 年 7 月 1 日現在）

会　社　名	ピーシーシーダブリュー・グローバル・ジャパン株式会社	会社名（英文）	PCCW Global (Japan)K.K.		
本社所在地	〒 100-0011 東京都千代田区内幸町 1-1-1　帝国ホテルタワー 11F 11A-3 号室 TEL: 03 - 6686 - 9660 ／ FAX: 03 - 6686 - 9654 ／ ホームページ：http://www.pccwglobal.com/jp				
代　表　者	カントリーマネージャー　勝呂（すぐろ）　隆一（りゅういち）	資　本　金	10 百万円	従業員数	
設立年月日		事業開始年月日	2001 年 8 月 22 日		
主たる出資者	HKT Limited				
設備投資額及び主な計画					
関係会社一覧					

［決算状況］

（貸借対照表）　（単位：百万円）

資産の部	
科　目	金　額
固定資産	
流動資産	
繰延資産	
資産合計	
負債及び資本の部	
科　目	金　額
固定負債	
流動負債	
資本金	
資本剰余金	
利益剰余金	
その他有価証券評価差額金	
自己株式	
負債及び資本合計	

（2023 年 3 月末現在）

（損益計算書）　（単位：百万円）

区　分		2018 年度	2019 年度	2020 年度	2021 年度	2022 年度
収入	電気通信事業収入					
	電気通信事業以外の事業の収入					
	合　計					
営業利益						
経常利益						
当期利益						

（2023 年 7 月 1 日現在）

会　社　名	ソニーネットワークコミュニケーションズ株式会社	会社名（英文）	Sony Network Communications Inc.		
本社所在地	〒108-0075　東京都港区港南1-7-1 ホームページ：https://www.sonynetwork.co.jp/				
代　表　者	代表取締役 執行役員社長　渡辺（わたなべ）　潤（じゅん）	資　本　金	79 億 69 百万円	従業員数	1,867 人（2023 年 3 月 31 日現在連結） 871 人（2023 年 3 月 31 日現在単独）
設立年月日	1995 年 11 月 1 日	事業開始年月日	1996 年 1 月 15 日		
主たる出資者	ソニー㈱（100％）				
設備投資額及び主な計画					
関係会社一覧	https://www.sonynetwork.co.jp/corporation/company/profile/				

［決算状況］

（貸借対照表）　（単位：百万円）

資産の部	
科　目	金　額
固定資産	
流動資産	
繰延資産	
資産合計	
負債及び資本の部	
科　目	金　額
固定負債	
流動負債	
資本金	
資本剰余金	
利益剰余金	
その他有価証券評価差額金	
自己株式	
負債及び資本合計	

（2023 年 3 月末現在）

（損益計算書）　（単位：百万円）

区　分		2018 年度	2019 年度	2020 年度	2021 年度	2022 年度
収入	電気通信事業収入					
	電気通信事業以外の事業の収入					
	合　計					
営業利益						
経常利益						
当期利益						

（2023 年 7 月 1 日現在）

会社名	北海道総合通信網株式会社	会社名（英文）	Hokkaido Telecommunication Network Co., Inc		
本社所在地	〒060-0031 北海道札幌市中央区北 1 条東 2 丁目 5 番 3　塚本ビル北 1 館 TEL: 011 - 590 - 5200 ／ ホームページ：https://www.hotnet.co.jp				
代表者	取締役社長　古郡（ふるごおり）　宏章（ひろあき）	資本金	5,900 百万円	従業員数	261 人
設立年月日	1989 年 4 月 1 日	事業開始年月日	1990 年 5 月 1 日		
主たる出資者	北海道電力㈱（100％）				
設備投資額及び主な計画	設備投資額：2022 年度（実績）：4,016 百万円				
関係会社一覧					

［決算状況］

（貸借対照表）　（単位：百万円）

資産の部	
科目	金額
固定資産	20,779
流動資産	6,650
資産合計	27,429
負債及び資本の部	
科目	金額
固定負債	2,949
流動負債	3,913
資本金	5,900
資本剰余金	259
利益剰余金	14,407
負債及び資本合計	27,429

（2023 年 3 月末現在）

（損益計算書）　（単位：百万円）

区分		2018 年度	2019 年度	2020 年度	2021 年度	2022 年度
収入	電気通信事業収入	12,979	13,525	13,538	14,302	15,583
	電気通信事業以外の事業の収入	25	45	40	96	38
	合計	13,004	13,570	13,578	14,398	15,621
営業利益		1,759	2,309	2,093	2,940	3,757
経常利益		1,740	2,324	2,109	3,017	3,758
当期利益		1,221	1,586	1,445	2,065	2,600

（2023 年 7 月 1 日現在）

会社名	株式会社トークネット	会社名（英文）	TOHKnet Co., Inc.		
本社所在地	〒980-0811 宮城県仙台市青葉区一番町三丁目 7-1　電力ビル TEL: 022 - 799 - 4204 ／ FAX: 022 - 799 - 4205 ／ ホームページ：http://www.tohknet.co.jp				
代表者	代表取締役社長　紀野國（きのくに）　文康（ふみやす）	資本金	10,000 百万円	従業員数	375 人
設立年月日		事業開始年月日	1994 年 6 月		
主たる出資者	東北電力㈱（100％）				
設備投資額及び主な計画	設備投資額：2022 年度（実績）：　6,755 百万円 2023 年度（計画）：10,138 百万円				
関係会社一覧					

［決算状況］

（貸借対照表）　（単位：百万円）

資産の部	
科目	金額
固定資産	39,310
流動資産	15,343
繰延資産	
資産合計	54,654
負債及び資本の部	
科目	金額
固定負債	1,182
流動負債	18,167
資本金	10,000
資本剰余金	15,510
利益剰余金	9,771
その他有価証券評価差額金	21
自己株式	
負債及び資本合計	54,654

（2023 年 3 月末現在）

（損益計算書）　（単位：百万円）

区分		2018 年度	2019 年度	2020 年度	2021 年度	2022 年度
収入	電気通信事業収入	23,110	23,288	22,610	22,744	22,112
	電気通信事業以外の事業の収入			905	1,512	2,613
	合計	23,110	23,288	23,515	24,256	24,725
営業利益		2,313	2,634	2,054	3,353	3,398
経常利益		2,575	2,808	2,230	3,514	3,595
当期利益		1,990	2,103	1,550	2,410	2,485

（2023年7月1日現在）

会社名	北陸通信ネットワーク株式会社	会社名（英文）	Hokuriku Telecommunication Network Co.,Inc		
本社所在地	〒920-0024 石川県金沢市西念一丁目1番3号 TEL: 076 - 263 - 5620 ／ FAX: 076 - 233 - 5401 ／ ホームページ：https://www.htnet.co.jp				
代表者	代表取締役社長　徳光（とくみつ）　吉成（よしなり）	資本金	6,000百万円	従業員数	187人
設立年月日	1993年5月25日	事業開始年月日	1994年10月1日		
主たる出資者	北陸電力㈱（100%）				
設備投資額及び主な計画					
関係会社一覧					

［決算状況］

（貸借対照表）　（単位：百万円）

資産の部	
科目	金額
固定資産	9,291
流動資産	8,306
繰延資産	
資産合計	17,597
負債及び資本の部	
科目	金額
固定負債	554
流動負債	1,814
資本金	6,000
資本剰余金	
利益剰余金	9,186
その他有価証券評価差額金	42
自己株式	
負債及び資本合計	17,597

（2023年3月末現在）

（損益計算書）　（単位：百万円）

区分		2018年度	2019年度	2020年度	2021年度	2022年度
収入	電気通信事業収入					
	電気通信事業以外の事業の収入					
	合計	7,011	7,227	7,167	7,371	7,675
営業利益		1,250	1,283	1,208	1,930	1,911
経常利益		1,428	1,415	1,299	2,055	1,995
当期利益		983	975	900	1,424	1,381

（2023年7月1日現在）

会社名	中部テレコミュニケーション株式会社	会社名（英文）	Chubu Telecommunications Company, Incorporated		
本社所在地	〒460-0003 愛知県名古屋市中区錦一丁目10番1号 TEL: 052 - 740 - 8011 ／ FAX: 052 - 740 - 8932 ／ ホームページ：https://www.ctc.co.jp/				
代表者	代表取締役社長　中島（なかしま）　弘豊（ひろとよ）	資本金	38,816百万円	従業員数	882人（2023年3月現在）
設立年月日	1986年6月3日	事業開始年月日	1988年6月1日		
主たる出資者	KDDI㈱（80.95%）、中部電力㈱（19.05%）				
設備投資額及び主な計画	設備投資額：2022年度（実績）：17,187百万円 2023年度（計画）：20,072百万円				
関係会社一覧					

［決算状況］

（貸借対照表）　（単位：百万円）

資産の部	
科目	金額
固定資産	94,651
流動資産	108,174
繰延資産	
資産合計	202,826
負債及び資本の部	
科目	金額
固定負債	10,527
流動負債	16,150
資本金	38,816
資本剰余金	18,746
利益剰余金	118,585
その他有価証券評価差額金	
自己株式	
負債及び資本合計	202,826

（2023年3月末現在）

（損益計算書）　（単位：百万円）

区分		2018年度	2019年度	2020年度	2021年度	2022年度
収入	電気通信事業収入					
	電気通信事業以外の事業の収入					
	合計	91,262	94,811	99,339	99,423	100,740
営業利益		22,387	23,780	25,938	24,860	26,232
経常利益		22,592	24,062	26,274	25,314	26,764
当期利益		15,821	16,677	18,210	17,509	18,700

(2023年7月1日現在)

会社名	株式会社オプテージ	会社名(英文)	OPTAGE Inc.		
本社所在地	〒540-8622 大阪府大阪市中央区城見2丁目1番5号　オプテージビル TEL: 06 - 7501 - 0600 ／ FAX: 06 - 7501 - 0602 ／ ホームページ：https://optage.co.jp/				
代表者	代表取締役社長　名部(なべ)　正彦(まさひこ)	資本金	33,000百万円	従業員数	2,870人 (2023年4月1日現在)
設立年月日	1988年4月2日	事業開始年月日	2001年6月1日		
主たる出資者	関西電力㈱(100%)				
設備投資額及び主な計画					
関係会社一覧	Neutrix Cloud Japan ㈱、㈱パシフィックビジネスコンサルティング、中央コンピューター㈱、West Japan Partners ㈱				

[決算状況]

(貸借対照表)　(単位：百万円)

資産の部	
科目	金額
固定資産	230,685
流動資産	78,223
繰延資産	
資産合計	308,908
負債及び資本の部	
科目	金額
固定負債	42,390
流動負債	60,490
資本金	33,000
資本剰余金	5,543
利益剰余金	167,354
その他有価証券評価差額金	129
自己株式	
負債及び資本合計	308,908

(2023年3月末現在)

(損益計算書)　(単位：百万円)

区分		2018年度	2019年度	2020年度	2021年度	2022年度
収入	電気通信事業収入					
	電気通信事業以外の事業の収入					
	合計	224,358	257,689	260,897	248,456	257,210
営業利益		31,610	34,278	37,927	39,474	43,223
経常利益		30,966	33,860	37,548	39,268	43,702
当期利益		20,665	22,742	26,112	27,290	30,399

(2023年7月1日現在)

会社名	株式会社エネコム	会社名(英文)	Enecom,Inc.		
本社所在地	〒730-0051 広島県広島市中区大手町二丁目11番10号 TEL: 082 - 247 - 8511 ／ FAX: 082 - 247 - 8512 ／ ホームページ：https://www.enecom.co.jp/				
代表者	取締役社長：岡部(おかべ)　恵二(けいじ)	資本金	6,000百万円	従業員数	1,030人 (2023年4月1日現在)
設立年月日	1985年4月1日	事業開始年月日	1993年10月1日　(旧中国通信ネットワーク㈱) 2001年10月1日　(旧中国情報システムサービス㈱)		
主たる出資者	中国電力㈱(100%)				
設備投資額及び主な計画	設備投資額：2022年度(実績)：6,989百万円 2023年度(計画)：(非公開)				
関係会社一覧					

[決算状況]

(貸借対照表)　(単位：百万円)

資産の部	
科目	金額
固定資産	61,926
流動資産	15,131
繰延資産	0
資産合計	77,057
負債及び資本の部	
科目	金額
固定負債	18,606
流動負債	17,617
資本金	6,000
資本剰余金	13,398
利益剰余金	21,336
その他有価証券評価差額金	98
自己株式	0
負債及び資本合計	77,057

(2023年3月末現在)

(損益計算書)　(単位：百万円)

区分		2018年度	2019年度	2020年度	2021年度	2022年度
収入	電気通信事業収入					
	電気通信事業以外の事業の収入					
	合計	41,864	42,981	45,114	45,252	45,733
営業利益		2,332	3,445	3,411	3,793	4,949
経常利益		2,177	3,261	3,185	3,629	4,790
当期利益		1,469	2,297	2,197	2,503	3,166

（2023 年 7 月 1 日現在）

会社名	株式会社 STNet	会社名（英文）	STNet, Incorporated		
本社所在地	〒761-0195 香川県高松市春日町 1735 番地 3 TEL: 087 - 887 - 2400 ／ FAX: 087 - 887 - 2450 ／ ホームページ：https://www.stnet.co.jp/				
代表者	取締役社長　小林（こばやし）　功（いさお）	資本金	3,000 百万円	従業員数	745 人
設立年月日	1984 年 7 月 2 日	事業開始年月日	1989 年 10 月 2 日		
主たる出資者	四国電力㈱（100%）				
設備投資額及び主な計画					
関係会社一覧					

［決算状況］

（貸借対照表）（単位：百万円）

資産の部	
科目	金額
固定資産	32,710
流動資産	17,331
繰延資産	
資産合計	50,042
負債及び資本の部	
科目	金額
固定負債	6,473
流動負債	10,078
資本金	3,000
資本剰余金	7,401
利益剰余金	23,086
その他有価証券評価差額金	2
自己株式	
負債及び資本合計	50,042

（2023 年 3 月末現在）

（損益計算書）（単位：百万円）

区分		2018 年度	2019 年度	2020 年度	2021 年度	2022 年度
収入	電気通信事業収入					
	電気通信事業以外の事業の収入					
	合計	39,243	40,985	41,614	40,860	41,625
営業利益		5,734	5,418	5,420	6,551	7,848
経常利益		5,759	5,433	5,584	6,737	7,986
当期利益		3,978	3,739	3,877	4,662	5,528

（2023 年 7 月 1 日現在）

会社名	株式会社 QTnet	会社名（英文）	QTnet,Inc.		
本社所在地	天神本店：〒810-0001 福岡県福岡市中央区天神一丁目 12 番 20 号 赤坂本店：〒810-0073 福岡県福岡市中央区舞鶴三丁目 9 番 39 号 TEL: 092 - 981 - 7575㈹ ／ FAX: 092 - 981 - 7600 ／ ホームページ：https://www.qtnet.co.jp/				
代表者	代表取締役社長執行役員　小倉（おぐら）　良夫（よしお）	資本金	22,020 百万円	従業員数	964 人
設立年月日	1987 年 7 月 1 日	事業開始年月日	1989 年 11 月 1 日		
主たる出資者	九州電力㈱（100.0%）				
設備投資額及び主な計画					
関係会社一覧	㈱QTmedia、㈱ネットワーク応用技術研究所、㈱戦国				

［決算状況］

（貸借対照表）（単位：百万円）

資産の部	
科目	金額
固定資産	135,992
流動資産	29,077
繰延資産	
資産合計	165,070
負債及び資本の部	
科目	金額
固定負債	47,111
流動負債	34,641
資本金	22,020
資本剰余金	33,387
利益剰余金	27,590
その他有価証券評価差額金	318
自己株式	
負債及び資本合計	165,070

（2023 年 3 月末現在）

（損益計算書）（単位：百万円）

区分		2018 年度	2019 年度	2020 年度	2021 年度	2022 年度
収入	電気通信事業収入	52,068	55,243	57,527	56,338	57,358
	電気通信事業以外の事業の収入	5,287	6,994	8,145	8,186	10,410
	合計	57,355	62,238	65,672	64,524	67,768
営業利益		3,374	3,257	3,686	1,737	253
経常利益		3,253	2,837	3,896	2,473	1,842
当期利益		2,213	1,939	2,715	1,701	1,304

（2023年7月1日現在）

会社名	OTNet株式会社	会社名（英文）	OTNet Company, Incorporated		
本社所在地	〒900-0032 沖縄県那覇市松山1丁目2番1号　沖縄セルラービル TEL: 098 - 866 - 7727 ／ FAX: 098 - 866 - 7587 ／ ホームページ：https://www.otnet.co.jp/				
代表者	代表取締役社長　山森（やまもり）　誠司（せいじ）	資本金	1,184百万円	従業員数	169人
設立年月日	1996年10月29日	事業開始年月日	1997年10月1日		
主たる出資者	沖縄セルラー電話㈱（77.52%）、沖縄電力㈱（18.26%）、他4社　（4.22%）　　合計6社				
設備投資額及び主な計画					
関係会社一覧	沖縄セルラー電話㈱				

［決算状況］

（貸借対照表）　　（単位：百万円）

資産の部	
科目	金額
固定資産	7,551
流動資産	4,011
繰延資産	
資産合計	11,563
負債及び資本の部	
科目	金額
固定負債	622
流動負債	1,726
資本金	1,184
資本剰余金	484
利益剰余金	7,544
その他有価証券評価差額金	
自己株式	
負債及び資本合計	11,563

（2023年3月末現在）

（損益計算書）　（単位：百万円）

区分		2018年度	2019年度	2020年度	2021年度	2022年度
収入	電気通信事業収入	5,787	6,343	6,834	7,123	7,352
	電気通信事業以外の事業の収入	212	212	462	404	512
	合計	5,999	6,556	7,297	7,527	7,864
営業利益		597	902	1,183	1,358	1,455
経常利益		628	901	1,184	1,368	1,467
当期利益		472	677	902	1,035	1,112

（2023年7月1日現在）

会社名	日本デジタル配信株式会社	会社名（英文）	Japan Digital Serve Corporation		
本社所在地	〒100-0013 東京都千代田区霞ヶ関3丁目7番1号　霞ヶ関東急ビル14階 TEL: 03 - 6757 - 0200 ／ FAX: 03 - 6757 - 0209 ／ ホームページ：http://www.jdserve.co.jp				
代表者	代表取締役社長　高秀（たかひで）　憲明（のりあき）	資本金	2,700百万円	従業員数	126人
設立年月日	2000年4月10日	事業開始年月日	2001年3月10日		
主たる出資者	東急㈱（33%）、JCOM㈱（33%）、イッツ・コミュニケーションズ㈱（9%）、㈱ジェイコム埼玉・東日本（7%）、㈱TBSホールディングス（2%）、㈱ジェイコムウエスト（2%）				
設備投資額及び主な計画					
関係会社一覧					

［決算状況］

（貸借対照表）　　（単位：百万円）

資産の部	
科目	金額
固定資産	
流動資産	
繰延資産	
資産合計	
負債及び資本の部	
科目	金額
固定負債	
流動負債	
資本金	
資本剰余金	
利益剰余金	
その他有価証券評価差額金	
自己株式	
負債及び資本合計	

（2023年3月末現在）

（損益計算書）　（単位：百万円）

区分		2018年度	2019年度	2020年度	2021年度	2022年度
収入	電気通信事業収入					
	電気通信事業以外の事業の収入					
	合計					
営業利益						
経常利益						
当期利益						

（2023 年 7 月 1 日現在）

会社名	J-POWER テレコミュニケーションサービス株式会社	会社名(英文)	J-POWER Telecommunication Service Co., Ltd.		
本社所在地	〒113-8606 東京都文京区白山一丁目 37 番 6 号 TEL: 03 - 3816 - 8211（代表）／ FAX: 03 - 3816 - 8220 ／ ホームページ：https://www.jpts.co.jp				
代表者	代表取締役社長　星（ほし）　克則（かつのり）	資本金	110 百万円	従業員数	351 人
設立年月日	1974 年 4 月 1 日	事業開始年月日	2002 年 12 月 1 日		
主たる出資者	電源開発㈱（100%）				
設備投資額及び主な計画					
関係会社一覧					

［決算状況］

（貸借対照表）　（単位：百万円）

科目	金額
資産の部	
固定資産	
流動資産	
繰延資産	
資産合計	
負債及び資本の部	
固定負債	
流動負債	
資本金	
資本剰余金	
利益剰余金	
その他有価証券評価差額金	
自己株式	
負債及び資本合計	

（2023 年 3 月末現在）

（損益計算書）　（単位：百万円）

区分		2018 年度	2019 年度	2020 年度	2021 年度	2022 年度
収入	電気通信事業収入					
	電気通信事業以外の事業の収入					
	合計					
営業利益						
経常利益						
当期利益						

（2023 年 7 月 1 日現在）

会社名	エルシーブイ株式会社	会社名(英文)	LCV Corporation		
本社所在地	〒392-8609 長野県諏訪市四賀821 番地 TEL: 0266 - 53 - 3833 ／ FAX: 0266 - 58 - 2836 ／ ホームページ：https://www.lcv.jp/				
代表者	代表取締役社長　深井（ふかい）　賀博（よしひろ）	資本金	353.5 百万円	従業員数	124 人
設立年月日	1971 年 2 月 12 日	事業開始年月日	1987 年 10 月 1 日		
主たる出資者	㈱ TOKAI ケーブルネットワーク（89.28%）				
設備投資額及び主な計画					
関係会社一覧	㈱ TOKAI ホールディングス、㈱ TOKAI コミュニケーションズ、㈱ TOKAI ケーブルネットワーク、㈱いちはらコミュニティー・ネットワーク・テレビ、厚木伊勢原ケーブルネットワーク㈱、㈱倉敷ケーブルテレビ、㈱トコちゃんねる静岡、東京ベイネットワーク㈱、㈱テレビ津山、仙台 CATV ㈱、沖縄ケーブルネットワーク㈱				

［決算状況］

（貸借対照表）　（単位：百万円）

科目	金額
資産の部	
固定資産	4,950
流動資産	5,009
繰延資産	
資産合計	9,959
負債及び資本の部	
固定負債	469
流動負債	1,070
資本金	353
資本剰余金	
利益剰余金	8,067
その他有価証券評価差額金	
自己株式	
負債及び資本合計	9,959

（2023 年 3 月末現在）

（損益計算書）　（単位：百万円）

区分		2018 年度	2019 年度	2020 年度	2021 年度	2022 年度
収入	電気通信事業収入	1,924	2,043	2,266	1,996	2,121
	電気通信事業以外の事業の収入	2,572	2,598	2,799	2,613	2,690
	合計	4,496	4,641	5,065	4,609	4,811
営業利益		932	973	950	902	930
経常利益					921	952
当期利益					647	666

(2023 年 7 月 1 日現在)

会社名	近鉄ケーブルネットワーク株式会社	会社名(英文)	Kintetsu Cable Network Co., Ltd.		
本社所在地	〒630-0213 奈良県生駒市東生駒 1 丁目 70 番地 1 TEL: 0743 - 75 - 5511 ／ FAX: 0743 - 75 - 5666 ／ ホームページ：https://www.kcn.jp/				
代表者	代表取締役社長　桑原（くわはら）　克仁（かつじ）	資本金	1,485 百万円	従業員数	248 人
設立年月日	1984 年 6 月	事業開始年月日	1988 年 4 月		
主たる出資者	近鉄グループホールディングス㈱、生駒市、奈良市				
設備投資額及び主な計画					
関係会社一覧	こまどりケーブル㈱、㈱ KCN 京都、㈱テレビ岸和田、㈱ KCN なんたん				

［決算状況］

(貸借対照表)　(単位：百万円)

科目	金額
資産の部	
固定資産	
流動資産	
繰延資産	
資産合計	
負債及び資本の部	
固定負債	
流動負債	
資本金	
資本剰余金	
利益剰余金	
その他有価証券評価差額金	
自己株式	
負債及び資本合計	

(2023 年 3 月末現在)

(損益計算書)　(単位：百万円)

区分		2018 年度	2019 年度	2020 年度	2021 年度	2022 年度
収入	電気通信事業収入					
	電気通信事業以外の事業の収入					
	合計					
営業利益						
経常利益						
当期利益						

(2023 年 7 月 1 日現在)

会社名	イッツ・コミュニケーションズ株式会社	会社名(英文)	its communications Inc.		
本社所在地	〒158-0097 東京都世田谷区用賀4 丁目10 番1 号 世田谷ビジネススクエアタワー22F ホームページ：http://www.itscom.jp/				
代表者	代表取締役社長　金井（かない）　美恵（みえ）	資本金	5,294 百万円	従業員数	646 人
設立年月日	1983 年 3 月 2 日	事業開始年月日	1987 年 10 月 2 日		
主たる出資者	東急㈱（100％）				
設備投資額及び主な計画	設備投資額：2022 年度（実績）：4,303 百万円 2023 年度（計画）：4,000 百万円				
関係会社一覧	横浜コミュニティ放送㈱				

［決算状況］

(貸借対照表)　(単位：百万円)

科目	金額
資産の部	
固定資産	19,248
流動資産	17,348
繰延資産	
資産合計	36,597
負債及び資本の部	
固定負債	1,670
流動負債	4,614
資本金	5,294
資本剰余金	1,694
利益剰余金	23,296
その他有価証券評価差額金	28
自己株式	
負債及び資本合計	36,597

(2023 年 3 月末現在)

(損益計算書)　(単位：百万円)

区分		2018 年度	2019 年度	2020 年度	2021 年度	2022 年度
収入	電気通信事業収入	11,357	13,163	14,131	14,411	14,769
	電気通信事業以外の事業の収入	19,882	18,233	17,004	16,132	15,653
	合計	31,239	31,396	31,135	30,543	30,422
営業利益		2,139	2,481	3,270	3,227	3,263
経常利益		2,203	2,263	3,239	3,293	3,391
当期利益		1,552	1,055	2,109	2,245	2,309

（2023 年 7 月 1 日現在）

会　社　名	株式会社ケーブルテレビ品川	会社名（英文）	Cable Television Shinagawa inc.		
本社所在地	〒142-0041 東京都品川区戸越 1-7-20 戸越台ビル TEL: 03 - 3788 - 3877 ／ FAX: 03 - 3788 - 3820 ／ ホームページ：http://www.cts.ne.jp/				
代　表　者	代表取締役執行役員社長　橋本（はしもと）　夏代（なつよ）	資　本　金	2,500 百万円	従業員数	3 人
設立年月日	1985 年 3 月 19 日	事業開始年月日	1996 年 4 月 1 日		
主たる出資者	東急㈱（81.62%）、品川区（7.00%）				
設備投資額及び主な計画	設備投資額：2022 年度（実績）：852 百万円 2023 年度（計画）：384 百万円				
関係会社一覧	㈱エフエムしながわ				

［決算状況］

（貸借対照表）　（単位：百万円）

資産の部	
科　目	金　額
固定資産	2,852
流動資産	1,137
繰延資産	
資産合計	3,990
負債及び資本の部	
科　目	金　額
固定負債	423
流動負債	421
資本金	2,500
資本剰余金	
利益剰余金	644
その他有価証券評価差額金	
自己株式	
負債及び資本合計	3,990

（2023 年 3 月末現在）

（損益計算書）　（単位：百万円）

区　分		2018 年度	2019 年度	2020 年度	2021 年度	2022 年度
収入	電気通信事業収入	1,720	1,350	1,371	1,329	1,376
	電気通信事業以外の事業の収入	1,370	1,705	1,651	1,624	1,539
	合　計	3,090	3,055	3,022	2,953	2,915
営業利益		223	115	161	52	▲ 17
経常利益		209	94	145	29	▲ 45
当期利益		227	103	109	18	▲ 97

（2023 年 7 月 1 日現在）

会　社　名	株式会社ニューメディア	会社名（英文）	Newmedia Co., Ltd.		
本社所在地	〒992-0044 山形県米沢市春日 4 丁目 2 番 75 号 TEL: 0238 - 24 - 2525 ／ FAX: 0238 - 24 - 2526 ／ ホームページ：https://www.ncv.co.jp/				
代　表　者	代表取締役社長　金子（かねこ）　敦（あつし）	資　本　金	1,086 百万円	従業員数	230 人
設立年月日	1986 年 6 月 5 日	事業開始年月日	1989 年　CATV 事業開始 1997 年　インターネット事業開始 2009 年　電話事業開始		
主たる出資者	金子建設工業㈱（28.02%）、㈱ HKY（23.69%）、米沢市（4.60%）、山形郵便輸送㈱（2.94%）				
設備投資額及び主な計画	設備投資額：2022 年度（実績）：761 百万円 2023 年度（計画）：700 百万円 主 な 計 画：幹線の敷設、HE 設備				
関係会社一覧	CCS スタジオ㈱（子会社）				

［決算状況］

（貸借対照表）　（単位：百万円）

資産の部	
科　目	金　額
固定資産	4,587
流動資産	3,513
繰延資産	
資産合計	8,100
負債及び資本の部	
科　目	金　額
固定負債	1,208
流動負債	1,229
資本金	1,086
資本剰余金	1
利益剰余金	4,576
その他有価証券評価差額金	
自己株式	
負債及び資本合計	8,100

（2023 年 3 月末現在）

（損益計算書）　（単位：百万円）

区　分		2018 年度	2019 年度	2020 年度	2021 年度	2022 年度
収入	電気通信事業収入	3,011	3,220	3,472	5,382	5,695
	電気通信事業以外の事業の収入	3,949	4,060	4,185	2,592	2,565
		6,960	7,280	7,657	7,974	8,260
営業利益		337	346	816	977	871
経常利益		369	422	870	1,124	932
当期利益		241	280	624	764	649

（2023年7月1日現在）

会社名	株式会社シー・ティー・ワイ	会社名（英文）	CTY.co.,Ltd		
本社所在地	〒510-0093 三重県四日市市本町8番2号 TEL: 059 - 353 - 6505 ／ FAX: 059 - 352 - 0004 ／ ホームページ：https://www.cty-net.ne.jp				
代表者	代表取締役社長　渡部（わたべ）　一貴（かずき）	資本金	1,100百万円	従業員数	205人
設立年月日	1988年6月20日	事業開始年月日	1990年1月31日		
主たる出資者	㈱CCJ（96.36％）、四日市市（3.64％）				
設備投資額及び主な計画	設備投資額：2022年度（実績）：　354百万円 2023年度（計画）：1,435百万円 主な計画：FTTH設備増強				
関係会社一覧	㈱CCJ、㈱エヌ・シィ・ティ、㈱ケーブルネット鈴鹿、㈱アビ・コミュニティ				

［決算状況］

（貸借対照表）　（単位：百万円）

資産の部	
科目	金額
固定資産	6,590
流動資産	2,997
繰延資産	
資産合計	9,588
負債及び資本の部	
科目	金額
固定負債	1,202
流動負債	2,162
資本金	1,100
資本剰余金	2
利益剰余金	5,120
その他有価証券評価差額金	
自己株式	
負債及び資本合計	9,588

（2023年3月末現在）

（損益計算書）　（単位：百万円）

区分		2018年度	2019年度	2020年度	2021年度	2022年度
収入	電気通信事業収入	2,869	3,022	4,348	3,955	4,404
	電気通信事業以外の事業の収入	2,372	2,453	1,932	1,666	1,351
	合計	5,241	5,475	6,280	5,621	5,756
営業利益		485	241	473	416	640
経常利益		516	301	552	677	642
当期利益		342	195	483	646	439

（2023年7月1日現在）

会社名	東京ケーブルネットワーク株式会社	会社名（英文）	TOKYO CABLE NETWORK,INC.		
本社所在地	〒112-0004 東京都文京区後楽1-1-7　グラスシティ後楽 TEL: 0800 - 123 - 2600 ／ FAX: 03 - 3818 - 6797 ／ ホームページ：http://www.tcn-catv.co.jp				
代表者	代表取締役社長執行役員　大坪（おおつぼ）　龍太（りゅうた）	資本金	1,600百万円	従業員数	78人
設立年月日	1985年3月20日	事業開始年月日	1988年4月1日		
主たる出資者	㈱東京ドーム（36.68％）、㈱講談社（18.81％）、㈱関電工（9％）、伊藤忠商事㈱（5％）、日本テレビ放送網㈱（5％）、㈱読売新聞東京本社（5％）				
設備投資額及び主な計画					
関係会社一覧	㈱TCP、㈱アース・キャスト、㈱シーティエス				

［決算状況］

（貸借対照表）　（単位：百万円）

資産の部	
科目	金額
固定資産	3,960
流動資産	1,464
繰延資産	
資産合計	5,424
負債及び資本の部	
科目	金額
固定負債	567
流動負債	1,092
資本金	1,600
資本剰余金	
利益剰余金	2,164
その他有価証券評価差額金	
自己株式	
負債及び資本合計	5,424

（2023年3月末現在）

（損益計算書）　（単位：百万円）

区分		2018年度	2019年度	2020年度	2021年度	2022年度
収入	電気通信事業収入	1,306	1,317	1,464	1,277	1,129
	電気通信事業以外の事業の収入	3,866	3,878	3,380	3,744	4,104
	合計	5,172	5,195	4,844	5,021	5,233
営業利益		56	125	31	187	47
経常利益		106	283	44	194	55
当期利益		75	186	78	125	30

（2023 年 7 月 1 日現在）

会社名	JCOM 株式会社	会社名（英文）	JCOM Co., Ltd.		
本社所在地	〒100-0005 東京都千代田区丸の内 1-8-1 丸の内トラストタワー N 館 TEL: 03 - 6365 - 8030 ／ FAX: 03 - 6365 - 8091 ／ ホームページ：http://www.jcom.co.jp				
代表者	代表取締役社長　岩木（いわき）　陽一（よういち）	資本金	37,600 百万円	従業員数	16,305 人 （2023 年 3 月末現在）
設立年月日	1995 年 1 月 18 日	事業開始年月日			
主たる出資者	KDDI ㈱、住友商事㈱				
設備投資額及び主な計画					
関係会社一覧	㈱ジェイコム札幌、㈱ジェイコム埼玉・東日本、土浦ケーブルテレビ㈱、㈱ジェイコム千葉、㈱ジェイコム東京、㈱ジェイコム湘南・神奈川、㈱ジェイコムウエスト、㈱ケーブルネット下関、㈱ジェイコム九州、大分ケーブルテレコム㈱、横浜ケーブルビジョン㈱、ジェイコム大分エンジニアリング㈱、大分県デジタルネットワークセンター㈱※、臼杵ケーブルネット㈱、グリーンシティケーブルテレビ㈱※、ジュピターエンタテインメント㈱、ジュピターゴルフネットワーク㈱、㈱ジェイ・スポーツ、チャンネル銀河㈱、ディスカバリー・ジャパン㈱※、アスミック・エース㈱、㈱プルークス、ゴルフネットワークプラス㈱、㈱インタラクティーヴィ※、アイピー・パワーシステムズ㈱、㈱エニー、ジュピターショップチャンネル㈱、㈱ジェイコムハート、日本デジタル配信㈱※、オープンワイヤレスプラットフォーム（同）※、㈱ SBS M&C※、㈱ザクア、ジェイコム少額短期保険㈱ ※当社の出資比率が 20％以上 50％以下の議決権を保有している持分法適用対象会社です。				

［決算状況］

（貸借対照表）　（単位：百万円）

資産の部	
科目	金額
固定資産	
流動資産	
繰延資産	
資産合計	
負債及び資本の部	
科目	金額
固定負債	
流動負債	
資本金	
資本剰余金	
利益剰余金	
その他有価証券評価差額金	
自己株式	
新株予約権	
負債及び資本合計	

（損益計算書）　（単位：百万円）

区分		2018 年度	2019 年度	2020 年度	2021 年度	2022 年度
収入	電気通信事業収入					
	電気通信事業以外の事業の収入					
	合計					
営業利益						
経常利益						
当期利益						

（2023 年 3 月末現在）

（2022 年 12 月 31 日現在）

会社名	ミクスネットワーク株式会社	会社名（英文）	MICS NETWORK CORPORATION		
本社所在地	〒444-2137 愛知県岡崎市薮田一丁目 1 番地 5 TEL: 0564 - 25 - 2402 ／ FAX: 0564 - 87 - 5941 ／ ホームページ：https://www.catvmics.ne.jp				
代表者	代表取締役社長：大川（おおかわ）　和昌（かずまさ）	資本金	2,233 百万円	従業員数	68 人
設立年月日	1983 年 10 月 1 日	事業開始年月日	1990 年 11 月 3 日 有線テレビジョン放送事業 1998 年 4 月 1 日 第一種電気通信事業		
主たる出資者	㈱オリバー（49.28%）、岡崎市（8.95%）、あいち三河農協（4.47%）、岡崎信用金庫（4.47%）、三菱 UFJ 銀行（1.79%）、東海テレビ放送（1.79%）				
設備投資額及び主な計画	設備投資額：2022 年度（実績）：420 百万円 2023 年度（計画）：500 百万円 主な計画：伝送路 FTTH 化、放送設備増強、通信設備増強、無線設備新設				
関係会社一覧					

［決算状況］

（貸借対照表）　（単位：百万円）

資産の部	
科目	金額
固定資産	1,350
流動資産	6,208
繰延資産	
資産合計	7,558
負債及び資本の部	
科目	金額
固定負債	150
流動負債	565
資本金	2,233
資本剰余金	
利益剰余金	4,610
その他有価証券評価差額金	
自己株式	
負債及び資本合計	7,558

（2022 年 12 月末現在）

（損益計算書）　（単位：百万円）

区分		2018 年度	2019 年度	2020 年度	2021 年度	2022 年度　15 ヶ月
収入	電気通信事業収入	1,087	1,139	1,196	1,279	1,719
	電気通信事業以外の事業の収入	1,532	1,483	1,447	1,423	1,427
	合計	2,619	2,622	2,643	2,702	3,146
営業利益		436	378	407	354	540
経常利益		436	393	423	359	556
当期利益		292	301	291	242	376

（2023 年 7 月 1 日現在）

会社名	株式会社アドバンスコープ	会社名（英文）	advanscope inc.		
本社所在地	〒518-0444 三重県名張市箕曲中村 18 番地の 2 TEL: 0595 - 64 - 7821 ／ FAX: 0595 - 64 - 5202 ／ ホームページ：https://www.catv-ads.jp/				
代表者	代表取締役社長　福田（ふくた）　聡（さとし）	資本金	490 百万円	従業員数	96 人
設立年月日	1983 年 5 月 18 日	事業開始年月日	1992 年 11 月 30 日		
主たる出資者	オキツモ㈱（44.53%）、東芝インフラシステムズ㈱（6.12%）				
設備投資額及び主な計画	設備投資額：2022 年度（実績）：127 百万円				
関係会社一覧	オキツモ㈱、㈱ソバーニ				

［決算状況］

（貸借対照表）　（単位：百万円）

資産の部	
科目	金額
固定資産	1,464
流動資産	592
繰延資産	0
資産合計	2,056
負債及び資本の部	
科目	金額
固定負債	83
流動負債	385
資本金	490
資本剰余金	1
利益剰余金	1,102
その他有価証券評価差額金	0
自己株式	▲ 5
負債及び資本合計	2,056

（2023 年 3 月末現在）

（損益計算書）　（単位：百万円）

区分		2018 年度	2019 年度	2020 年度	2021 年度	2022 年度
収入	電気通信事業収入	891	900	935	944	961
	電気通信事業以外の事業の収入	999	992	969	982	996
	合計	1,890	1,892	1,904	1,926	1,957
営業利益		109	100	158	130	160
経常利益		137	104	158	142	166
当期利益		80	69	103	99	118

（2023 年 7 月 1 日現在）

会　社　名	株式会社 TOKAI コミュニケーションズ	会社名(英文)	TOKAI Communications Corporation		
本社所在地	〒420-0034 静岡県静岡市葵区常磐町 2 丁目 6 番地の 8 TEL: 054 - 254 - 3781 ／ FAX: 054 - 254 - 5092 ／ ホームページ：https://www.tokai-com.co.jp/				
代　表　者	代表取締役社長　福田（ふくだ）　安広（やすひろ）	資　本　金	1,221 百万円 （2023 年 3 月 31 日現在）	従業員数	1,313 人 （2023 年 3 月 31 日現在）
設立年月日	1977 年 3 月 18 日	事業開始年月日	1988 年 5 月 1 日		
主たる出資者	㈱ TOKAI ホールディングス（100%）				
設備投資額 及び主な計画	設備投資額：2022 年度（実績）：4,079 百万円 2023 年度（計画）：5,090 百万円 主 な 計 画：ネットワーク設備、データセンタ設備 等				
関係会社一覧	㈱ TOKAI ホールディングス、㈱ TOKAI、㈱ TOKAI ケーブルネットワーク、東海ガス㈱、㈱ TOKAI ベンチャーキャピタル＆インキュベーション、㈱ TOKAI マネジメントサービス、㈱サイズ、㈱アムズブレーン、㈱アムズユニティー、㈱クエリ、㈱ジェイ・サポート、㈱いちはらケーブルテレビ、厚木伊勢原ケーブルネットワーク㈱、エルシーブイ㈱、㈱倉敷ケーブルテレビ、㈱トコちゃんねる静岡、東京ベイネットワーク㈱、㈱テレビ津山、仙台 CATV ㈱、沖縄ケーブルネットワーク㈱、東海造船運輸㈱、トーカイシティサービス㈱、TOKAI ライフプラス㈱、㈱エナジーライン、にかほガス㈱、日産工業㈱、㈱テンダー、東海非破壊検査㈱、拓開（上海）商貿有限公司、TOKAI MYANMAR COMPANY LIMITED、㈲大須賀ガスサービス、㈱ジョイネット、㈱ネットテクノロジー静岡、中央電機工事㈱、㈱イノウエテクニカ、㈱マルコオ・ポーロ化工、㈱ウッドリサイクル、㈱ TOKAI キッズタッチ その他連結子会社 4 社、持分法適用関連会社 10 社				

［決算状況］

（貸借対照表）　（単位：百万円）

資産の部	
科　目	金　額
固定資産	20,694
流動資産	13,131
繰延資産	
資産合計	33,825
負債及び資本の部	
科　目	金　額
固定負債	1,459
流動負債	13,962
資本金	1,221
資本剰余金	1,432
利益剰余金	15,359
その他有価証券評価差額金	390
自己株式	
負債及び資本合計	33,825

（2023 年 3 月末現在）

（損益計算書）　（単位：百万円）

区　分		2018 年度	2019 年度	2020 年度	2021 年度	2022 年度
収入	電気通信事業収入	34,953	34,391	34,185	33,349	33,331
	電気通信事業以外の事業の収入	19,501	21,059	20,604	22,080	24,222
	合　計	54,454	55,450	54,789	55,429	57,553
営　業　利　益		2,724	3,043	3,177	3,312	3,814
経　常　利　益		2,725	3,072	3,195	3,320	3,841
当　期　利　益		1,666	1,154	1,908	2,189	2,292

（2023 年 7 月 1 日現在）

会社名	株式会社秋田ケーブルテレビ	会社名（英文）	Cable Networks AKITA		
本社所在地	〒010-0976 秋田県秋田市八橋南一丁目 1 番 3 号 TEL: 018 - 865 - 5141 ／ FAX: 018 - 888 - 3511 ／ ホームページ：https://www.cna.ne.jp/				
代表者	代表取締役社長　末廣（すえひろ）　健二（けんじ）	資本金	1,200 百万円	従業員数	98 人
設立年月日	1984 年 6 月 12 日	事業開始年月日	1997 年 12 月 1 日		
主たる出資者	㈱秋田ケーブルテレビ（自己株式）（50.00%）、富士フイルム BI 秋田㈱（10.90%）、秋田県（8.33%）、東北新社㈱（8.33%）、㈱ C.CrewAkita（5.71%）、秋田市（5.00%）				
設備投資額及び主な計画					
関係会社一覧	・㈱ TEAM CNA CREATION、100% 出資子会社、2015 年 2 月 2 日設立 ・㈱ TEAM CNA LIFE、100% 出資子会社、2015 年 8 月 7 日設立 ・㈱ TEAM CNA ENGINEERING、100% 出資子会社、2017 年 10 月 2 日設立 　⇒㈱ TEAM CNA E&S に 2020 年 4 月 1 日商号変更 ・㈱ TEAM CNA SUPPORT、100% 出資子会社、2018 年 4 月 18 日設立 　⇒秋田シネマ & エンターテイメント㈱に 2020 年 5 月 27 日商号変更、秋田新都心ビル㈱に株式 100% 譲渡 ・㈱ ALL-A、65% 出資子会社、2019 年 4 月 1 日設立 ・秋田新都心ビル㈱、100% 出資子会社、2020 年 3 月 25 日買収				

［決算状況］

（貸借対照表）　（単位：百万円）

資産の部	
科目	金額
固定資産	3,874
流動資産	2,440
繰延資産	0
資産合計	6,315
負債及び資本の部	
科目	金額
固定負債	1,992
流動負債	1,687
資本金	1,200
資本剰余金	0
利益剰余金	3,234
その他有価証券評価差額金	0
自己株式	▲ 1,797
負債及び資本合計	6,315

（2023 年 3 月末現在）

（損益計算書）　（単位：百万円）

区分		2018 年度	2019 年度	2020 年度	2021 年度	2022 年度
収入	電気通信事業収入	1,013	1,087	1,165	1,743	1,864
	電気通信事業以外の事業の収入	2,703	2,837	2,316	1,959	2,269
	合計	3,716	3,924	3,481	3,703	4,134
営業利益		155	255	332	266	300
経常利益		154	232	351	332	324
当期利益		88	148	234	238	217

（2023 年 7 月 1 日現在）

会社名	松阪ケーブルテレビ・ステーション株式会社	会社名（英文）	Matsusaka CATV Station Co.,Ltd.（MCTV）		
本社所在地	〒515-0031 三重県松阪市大津町 731-6 TEL: 0598 - 50 - 2200 ／ FAX: 0598 - 50 - 2400 ／ ホームページ：https://www.mctv.jp/				
代表者	代表取締役社長　大畑（おおはた）　隆（たかし）	資本金	480 百万円	従業員数	89 人
設立年月日	1990 年 11 月 5 日	事業開始年月日	1993 年 5 月 28 日（一般放送事業） 1999 年 9 月 1 日（電気通信事業）		
主たる出資者	㈱サンライフ（24.99%）				
設備投資額及び主な計画					
関係会社一覧					

［決算状況］

（貸借対照表）　（単位：百万円）

資産の部	
科目	金額
固定資産	
流動資産	
繰延資産	
資産合計	
負債及び資本の部	
科目	金額
固定負債	
流動負債	
資本金	
資本剰余金	
利益剰余金	
その他有価証券評価差額金	
自己株式	
負債及び資本合計	

（2023 年 3 月末現在）

（損益計算書）　（単位：百万円）

区分		2018 年度	2019 年度	2020 年度	2021 年度	2022 年度
収入	電気通信事業収入					
	電気通信事業以外の事業の収入					
	合計					
営業利益						
経常利益						
当期利益						

（2023 年 7 月 1 日現在）

会社名	株式会社コミュニティネットワークセンター	会社名（英文）	COMMUNITY NETWORK CENTER INCORPORATED		
本社所在地	〒461-0005 愛知県名古屋市東区東桜一丁目三番地 10 号 東桜第一ビル 10 階 TEL: 052 - 955 - 5161 ／ FAX: 052 - 951 - 5550 ／ ホームページ：http://www.cnci.co.jp/				
代表者	代表取締役社長　原（はら）　年幸（としゆき）	資本金	293 百万円	従業員数	104 人
設立年月日	2000 年 2 月 2 日	事業開始年月日	2000 年 2 月 2 日		
主たる出資者	㈱シーテック（19.80%）、トヨタ自動車㈱（9.44%）、KDDI ㈱（8.88%）、中部電力㈱（4.55%）、㈱三菱 UFJ 銀行（3.30%）、㈱豊田自動織機（2.80%）				
設備投資額及び主な計画	設備投資額：2022 年度（実績）：464 百万円 2023 年度（計画）：596 百万円 主な計画：非公開				
関係会社一覧	㈱キャッチネットワーク、知多メディアスネットワーク㈱、知多半島ケーブルネットワーク㈱、CCNet ㈱、ひまわりネットワーク㈱、おりべネットワーク㈱、㈱ケーブルテレビ可児、シーシーエヌ㈱、三河湾ネットワーク㈱、スターキャット・ケーブルネットワーク㈱、グリーンシティケーブルテレビ㈱				

［決算状況］

（貸借対照表）（単位：百万円）（百万円未満切捨）

資産の部	
科目	金額
固定資産	34,571
流動資産	17,755
繰延資産	
資産合計	52,326
負債及び資本の部	
科目	金額
固定負債	4,625
流動負債	10,760
資本金	293
資本剰余金	27,539
利益剰余金	9,327
その他有価証券評価差額金	0
自己株式	▲ 219
負債及び資本合計	52,326

（2023 年 3 月末現在）

（損益計算書）（単位：百万円）

区分		2018 年度	2019 年度	2020 年度	2021 年度	2022 年度
収入	電気通信事業収入	6,452	4,401	4,461	3,158	3,181
	電気通信事業以外の事業の収入	9,936	9,600	9,180	7,628	7,339
	合計	16,389	14,001	13,641	10,787	10,520
営業利益		1,499	1,584	1,571	1,555	1,629
経常利益		1,509	1,596	1,581	1,564	1,636
当期利益		1,221	1,357	1,339	1,321	1,355

（2023 年 7 月 1 日現在）

会社名	伊賀上野ケーブルテレビ株式会社	会社名（英文）	Igaueno Cable Television Co.,Ltd.		
本社所在地	〒518-0835 三重県伊賀市緑ケ丘南町 2332 TEL: 0595 - 24 - 2560 ／ FAX: 0595 - 24 - 6260 ／ ホームページ：https://www.ict.jp/				
代表者	代表取締役社長　小坂（こさか）　元治（もとじ）	資本金	484 百万円	従業員数	55 人
設立年月日	1990 年 6 月 20 日	事業開始年月日	1991 年 11 月 1 日		
主たる出資者	上野ガス㈱（71.6%）、上野ハウス㈱（6.2%）、上野都市ガス㈱（3.3%）、伊賀市（1.9%）、北伊勢上野信用金庫（1.0%）、岡波総合病院（1.0%）、西日本電信電話㈱（0.8%）				
設備投資額及び主な計画					
関係会社一覧	上野ガス㈱、上野都市ガス㈱、上野ガス配送センター㈱、上野ハウス㈱、上野合同保険㈱				

［決算状況］

（貸借対照表）（単位：百万円）

資産の部	
科目	金額
固定資産	
流動資産	
繰延資産	
資産合計	
負債及び資本の部	
科目	金額
固定負債	
流動負債	
資本金	
資本剰余金	
利益剰余金	
その他有価証券評価差額金	
自己株式	
負債及び資本合計	

（2023 年 3 月末現在）

（損益計算書）（単位：百万円）

区分		2018 年度	2019 年度	2020 年度	2021 年度	2022 年度
収入	電気通信事業収入					
	電気通信事業以外の事業の収入					
	合計					
営業利益						
経常利益						
当期利益						

（2023 年 7 月 1 日現在）

会社名	株式会社いちはらケーブルテレビ	会社名（英文）	Ichihara Cable Television Corporation
本社所在地	〒290-0054 千葉県市原市五井中央東 2 丁目 23 番地 18 TEL: 0436 - 24 - 0009 ／ FAX: 0436 - 24 - 0003 ／ ホームページ：https://www.icntv.ne.jp/		
代表者	代表取締役社長　長谷川（はせがわ）　達也（たつや）	資本金	490 百万円 ／ 従業員数 34 人
設立年月日	1989 年 6 月 28 日	事業開始年月日	1990 年 4 月 1 日
主たる出資者	㈱TOKAI ケーブルネットワーク（92.08％）、市原市（2.56％）、㈱千葉興業銀行（1.92％）、古河電気工業㈱（1.28％）		
設備投資額及び主な計画	設備投資額：2021 年度（実績）：620 百万円 2022 年度（計画）：330 百万円 主な計画：FTTH 投資 180 百万円 HFC 放送通信投資 83 百万円 リース投資 67 百万円		
関係会社一覧	㈱TOKAI ホールディングス、㈱TOKAI コミュニケーションズ、㈱TOKAI ケーブルネットワーク、㈱TOKAI マネジメントサービス、㈱エルシーブイ、㈱倉敷ケーブルテレビ、㈱トコちゃんねる静岡、東京ベイネットワーク㈱、㈱テレビ津山、厚木伊勢原ケーブルネットワーク㈱、沖縄ケーブルネットワーク㈱		

［決算状況］

（貸借対照表）　（単位：百万円）

資産の部	
科目	金額
固定資産	1,984
流動資産	544
繰延資産	0
資産合計	2,528
負債及び資本の部	
科目	金額
固定負債	243
流動負債	319
資本金	490
資本剰余金	657
利益剰余金	819
その他有価証券評価差額金	0
自己株式	0
負債及び資本合計	2,528

（2023 年 3 月末現在）

（損益計算書）　（単位：百万円）

区分		2018 年度	2019 年度	2020 年度	2021 年度	2022 年度
収入	電気通信事業収入	606	711	848	883	915
	電気通信事業以外の事業の収入	619	611	667	719	698
	合計	1,225	1,322	1,515	1,602	1,613
営業利益		122	192	256	257	210
経常利益		125	202	256	256	209
当期利益		84	133	169	145	130

（2023 年 7 月 1 日現在）

会　社　名	株式会社中海テレビ放送	会社名（英文）			
本社所在地	〒683-0852 鳥取県米子市河崎 610 番地 TEL: 0859 - 29 - 2211 ／ FAX: 0859 - 29 - 7911 ／ ホームページ：https://www.chukai.co.jp				
代　表　者	代表取締役社長　加藤（かとう）　典裕（のりひろ）	資　本　金	493 百万円	従業員数	77 人
設立年月日	1984 年 11 月 20 日	事業開始年月日	1989 年 11 月 1 日		
主たる出資者	東亜成果㈱（8.8%）、㈱サテライトコミュニケーションズネットワーク（8.8%）、松田恒勇（5.9%）、中海テレビ放送持株会（4.0%）、㈱山陰ビデオシステム（2.9%）				
設備投資額及び主な計画					
関係会社一覧					

［決算状況］

（貸借対照表）　（単位：百万円）

資産の部	
科　目	金　額
固定資産	
流動資産	
繰延資産	
資産合計	
負債及び資本の部	
科　目	金　額
固定負債	
流動負債	
資本金	
資本剰余金	
利益剰余金	
その他有価証券評価差額金	
自己株式	
負債及び資本合計	

（2023 年 3 月末現在）

（損益計算書）　（単位：百万円）

区　分		2018 年度	2019 年度	2020 年度	2021 年度	2022 年度
収入	電気通信事業収入					
	電気通信事業以外の事業の収入					
	合　計					
営業利益						
経常利益						
当期利益						

（2023 年 7 月 1 日現在）

会　社　名	入間ケーブルテレビ株式会社	会社名（英文）	IRUMA CABLE TELEVISION CO.,LTD		
本社所在地	〒358-8550 埼玉県入間市高倉 5-17-27 TEL: 04 - 2965 - 0550 ／ FAX: 04 - 2965 - 5432 ／ ホームページ：http://ictv.jp				
代　表　者	代表取締役社長　鹿倉（しかくら）　貞二（ていじ）	資　本　金	420 百万円	従業員数	73 人
設立年月日	1986 年 6 月 3 日	事業開始年月日	1990 年 4 月 1 日		
主たる出資者	三ヶ島製材（10.8%）、㈱スズキガス（6.7%）、入間市（1.4%）				
設備投資額及び主な計画					
関係会社一覧	㈱エフエム茶笛、東松山ケーブルテレビ㈱、ゆずの里ケーブルテレビ㈱、瑞穂ケーブルテレビ㈱、㈱ ICTV スマイル農場				

［決算状況］

（貸借対照表）　（単位：百万円）

資産の部	
科　目	金　額
固定資産	
流動資産	
繰延資産	
資産合計	
負債及び資本の部	
科　目	金　額
固定負債	
流動負債	
資本金	
資本剰余金	
利益剰余金	
その他有価証券評価差額金	
自己株式	
負債及び資本合計	

（2023 年 3 月末現在）

（損益計算書）　（単位：百万円）

区　分		2018 年度	2019 年度	2020 年度	2021 年度	2022 年度
収入	電気通信事業収入					
	電気通信事業以外の事業の収入					
	合　計					
営業利益						
経常利益						
当期利益						

（2023 年 7 月 1 日現在）

会社名	株式会社 NTT ドコモ	会社名（英文）	NTT DOCOMO, INC.		
本社所在地	〒100-6150 東京都千代田区永田町 2-11-1 山王パークタワー TEL: 03 - 5156 - 1111（代）／ FAX: 03 - 5156 - 0307 ／ ホームページ：https://www.docomo.ne.jp/				
代表者	代表取締役社長 井伊（いい） 基之（もとゆき）	資本金	949,679 百万円 （2023 年 3 月 31 日現在）	従業員数	7,903 人 （2023 年 3 月 31 日現在）
設立年月日	1991 年 8 月 14 日	事業開始年月日	1992 年 7 月 1 日		
主たる出資者	日本電信電話㈱（100%）				
設備投資額及び主な計画	設備投資額（ドコモグループ連結）： 2022 年度（実績）：706,300 百万円 2023 年度（計画）：728,000 百万円 主な計画：通信設備の拡充ならびに品質改善への投資、金融・決済及び生活関連サービス、法人向けサービス等の拡充に伴う投資				
関係会社一覧	NTT コミュニケーションズ㈱、NTT コムウェア㈱、㈱ドコモ CS、ドコモ・サポート㈱、ドコモ・テクノロジ㈱、㈱ドコモ CS 北海道、㈱ドコモ CS 東北、㈱ドコモ CS 東海、㈱ドコモ CS 北陸、㈱ドコモ CS 関西、㈱ドコモ CS 中国、㈱ドコモ CS 四国、㈱ドコモ CS 九州、㈱ D2C、タワーレコード㈱、㈱オークローンマーケティング、㈱ドコモ・インサイトマーケティング、㈱ドコモ・アニメストア、㈱ NTT ドコモ・ベンチャーズ、マガシーク㈱、㈱ DearOne、㈱みらい翻訳、㈱ドコモ・バイクシェア、㈱ LIVE BOARD、㈱ empheal、㈱グッドイートカンパニー、㈱ミナカラ、㈱ドコモ・インシュアランス、㈱アイキャスト、㈱ Prism Partner、㈱ NTT Sports X、㈱ NTT コノキュー、㈱ NTT ドコモ・スタジオ & ライブ 等				

［決算状況］ ※ドコモグループ連結

（貸借対照表） （単位：百万円）

資産の部	
科目	金額
固定資産	4,767,329
流動資産	4,600,308
資産合計	9,367,638
負債及び資本の部	
科目	金額
固定負債	217,062
流動負債	2,856,216
資本金	949,679
資本剰余金	735,871
利益剰余金	4,541,003
その他有価証券評価差額金	67,804
負債及び資本合計	9,367,638

（損益計算書） （単位：百万円）

区分		2018 年度	2019 年度	2020 年度	2021 年度	2022 年度
収入	電気通信事業収入	3,325,218	3,254,873	3,377,636	3,221,407	3,223,762
	電気通信事業以外の事業の収入	1,575,126	1,384,205	1,305,993	1,245,338	1,480,947
	合計	4,900,344	4,639,078	4,683,629	4,466,745	4,704,709
営業利益		918,883	729,548	805,545	772,316	787,712
経常利益		986,280	805,832	872,981	867,344	986,670
当期利益		680,080	601,682	636,214	633,624	777,306

※記載金額は百万円未満の端数を切り捨てて表示しています

（2023 年 3 月末現在）

（2023 年 7 月 1 日現在）

会　社　名	沖縄セルラー電話株式会社	会社名（英文）	OKINAWA CELLULAR TELEPHONE COMPANY		
本社所在地	〒900-8540 沖縄県那覇市松山 1 丁目 2 番 1 号 TEL: 098 - 869 - 1001 ／ FAX: 098 - 869 - 2643 ／ ホームページ：https://okinawa_cellular/				
代　表　者	代表取締役社長　菅（すが）　隆志（たかし）	資　本　金	1,414 百万円	従業員数	280 人
設立年月日	1991 年 6 月 1 日	事業開始年月日	1992 年 10 月 20 日		
主たる出資者	KDDI ㈱（52.40%）、日本マスタートラスト信託銀行㈱（信託口）（3.22%）、㈱沖縄銀行（1.75%）、沖縄電力㈱（1.75%）、琉球放送㈱（1.75%）、JP モルガン証券㈱（1.56%）、 STATE STREET BANK AND TRUST COMPANY（常任代理人　㈱みずほ銀行決済営業部）（1.19%）、 ㈱日本カストディ銀行（信託口）（1.16%）、 SSBTC　CLIENT　OMNIBUS　ACCOUNT（常任代理人　香港上海銀行東京支店）（0.81%）（2023 年 3 月末時点）				
設備投資額及び主な計画	設備投資額：2022 年度（実績）：　5,460 百万円 2023 年度（計画）：13,500 百万円 主な計画：海底ケーブル敷設など				
関係会社一覧	KDDI ㈱、OTNet ㈱、沖縄セルラーアグリ＆マルシェ㈱				

［決算状況］

（貸借対照表）　（単位：百万円）

資産の部	
科　目	金　額
固定資産	46,504
流動資産	67,795
繰延資産	
資産合計	114,300
負債及び資本の部	
科　目	金　額
固定負債	1,991
流動負債	17,483
資本金	1,414
資本剰余金	1,614
利益剰余金	95,926
その他有価証券評価差額金	
自己株式	▲ 4,130
負債及び資本合計	114,300

（2023 年 3 月末現在）

（損益計算書）　（単位：百万円）

区　分		2018 年度	2019 年度	2020 年度	2021 年度	2022 年度
収入	電気通信事業収入	46,357	48,167	50,762	50,762	46,501
	電気通信事業以外の事業の収入	20,656	19,883	23,428	23,428	26,951
	合　計	67,013	68,051	74,191	74,190	73,453
営業利益		12,949	13,966	14,450	14,450	14,378
経常利益		13,113	14,074	14,565	14,565	14,590
当期純利益		9,541	10,196	10,936	10,522	10,218

（2023 年 7 月 1 日現在）

会社名	楽天モバイル株式会社	会社名（英文）	Rakuten Mobile, Inc.		
本社所在地	〒158-0094 東京都世田谷区玉川一丁目 14 番 1 号 楽天クリムゾンハウス TEL: 050 - 5817 - 1360 ／ ホームページ：https://corp.mobile.rakuten.co.jp/				
代表者	代表取締役社長　矢澤（やざわ）　俊介（しゅんすけ）	資本金	100 百万円	従業員数	4,830 人 （2023 年 1 月 1 日現在）
設立年月日	2018 年 1 月 10 日	事業開始年月日	2019 年 10 月 1 日		
主たる出資者	楽天グループ㈱（100%）				
設備投資額及び主な計画					
関係会社一覧	楽天グループ㈱、楽天コミュニケーションズ㈱、楽天シンフォニー㈱、楽天モバイルエンジニアリング㈱、楽天モバイルインフラソリューション㈱				

［決算状況］

（貸借対照表）　（単位：百万円）

資産の部	
科目	金額
固定資産	1,117,872
流動資産	309,862
資産合計	1,427,735
負債及び資本の部	
科目	金額
固定負債	288,601
流動負債	1,006,315
資本金	100
資本剰余金	1,089,951
利益剰余金	▲ 957,212
その他有価証券評価差額金	▲ 20
負債及び資本合計	1,427,735

（2022 年 12 月末現在）

（損益計算書）　（単位：百万円）

区分		2018 年度	2019 年度	2020 年度	2021 年度	2022 年度
収入	電気通信事業収入					
	電気通信事業以外の事業の収入					
	合計		69,062	135,171	156,803	200,194
営業利益			▲ 50,983	▲ 207,909	▲ 416,343	▲ 461,538
経常利益			▲ 51,257	▲ 207,875	▲ 422,966	▲ 473,290
当期利益			▲ 51,537	▲ 161,231	▲ 326,232	▲ 426,591

（2023 年 7 月 1 日現在）

会社名	東京テレメッセージ株式会社	会社名（英文）	Tokyo Telemessage Inc.		
本社所在地	〒105-0003 東京都港区西新橋 2-35-2 ハビウル西新橋 11 階 TEL: 03 - 5733 - 0247 ／ FAX: 03 - 5733 - 0280 ／ ホームページ：http://www.teleme.co.jp/				
代表者	代表取締役社長　清野（せいの）　英俊（ひでとし）	資本金	100 百万円	従業員数	17 人
設立年月日	2008 年 10 月 1 日	事業開始年月日	1986 年 12 月 16 日		
主たる出資者	MTS キャピタル㈱（100%）				
設備投資額及び主な計画					
関係会社一覧					

［決算状況］

（貸借対照表）　（単位：百万円）

資産の部	
科目	金額
固定資産	298
流動資産	5,301
繰延資産	143
資産合計	5,742
負債及び資本の部	
科目	金額
固定負債	0
流動負債	392
資本金	100
資本剰余金	86
利益剰余金	5,164
その他有価証券評価差額金	
自己株式	
負債及び資本合計	5,742

（2023 年 3 月末現在）

（損益計算書）　（単位：百万円）

区分		2018 年度	2019 年度	2020 年度	2021 年度	2022 年度
収入	電気通信事業収入	168	146	112	47	1
	電気通信事業以外の事業の収入	2,456	4,907	7,656	4,750	2,205
	合計	2,624	5,053	7,768	4,797	2,206
営業利益		1,030	2,070	3,721	1,712	403
経常利益		950	1,707	3,114	586	298
当期利益		725	1,223	2,242	423	215

（2023年7月1日現在）

会社名	アビコム・ジャパン株式会社	会社名（英文）	AVICOM JAPAN CO., LTD.		
本社所在地	〒108-0014 東京都港区芝 5-26-20 TEL: 03 - 5443 - 9291 ／ FAX: 03 - 5443 - 9297 ／ ホームページ : http://www.avicom.co.jp				
代表者	代表取締役社長　小西（こにし）　一史（かずふみ）	資本金	1,310百万円	従業員数	14人
設立年月日	1989年9月1日				
事業開始年月日	1990年4月1日　国内空地データリンクサービス（現　航空無線データ通信） 1993年9月1日　羽田空港における地上無線電話サービス（MCA） 2001年10月1日　航空無線データ通信第一種電気通信事業開始 2002年4月1日　航空無線電話サービス開始				
主たる出資者	ANAホールディングス㈱（36.8%）、日本航空㈱（36.8%）、東日本電信電話㈱（12.4%）、KDDI㈱（9.3%）、㈱NTTデータ（3.9%）				
設備投資額及び主な計画					
関係会社一覧					

［決算状況］

（貸借対照表）　（単位 : 百万円）

資産の部	
科目	金額
固定資産	654
流動資産	3,674
繰延資産	
資産合計	4,328
負債及び資本の部	
科目	金額
固定負債	5
流動負債	448
資本金	1,310
資本剰余金	
利益剰余金	2,565
その他有価証券評価差額金	
自己株式	
負債及び資本合計	4,328

（2023年3月末現在）

（損益計算書）　（単位 : 百万円）

区分		2018年度	2019年度	2020年度	2021年度	2022年度
収入	電気通信事業収入	2,340	2,439	1,681	2,053	2,362
	電気通信事業以外の事業の収入					
	合計	2,340	2,439	1,681	2,053	2,362
営業利益		695	833	307	616	916
経常利益		704	827	309	628	940
当期利益		486	423	206	438	651

(2023 年 7 月 1 日現在)

会　社　名	関西エアポートテクニカルサービス株式会社	会社名(英文)	Kansai Airports Technical Services Co.,Ltd		
本社所在地	〒549-0001 大阪府泉佐野市泉州空港北 1 番地 TEL: 072 - 455 - 2920 ／ FAX: 072 - 455 - 2935 ／ ホームページ：http://www.tech.kansai-airports.co.jp/				
代　表　者	代表取締役社長　松井(まつい)　光市(こういち)	資　本　金	40 百万円	従業員数	289 人
設立年月日	1993 年 7 月 30 日	事業開始年月日	1994 年 4 月 1 日		
主たる出資者	関西エアポート㈱（100%）				
設備投資額及び主な計画					
関係会社一覧	関西エアポート㈱				

[決算状況]

(貸借対照表)　(単位：百万円)

資産の部	
科　目	金　額
固定資産	913
流動資産	4,724
繰延資産	
資産合計	5,637
負債及び資本の部	
科　目	金　額
固定負債	1,831
流動負債	700
資本金	40
資本剰余金	556
利益剰余金	2,508
その他有価証券評価差額金	
自己株式	
負債及び資本合計	5,637

(2023 年 3 月末現在)

(損益計算書)　(単位：百万円)

区　分		2018 年度	2019 年度	2020 年度	2021 年度	2022 年度
収入	電気通信事業収入	491	454	391	368	257
	電気通信事業以外の事業の収入	1,400	4,628	3,649	3,805	3,934
	合　計	1,891	5,082	4,041	4,174	4,191
営業利益		407	453	320	417	421
経常利益		408	456	495	527	454
当期利益		285	372	323	331	291

(2023 年 7 月 1 日現在)

会　社　名	UQ コミュニケーションズ株式会社	会社名(英文)	UQ Communications Inc.		
本社所在地	〒102-8460 東京都千代田区飯田橋三丁目 10 番 10 号 TEL: 03 - 6678 - 1728 ／ ホームページ：https://www.uqwimax.jp/wimax/				
代　表　者	代表取締役社長　竹澤(たけざわ)　浩(ひろし)	資　本　金	142,000 百万円	従業員数	
設立年月日	2007 年 8 月 29 日	事業開始年月日	2009 年 2 月 26 日		
主たる出資者	KDDI ㈱、東日本旅客鉄道㈱、京セラ㈱、㈱大和証券グループ本社、㈱三菱 UFJ 銀行				
設備投資額及び主な計画					
関係会社一覧					

[決算状況]

(貸借対照表)　(単位：百万円)

資産の部	
科　目	金　額
固定資産	
流動資産	
繰延資産	
資産合計	
負債及び資本の部	
科　目	金　額
固定負債	
流動負債	
資本金	
資本剰余金	
利益剰余金	
その他有価証券評価差額金	
自己株式	
負債及び資本合計	

(2023 年 3 月末現在)

(損益計算書)　(単位：百万円)

区　分		2018 年度	2019 年度	2020 年度	2021 年度	2022 年度
収入	電気通信事業収入					
	電気通信事業以外の事業の収入					
	合　計					
営業利益						
経常利益						
当期利益						

5-2 一般社団法人電気通信事業者協会（TCA）の活動状況

5-2-1　組織及び役員

● 協会の組織

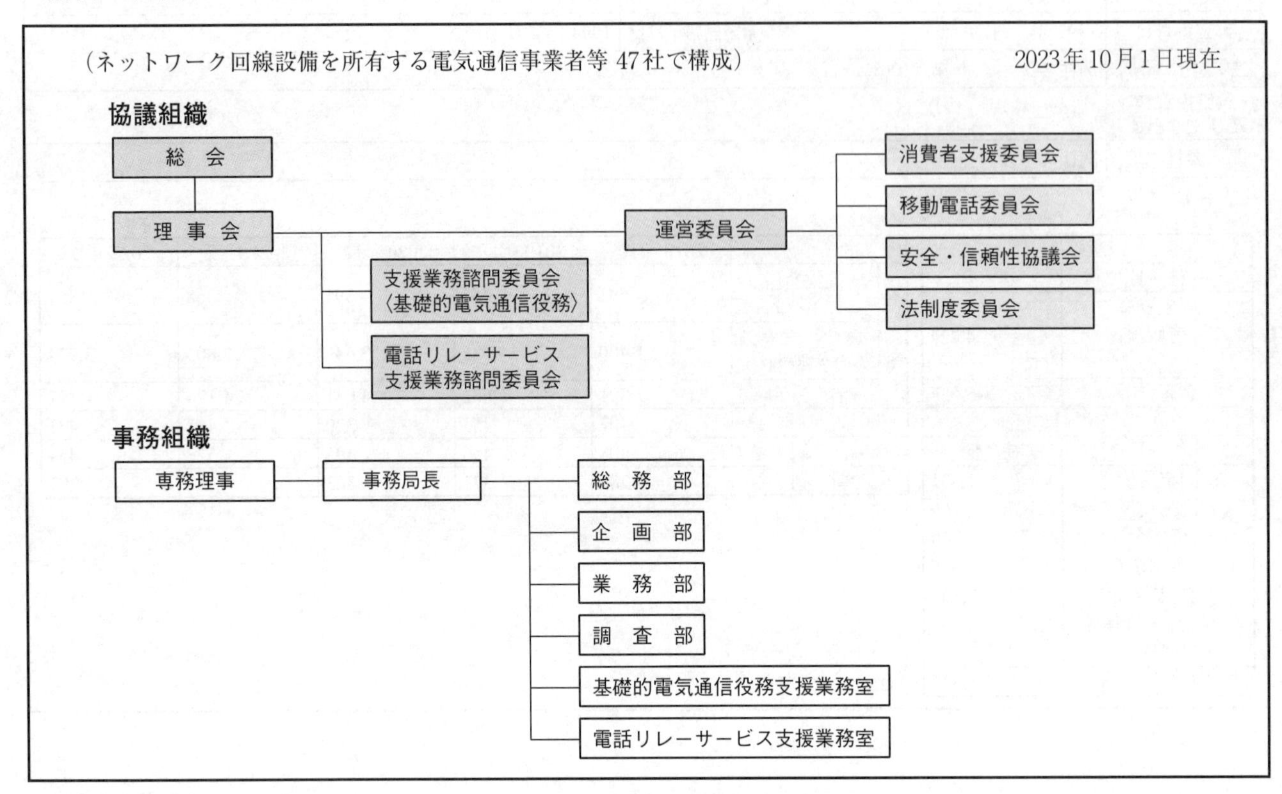

● 役員（2023年10月1日現在）

会長	宮川潤一	ソフトバンク株式会社社長兼CEO
副会長	米倉英一	スカパーJSAT株式会社社長
専務理事	山本一晴	一般社団法人電気通信事業者協会
理事	廣井孝史	日本電信電話株式会社副社長
理事	髙橋誠	KDDI株式会社社長
理事	名部正彦	株式会社オプテージ社長
理事	中島弘豊	中部テレコミュニケーション株式会社社長
理事	栗山浩樹	株式会社NTTドコモ副社長
理事	岩木陽一	JCOM株式会社社長
理事	北村亮太	東日本電信電話株式会社副社長
理事	坂本英一	西日本電信電話株式会社副社長
理事	梶村啓吾	エヌ・ティ・ティ・コミュニケーションズ株式会社副社長
理事	矢澤俊介	楽天モバイル株式会社社長
監事	金井美恵	イッツ・コミュニケーションズ株式会社社長
監事	石井義則	一般社団法人情報通信ネットワーク産業協会常務理事

5-2-2　事業概要

●電気通信事業の健全な発展に資する取組み

1「安全・信頼性協議会」におけるネットワークの安全性・信頼性確保対策の充実強化
　(1) 自然災害や通信障害等の非常時における重要通信の確保等
　(2) 情報セキュリティ対策の推進
2 移動体通信の料金不払い者情報の交換
3 115番の使用に関するガイドラインの管理
4 事業者識別コードの付与及び管理

●消費者支援策の充実・推進に資する取組み

1「消費者支援委員会」における消費者支援策の充実等
　(1) 苦情・相談処理体制の円滑な運営と機能強化
　(2) 消費者団体等との連携
　(3) 消費者に対する周知・啓発
2「電気通信サービス向上推進協議会」等における消費者支援策の充実等
　(1) 広告表示適正化の推進
　(2) 消費者団体等との連携
　(3) 販売適正化の推進
　(4) あんしんショップ認定制度の推進
3 個人情報保護の徹底
4 迷惑メール対策の推進
5 インターネット上の違法・有害情報対策の推進
　(1) 違法・有害情報から青少年を守るためのフィルタリングサービスの導入促進・啓発活動の強化
　(2) インターネット上の違法情報対策
　(3) 児童ポルノ流通防止対策
6 インターネットの安心・安全利用の推進
　(1) インターネットの安心・安全利用の啓発活動等への寄与
　(2) インターネット接続サービス安全・安心マークの推進

●社会貢献に資する取組み

1 地球環境問題への取組み
　(1) カーボンニュートラル及び循環型社会形成の取組みの強化
　(2) 携帯電話等のリサイクルの推進
2 周知・啓発活動の充実
　(1) 業界動向アナウンス
　(2) 携帯電話の課題に関するPR活動
3 電気通信サービスの不正利用防止対策の推進
4 電気通信関連の権利侵害対策に関する活動
5 電気通信アクセシビリティの普及推進

●業界の発展、会員の利便向上等に資する取組み

1 各業界・業際間における共通課題への取組み
2 協会の各種委員会等の活動の活性化
3 協会ニュースの充実
4 行政・他業界等の情報提供、講演会等の開催
5 効率的な業務運営・経費の節減
6 一般社団法人としての適切な法人運営
7 基礎的電気通信役務支援機関としての新たな業務への対応

●基礎的電気通信役務支援機関業務の実施

1　基礎的電気通信役務支援業務実施体制の確保

2　基礎的電気通信役務支援業務の実施方法

　(1) 支援業務諮問委員会〈基礎的電気通信役務〉の運営

　(2) 交付金の交付及び負担金の徴収に係る業務の的確な実施

　(3) 交付金の額及び負担金の額等に係る認可申請等の円滑な実施

　(4) 効果的な周知・広報活動の実施

　(5) 円滑な問い合わせ対応の実施

3　その他の事項

　(1) 独立性の確保

　(2) 効率的な業務執行体制の整備と関係事務の円滑な推進

　(3) 情報公開の実施

●電話リレーサービス支援機関業務の実施

1　電話リレーサービス支援業務実施体制の確保

2　電話リレーサービス支援業務の実施方法

　(1) 電話リレーサービス支援業務諮問委員会の運営

　(2) 交付金の交付及び負担金の徴収に係る業務の的確な実施

　(3) 交付金の額及び負担金の額等に係る認可申請等の円滑な実施

　(4) 効果的な周知・広報活動の実施

　(5) 円滑な問い合わせ対応の実施

3　その他の事項

　(1) 独立性の確保

　(2) 効率的な業務執行体制の整備と関係事務の円滑な推進

　(3) 情報公開の実施

5-2-3　2022 年度及び 2023 年度の主な活動状況

年　月		活　動　状　況
2022 年 4 月	5 日	● 総務省 青少年の安心・安全なインターネット利用環境整備に関するタスクフォース（第 17 回）
	6 日	● あんしんショップ認定協議会 運営委員会 WG
	11 日	● 総務省 IP ネットワーク設備委員会（第 70 回）
	12 日	● 電気通信個人情報保護推進センター 業務企画委員会（第 70 回）
	15 日	● ICT 分野におけるエコロジーガイドライン協議会 WG（第 60 回）
	19 日	● インフラシステム海外展開戦略 2025 の推進に関する懇談会（第 3 回）
		● 電気通信サービス向上推進協議会 広告表示検討部会（第 52 回）
	20 日	● IPv6 社会実装推進タスクフォース（第 19 回）
	21 日	● TCA 臨時総会（第 105 回）
	22 日	● 総務省 電話番号・電話転送サービスに関する連絡会（第 6 回）
	25 日	● あんしんショップ認定協議会 審査委員会（第 1 回）
		● 総務省 競争ルールの検証に関する WG（第 29 回）／消費者保護ルールの在り方に関する検討会（第 39 回）合同会合
	26 日	● TCA 外部会計監査
		● TCA ユニバーサルサービス支援業務諮問委員会（第 49 回）
	27 日	● あんしんショップ認定協議会 運営委員会 WG
		● TCA 安全・信頼性協議会 ケータイ WG（第 34 回）
	27､28 日	● TCA 外部会計監査
	28 日	● 電気通信サービス向上推進協議会 広告表示アドバイザリー委員会（第 57 回）
5 月	10 日	● 内閣府 青少年インターネット環境の整備等に関する検討会（第 52 回）
	11 日	● TCA 運営委員会（第 151 回）
	12 日	● あんしんショップ認定協議会 運営委員会 WG
	13 日	● 総務省 消費者保護ルールの在り方に関する検討会 苦情相談処理体制の在り方に関するタスクフォース（第 5 回）
		● ICT 分野におけるエコロジーガイドライン協議会（第 44 回）
	20 日	● 総務省 IP ネットワーク設備委員会 技術検討作業班（第 41 回）
	23 日	● TCA 消費者支援委員会 特殊詐欺対策検討部会（第 8 回）
		● 情報通信技術委員会 理事会（第 220 回）
	24 日	● 総務省 WRC 関係機関連絡会（第 50 回）
	25 日	● TCA 理事会（第 145 回）
		● あんしんショップ認定協議会 運営委員会 WG
	26 日	● インターネットコンテンツセーフティ協会 理事会（第 64 回）
	31 日	● 総務省 インターネット上の海賊版サイトへのアクセス抑止方策に関する検討会（第 8 回）
		● あんしんショップ認定協議会 審査委員会（第 2 回）
		● 内閣府 首都直下地震帰宅困難者等対策検討委員会（第 2 回）
6 月	1 日	● 電波の日・情報通信月間記念中央式典
		● 情報通信月間推進協議会 総会
		● 総務省 消費者保護ルールの在り方に関する検討会（第 40 回）
	2 日	● あんしんショップ認定協議会 運営委員会 WG
		● 総務省 IP ネットワーク設備委員会 技術検討作業班（第 42 回）
	3 日	● 総務省 電話番号・電話転送サービスに関する連絡会（第 7 回）
		● インターネットコンテンツセーフティ協会 理事会（第 65 回）
	7 日	● 総務省 災害時における通信サービスの確保に関する連絡会・部会（第 13 回）
	8 日	● 神奈川県 青少年インターネット利用検討委員会（令和 4 年度第 1 回）
		● TCA 定時総会（第 106 回）及び理事会（第 146 回）
	9 日	●「会長および副会長の改選について」報道発表

年　月		活　動　状　況
2022年 6月	9日	● 電気通信サービス向上推進協議会 実効速度適正化委員会（第15回）
	10日	● 総務省 災害時における通信サービスの確保に関する連絡会（第10回）
	13日	● 発信者情報開示に関する実務者勉強会（第5回）
		● TCA移動電話委員会 移動電話PR部会（第1回）
		● 2022年度「情報通信の安心安全な利用のための標語」表彰式典
	14日	● 総務省 消費者保護ルールの在り方に関する検討会 苦情相談処理体制の在り方に関するタスクフォース（第6回）
		● 情報通信技術委員会 定時総会（第61回）及び理事会（第221回）
	17日	● 総務省 プラットフォームサービスに係る利用者情報の取扱いに関するWG（第15回）
		● 総務省 電気通信事業ガバナンス検討会 特定利用者情報の適正な取扱いに関するWG（第1回）
	21日	● あんしんショップ認定協議会 運営委員会WG
		● 経団連 カーボンニュートラル行動計画／循環型社会形成自主行動計画 2022年度フォローアップ調査 実施説明会
		● TCA消費者支援委員会 特殊詐欺対策検討部会（第9回）
	22日	● 総務省 プラットフォームサービスに係る利用者情報の取扱いに関するWG（第16回）
		● IPv6社会実装推進タスクフォース（第20回）
	23日	● 総務省 IPネットワーク設備委員会 技術検討作業班（第43回）
		● 総務省 青少年の安心･安全なインターネット利用環境整備に関するタスクフォース（第18回）
	24日	● 内閣府・東京都 首都直下地震帰宅困難者等対策連絡調整会議（第4回）
	27日	● 総務省 プラットフォームサービスに係る利用者情報の取扱いに関するWG（第17回）
		● あんしんショップ認定協議会 審査委員会（第3回）
	28日	● 総務省 消費者保護ルール実施状況のモニタリング定期会合（第13回）
	30日	● インターネットコンテンツセーフティ協会 第12期定時社員総会
7月	1日	● 総務省 IPネットワーク設備委員会（第71回）
		● 電話リレーサービス開始1周年オンラインシンポジウム
		● 総務省 ユニバーサルサービス政策委員会 ブロードバンド基盤WG（第1回）
		● 総務省 電気通信事業ガバナンス検討会 特定利用者情報の適正な取扱いに関するWG（第2回）
	7日	● あんしんショップ認定協議会 運営委員会WG
		● 第5世代モバイル推進フォーラム顧問会議及び2022年度総会
	8日	● インターネットコンテンツセーフティ協会 理事会（第66回）
	12日	● 総務省 消費者保護ルールの在り方に関する検討会（第41回）
	13日	● 総務省 インターネット上の海賊版サイトへのアクセス抑止方策に関する検討会（第9回）
		● 情報通信アクセス協議会（第25回）
	15日	● TCA安全・信頼性協議会 ケータイWG（第35回）
		● インターネット上の人権侵害情報に係る実務者検討会（第10回）
		● 総務省 電気通信事業ガバナンス検討会 特定利用者情報の適正な取扱いに関するWG（第3回）
	19日	● TCA移動電話委員会 迷惑メール送信者情報交換連絡部会（第1回）
		● 電気通信サービス向上推進協議会 広告表示検討部会（第53回）
		● 情報通信技術委員会 理事会（第222回）
	21日	● 内閣府 首都直下地震帰宅困難者等対策検討委員会（第3回）
	22日	● 総務省 IPネットワーク設備委員会 技術検討作業班（第44回）
		● インターネット接続サービス安全・安心マーク推進協議会 総会（第22回）及び審査委員会（第64回）
	27日	● あんしんショップ認定協議会 審査委員会（第4回）
	28日	● 電気通信サービス向上推進協議会 広告表示アドバイザリー委員会（第58回）
	29日	● TCA移動電話委員会 不適正利用防止検討部会（第2回）
8月	1日	● TCA移動電話委員会 移動電話PR部会（第2回）

年 月		活 動 状 況
2022年 8月	2日	● 総務省 電気通信事業ガバナンス検討会 特定利用者情報の適正な取扱いに関するWG（第4回）
	3日	● デジタル庁 マイナンバーカードの機能のスマートフォン搭載に関する検討会（第1回）
		● 総務省 九州総合通信局 九州電気通信消費者支援連絡会（令和4年度上期）
	4日	● TCA移動電話委員会 リサイクル検討連絡会（第1回）
		● TCA移動電話委員会 青少年有害情報対策部会（第1回）
	19日	● 一般社団法人セーファーインターネット協会 セーフラインアドバイザリーボード
	22日	● 内閣府 首都直下地震帰宅困難者等対策検討委員会（第4回）
	25日	● 総務省 プラットフォームサービスに係る利用者情報の取扱いに関するWG（第18回）
	26日	● あんしんショップ認定協議会 審査委員会（第5回）
		● あんしんショップ認定協議会 運営委員会WG
		● 総務省 電話番号・電話転送サービスに関する連絡会（第8回）
	29日	● 総務省IPネットワーク設備委員会 技術検討作業班（第45回）
		● 総務省 ユニバーサルサービス政策委員会 ブロードバンド基盤WG（第2回）
	31日	● IPv6社会実装推進タスクフォース（第21回）
9月	1日	● 総務省IPネットワーク設備委員会（第72回）
	5日	● TCA安全・信頼性協議会 ケータイWG（第36回）(1/2)
		● 総務省 ユニバーサルサービス政策委員会 ブロードバンド基盤WG（第3回）
	7日	● TCA安全・信頼性協議会 ケータイWG（第36回）(2/2)
		● 総務省 プラットフォームサービスに係る利用者情報の取扱いに関するWG（第19回）
	8日	● 総務省 電気通信事業ガバナンス検討会 特定利用者情報の適正な取扱いに関するWG（第5回）
	9日	● 改正プロバイダ責任制限法 プロバイダ等向け説明会
	12日	● 総務省IPネットワーク設備委員会 技術検討作業班（第46回）
	13日	● 総務省 関東総合通信局 関東電気通信消費者支援連絡会（第27回）
	15日	● 総務省 インターネット上の海賊版サイトへのアクセス抑止方策に関する検討会（第10回）
		● TCAユニバーサルサービス支援業務諮問委員会（第50回）
		● 内閣府 青少年インターネット環境の整備等に関する検討会（第53回）
		● TCA移動電話委員会 不適正利用防止検討部会（第3回）
	16日	●「ユニバーサルサービス（基礎的電気通信役務）制度に係る①令和5年度の番号単価の算定②交付金の額及び交付方法並びに負担金の額及び徴収方法についての総務大臣への認可申請について」報道発表
		● 総務省 電話番号・電話転送サービスに関する連絡会（第9回）
	22日	● あんしんショップ認定協議会 運営委員会WG
	27日	● ICT分野におけるエコロジーガイドライン協議会WG（第61回）
	28日	● 総務省 非常時における事業者間ローミング等に関する検討会（第1回）
		● あんしんショップ認定協議会 審査委員会（第6回）
	29日	● 警視庁 特殊詐欺対策官民会議（第18回）
	30日	● TCA理事会（第147回）
		● 情報通信における安心安全推進協議会 ネット社会の健全な発展部会 担当者会合（第8回）
10月	4日	● 総務省 非常時における事業者間ローミング等に関する検討会（第2回）
	6日	● あんしんショップ認定協議会 運営委員会WG
		● TCA消費者支援委員会 苦情相談対策検討部会（第86回）
	18日	● 総務省 消費者保護ルールの在り方に関する検討会（第42回）
		● 電気通信サービス向上推進協議会 広告表示検討部会（第54回）
		●「『やめましょう、歩きスマホ。』キャンペーンの実施について」報道発表
	20日	● あんしんショップ認定協議会 運営委員会WG
		● 情報通信における安心安全推進協議会2022年度定期総会
	21日	● 総務省 電話番号・電話転送サービスに関する連絡会（第10回）

年　月	活　動　状　況	
2022 年 10 月	24 日	● 総務省 ユニバーサルサービス政策委員会 ブロードバンド基盤 WG（第 4 回）
		● 総務省 電気通信事故検証会議 周知広報・連絡体制 WG（第 1 回）
		● TCA 消費者支援委員会 特殊詐欺対策検討部会（第 10 回）
	25 日	● 総務省 非常時における事業者間ローミング等に関する検討会（第 3 回）
	26 日	● あんしんショップ認定協議会 審査委員会（第 7 回）
		● デジタル庁 マイナンバーカードの機能のスマートフォン搭載に関する検討会（第 2 回）
	27 日	● 電気通信サービス向上推進協議会 広告表示アドバイザリー委員会（第 59 回）
	28 日	● 総務省 災害時における通信サービスの確保に関する連絡会・部会（第 14 回）
11 月	1 日	● TCA 移動電話委員会 移動電話 PR 部会（第 3 回）
	2 日	● 総務省 WRC 関係機関連絡会（第 51 回）
	4 日	● 総務省 プラットフォームサービスに係る利用者情報の取扱いに関する WG（第 20 回）
	8 日	● TCA 外部中間会計監査
	9 日	● 総務省 電気通信事故検証会議 周知広報・連絡体制 WG（第 2 回）
	10 日	● NICT ナショナルサイバートレーニングセンター アドバイザリーコミッティー
	11 日	● あんしんショップ認定協議会 運営委員会 WG
	14 日	● IPv6 社会実装推進タスクフォース（第 22 回）
	15 日	● 情報通信技術委員会 理事会（第 223 回）
		● 総務省 非常時における事業者間ローミング等に関する検討会（第 4 回）
	17 日	● KTOA（韓国通信事業者連合会）との会合
	22 日	● 違法・有害情報相談センター推進協議会（令和 4 年度第 1 回）
		● あんしんショップ認定協議会 審査委員会（第 8 回）
		● インターネット接続サービス安全・安心マーク推進協議会 審査委員会（第 65 回）
	24 日	● あんしんショップ認定協議会 運営委員会 WG
		● 電気通信個人情報保護推進センター 業務企画委員会（第 71 回）
	25 日	● インターネットコンテンツセーフティ協会 理事会（第 67 回）
		● 総務省　情報通信行政・郵政行政審議会 電気通信事業部会（第 127 回）
	28 日	● 総務省 非常時における事業者間ローミング等に関する検討会（第 5 回）
		● 情報通信における安心安全推進協議会 ネット社会の健全な発展部会 シンポジウム
		●「ユニバーサルサービス（基礎的電気通信役務）制度に係る交付金の額及び交付方法の認可並びに負担金の額及び徴収方法の認可について」報道発表
	29 日	● 総務省 電気通信事故検証会議 周知広報・連絡体制 WG（第 3 回）
		● ICT 分野におけるエコロジーガイドライン協議会 WG（第 62 回）
	30 日	● 総務省 IP ネットワーク設備委員会 技術検討作業班（第 47 回）
12 月	1 日	● あんしんショップ認定協議会 運営委員会 WG
		● 電気通信サービス向上推進協議会 実効速度適正化委員会（第 16 回）
	2 日	● 総務省 プラットフォームサービスに係る利用者情報の取扱いに関する WG（第 21 回）
	8 日	● 総務省 ユニバーサルサービス政策委員会 ブロードバンド基盤 WG（第 5 回）
	14 日	● 総務省 電話番号・電話転送サービスに関する連絡会（第 11 回）
		● 総務省 電気通信事故検証会議 周知広報・連絡体制 WG（第 4 回）
		● 総務省 青少年の ICT 活用のためのリテラシー向上に関する WG（第 1 回）
	15 日	● 内閣府 青少年インターネット環境の整備等に関する検討会（第 54 回）
	16 日	● ICT 分野におけるエコロジーガイドライン協議会（第 45 回）
		● 総務省 消費者保護ルールの在り方に関する検討会（第 43 回）
		●「『ICT 分野におけるエコロジーガイドライン第 10 版（案）』に対する意見募集」報道発表
		●「『テレコムデータブック 2022（TCA 編）』の発行について」報道発表
	19 日	● 総務省 IP ネットワーク設備委員会（第 73 回）
		● TCA 移動電話委員会 不適正利用防止検討部会（第 5 回）

年　月		活　動　状　況
2022年 12月	20日	● 総務省 非常時における事業者間ローミング等に関する検討会（第6回）
	21日	● 総務省 電気通信事故検証会議（令和4年度第6回）
	22日	● あんしんショップ認定協議会 運営委員会 WG
	23日	● 総務省 プラットフォームサービスに係る利用者情報の取扱いに関する WG（第22回）
		● 内閣府・東京都 首都直下地震帰宅困難者等対策連絡調整会議（第5回）
	26日	● HATS フォーラム 評議会（第21回）
		● あんしんショップ認定協議会 審査委員会（第9回）
2023年 1月	11日	● あんしんショップ認定協議会 運営委員会 WG
		● 総務省 非常時における事業者間ローミング等に関する検討会 事業者間ローミング検討作業班（第1回）
	12日	● 総務省 電気通信番号に関する諸課題の調査研究会（第1回）
		● TCA 消費者支援委員会 苦情相談対策検討部会（第87回）
	13日	● 総務省 電気通信事故検証会議（令和4年度第7回）
	20日	● TCA 消費者支援委員会 苦情相談対策検討部会（第88回）
	24日	● 電気通信サービス向上推進協議会 広告表示検討部会（第55回）
		● 四国総合通信局 令和4年度 高知県青少年安心・安全ネット利用促進連絡会
		● TCA 移動電話委員会 不適正利用防止検討部会（第6回）
	25日	● あんしんショップ認定協議会 審査委員会（第10回）
	26日	● あんしんショップ認定協議会 運営委員会 WG
		● 四国総合通信局 令和4年度 愛媛県青少年安心・安全ネット利用促進連絡会
		● 大阪府 青少年健全育成審議会（令和4年度第1回）
	27日	● 総務省 電気通信事故検証会議 周知広報・連絡体制 WG（第5回）
		● 京都府 オール京都で子どもを守るインターネット利用対策協議会
		● 京都府 青少年健全育成審議会（令和4年度第1回）
		● 総務省 非常時における事業者間ローミング等に関する検討会 事業者間ローミング検討作業班（第2回）
	31日	● ICT 分野におけるエコロジーガイドライン協議会 WG（第63回）
		● 総務省 電気通信事業ガバナンス検討会 特定利用者情報の適正な取扱いに関する WG（第6回）
		● 総務省 電気通信事故検証会議（令和4年度第9回）
2月	1日	●「新学期に向けたフィルタリングサービス普及啓発の取組みについて」報道発表
	2日	● 総務省 ユニバーサルサービス政策委員会（第34回）・ブロードバンド基盤 WG（第6回）合同会合
		● 総務省 IP ネットワーク設備委員会 技術検討作業班（第48回）
	3日	● 電気通信サービス向上推進協議会 広告表示アドバイザリー委員会（第60回）
		● 総務省 消費者保護ルール実施状況のモニタリング定期会合（第14回）
		● 総務省 電気通信番号に関する諸課題の調査研究会（第2回）
	6日	● TCA 消費者支援委員会（第48回）
		● TCA 移動電話委員会 不適正利用防止検討部会（第7回）
		● 総務省 IP ネットワーク設備委員会（第74回）
	7日	● 違法情報等対応連絡会
	9日	● あんしんショップ認定協議会 運営委員会 WG
	10日	● TCA 電話リレーサービス支援業務諮問委員会（第4回）
		● 総務省 非常時における事業者間ローミング等に関する検討会 事業者間ローミング検討作業班（第3回）
	14日	●「電話リレーサービス制度に係る ①令和5年度の番号単価の算定 ②交付金の額及び交付方法並びに負担金の額及び徴収方法についての総務大臣への認可申請について」報道発表
		● 総務省 電気通信事故検証会議（令和4年度第10回）

年　月		活　動　状　況
2023年 2月	15日	● 総務省 電気通信番号に関する諸課題の調査研究会（第3回）
		● TCA運営委員会（第152回）
		● 九州総合通信局 九州電気通信消費者支援連絡会（令和4年度下期）
	16日	● TCA移動電話委員会 不適正利用防止検討部会（第8回）
		● TCA移動電話委員会 移動電話PR部会（第4回）
		● 総務省IPネットワーク設備委員会 技術検討作業班（第49回）
	17日	● 関東総合通信局 茨城県青少年安心・安全ネット利用促進連絡会（第10回）
		● ICT分野におけるエコロジーガイドライン協議会（第46回）
		●「『ICT分野におけるエコロジーガイドライン第10版』の公表」報道発表
	20日	● あんしんショップ認定協議会 あんしんショップ大賞2022表彰式
		● 情報通信技術委員会 理事会（第224回）
	22日	● あんしんショップ認定協議会 運営委員会WG
		● 総務省 電気通信事故検証会議（令和4年度第11回）
	24日	● 総務省 電気通信事業ガバナンス検討会 特定利用者情報の適正な取扱いに関するWG（第7回）
	27日	● あんしんショップ認定協議会 審査委員会（第11回）
		● 総務省 非常時における事業者間ローミング等に関する検討会 事業者間ローミング検討作業班（第4回）
	28日	● TCA電話リレーサービス支援業務諮問委員会（第5回）
		● 総務省 競争ルールの検証に関するWG（第39回）／消費者保護ルールの在り方に関する検討会（第44回）合同会合
3月	1日	● TCAユニバーサルサービス支援業務諮問委員会（第51回）
		● 関東総合通信局 関東電気通信消費者支援連絡会（第28回）
	2日	● 総務省 電気通信番号に関する諸課題の調査研究会（第4回）
		● ファイル共有ソフトを悪用した著作権侵害対策協議会（CCIF）運営委員会（第22回）
		● あんしんショップ認定協議会 運営委員会WG
	10日	●「『歩きスマホ』の実態および意識に関するインターネット調査について」報道発表
		● TCA理事会（第148回）
		● 総務省 非常時における事業者間ローミング等に関する検討会 事業者間ローミング検討作業班（第5回）
	13日	● 総務省IPネットワーク設備委員会 技術検討作業班（第50回）
	16日	● IPv6社会実装推進タスクフォース（第24回）
		● TCA移動電話委員会 不適正利用防止検討部会（第10回）
	17日	● 総務省 青少年のICT活用のためのリテラシー向上に関するWG（第2回）
		● 総務省 電気通信番号に関する諸課題の調査研究会（第5回）
	20日	● デジタル庁 マイナンバーカード機能のスマートフォン搭載に関する検討会（第3回）
		● 違法・有害情報相談センター推進協議会（令和4年度第2回）
		●「令和5年度における電話リレーサービス制度に係る交付金の額及び交付方法の認可並びに負担金の額及び徴収方法の認可について」報道発表
		● 総務省 電気通信事業ガバナンス検討会 特定利用者情報の適正な取扱いに関するWG（第8回）
	23日	● あんしんショップ認定協議会 運営委員会WG
	24日	● 総務省 非常時における事業者間ローミング等に関する検討会 事業者間ローミング検討作業班（第6回）
		● インターネット接続サービス安全・安心マーク推進協議会 審査委員会（第66回）
	27日	● 総務省 電気通信事故検証会議（令和4年度第12回）
	28日	● TCA移動電話委員会（令和4年度第1回）
		● 総務省 消費者保護ルールの在り方に関する検討会（第46回）／競争ルールの検証に関するWG（第41回）合同会合
	29日	● あんしんショップ認定協議会 審査委員会（第12回）

年　月		活　動　状　況
2023年3月	30日	● TCA移動電話委員会 不適正利用防止検討部会（第11回）／消費者支援委員会 特殊詐欺対策検討部会（第11回）合同会合
		● 総務省 非常時における事業者間ローミング等に関する検討会（第7回）
	31日	● インターネットコンテンツセーフティ協会 理事会（第68回）
4月	5日	● 総務省IPネットワーク設備委員会 技術検討作業班（第51回）
	6日	● TCA移動電話委員会 不適正利用防止検討部会（第1回）
	7日	● TCA安全・信頼性協議会（第89回）
	12日	● あんしんショップ認定協議会 運営委員会WG
		● TCA移動電話委員会 不適正利用防止検討部会（第2回）
	14日	● 総務省 非常時における事業者間ローミング等に関する検討会 事業者間ローミング検討作業班（第7回）
	17日	● 電気通信サービス向上推進協議会 広告表示検討部会（第56回）
	18日	● ICT分野におけるエコロジーガイドライン協議会WG（第64回）
	19日	● 総務省IPネットワーク設備委員会 技術検討作業班（第52回）
	20日	● 総務省 青少年のICT活用のためのリテラシー向上に関するWG（第3回）
	21日	● TCA臨時総会（第107回）
		● 総務省 消費者保護ルールの在り方に関する検討会（第47回）
	25日	● TCAユニバーサルサービス支援業務諮問委員会（第52回）
		● 総務省IPネットワーク設備委員会（第75回）
	26日	● あんしんショップ認定協議会 審査委員会（第1回）
		● あんしんショップ認定協議会 運営委員会WG
		● TCA消費者支援委員会 発信者番号偽装表示対策検討部会（第47回）
	26、27日	● TCA外部会計監査
	27日	● 電気通信サービス向上推進協議会 広告表示アドバイザリー委員会（第61回）
		● 総務省 青少年のICT活用のためのリテラシー向上に関するWG（第4回）
	28日	● 総務省 非常時における事業者間ローミング等に関する検討会 事業者間ローミング検討作業班（第8回）
5月	8日	● TCA運営委員会（第153回）
	9日	● こども家庭庁 青少年インターネット環境の整備等に関する検討会（第55回）
	10日	● インフラシステム海外展開戦略2025の推進に関する懇談会（第4回）
	11日	● あんしんショップ認定協議会 運営委員会WG
	12日	● 総務省 非常時における事業者間ローミング等に関する検討会 事業者間ローミング検討作業班（第9回）
	17日	● 総務省 競争ルールの検証に関するWG（第44回）／消費者保護ルールの在り方に関する検討会（第48回）合同会合
	18日	● IPv6社会実装推進タスクフォース（第25回）
	23日	● 総務省 非常時における事業者間ローミング等に関する検討会（第8回）
		● 情報通信技術委員会 理事会（第225回）
	24日	● TCA理事会（第149回）
		● TCA移動電話委員会 不適正利用防止検討部会（第3回）
		● TCA消費者支援委員会 発信者番号偽装表示対策検討部会（第48回）
		● あんしんショップ認定協議会 審査委員会（第2回）
	25日	● TCA消費者支援委員会 特殊詐欺対策検討部会（第12回）
		● あんしんショップ認定協議会 運営委員会WG
		● 総務省IPネットワーク設備委員会（第76回）
	26日	● ICT分野におけるエコロジーガイドライン協議会（第47回）
		● 総務省 非常時における事業者間ローミング等に関する検討会 事業者間ローミング検討作業班（第10回）

年　月		活　動　状　況
2023年5月	29日	●「令和4年改正電気通信事業法のポイント」セミナー
	30日	● インターネットコンテンツセーフティ協会 理事会（第69回）
6月	1日	● 電波の日・情報通信月間記念中央式典　　情報通信月間推進協議会 総会
	6日	● 内閣府・東京都 帰宅困難者等対策の実効性向上に関するWG（第1回）
	7日	● 情報通信アクセス協議会 総会（第26回）
		● 電気通信サービス向上推進協議会 実効速度適正化委員会（第17回）
	8日	● あんしんショップ認定協議会 運営委員会WG
		● TCA定時総会（第108回）・理事会（第150回）・懇親会
	9日	● インターネットコンテンツセーフティ協会 理事会（第70回）
		●「会長および副会長の改選について」プレスリリース
		● 総務省 非常時における事業者間ローミング等に関する検討会 事業者間ローミング検討作業班（第11回）
	12日	● 2023年度「情報通信の安心安全な利用のための標語」表彰式典
	13日	● TCA移動電話委員会PR部会（第1回）
	14日	● TCA消費者支援委員会 発信者番号偽装表示対策検討部会（第49回）
	15日	● 違法情報等対応連絡会
	16日	● 総務省 青少年のICT活用のためのリテラシー向上に関するWG（第5回）
		● TCA消費者支援委員会 特殊詐欺対策検討部会（第13回）
	19日	● 情報通信技術委員会 定時総会（第62回）
	21日	● 総務省 電気通信事故検証会議（令和5年度第3回）
	23日	● 総務省 消費者保護ルールの在り方に関する検討会（第49回）
		● 総務省 非常時における事業者間ローミング等に関する検討会 事業者間ローミング検討作業班（第12回）
	26日	● インターネットコンテンツセーフティ協会 第13期定時社員総会
	27日	●「政府による特殊詐欺対策の最新動向と事業者のリスクマネジメント」セミナー
	28日	● 経団連 カーボンニュートラル行動計画／循環型社会形成自主行動計画2023年度フォローアップ調査 実施説明会
	29日	● あんしんショップ認定協議会 運営委員会WG
	30日	● あんしんショップ認定協議会 審査委員会（第3回）
		● 安心ネットづくり促進協議会 定時社員総会（第12回）
		● 総務省 非常時における事業者間ローミング等に関する検討会（第9回）
7月	3日	● インターネットコンテンツセーフティ協会 理事会（第71回）
	4日	● 総務省 消費者保護ルール実施状況のモニタリング定期会合（第15回）
	5日	● 第5世代モバイル推進フォーラム2023年度顧問会議及び定時総会
	6日	● あんしんショップ認定協議会 運営委員会WG
	7日	● 内閣府・東京都 帰宅困難者等対策の実効性向上に関するWG（第2回）
	11日	● 総務省IPネットワーク設備委員会（第77回）
	13日	● インターネット接続サービス安全・安心マーク推進協議会 総会（第23回）及び審査委員会（第67回）
	14日	● 総務省 非常時における事業者間ローミング等に関する検討会 事業者間ローミング検討作業班（第13回）
	18日	● 電気通信サービス向上推進協議会 広告表示検討部会（第57回）
	20日	● あんしんショップ認定協議会 運営委員会WG
	21日	● IPv6社会実装推進タスクフォース（第26回）
		● 総務省 電気通信事故検証会議（令和5年度第4回）
	25日	● 違法・有害情報への対応等に関する通信事業者向け説明会

年　月		活　動　状　況
2023年 7月	25日	● こども家庭庁 青少年インターネット環境の整備等に関する検討会（第56回）
		● あんしんショップ認定協議会 審査委員会（第4回）
	28日	● 総務省・TCA電話のユニバーサルサービスに関する親子見学会・説明会【仙台市】
		● 総務省 非常時における事業者間ローミング等に関する検討会 事業者間ローミング検討作業班（第14回）
8月	1日	● 電気通信サービス向上推進協議会 広告表示アドバイザリー委員会（第62回）
	2日	● 情報通信技術委員会 理事会（第226回）
	2日	● TCA移動電話委員会 携帯リサイクル検討部会（令和5年度第1回）
	7日	● TCA移動電話委員会 移動電話PR部会（令和5年度第2回）
	8日	● 大阪府 青少年健全育成審議会（令和5年度第1回）
	9日	● あんしんショップ認定協議会 運営委員会WG
	10日	● 情報通信における安心安全推進協議会 ネット社会の健全な発展部会 担当者会合（第10回）
		● 総務省 非常時における事業者間ローミング等に関する検討会 事業者間ローミング検討作業班（第15回）
	22日	● TCA臨時総会（第109回）
		● 大阪府 青少年健全育成審議会 特別部会（令和5年度第1回）
	23日	● 九州総合通信局 九州電気通信消費者支援連絡会（令和5年度上期）
	24日	● あんしんショップ認定協議会 運営委員会WG
	29日	● TCA移動電話委員会 不適正利用防止検討部会（第4回）
	31日	● TCA安全・信頼性協議会 安全基準検討WG（令和5年度第1回）
		● あんしんショップ認定協議会 審査委員会（第5回）
9月	4日	●「通信障害の発生時における公衆無線LAN『00000JAPAN』の無料開放」報道発表
	5日	● 総務省BBユニバーサルサービス制度交付金・負担金算定等WG（第1回）
		● 警視庁 特殊詐欺対策官民会議（第19回）
	7日	● あんしんショップ認定協議会 運営委員会WG
	8日	● 関東総合通信局 関東電気通信消費者支援連絡会（第29回）
		● 総務省 非常時における事業者間ローミング等に関する検討会 事業者間ローミング検討作業班（第16回）
	11日	● TCAユニバーサルサービス支援業務諮問委員会（第53回）
	12日	● 内閣府・東京都 帰宅困難者等対策の実効性向上に関するWG（第3回）
		●「ユニバーサルサービス（第一号基礎的電気通信役務）制度に係る①令和6年度の番号単価の算定②第一種交付金の額及び交付方法並びに第一種負担金の額及び徴収方法についての総務大臣への認可申請について」報道発表
	13日	● TCA移動電話委員会 移動電話PR部会（令和5年度第3回）
	20日	● あんしんショップ認定協議会 運営委員会WG
	22日	● 総務省 非常時における事業者間ローミング等に関する検討会 事業者間ローミング検討作業班（第17回）
	26日	● ICT分野におけるエコロジーガイドライン協議会WG（第65回）
		● 総務省BBユニバーサルサービス制度コスト算定に関する研究会（第1回）
		● 違法情報等対応連絡会
		● 総務省BBユニバーサルサービス制度交付金・負担金算定等WG（第2回）
	27日	● IPv6社会実装推進タスクフォース（第27回）
		● あんしんショップ認定協議会 審査委員会（第6回）

5-2-4　TCA歴代会長・副会長一覧表

	会　長	副会長	
1987年9月3日～	菊地　三男 （日本高速通信社長）		
1988年4月1日～	神谷　　洋 （日本通信衛星社長）	皆川　廣宗 （宇宙通信社長）	
1989年4月1日～	皆川　廣宗 （宇宙通信社長）		
1990年4月1日～	神田　延祐 （第二電電社長）	藤森　和雄 （東京通信ネットワーク社長）	
1991年4月1日～	坂田　浩一 （日本テレコム社長）	高階　　昇 （日本国際通信社長） 1991年7月1日～ 大原　　寛 （日本国際通信社長）	
1992年4月1日～	花岡　信平 （日本高速通信社長）	末次　英夫 （国際デジタル通信社長） 1992年7月22日～ 降旗　健人 （国際デジタル通信社長）	
1993年4月1日～	中山　嘉英 （日本通信衛星社長）	塚田　健雄 （日本移動通信社長）	
1994年4月1日～	谷口　芳男 （宇宙通信社長）	北薗　　謙 （東京テレメッセージ社長）	
1995年4月1日～	奥山　雄材 （第二電電社長）	大星　公二 （NTT移動通信網社長）	
1996年4月1日～	坂田　浩一 （日本テレコム社長）	大土井　貞夫 （大阪メディアポート社長）	
1997年4月1日～	東　　　歆 （日本高速通信社長）	岩崎　克己 （東京通信ネットワーク社長）	青戸　元也 （関西セルラー電話社長）
1998年4月1日～	西本　　正 （国際電信電話社長）	吉田　倬也 （日本サテライトシステムズ社長）	塚田　健雄 （日本移動通信社長）
1999年4月1日～	日沖　　昭 （第二電電社長） 1999年9月17日～ 奥山　雄材 （第二電電社長）	江名　輝彦 （宇宙通信社長）	
2000年4月1日～	宮津　純一郎 （日本電信電話社長）	サイモン カニンガム （ケーブル・アンド・ワイヤレスIDC社長）	林　　義郎 （J-フォン東京社長）
2001年4月1日～	村上　春雄 （日本テレコム社長）	大土井　貞夫 （大阪メディアポート社長）	立川　敬二 （NTTドコモ社長）
2002年4月1日～	小野寺　正 （KDDI社長）	吉田　倬也 （JSAT社長）	津田　裕士 （ツーカーセルラー東京会長兼社長）
2003年4月1日～	白石　　智 （パワードコム社長）	安念　彌行 （宇宙通信社長）	山下　孟男 （DDIポケット社長）
2004年4月1日～	和田　紀夫 （日本電信電話社長）	フィル・グリーン （ケーブル・アンド・ワイヤレスIDC社長） 2005年3月11日～ 笠井　和彦 （ケーブル・アンド・ワイヤレスIDC社長）	ダリルE. グリーン （ボーダフォン社長） 2004年7月15日～ ジェイ・ブライアン・クラーク （ボーダフォン社長） 2004年12月17日～ 津田　志郎 （ボーダフォン社長）
2005年4月1日～	倉重　英樹 （日本テレコム社長）	田邉　忠夫 （ケイ・オプティコム社長）	中村　維夫 （NTTドコモ社長）
2006年4月1日～	小野寺　正 （KDDI社長）	磯崎　　澄 （JSAT社長）	八剱　洋一郎 （ウィルコム社長） 2006年11月17日～ 喜久川　政樹 （ウィルコム社長）

	会　長	副会長	
2007年4月1日～	和田　紀夫 （日本電信電話社長） 2007年7月17日～ 三浦　　惺 （日本電信電話社長）	安念　彌行 （宇宙通信社長）	孫　　正義 （ソフトバンクモバイル社長）
2008年4月1日～	孫　　正義 （ソフトバンクテレコム社長）	田邉　忠夫 （ケイ・オプティコム社長）	中村　維夫 （NTTドコモ社長） 2008年7月15日～ 山田　隆持 （NTTドコモ社長）
2009年4月1日～	小野寺　正 （KDDI社長）	秋山　政徳 （スカパーJSAT社長）	喜久川　政樹 （ウィルコム社長） 2009年9月14日～ 久保田　幸雄 （ウィルコム社長）
2010年4月1日～	三浦　　惺 （日本電信電話社長）	藤野　隆雄 （ケイ・オプティコム社長）	孫　　正義 （ソフトバンクモバイル社長）
2011年4月1日～	孫　　正義 （ソフトバンクテレコム社長）	秋山　政徳 （スカパーJSAT社長） 2011年4月20日～ 高田　真治 （スカパーJSAT社長）	
2012年4月1日～	田中　孝司 （KDDI社長）	山田　隆持 （NTTドコモ社長） 2012年7月11日～ 加藤　　薫 （NTTドコモ社長）	
2013年6月14日～	鵜浦　博夫 （NTT社長）	森　　修一 （ジュピターテレコム社長）	
2014年6月13日～	孫　　正義 （ソフトバンクテレコム社長） 2015年3月19日～ 宮内　　謙 （ソフトバンクモバイル副社長 ／4月1日～　社長）	藤野　隆雄 （ケイ・オプティコム社長）	
2015年6月12日～	田中　孝司 （KDDI社長）	高田　真治 （スカパーJSAT社長）	
2016年6月10日～	鵜浦　博夫 （NTT社長）	牧　　俊夫 （ジュピターテレコム社長）	
2017年6月9日～	宮内　　謙 （ソフトバンク社長）	吉澤　和弘 （NTTドコモ社長）	
2018年6月8日～	髙橋　　誠 （KDDI社長）	荒木　　誠 （ケイ・オプティコム社長）	
2019年6月14日～	澤田　　純 （NTT社長）	米倉　英一 （スカパーJSAT社長）	
2020年6月12日～	宮内　　謙 （ソフトバンク社長）	石川　雄三 （ジュピターテレコム社長）	
2021年6月8日～	髙橋　　誠 （KDDI社長）	井伊　基之 （NTTドコモ社長）	
2022年6月8日～	島田　　明 （NTT社長）	名部　正彦 （オプテージ社長）	
2023年6月8日～	宮川　潤一 （ソフトバンク社長）	米倉　英一 （スカパーJSAT社長）	

統計作業部会委員（2023年10月現在）

	日本電信電話株式会社	経営企画部門	飯島　章夫
	KDDI株式会社	渉外統括部	今井　美玖
	スカパーJSAT株式会社	経営管理部門 経営企画部	伊藤　和幸
	株式会社オプテージ	経営本部 経営戦略部	稲岡　良祐
	中部テレコミュニケーション株式会社	総務部	岡谷　祥子
	ソフトバンク株式会社	渉外本部	飯田　真由
	株式会社NTTドコモ	経営企画部 料金企画室	増田　大輝
	近鉄ケーブルネットワーク株式会社	ICT事業本部 技術部	小北　裕宣
	JCOM株式会社	渉外部	東海　政彦
	東日本電信電話株式会社	相互接続推進部	坂本　吉隆
	西日本電信電話株式会社	相互接続推進部	西原　梨香
	NTTコミュニケーションズ株式会社	経営企画部	遊亀　成美
			村岡　真和
事務局	一般社団法人電気通信事業者協会	総務部	吉田　祐佳

テレコムデータブック2023（TCA編）

2023年12月発行　定価3,520円（本体3,200円＋税10%）
企画／編集／発行
一般社団法人 電気通信事業者協会
〒101-0052　東京都千代田区神田小川町1-10 興信ビル2階
Tel 03-5577-5845　Fax 03-5296-5520
https://www.tca.or.jp/
編集協力／印刷　ハリウ コミュニケーションズ株式会社

ISBN978-4-906932-22-1